上海市园林设计研究总院有限公司学术著作出版资助项目

园境

——园林五境理论、技法与实践

周在春 著

中国建筑工业出版社

图书在版编目（CIP）数据

园境：园林五境理论、技法与实践／周在春著. —
北京：中国建筑工业出版社，2021.3（2024.9重印）
　ISBN 978-7-112-25634-1

　Ⅰ.①园… Ⅱ.①周… Ⅲ.①园林设计 Ⅳ.
①TU986.2

中国版本图书馆CIP数据核字（2020）第237619号

本书内容共分3篇，即上篇"园林五境理论"、中篇"园林设计技法"、下篇"园林设计实践"。作者创造性地提出了园林五境理论，即天境论、意境论、艺境论、生境论和物境论。本书图文并茂，既有园林设计理论，又有园林设计实践。

本书可供广大风景园林理论工作者、风景园林设计师、高等院校风景园林专业师生等学习参考。

责任编辑：吴宇江 孙书妍 黄习习
书籍设计：张悟静
责任校对：王 烨

园境——园林五境理论、技法与实践
周在春 著
*
中国建筑工业出版社出版、发行（北京海淀三里河路9号）
各地新华书店、建筑书店经销
北京锋尚制版有限公司制版
北京中科印刷有限公司印刷
*
开本：880毫米×1230毫米 1/16 印张：31 字数：568千字
2022年9月第一版 2024年9月第四次印刷
定价：158.00元
ISBN 978-7-112-25634-1
（36657）

序一

有一段时间没有读和园林有关的书了，最近几年我更愿意看看《水浒传》,《道德经》也常在身侧，对园林适度忘却之后，发现"书中自有黄金屋"，园林似乎更加无处不在了。这次为周在春的《园境——园林五境理论、技法与实践》一书写序，借着阅读此书稿的机会，倒也整理了一些脑中的想法。

书中提出中国园林的五境理论，即天境（天人论）、意境（园林文化论）、艺境（园林艺术论）、生境（园林生态论）、物境（园林构建论）。我以为这是周在春多年实践的心得，难能可贵，这对中国园林的发展和创新非常有用。他还反复提到"唯观赏论"的不可取，这也是我们和许多奋斗在园林事业一线的同行一直强调的。园林是城市发展不可或缺的、有生命的绿色基础设施，它包含甚广，正如周在春几十年来在上海和全国各地进行的园林设计实践，生态、文化、实用、审美……无一不渗透其中。从广博性上来讲，园林境界确如人生境界，二者相似、相通、相融。从我个人心境而言，的确只有品行与能力出众的人才能一直坚持行走在充满自信的风景园林道路上，周在春就是这样的人。

30多年前，上海的园林事业还处于人才匮乏、财力有限、尚未进入大发展的时期，而周在春就为上海这座城市做出了毅然坚守的选择。时至今日，他仍是不间断地提笔作图，也时常从他人口中得知周在春又做出了哪个不一样的作品，但我并不感到十分意外，因为最初我就看到了他身上的这股劲头，以及他对中国园林的独到认知。

人们常说上海是个"海纳百川"的地方，的确如此。上海人欢迎新的理念、新的做法，新的东西吸收起来也快，但不是简单地照抄。在几十年的发展中，我们也走过一些弯路，但上海园林界很注意反省与总结这些实践的对与错。我这一代，周在春这一代，都始终处于这种改变和被改变的博弈状态。人们需要什么样的风景园林？人们愿意记住什么样的风景园林？我们创造的风景园林能为人们带来什么？能为国家带来什么？这些是极其难回答的。在周在春的设计里，我看到他始终在试图破解和回答这些问题。或者说，他已走在答案愈加清晰的设计之路上了。现在讲起周在春的一些作品，我竟感慨自己的年迈了，为已经无法去实地看看而倍感遗憾。正如学习风景园林的年轻人都该去看看炎帝故里、北京颐和园等风景园林的经典之作，其自然的灵性、历史的敦厚和人工的雕琢都已糅合在一起了。

周在春讲到风景园林的生产功能，这点我很赞同。我也一直强调，并希望能在未来的生态园林发展中不断地用它来打破狭隘的园林植物观。凡是植物，不论是蔬菜、果树、药材，还是粮食，都可以为我们的风景园林所用，尤其是木本油料类的能源植物、药用植物和其他具有利用价值的植物，更应引起风景园林工作者的重视。

　　在早些年的园林工作中，我经常和工人们在一起。周在春因为要执笔，比我更多些体察人们的饮食起居、兴趣爱好以及生活习惯的经验，特别是细微之处更会去了解每一株草药是如何长成的、食之何味？现在，我已是一个纯粹又彻底的耄耋老人了。因此，本人期望着中国风景园林界涌现出更多与人民、与城市、与人类生存并肩站在一起的创作者、实践者，并不断追求最纯真的东西，也不断追问未解答的命题。

原上海市园林管理局第一任局长

序二

　　周在春和我是上海市园林管理处（1978年后成立园林管理局）设计部门的多年同事和挚友。他1961年毕业于北京林业大学园林系，毕业后被分配到上海，一直从事园林设计工作。

　　周在春同志刚来上海时英姿勃发，我们都称他小周，现在已改称老周了。时光飞逝，但他依然风度翩翩，有资深学者的气质。至今还有不少熟人依旧称呼他为小周，正是因为他在精神上仍充满着活力。

　　老周热爱园林设计，他努力工作、勤奋钻研、博学进取，对各种类型的园林绿地，从总体规划到具体施工图设计，从绿化种植设计到各种土木工程及小型建筑设计都能手到擒来。除了在上海市完成许多大小项目外，他还在外地乃至国外承担了不少项目，尤其是我国改革开放之后，他四处奔波并承接了不少外地项目，而且颇受当地建设单位和有关部门的欢迎和称赞。

　　老周对设计工作总是认真踏实，并善于思考。他接受任务后，总要先从调查研究入手，不论是自然条件、地基环境，还是人文历史都要仔细地查看，他鄙弃浅薄、浮躁的作风，工作中力求有创新和创意，对祖国园林技艺的卓越成就和西方各国园林的特色均给予传承、发扬乃至吸收借鉴，或弘扬特色、求变求新，或博取兼容、与时俱进。在发挥生态功能、彰显艺术景观上，他总是以人为本；而在科学技术、文化艺术上，又能多方吸取新知识、新技术和新的审美情趣，力求作品有特色、有个性，并深受广大人民群众的欢迎。我想在此把我切身的接触与感受叙述一二。

　　早期设计的上海东安公园是个小公园，其面积不大，但是周在春却设计出小而精的效果，从功能到形式都有独到之处。总体规划上，他以功能为主，简洁美观的小品建筑沿公园围墙间断性布置，并与绿化地坪结合，为老人、成年人、儿童创造出可供多样性活动的场所。园子的出入口分一主一次，南北分别与外界相通。设计手法也颇为特别，有江南园林常用的粉墙、灰瓦，形成院落式曲折小空间，并有水池、汀步穿插其中。经过一段迂回后再向前则视野展开，地形稍有起伏，芳草茵茵，花木缤纷。这种先抑后扬、中西结合，硬与软、奥与旷的结合取得了巧妙效果。还有"天女散花"石雕一座，以及用毛竹和钢管仿竹组合的精致竹亭，显示出东方园林的雅趣。该园建成后，园内终日游人不断，其乐融融，确是一个群众十分喜欢的游憩小公园。

再介绍一个上海市中心的大型公共绿地——人民广场。它从总体布局到具体设计都出自老周之笔。"适用、大气、美观，与周围环境十分协调"，这是我的评价。人民广场占地120亩，由原来的"跑马厅"南半部改造而成。上海市政府大厦位于人民广场的北面，中有人民大道分隔，考虑到其地位显要，而且在地下有商场、变电站等建筑，地上又是上海市民和外地来客喜到的标志性绿地，老周在园林绿化设计上颇费思量，最终完成的设计得到了上海市民和多位专家的认可。人民广场与北面的上海市政府大厦有中轴线呼应，中轴线上又有中心地坪、花坛、旱喷泉，还有音乐铜饰等具有东方气派和现代精神的造景元素。每逢夏日傍晚，上海市民在此乘凉、起舞，一些顽皮小孩快步穿梭在旱喷泉中嬉戏游玩，真似一首交响乐。人民广场大部分用铺装、通道、草坪花坛组合，偶尔还有白鸽来往飞翔。硬质与柔质相交得体，动观和静观互动生辉。在绿地中轴线南端的一头还规划了上海市博物馆。总之，上海人民广场能充分利用土地与空间，并充满文化气息。

除了园林绿化规划和种植设计外，老周还有很多成功的作品。如上海植物园的总体设计以及植物园中的盆景园、槭树园等多个专类园（在盆景园中以高绿篱代替粉墙分隔空间，放置盆景的博古架不设压顶，可以自由曲折，传承中有新意）。他还精心设计了黄道婆纪念祠建筑等，以及崇明生态岛、陈家镇的规划，并与上海市城市规划设计研究院合作提出了详细规划方案。万里居住小区在程绪珂前辈的指导下，以中国哲学思想结合现代园林设计，把原来法国人的园林设计做了局部改建。上海浦东杨高路两侧绿带的重新改建，以及昆明世界园艺博览园的明珠苑设计等均得到好评。他在徐州、枣庄、随州、长兴等地也设计了园林工程。此外，老周在埃及开罗"秀华园"、日本大阪"同乐园"、日本横滨"友谊园"等总体及园艺种植和建筑小品上也做了很好的设计。老周在园林景观设计上的确是一个多能、高产的教授级高级设计师，为上海市园林设计院作出了很大贡献，也是上海园林设计院技术骨干中的佼佼者，并于1995年被任命为上海园林设计院院长兼总工程师。

老周在培养青年技术人才上也是尽心尽力的，如当年秦启宪同志初来时就由老周进行传帮带。老周在工作实践中循循善诱，全心全意地帮助秦启宪成长，后来秦启宪通过自身努力成为上海市园林设计院的高级园林设计师兼总工程师。再后来的朱祥明、胡芳亮等同志也都在专业技术上得益于老周的关心与帮助。

老周以他的睿智和勤奋努力，花了大量精力写出了这部既有广度又有深度的专业著作，其内容十分丰富，文字亦深入浅出，还有不少概括、提炼的图表，层次分明，看后受益匪浅。老周对中国园林史寻古觅今，对西洋园林的发展和流派也作了系统的描述与分类，广览博闻，重点精选，足见他对学问的探索是十分认真的。学无止境，学问需要长期探究与钻研。对这样一个庞大的题目，老周不畏艰难，刻苦攻坚，历时数载，终于完成了《园境——园林五境理论、技法与实践》一书。我要向老周学习和致敬。全书分上、中、下三篇，共 14 章，内容有宏观又有微观，相当细致丰富。

周在春同志在书中也坦诚地提出风景园林学科当下存在的误区，这是他百家争鸣精神的具体体现，有些看法未必十分确切，但大多还是发人深省的。园林项目从选址立项开始就受到地理气候、人文背景以及园林功能的影响，加上设计师个性化的创造，最终形成园林的性格和风格。园林设计与中国山水画或西洋风景画在艺术性方面虽然有相似、相通之处，可以互相借鉴，但也各有特点，这在本书中也有更多详细的论述。

周在春同志在这本书中所阐释的内容、观点及其宝贵经验，我想一定会引起风景园林界的关注和园林人的喜爱。期盼中国风景园林学科和风景园林事业有更好的发展与更大的提高。在本书出版之际，我非常荣幸地为之作序。

吴振千

原上海市园林管理局第二任局长

序三

　　师兄周在春先生是我国著名的风景园林规划设计师。他自1961年从北京林业大学园林系毕业后，一直从事风景园林规划设计工作。由他主持设计的公园、绿地达数百项之多，且获奖无数。曾多次荣获建设部一、二等奖，以及国际大奖、金奖，如埃及开罗国际会议中心庭园——秀华园、1990年日本大阪举办的国际"花与绿"博览会中国园——同乐园、1999年昆明世界园艺博览会上海明珠苑，以及上海人民广场、上海盆景园等项目。周在春先生成绩卓著，闻名遐迩，在我国园林界曾有"北檀（馨）南周（在春）"之说。

　　程绪珂局长、吴振千局长和我在任期间，凡是重大的项目我们都会请老周出马，他确实不负众望，为上海乃至全国的园林大发展做出了重大贡献！

　　2001年周在春从上海市园林设计院院长的岗位上退下来后，又立即组建岚园景观设计公司，继续从事风景园林设计工作。2015年彻底退休之后，仍有许多业主络绎不绝地请他去设计。他去海南琼海度寒假，有建设单位专程赶去琼海请他设计，真是欲罢不能。周在春先生之所以受到如此追捧，除了他学识渊博、设计水平高超之外，还因为他对工作精益求精、一丝不苟。几年前，我和老周同去某地现场踏勘，突然下起了大雨，业主想让我们坐在车上绕一圈走马观花就算了，但是老周却不顾自己年迈体弱，执意要打着雨伞在泥泞的田埂、小路上走遍现场的每个角落，以致后来得了风寒感冒。

　　周在春先生创作的设计作品既继承了中国传统园林的精髓，又与时俱进、不断创新。早在20世纪80年代初，他设计上海东安公园时就开始了大胆的创新尝试，并获得了公众的好评。

　　这次师兄亲自登门，将他的大作《园境——园林五境理论、技法与实践》一书初稿送到我手中，请我作序，我深感荣幸，又诚惶诚恐！

　　当我打开《园境——园林五境理论、技法与实践》的书稿时，即被书中精彩的内容深深吸引，细细品读后仍爱不释手！师兄博览群书，尤其是认真阅读了古今中外大量的园林专著和文献，并进行反复的分析比较，而且融会贯通。他把这些经典的理论大胆、灵活地应用在无数园林设计项目中，又将实践中取得的经验体会凝练、拓展成一套新的理论。如此循环反复、日积月累，终于成就了一笔极其珍贵的财富。现师兄周在春将这笔宝贵财富整理成书，公开出版，可供广大园林工作者学习参考。

我相信，《园境——园林五境理论、技法与实践》一书的成功出版必将受到广大园林工作者的欢迎。艺术都是相通的，《园境——园林五境理论、技法与实践》一书同样也会成为盆景、雕塑、绘画、摄影等艺术创作工作者的良师益友。

序四

 周在春先生，教授级高级工程师，享受国务院"政府特殊津贴"专家，1995～2000年任上海市园林设计院院长，中国风景园林学会"终身成就奖"获得者。周在春先生经过长期的工作实践，擅长将传统的园林经典理论运用于园林设计实践中，形成了他特有的规划设计理念和设计风格。园林设计是他为之奋斗一生的事业，他设计的诸多作品也恰恰体现了其兢兢业业的工作态度、渊博的学识和高深的艺术修养。

 我曾有幸与他共事17年，2001年他退休后，亦成为他的继任者，我一直视周在春先生为亦师亦友的前辈。作为老师，他对园林规划设计的研究实践倾注了几乎全部心血，值得后辈设计师学习、敬佩；而作为朋友，他为人亲和朴实、平易近人，在多年的工作中，我聆听到不少他对专业、对人生的见解，终身受益。

 本书记载了周在春先生作为一名资深的园林设计前辈在其职业生涯中所积累的一些感受与领悟。很多观点，在我看来最珍贵的首先是两个字："真实"，展现了其在工作中敢于实事求是、讲真话的品格，而这点在当今社会显得尤为可贵，值得大家点赞！

 中国传统园林文化博大精深，浩瀚微妙，很难用一本著作说尽道明。相较其他相关著作，本书文风通俗易懂、深入浅出、生动有趣、活泼自然。揭示中国传统园林理论之奥妙，阐释园林设计基础方法之精髓，点破当前行业中各种奇怪现象之玄机，是这本书的精华所在。

 本书从风景园林的精神层面、文化层面到具体设计实践的操作层面，再结合周先生几十年丰富的从业经历及工作实践，对园林设计进行了全方位的阐述总结，这是一种令人尊敬的尝试和努力。作为周在春先生的学生，我从这本书中得到的启示是：要想真正读懂、读透中国传统文化的精髓，就必须怀着矢志不渝的决心、穷毕生精力才行。

 是为序。

原上海市园林设计研究总院有限公司董事长

2020 年 11 月 14 日

前言

　　1939年，我生于广东高州一个贫穷、落后的小山村，读过两年私塾、两年高小，做过两年放牛娃，酷爱家乡绿水青山，喜欢绘画。1957年，我从高州考取北京林学院城市及居住区绿化专业（今北京林业大学园林学院），当时的执教老师有从全国高校调来的陈俊愉、汪菊渊、孙筱祥、余树勋等顶级专业教授。中华人民共和国成立之初，学校的教学条件很差，新办专业没有课本，教授们自行编写教材，手刻蜡版，用草纸油印讲义……四年大学生活甚为动荡、艰苦，但我们的求知欲很强，学习劲头十足。我最喜欢美术课、园林设计课。我满怀浓厚兴趣，如饥似渴地学习中外园林史、园林艺术、园林规划设计、园林建筑、园林工程等专业课。1960年，我在老师的教导下做"北京太平湖公园规划"和"公园茶室建筑"课程设计，从此踏进园林设计的门槛，开启了我的园林设计生涯。

　　1961年毕业分配时，我响应国家号召，"听党话，跟党走"，"到最艰苦的地方去，到祖国最需要的地方去"，主动报名到艰苦的省区。按"自愿报名，服从分配"的原则，我意外地被分配到上海市人民委员会园林管理处设计室，其前身是上海市公共租界工部局园场管理处造园科。这里有十多位教授级的园林、建筑、规划、雕塑设计师（刘开渠等），还有美、日等外国著名园林专刊。尽管生活很艰苦，但工作环境良好。它也是上海市园林设计院的前身，是我的第一个工作单位，也是我一生唯一的工作单位。我在这里工作了40年。退休之后，我继续工作，老有所为、老有所乐。至今已从事园林设计60余年了。

　　我经历了20世纪五六十年代一系列政治运动、下放劳动、饥荒苦难和"文化大革命"，这期间我承担了上海唯一一项园林规划设计任务——上海龙华烈士陵园规划设计。我深感自己知识不足，经常跑图书馆、美术馆、展览馆、青年宫、文化馆，求师学艺，学习绘画，搜集参考资料。"文化大革命"期间，我开始自学中外建筑史、建筑设计原理、建筑结构、建筑力学、建筑设计等传统建筑课程，并专程到广州参观学习岭南园林布局和园林建筑，测绘、编制岭南园林图集等。我的一生都在努力学习，不断充电，增长知识才干。

在 20 世纪七八十年代，上海市园林管理处设计室是上海市唯一的园林绿化设计单位。我们承接了全国 10 多个省市的风景园林，以及学校、部队、工厂、农场、宾馆、机关、医院、科研院所、寺庙、居民小区等各种类型的园林绿地和园林建筑规划设计项目，这使我经受了各种锻炼，也积累了丰富的设计经验。

20 世纪 80 年代中期，我连续承担日本横滨与大阪、中国驻澳大利亚大使馆、埃及开罗国际会议中心等国外园林规划设计任务，率先迈开中国园林走出国门、走向世界的步伐。在开罗、纽约等大都市生活、工作的日子里，我有机会参观游览了西班牙园林、开罗国际公园、纽约中央公园、纽约植物园、美国国家树木园、长木花园、迪士尼乐园等的园林，对世界园林有了初步的认识。此外，还承担了纽约华苑度假村发展规划。

1978 年，中国实行改革开放，经济开始腾飞，园林事业空前发展。我目睹了中西园林的差异，认清了"自然、生态"的世界园林潮流，增强了中华文化自信和民族自信，并认定中国园林必须走自己的道路，中国园林的优良传统和西方园林的先进理念应当结合，传承与创新也应当结合，中国园林必须有中国精神和中国特色。我把这些理念付诸实践，运用到上海植物园、上海人民广场、上海东安公园等设计项目中，努力进行中国园林传承创新的艰苦探索，希望做出有中国特色、地方特色和时代特色的中国新园林。尽管经历了许多曲折、磨难，但我一生本着"堂堂正正做人，兢兢业业做事""艺海拾贝，砥砺奋进"的座右铭，做到问心无愧于祖国和人民。退休后又带领年轻人开始创业，先后完成十多个植物园以及文化公园、陵园、墓园等一批大中型项目。退而不休，"小车不倒只管推"，老有所为、老有所乐，决心为国家健康工作 60 年。

在 60 年的园林设计生涯中，我做过无数个各种类型的园林规划设计项目，但心中一直有一些问题悬而未解：园林到底有没有理论？什么是园林理论？有没有园林理论体系？我深感如果没有园林理论指导园林规划设计，就会迷茫，就会没有方向。常言道"书中自有黄金屋"，于是我博览群书，希望从书中寻找答案，但往往只得到一些理论碎片。我也曾请教许多老前辈，他们也有同感，并为此伤感、迷惑。我一直认为搞园林理论是老大难，是硬骨头。要解决园林理论问题，自然要靠院士、教授和专家们。而我只是一个园林设计师，长期从事园林工程规划设计，在园林工地上摸爬滚打，才疏学浅，势单力薄。但我又不甘寂寞，不愿等闲视之，更不怕艰难困苦。"明知山有虎，偏向虎山行""不到黄河心不死"，于是我鼓足勇气，斗胆冒险，砥砺前行，勇敢做一个敢啃"园林理论"硬骨头的小蚂蚁。"行万里路，读万卷书"，并进行中西园林发展历程对比，梳理园林设计理论，结合自己 60 年的园林设计实践，特别是近十多年的艰苦实践、探索，最终提炼出"园林五境理论"（天境、意境、艺境、生境、物境），形成园林理论的基本框架体系，并写成《园境——园林五境理论、技法与实践》一书。

　　谨以此拙作献给我的祖国，献给中国风景园林事业，献给我的母校——北京林业大学，献给我的"一串红"学长们。祝愿中国风景园林永远屹立于世界东方。

2019 年 9 月写于上海

目 录

上篇　园林五境理论

中篇 园林设计技法

上 篇

园林五境理论

第 1 章

园林发展沿革概述

中国、希腊和西亚被联合国认定为世界三大园林——中国园林、西方园林和伊斯兰园林的发源地。希腊和西亚文化孕育了西方文明。西方园林同根、同源，都源于《圣经·旧约》中的伊甸园，最终发展成为意大利 – 法国古典主义园林，统领西方园林数百年。

中国园林历史悠久、源远流长，遗存丰厚、业绩卓著，风格独特、独树一帜，是东方园林的代表，被誉为"世界园林之母"，深受世人称颂。中国园林是珍贵的世界文化遗产，是国人的自豪和骄傲。

1.1

中西园林发展踪迹

通过回顾中国园林和西方园林的过去，可以简略了解中西园林在历史长河中的发展、演变概况（详见附录1）。

1.1.1　法国园林演变踪迹

从凡尔赛宫花园、雪铁龙公园、拉·维莱特公园三个园林的演变，基本可以探明300年来法国园林由古代园林演变到现代园林的足迹。

1. 凡尔赛宫花园

凡尔赛宫花园是由安德烈·勒诺特这位"皇家园林师和园艺师之王"于18世纪传承、发展意大利文艺复兴园林艺术而创造的法国古典主义园林代表作，其严谨的规则几何、中轴对称布局，巴洛克的装饰艺术、建筑、雕塑、模纹、花坛、喷泉……富丽堂皇、端庄美丽，是西方传统古典主义园林典范和杰出代表。

2. 雪铁龙公园

20世纪80年代，雪铁龙公园在凡尔赛宫建成200多年后建成，是在雪铁龙工厂原址改建成的一座开放型的后现代主义大型城市公园。雪铁龙公园布局形式与凡尔赛宫相比已发生了巨大变化：规则中轴对称式已不用了，但总体布局依然是几何规则的。保留、利用原有工厂道路作中轴、斜轴，但都不对称了；大宫殿变成大温室和几个玻璃盒子（景观盒子）；大型雕塑喷泉不用了，变成水中树阵、水渠、跌水和大水池；大型模纹花坛不用了，改为大草坪、大斜路和散植树；绿篱、树雕少用了，局部大胆采用自然式野草、野花园。还可以隐约看到英国风景式、中国自然式和日本式园林布局形式，出现了东西方园林交融的痕迹。

3. 拉·维莱特公园

拉·维莱特公园是1982—1989年建成的，并作为纪念法国大革命200周年九大工程之一的大型现代城市公园，被称为"解构主义园林"的代表作。解构主义设计的宗旨是要"颠倒设计规则，提倡分解、片段、不完整、无中心，持续变化，不考虑周边环境和文脉，要给人新奇、不安全之感"。拉·维莱特公园的设计宗旨是要设计创作"属于21世纪的、充满魅力的、独特并有深刻意义的公园"。在这里：以往严谨的中轴对称没有了，但规则方形、圆形等几何形仍为主体构图；公园总体布局以规则式布局为主，规则式与自然式相结合，全园被一个40m×40m的方格网笼罩着，内含40个大方格，在 40 个网点设置 40 个红色构架亭子。拉·维莱特公园总体布局分明，是一个规则式结构主义框架：结构主义与解构主义相互咬合；几何形与自然形、直线与曲线结合；局部采用解体的自行车等解构主义雕塑小品；绿化种植也是规则式和自然式种植相结合，曲直自如，采用规则与自然相结合的综合构图形式。尽管设计者将其定义为解构主义作品，但我认为它是以结构主义为主，结构主义与解构主义相结合的综合式园林构图。

从这 3 个法国园林案例可以看到，法国园林经过 5 个世纪的漫长历程，大踏步创新、变革、发展，从古典主义园林走到现代园林，但法国规则式几何形园林的骨架还在，法国文化的韵味基本未变。

1.1.2　英国园林演变踪迹

（1）规则式——最早一直采用西方古典主义规则式园林布局。

（2）创建英国风景式园林。文艺复兴时期，人们思想解放，打破规则几何式园林布局，追求回归自然、欣赏自然风光，出现了自然风景园，模仿自然风景的疏林草地、自然式树丛、曲水、曲岸、曲路。同时受中国自然山水园林影响，形成了英国风景式园林，自成一派。

（3）英国最早设立园艺专业，以植物园为基地培养园林人才，开展植物科学研究，大量搜集中国以及世界各国植物资源，

开展植物引种驯化、遗传育种、植物栽培、植物应用研究，植物园科技成果突出，科学水平领先世界。

（4）在资本主义民主思想影响下，英国皇家园林最早向公众开放，最先建立城市公园、动植物园体系。

（5）发展以自然生态为主体的英国现代园林，英国园林植物学科以其植物分类、植物配置、花境配置、世界花展等一直引领世界。

1.1.3　美国园林演变踪迹

（1）初期一直移植欧洲古典主义园林。

（2）美国园林之父弗雷德里克·劳·奥姆斯特德（Frederick Law Olmsted）在考察英国园艺学科（Gardening）之后，创建了风景园林学科（Landscape Architecture）。

（3）奥姆斯特德学习英国风景式园林的自然式布局，建成的纽约中央公园、波士顿滨河绿带——翡翠项链是美国现代园林代表作。

（4）创建城市公园系列、城市绿地系统，创立国家公园体系。

（5）创建众多植物园（300 多个），开展植物科学研究，引领世界园林发展。

（6）美国现代园林走向多元化，园林形式不断变化创新，而且流派纷呈。

（7）融入美国文化，创建美国特色园林，如迪士尼大型游乐园、罗斯福纪念公园、越南战争纪念碑等。

（8）美国园林利用数字化、现代化技术，引领世界现代园林发展。

1.1.4　俄罗斯园林演变踪迹

（1）俄罗斯皇家园林（夏宫等）承袭了西方古典主义规则几何式园林。

（2）在"对人的关怀"之社会主义思想指导下，创建苏联城市绿化、居民区绿化学科。

（3）苏联十月革命后建设的世界上独具特色的高尔基文化休息公园（内含文化、艺术、体育公园、儿童公园等）是一座大型综合性现代园林。

（4）在卫生防护思想指导下，创建卫生防护林、农田防护林的生态防护系统。

（5）苏联城市绿化对中国有过重大影响，并引导中国建立风景园林学科。

1.1.5　日本园林演变踪迹

（1）传承中国自然山水园（兼六园、后乐园）、盆景、石灯笼等艺术。

（2）创立日本茶庭、平庭、山庭、水庭等微型园林形式。

（3）创立日本石灯笼系列、日本盆景系列，发展出山石、步石、枯山水和鸟居、洗手钵等日本特色园林小品。

（4）创建古朴、野趣、生态型日式园林建筑。

（5）21世纪的日本园林由小园变大园，

由人工山水园变为自然山水园——日本爱知世博会创建日式大型自然山水园、大型立峰山石景观。

（6）建设新型现代综合性城市公园：东京六本木现代综合城市公园、大阪难波公园。日本实现从传统园林向现代园林的跳跃式发展。

1.1.6　中国园林演变踪迹

（1）中国园林从夏商的苑、囿起源，到秦汉皇家的宫苑、台观。

（2）魏晋时期，转向私家文人自然山水园。

（3）唐代，宫廷园林高度发展。

（4）北宋时期，转向皇家自然山水园林并达到高潮，同时产生一批洛阳名园。

（5）南宋时期，西湖风景名胜山水园、城市开发空间、公共园林等得以发展。

（6）明清时期，北京皇家园林和江南私家园林空前发展，并达到顶峰。

（7）清末，半殖民地租界时期的广州、上海建立第一批西式公园——沙面公园、黄浦公园。

（8）清末，官宦开启中国近代园林先河，建设酒泉公园等；辛亥革命后中国兴起中山公园运动（纪念公园＋城市公园），中国进入近代园林时期。

（9）中华人民共和国成立后，苏联城市绿化理论体系影响巨大，引导中国建立风景园林学科，推动中国从古典园林、近代园林进入现代园林建设时期，开启了城市公园、城市绿化、大地园林化和城市绿地系统规划建设。

（10）1978年改革开放后，中西交流增多，园林绿化大发展，中国迈入现代城市公园、国家园林城市、生态城市和生态人居环境建设时期。

（11）21世纪，建设国家生态城市、生态城镇和生态农村，绿化山川，建设绿色、低碳、节约的生态园林，发展循环经济。

从以上中西园林发展轨迹可以看出，各国从古典园林发展到现代园林都是因地制宜、因时制宜的，立足本土，传承传统文化，融入现代理念和现代科技，创建既有时代气息又有本国特色的现代新园林。（图1.1-1）（详见附录1）。

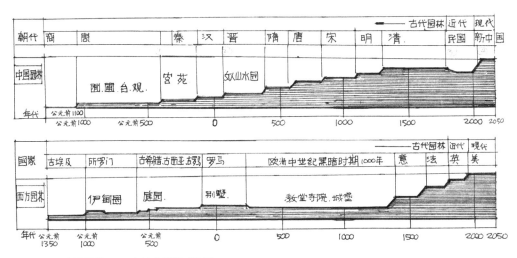

图 1.1-1　中西园林 3000 年演变历程对比图

1.2

中西园林理论概述

理论是既往实践的总结，是未来实践的指导。没有理论指导的行动就是盲动，盲动的结果必是受挫折、失败。

我从事风景园林规划设计60年，始终心存疑惑：园林到底有没有理论和理论体系？中西方园林各有什么相同和不同的理论？为了寻找园林理论，我曾请教过不少专家、学者，也曾在茫茫书海中游弋、苦读，但依然不得其解，且得知诸多同行亦同感迷惑。以往众多学者编写的园林专业论著、论文，多是论述中国园林或西方园林的特点、特征、要素等；少有涉及中西园林内在理论的研究，至多是在某一方面进行理论探索，但始终未见园林理论体系的研究、论述。

为此，我博览群书，广泛搜集古今中外园林专家学者的园林理论、论著、评述和古今中外大量园林理论碎片，再按东方古典园林理论、西方古典园林理论和现代园林理论做较系统的研究。希望通过学习、分析、归纳、概括、整理、提升，形成初步的园林理论体系与框架。

诸多专家、学者的论著可谓百家争鸣、百花齐放，各抒己见、各具特色，精彩纷呈。各位专家、学者均从不同角度、不同领域阐述了园林理论。每个人的论点虽然不一定全面、完整，却是园林学科某一方面不可或缺的理论，我统称之为园林理论片段（详见附录2）。

通过搜集整理这些理论片段，我归纳概括出以下几个要点：

1. 人与自然

自然不属于人类，但人类属于自然。人类要与自然相互依存，人类保护生物多样性，保护自然生态不被破坏，归根结底就是保护自己。人和自然是鱼水关系，是骨肉关系[③]。以人类为中心，统治自然、对抗自然，人与自然竞争必招致失败。人类要尊重自然、珍惜自然、顺应自然、利用自然，再适当改造自然、完善自然，以趋利避害。所以，风景园林设计师必须遵守自然规律。中国文化的核心就是人与自然的和谐，即天人合一、人与天调。经过原始人类受"自然奴隶阶段"之后，中西方走上不同道路，产生不同的天人关系。

中国的自然观：自古以来，自然的力量过于强大，人不可能对抗自然，仅是自然的一部分；人又不能离开自然，人只能顺应自然，与自然融合，天、地、人和谐统一。

西方的自然观：古希腊哲学把人独立于世界，视人与自然是主客关系，人类要征服自然，做自然的主人。人类要主宰自然，统治自然，以数理原则改造自然。

2. 生态优先，建立城市绿地系统

随着城乡建设发展，不只是在有限的绿地建造公园，还要在一个城乡一体的区域，甚至整个国土进行大地景观规划，需要高瞻远瞩地把建筑、规划和绿地融为一体，意匠独造。呼吁建筑、规划、园林三者融合，将建筑环境与自然环境作为整体考虑。21 世纪城市建设的五项原则——生态观、经济观、科技观、社会观、文化观，是新世纪发展的前提。

建立完善现代城市公园系列。英国最早建立城市、动物园、植物园；美国建立城市绿地系统、现代城市公园、儿童公园、体育公园；苏联建立文化休憩公园、全国植物园系统和城乡防护林系统。

山水城市是人类最佳生存环境。城乡一体的绿地系统是近年来城市园林绿化建设的最大进步，从见缝插绿到规划建绿，从城市中心转向市郊，都市绿地系统与国土绿化系统接轨，园林工作者要参与甚至引领城市规划和城市建设。

3. 园林功能

现代园林有明确的功能目标：五大功能定位——生态、休憩、景观、文化、避灾，这已得到业内和社会认可。生态优先、以人为本、生物多样性的基本理念占据主导地位。绿地是衡量城市宜居水平的最重要标志，而园林就是"人间天堂"，为人类创造良好的生存条件和美好的生活环境。公园绿地已成为人们的生活必需品，这是城市化的里程碑，是城市进行曲的主旋律。

园林肩负着发展文化创意、构建城市文化、培植城市精神、树立城市文化标志的重任。彰显生态功能主要依靠植物来实现，而其他功能则主要由园林山水、土石、建（构）筑物来体现。

4. 园林文化

园林是旅游、文化产业的重要依托。中国古典园林的新生是中华人民共和国成立以来最伟大成就之一，众多园林异彩纷呈，并被定为珍贵的世界文化遗产或世界自然遗产。现代园林走向多元化、开放和包容，从传统到现代，从文脉到时尚，变化巨大。国家园林城市的创建是以生态为核心，以人文为主线，以景观为载体，以空间优化为基础的。

我们要提倡人文的科学精神和科学的人文精神，在全球文化融合中重建新人文主义的新美学与新伦理学，供人们诗意地栖居在大地上，发扬文化传统，丰富文化内涵。只有根植于文化土壤的技术，才是21 世纪的高新技术。园林文化是园林的灵魂，是园林的第二生命，没有文化就没有灵魂，没有生命。有文化的园林才是最好的园林。

5. 园林美学

园林是综合艺术的王国，含文学、语言、书法、绘画、雕刻、音乐、琴韵、戏曲等。园林美是蕴含着自然美、物质美和精神美的综合美。

（1）自然美——中国人最早发现自然美，推出并推崇山水画、山水诗、山水园。它们崇尚自然美，追求自然美，创造自然美。

（2）物质美——建筑美、山水美、花木美、生活美（美衣、美食、美宅、美车）。

（3）精神美——艺术美、人文美、情感美、思想美、道德美、灵魂美。

6. 园林艺术

园林是人间天堂。园林的三境界是画境、意境、生境。现代主义园林以人为本、以园林功能为主，追求新的园林空间，其构图形式多样化。现代艺术抽象几何的构图和流畅曲线的有机结合，使得现代景观呈现多方面特征。

科学追求与艺术创作殊途同归，越往前进，艺术越要科学化，科学也要艺术化。理性分析与诗意联想相结合，其目的在于提高生活环境质量。

7. 现代园林艺术理论

传统艺术是园林艺术的源泉。古往今来，园林艺术以东西方艺术学和设计学的各种流派学说作为理论支撑，从而涌现出园林艺术的多元化、多义化。当今社会各种艺术流派更是日新月异、精彩纷呈，令人眼花缭乱。

追求创新、不断创新，是园林艺术发展的动力。园林艺术要传承民族文化和地方特色，保留根基，也要与时俱进、不断创新、永续发展。但唯"新"主义所掩盖的是人性的贪欲，片面追求形式创新、构图怪异，总有一天会受到惩罚的。

园林艺术要走传承与创新相结合的道路。建筑文化的全球化与多元化是一体之两面，现代建筑要体现地域性，乡土建筑要体现现代性。

明代计成所著《园冶》一书所概括的中国园林经典理论非常精辟。而其他园林理论碎片也非常丰富，但都不完整、不全面、不系统。我们应给予继承发扬，兼容并蓄，海纳百川，与时俱进，构建现代园林理论体系。这就是本书研究的重点所在。

第 2 章

园林绪论

2.1

园林定义与分类

2.1.1　园林定义

据学兄张国强先生研究，园林一词最早源于东汉，汉代班彪《游居赋》："……享鸟鱼之瑞命，瞻淇澳之园林，美绿竹之猗猗，望常山之峨峨，登北岳而高游……"此后，在西晋时（公元 200 多年），陆续有记载"白日照园林"（晋·张瀚）、"驰骛翔园林"（晋·左思）。园林一词在中国用了两千多年，中国园林闻名于世，无人不知。

园林，从字面上理解，就是"园"＋"林"。

园者，繁体字写作"園"。古人以形象造字，"園"就是囗、土、口、衣，即园墙、土地、水池，衣为地表的衣被，就是树木植被。园由四者合成，这四样物体构成了中国封闭式的花园，其形象生动、简单明了。华夏先人真是英明、伟大。

林者，森林也。包含原始森林、次生森林、人工林。其中，人工林又包括生态防护林、水源涵养林、公益林、经济林、景观林、城市森林等。因社会分工需要，园林被分属园林部门和农林部门管理。近年国家体制改革，园林总算回家了。园＋林，合成园林，这就是中国园林的总体形象。园林，是一个通俗易懂，既好叫也好听的名字，已被叫了两千多年，中国人都已习惯并认同这一名字。

园林在英文中也有相类似的词：Garden（花园）、Park（公园）、Landscape（地貌、地景、绿化）、Landscape Architecture（风景园林）。

汪菊渊院士曾科学确立园林的 3 个层次：园林是"传统园林、城市园林绿地系统和大地景物"。这是一个广义的园林，园林并不局限于围墙内的小园林。中国古代的台、观、囿、苑、园、园林，经过三千多年的发展，直至今天的风景园林，其园林的范围、内涵也都在不断发展变化。

周维权先生给园林下过这样的定义："园林是在一定的地段范围内，利用、改造天然山水地貌，或人工开辟山水地貌，结合植物栽培、建筑布置，辅以鱼鸟养殖，从而构成一个以视觉景观之美为主的赏心悦目、畅情抒怀的游憩、居住环境。"但这个定义偏长、狭窄，还不足以涵盖游乐园、校园、社区园林和寺园、墓园、国家公园、自然保护区、森林、湿地、郊野园林等城乡园林绿地系统。

我国台湾地区出版的《中文大辞典》对园林的表述是："植花木以供游憩之所"。它虽很简要，但不全面。

我尝试把园林定义调整为：

园林是利用天然资源和人文资源以营造山水地貌、草木植被，建成具有良好生态、美好景致的景观和文化设施，可供人类游憩、生活的户外绿色场所（生活场所包括工作、学习、居住、娱乐、康体等）。园林是运用艺术和科技手段营建的融自然风景和人文艺术为一体的绿色综合体。

在西方，犹太教、天主教、基督教和伊斯兰教，多教同源。西方教派有共同的教义——《圣经·旧约》。《圣经·旧约》里的"伊甸园"是上帝为圣徒创建的天国花园。《可兰经》中的"天国"是安拉为伊斯兰信徒创造的天国花园。远在东方的中国，本土最古老的道教以及由印度传入的佛教也都有"极乐世界"。"天堂""伊甸园""天国""天堂花园"都是教主为信徒塑造的心灵天堂，也就是梦幻中海市蜃楼般的"天国花园"。而在地球上，世界各国众多的公园、花园却是真实的人间天堂，是人间的"天国花园"。因此，可以说园林就是人间天堂。中国素有"上有天堂，下有苏杭"的谚语，这是江南自然山水和江南私家园林共同构筑的人间天堂，是中国人对天堂的理解和向往。

中国传统园林是中国封建社会农耕文化的产物，是少数人占有、少数人享用的私有财产，包括江南园林和皇家园林都是这样。古埃及园林、古希腊园林、古罗马园林、西亚伊斯兰园林、意大利文艺复兴园林、法国古典主义园林也无一不是封建帝国的产物。古代虽有圣林、庙林、体育

场地附属林地可供公众享用，中国农村亦有村林、神木归公众所有、公众享用，但这些都并非现代意义的公园。

19世纪初，英国进行了第一次工业革命，民主、人权思想的产生推动了社会进步。1843年，英国利物浦的伯肯海德公园向公众开放，成为世界园林史上第一个城市公园。此后，英国皇家园林也逐步向公众开放。后来英国政府开始规划建设城市公园。德国也在效仿。

1857年，美国建设纽约中央公园和城市绿地（开放空间），建立国家公园、城市公园体系和绿地系统。

中国南宋临安（今杭州）西湖有向公众开放的公共绿地，但并非真正意义的公园。鸦片战争后，1844—1848年英美法殖民主义者率先在广州、上海建立中国第一批公园——沙面公园、外滩公园（黄浦公园）。清末，1878年陕甘总督左宗棠改建衙署酒泉公园，成为中国人自己建设的第一个公园。1904年黑龙江巡抚程德全在齐齐哈尔建立龙沙公园……辛亥革命后，中国各地掀起建设中山公园运动，先后建设了110多个中山公园（朱钧珍《中国近代园林史》）。

中华人民共和国成立后，全国各地许多私家园林和皇家园林都先后被改造、修复为公园，向公众开放。国家提倡"大地园林化""普遍绿化"运动。各地政府建造了大批城市公园，大力开展居民区绿化、工厂绿化、道路绿化、防护林绿化、荒山

造林等。园林的范围大为扩大：由围墙内扩展到围墙外，由公园扩展到城市绿化，由城市绿化扩展到农村"四旁"绿化、大地园林绿化。园林规模及尺度由小变大、由封闭到开放，原来的私家园林和皇家园林都已变为公有，向公众开放。"园林"再也不是从前的狭义园林。那些被某些人一口咬定为"封建农耕文化产物"的传统园林，已变成社会主义制度下为全民公有，为广大人民大众享用，成为人民大众朝夕相处、息息相关的生活场所。改革开放以来，中国园林如枯木逢春、古树繁花，如雨后春笋飞速发展。

与欧美 Landscape Architecture 相对应的中文译名，习惯上直译为"园林"。虽曾有过不同的译名：20 世纪日本人译为"景观"，前人译为"造园"，也有人译为"景观建筑""地景"等。但在中国，这一术语必须有一个统一、公认的译名，那就是长期沿用的"园林"。这个名词沿用数百年，一直相安无事。

到 20 世纪末，一些到西方留学的学者学成归国，带来一些园林新理念、新技术、新样式，受到国人欢迎，本是好事。但是却有一些人非说 Landscape Architecture 只能译为"景观"，不能译为"园林"，声称"中国园林是封建农耕文化的产物""要革园林的命""必须用景观取代园林"，一时间风起云涌。

经过争鸣，国务院 2011 年发文确定沿用"风景园林"名称，并把风景园林学科提升为一级学科，与建筑学、城乡规划学共同构成人居环境大学科。景观与园林 20 多年之争总算基本平息。

2.1.2 园林构成元素

以往众多学者都把园林构成分为山水、植物、建筑三大元素，或者山水、木石、植物、建筑四大元素。我认为首先缺少了一个最基础、最重要的元素——土地。没有土地就没有园林，园林构成必须加上土地元素。其次，园林是工程技术和文化艺术相结合的综合体，园林有自然物质元素，也有社会文化元素，园林构成有着多元性、多样性。社会人文是园林构成的核心要素。我认为园林构成元素不能只见物不见人，除了自然物质元素外，还应有社会人文元素，而且社会人文是园林的核心构成元素。人文元素是指地方、民族风情及人文需求，还包括园林设计师个人的艺术修养、设计技巧等，这是最重要的园林构成元素。不同的地方、不同的民族、不同的设计师必然形成不同的园林。因此，我把土地列为基础元素，并加上社会人文元素，把园林构成元素拓展为自然物质元素和社会人文元素共六大元素。其中，自然物质元素包含：

（1）土地：场地、地形、地貌、土壤。

（2）山水：自然山水（山脉、水系）、水文地质。

（3）岩石：天然山石、人工山石。

（4）生物：以植物为主，也包括动物、微生物生态系统。

（5）建筑：园林建筑物、构筑物（路、沟、桥）、小品。

而社会人文元素则包含：

（6）人文：民族风情、社会风俗、时代背景、业主境界，以及设计师品德、文化艺术修养和设计技巧。

2.1.3　园林分类

现行城市园林绿地分类依然存在不够完善之处。经过较长时间的思考，我提出园林分类修改方案——城乡园林绿地分类法。常言道："上有天堂，下有苏杭"。苏杭园林闻名于世，人们把以园林闻名天下的苏杭比作天堂，把人间园林比作"天国花园"，把浪漫主义与写实主义结合在一起。因此，我把人间园林绿地与"天国花园"相联系，建设城乡园林，建设美丽中国，这就是建设人间天堂，实现美丽中国梦。

我国正在建设新农村、新城镇，实现乡村城市化，大力提高城镇化水平，逐步消除城乡差别，实现城乡一体化。我认为未来的城市公园与农村乡镇公园虽然服务的人群和数量不同，但都应该具有相同的功能与设施，实行统一标准，可以把城市公园和乡村公园统称为城乡公园。因此，我把城乡园林绿地分为城乡公园绿地、生产防护绿地和专属园林绿地三大类。前两类列入城市规划用地指标，而专属园林绿地则不参与城市规划指标计算。

城乡园林绿地分类（图2.1-1）：

1. 城乡公园绿地（计算城市规划用地指标）

（1）城乡公园：综合公园、市级公园、区级公园、海滨公园、滨江公园、街旁公园、社区公园、儿童公园、乡镇公园、乡村公园、街道小游园。

（2）专类公园：动物园、植物园（含植物专类园）、纪念公园、雕塑公园、文化公园、体育公园、主题公园、游乐园、工业公园、音乐公园、农业公园。

（3）名胜古迹、古典园林：风景名胜区、遗址（遗产）公园、皇家园林、私家古典园林。

（4）国家公园、自然保护区。

（5）郊野公园：生态公园、城市湿地公园、国家湿地公园、森林公园、郊野公园。

2. 生产防护绿地（计算城市规划用地指标）

（1）生产绿地：林场、花圃、苗圃、草圃。

（2）生态防护绿地：城乡防护林、卫生防护林、水源涵养林。

3. 专属园林绿地（不参与规划用地平衡）

（1）住宅园林：社区园林、花园别墅、宅园。

（2）旅游度假区、生态养生园、疗养院。

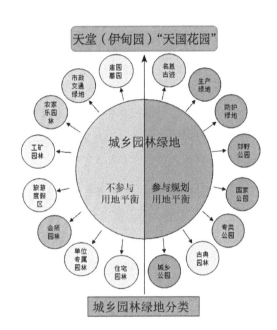

天堂（伊甸园）"天国花园"

城乡园林绿地

不参与
用地平衡　参与规划
　　　用地平衡

城乡园林绿地分类

图 2.1-1　城乡园林绿地分类示意

（3）政府机构、医院、学校、宾馆、企事业会所园林。

（4）道路绿地、河道绿地，以及港口、机场、铁路等市政绿地。

（5）厂矿企业专属园林绿地。

（6）寺庙园林、墓园。

（7）农家乐。

（8）其他园林绿地。

2.2

园林学科与人才培养

2.2.1　风景园林学科发展历程

1. 风景园林学科

风景园林是用科学技术与美学艺术手段处理人与环境关系、营造户外人居环境的学科，也是人文艺术和自然科学相结合的应用学科。

英国在 19 世纪中期最早建立 Landscape Garden 学科，常译为 "园艺学"。美国哈佛大学教授奥姆斯特德（F. L. Olmsted）于 1900 年建立风景园林学科（Landscape Architecture），率先建立国家公园、城市公园体系和城市绿地系统。

美国在 20 世纪末推动风景园林学科走向现代化、数字化。

苏联于第二次世界大战后建立城市绿化学科。

1984 年，国际风景园林师联合会（IFLA）成立。

中国风景园林学从何时诞生？汪菊渊先生虽在早年说过："中国园林学科有百年历史"，但至今没有看到实证。

中华人民共和国成立前，南京中央大学陈植先生曾编著《造园学概论》《中国造园史纲》。1928 年，陈植先生倡议成立 "中华造园学会"，并发行专刊，在农学院园艺系开设造园课。他还曾建议成立 "造园" 学科，虽未果，但陈植先生为中国风景园林学科的发展奠定了基础，开启了先河。

中国风景园林学科真正形成则是在中华人民共和国成立之后。

1951 年，汪菊渊、梁思成和吴良镛三位先生共同倡议并获准，由北京农业大学和清华大学合办造园专业，正式成立园林学科，且先后设在清华大学、北京农业大学。1956 年院系调整到北京林学院（现北京林业大学），并按苏联的体制改称 "城市及居民区绿化专业"。从全国各地的大学抽调建筑学、观赏植物学、植物学、园林学、美术等各专业教师，形成正规的中国风景园林学科，正式开始在全国招生（笔者于 1957 年就读该专业）。1956 年同济大学在建筑系城市规划专业设立园林专门化，1956 年南京林学院创建城市居民区绿化专业，1984 年武汉城建学院、1985 年同济大学先后设立风景园林专业。

1988 年，汪菊渊先生主编《中国大百科全书　建筑园林城市规划》，确立园林学为独立学科，与建筑学、城市规划学并驾齐驱，这是现代科技领域的重大突破。汪菊渊先生界定了园林学科的定义："园林学是研究如何动用自然因素（特别是生态因素）、社会因素创造优美的、生态平衡的人类生活境域的学科。"园林学科的研究范围是随着社会生活与科学技术的发展而不断扩大的，目前包括传统园林学、城市绿化和大地景观规划三个层次。园林学以生物学、生态学为主，并与其他非生物学科（城市规划、建筑、哲学、历史、文化、艺术）相结合的综合学科，是绿色生物系统工程学科。一方面，园林学的发展是引入各种新技术、新材料、新的艺术理论和表现方法用于园林营造；另一方面，它是研究各种自然环境因素和社会因素的相互关系，并引入心理学、社会学和行为科学的理论，更深入地探索人对园林的需求及其解决途径。

1989 年，中国风景园林学会作为一级学会成立。2008 年，IFLA 接纳中国风景园林学会作为代表中国的正式会员。2011年 3 月，国务院把长期隶属于建筑学科的风景园林学从二级学科提升为一级学科，并确定"风景园林"为正式专业名称，风景园林学与建筑学、城乡规划学并列。

改革开放以来，全国各大院校像雨后春笋般普遍设立园林系或园林专业，而且基本分设在农林、理工、建筑和美术院校。据报道，全国有 260 多个园林学系、景观系和环境艺术等类似专业，并开设园林规划设计、风景区规划设计、园林艺术、园林建筑、园林工程、园林树木、花卉、地被、园林经济、园林管理等专业课程。

2. 与风景园林学科相关的三大核心学科

1）生态学科（培养生态学、植物学知识）

（1）生态基础学科：地质学、土壤学、气象学、地理学、生物学、植物学、生态学、森林学、草原学、园艺学。

（2）生态核心学科：植物生态学、景观生态学、城乡生态学、园林树木学、花卉学、地被学。

2）工程学科（培养工程理论、知识，训练技能）

（1）工程基础学科：岩土工程学、工程材料学、测量学、水利工程学、环境保护学。

（2）工程核心学科：城乡规划学、园林规划学、园林建筑学、园林工程学、园林植物设计学。

3）文化艺术学科（培养文化艺术理论与知识，培训艺术技能）

（1）文化学科：哲学、文化学、宗教学、民族学、社会学、行为心理学、旅游学。

（2）艺术学科：绘画史、绘画、书画、雕塑、园林艺术学、造型艺术、山水环境艺术、艺术理论、中外园林史、建筑史、美术史。

3. 风景园林学科的主要研究方向

（1）风景园林历史与园林理论体系研究。

（2）风景名胜历史遗产保护与研究。

（3）城市绿地系统、大地景物与生态修复研究。

（4）风景园林规划设计理论、技艺及发展研究。

（5）生态园林、生态城市、生态园林城市以及生态效益与生态防护的研究。

（6）园林建筑与园林工程技艺研究。

（7）植物资源保护与利用，以及园林植物应用与发展研究。

（8）社会学与行为心理研究。

（9）园林绿化体制、政策、产业与市场的研究。

（10）园林专业技术规范与标准的研究。

40余年来出版了不少风景园林专著：陈俊愉、程绪珂著《中国花径》，汪菊渊著《中国古代园林史》，周维权著《中国古典园林史》，张家骥著《中国造园史》，陈从周著《说园》，程绪珂、胡运骅著《生态园林的理论和实践》，中国勘察设计协会园林设计分会编著《风景园林设计资料集》（已出版园林植物、风景规划、园林绿地总体设计等专集），贺善安著《植物园学》，吴家骅著《环境设计史纲》等，还有《程世抚、程绪珂论文集》、孟兆祯著《园衍》等。它们从不同角度、不同层次对中国风景园林理论做出了阐述。风景园林作为独立的一级学科，本应有其核心的、完整的理论体系。中国园林虽有三千年历史，但风景园林学依然是新兴学科。中西方园林始终只有零碎的理论片段，至今尚未建立完整的园林理论体系，这不能不说是一件非常遗憾的事

情，而这正是风景园林学科最重要的研究方向。

2.2.2　风景园林学科人才培养

中华人民共和国成立之初才开始新建风景园林学科。北京林学院园林系拥有新中国最早、最全面的园林专业学科。而其他分属理工、农林和艺术院校的园林专业，由于院校背景、师资力量、专业方向的不同，导致"学科分化，并形成门户之见"，造成园林专业知识的差异与园林人才差异，这主要体现在生态科学与植物学知识方面。首先，理工、艺术院校学生少学或不学园林植物学，以致不认识植物，也不知道植物生物学的特征和生态习性，或是知之甚少。其次，部分农林院校学生的园林规划设计水平、能力、绘画表现技巧等存在较大差异。北京林学院园林系的课程设置较全面，还曾有过园林系分设园林设计和园林植物两个专业方向，时分时合，各有利弊。

园林是文、理、工、农的综合性学科。园林需要德才兼备、具有综合素质的通才。园林学科培养的人才应具备植物生态学、工程技术学和文化艺术学等的基础知识，还要有良好的品德与修养，这样才能成为有志向、有担当、有能力的风景园林工作者和风景园林事业接班人。

在同一个设计单位内，既需要全才（通才）、兼才，也需要专才。我以为全才

（通才）是有全面基础知识，有规划、建筑、绘画、文化、园林植物造景设计五种以上专业技术能力的人才（正如孙筱祥先生说的五条腿走路的人——画家、建筑师、工程师、生物学家、诗人）；兼才，是有较全面基础知识，又具有 2~3 种专业技术能力的人才；专才，指有单方面知识、能力的人才。

园林规划设计是一个笼统的概念，真正从事园林规划，特别是做总体规划方案的工作，就需要全才（通才），这相当于总导演、总编剧、总指挥，应有宽广的知识面、开阔的思路，以及较强的调度能力、协调能力、组织能力和创造能力。有通才的人才能担当园林规划工作，才能做出优秀的园林规划设计方案。一般来说，有全面基础知识和能力的兼才，经过自己的刻苦努力和若干年实际工作的锻炼就可以成为全才，可以主持园林规划设计工作。一般的硕士、博士可以通过努力做到，但也未必都能做好。至于做绿化（植物）设计、工程设计、效果图设计、造型设计的人才，都可以是具备某一方面专长的专才。园林人才，既需要全才、兼才，也需要专才。刚从学校出来的学生一般只有基础知识，重要的是看他是否有心志，是否能抓住机遇，并旷日持久地加强自我修养与修炼，才有可能成为全才（通才）、兼才或专才的天赋。不过，像美籍华人设计师林缨女士那样则是少有的天才。

1. 德才兼备

风景园林学科是利用科学与艺术手段，规划、设计、创建、管理和保护人类赖以生存的生活环境，并协调人与自然和谐关系的综合性学科。孟兆祯院士曾给风景园林师下过定义："中国风景园林师不仅是创造社会美与自然美，而且是将科学与艺术融为一体的艺术美的职业。"当然这包括园林规划设计、园林建设、运营管理、生产养护等不同职业岗位。与英文 Landscape Architect 相对应，统称为风景园林师，简称园林师。园林师与建筑师、规划师三足鼎立，三位一体。

我以为园林师可分为园林设计师和园林工程师两大类。

园林设计师包括园林规划、园林植物设计、园林建筑设计、园林工程设计（山水、道路、桥梁、小品）、园林工程结构设计、园林设备（水电）设计、园林艺术设计（雕塑、绘画、造型、写作）等细分专业。

园林工程师包括园林建造师、园林工程师（园林植物、园林经营、园林管理、园林经济）。

园林学科的任务就是要培养大批优秀的园林人才。园林设计师、园林工程师都应该是具有丰富知识、高超技能和良好品德的优秀人才。人才是社会进步与经济发展的原动力。有道德修养、有专业技能，即是"又红又专"人才，也就是德才兼备的人，这是人才培养与修炼的目标和标准。

中国传统道教认为世上有天、地、人三境界，而佛教则认为世上有欲、色、空三境界。

中国哲学家、史学家冯友兰先生提出"人生四境界"理论——自然境界、功利境界、道德境界和天地境界。我认为除此四种境界外，人生境界还应有知识才能境界，也就是智能境界，即有知识、有文化、有聪明才智、有技能的境界。人还要富有智慧，知识渊博，技能超群，并成为技术工匠与达人（有才能、有专长的高人），这是知识和能力的境界，即智商境界。具有自然、功利、智能、道德、天地五个境界，这就是人生五境界。"天地境界"就是胸怀天地，把国家、民族利益放在最高位置，以天地为己任，为了国家、民族的利益放弃个人功利，忘记自我，献出个人一切，甚至是生命。这是圣人境界。要求人才都达到最高的贤人境界、圣人境界，那是不现实的。"德才兼备"的"德"，就是有道德、有修养，品行端正、品德高尚，爱国家、爱人民，正直诚信，成为"脱离了低级趣味"（凡人和俗人）的达人和贤人；而"才"就是有智慧、有知识、有才能。有德又有才就是德才兼备。俗话说："有才无德是流氓，有德无才是蠢货"。德才兼备，缺一不可。20世纪中叶我国倡导的"又红又专"人才，就是指思想好、品德好、技术过硬，又能解决实际问题的人才。记得1961年陈毅副总理在北京人民大会堂给当年的大学毕业生做报告时就重点阐述了

"又红又专"问题。他强调"德才兼备"是全面培养人才、选拔人才的标准。我至今记忆犹新。

如何才算是"德才兼备"？德才兼备可分解为"四养四能"，即人才必须具备四种修养、四种才能。

2. 品德修养

1）品德修养

中国传统家训、族训、校训都是教导人们"先做人，后做事""做事之前先做人"。做人要忠孝仁义、诚实守信、光明磊落，品行端正、道德高尚，爱祖国、爱人民，做一个有责任、有担当，遵纪守法、胸怀坦荡、堂堂正正的中国人；做一个永远对得起祖国、对得起人民，也对得起自己的人。园林人才必须首先是个好人，不能是修养不好、心术不正、诚信不良的恶人，更不能是品行不端、道德败坏、数典忘祖的坏人。

我虽然算不上一个纯粹的人、高尚的人，但我自己心中总有一杆秤，把"堂堂正正做人，兢兢业业做事"作为自己终生的座右铭，要求自己永远无愧于祖国，无愧于人民，无愧于我的单位和家人。正因为如此，1990年我离开美国又回到了中国，我爱我的祖国，我的事业在中国。

2）文化修养

综合性的园林学科要求园林人才须具有宗教、哲学、文化、科技、历史、地理等综合文化知识。深知"道法自然，天人合一"，道、佛、儒三教交融，是中华文

化核心。中华文化是华夏民族的根本，也是中国园林的灵魂。园林人才必须具有较好的文化修养。只有熟悉中华文化、热爱中华文化的人才能成为优秀的中国园林设计师，才能创造富有中国园林文化内涵和园林灵魂的园林作品，并赋予园林以生命。文化素养、文学功底、艺术修养是园林规划设计师十分重要的条件。当然园林建设、园林经营、园林管理、园林旅游的人才也应具备良好的文化素质、修养，这样才能建好、管好有文化内涵的园林。

3）生态修养

具有植物学、园林学、生态学基本知识，敬畏自然、热爱自然、保护自然、善待自然、师法自然，从而创造第二自然，创造生态园林。

此外，还要养成自觉保护环境的意识和良好习惯。

生态修养是风景园林综合性人才的基本修养，是每一个园林专业学生和从事园林工作的员工都应具备的基本修养。

4）艺术修养

（1）熟悉中外园林史、建筑史和文化艺术史。

（2）具有基本的艺术理论、园林美学知识。

（3）具有广泛的艺术兴趣爱好，具有健康的审美思想和基本的艺术观察、鉴赏能力。

（4）具有美术爱好、绘画能力和艺术创作能力。

3. 四种才能（专业技能）

1）认识植物的技能

认识植物，了解植物的生物学特性和生态习性。园林设计师应具有认识尽可多植物物种的知识技能。通常应认识300～500种植物。

植物设计专业人士应达到表 2.2-1 中的水平。园林植物学、植物分类学方向的研究生应大大超过上述标准，甚至达到认识植物 1500～2000 种。不认识植物，不知道植物生物学特性和生态习性就没有资格去做园林植物设计。

2）绘画技能

绘画是园林设计专业的基本功，手绘则是园林设计的基本技能。具有徒手绘制园林景观（立面图、轴测图、透视图）的能力，表达景观设计意图及效果，也是最有用、最好用的技能。良好的手绘功力会让人赞赏，可以折服许多业主。

3）规划设计技能

园林规划设计技能包含：

园林设计师认识植物的技能要求 　　　　　　　表 2.2-1

	中专	大专	大学本科	硕士／助工	工程师／博士	高级工程师	教授级高工
认识植物种数	200	300	400	500	600	800	1000

（1）园林规划设计、园林总体构图能力。

（2）园林平面、立面和空间设计能力，及植物造景设计能力。

（3）园林建筑设计技能，及园林小品设计、造型设计能力。

（4）园林意境创造力、园林设计创新能力。

4）表现技能

园林规划设计表现技能包含：

（1）语言文字、口头表达能力。

（2）电脑操作表达技能。

（3）绘画表现技能，园林规划设计图纸表现技能。

4. 成才途径——立人、立德、立能

养成4种修养、练就4种才能，才能成为优秀的园林人才。人才始于教练，终于自己。正如中国古训："师父领进门，修炼靠自身"。我认为前面还应加一句，即"学校打基础，师父领进门，修炼靠自身""三分天才，七分勤奋"。

一般来说，成为全才（兼才）才能做出完美的园林规划设计。而做绿化植物设计、工程设计、效果图设计、造型设计，需要某方面的专才或奇才。

我当年之所以报考园林专业，是因为其要求学生具有美术基础。我从小喜欢绘画，有一些绘画、书法基础。在大学两年的美术课上，我接受了绘画基本训练，参加学校美工组，经常出黑板报、画海报、写布告，接受美术教育，学习欣赏俄罗斯油画、水彩画、国画、版画等。常去香山、卧佛寺野外写生，训练绘画技巧。暑假还被老师邀请参加勤工俭学，为学校教材绘制花卉插图。我养成了随身带一个小本子，随时练写字、练速写或临摹的习惯。画完一本又换一本，长年累月养成了勤学苦练的习惯。

毕业分配到上海不久我就陷入了失恋的痛苦，因而"愤"发图强，强迫自己利用所有业余时间，包括周末、假日都去图书馆、美术馆、青年宫美术班，学油画、水彩、水粉画，学习临摹华三川钢笔画、戴敦邦线描画。我强迫自己苦练绘画，以绘画快乐自己，忘却内心的痛苦。

我在学校曾学过园林建筑课，做过园林茶室的课程设计，但没学过工程力学和建筑结构学。"文革"后期，我强迫自己学习中国建筑史、外国建筑史、建筑构图原理、建筑静力学和钢筋混凝土结构学等。通过书本自学，掌握了建筑学初步知识和土木工程简易结构计算。

自1970年设计长风公园湖心亭开始，我逐步有机会、有能力承担亭台楼阁、厅堂馆所等园林小品的建筑设计。"三分天才，七分勤奋"。自有心志，以苦为乐，不断"艺海拾贝"。年复一年，日复一日，养成了读书看报、随时搜集资料以及旅游作速写等习惯。只有提高审美思想、艺术修养、艺术观察力和审美能力，苦练基本功，增长知识与才干，才能使自己在"外师造化，中得心源"的风景园林职业生涯中披荆斩棘、砥砺前行，并不断创造成绩。

"学校打基础，师父领入门；出道靠修行，修行靠自己"，我就是按照此话一路走过来的。成才的过程就是苦行修炼的过程。"书山有路勤为径，学海无涯苦作舟"，中国古训时时鞭策着我，让我践行、受用一辈子。一个人要活到老、学到老、做到老。

2.3

园林职业与行业

中国从什么年代开始有园林职业和行业？没有相关论述。

晋代兴起文人山水园热潮。唐代时，集诗、书、画、园四绝于一身的王维利用自然山水，亲自规划设计、建造规模巨大的辋川别业私家园林。他是诗人、画家，又是造园家，但他并未以造园为职业，并不专为他人修造园林。唐代建造皇家宫廷山水园。北宋米芾自建私园。宋徽宗作为一代君王，具有很高的书画和造园修养，亲自规划主持在平地上建造大规模的皇家艮岳园林，把中国人工山水园林水平推到顶峰。宋代有发达的花木业、山石业，官方编辑出版了许多园林花木图谱、山石图谱，产生了一批洛阳名园，还导致"花石纲"的产生。宋代已有发达的园林产业、行业与职业，可惜未见园林职业的代表人物及遗物。从明代计成、文震亨、李渔、张南阳，到清代张南垣等以从事园林营造为生的文人、画家、匠师已成为职业造园家。

中国园林起源于先秦，发展兴盛于唐宋，鼎盛成熟于明代。明末清初出现了著名的假山匠师——计成、张南阳、"山子张"（张南垣父子）、戈裕良等，他们专门从事假山设计施工，终身以此为生，并受聘于皇家或民间。最著名的首推计成。他自幼修习诗书画、周游南北、考察园林，后来专职为他人规划设计、施工、造园。从相地、立基开始，直至挖湖堆山、叠石理水、建造厅堂与楼阁、种植花木、设置楹联匾额。计成终生以园林为职业，并著有中国第一部园林专著——《园冶》。计成虽为园林职业专家，且是中国园林的祖师爷，但未知他是否建有专门的造园队伍和机构。清代皇家园林、江南私家园林繁荣发展，园林行业兴旺发达，也未见任何园林专业设计或施工队伍和机构的记载。

从近现代史来看，江南地区（苏、浙、皖）和上海是中国现代园林职业的诞生地。上海在 20 世纪三四十年代有许多苗圃、园艺场，有专职从事园林施工的匠人、技师。1946年上海工部局设立园场管理处，下设造园科，有科长（杨峰同）、规划师（吕光祺）、建筑师（徐景猷）、园艺师（杨峰同）、雕塑家（刘开渠）等十余位中高级技术人员，专职从事上海公园的设计、建设和管理工作。中华人民共和国成立后发展演变为上海市园林管理处设计科—设计室—设计院，直到现在的上海市园林设计研究总院。

当时上海有一批"翻花园"的职业匠人，他们从事苗圃、花园、盆景生产、园林养护的职业，还有一批江南民居建筑工匠从事园林建筑营造职业。

中华人民共和国成立后，全国各大城市都设置园林绿化管理部门（局、处），下设园林设计、施工、养护管理队伍和机构，形成了完整的园林行业。此后尽管机构多变，但园林行业一直在发展壮大，尤其近几十年来，中国园林行业像雨后春笋般迅猛发展。尽管园林行业从事"面朝黄土背朝天"的工作，又脏又累，地位低下，待遇低微，甚至园林工不如环卫工，但已形成世界上最庞大的园林行业、职业队伍。他们从事着修补地球、建造人间天堂、造福人类的伟大事业。

2.4

园林评论与园林误区

2.4.1　园林评论与评价

1. 风景园林评论分类

风景园林是科学技术与文化艺术相结合的综合性文化产物，是为社会大众服务的社会公共文化产品。风景园林规划设计是一种复杂的文化艺术创作，园林工程既要接受行业专家的评价，更要接受人民大众的评论。

"百花齐放，百家争鸣"的文化艺术方针，是促进我国社会主义文化繁荣的方针。艺术上不同的形式和风格可以自由发展，科学上不同的学派也可以自由争论。我们应遵循文艺批评的原则，开展园林评论和评价，形成园林评论的良好社会风气。园林必须得到专业同行好评和公众的广泛认可，否则难以长存。园林规划、设计、建设、管理也应有公众参与，广泛听取社区公众的需求及意见。

园林评论、评价有4种：

（1）园林评审：园林规划设计、工程质量奖项的专业评审。

（2）园林评价：园林总体质量、水平（国家评价标准）的专业评价。

（3）园林评论：园林刊物、论坛、会议等组织开展的园林批评、评论与专业学术讨论。

（4）园林评定：社会公众对风景园林的广泛性、概念性、观感性评定。

评论与评价应是动态的、经常的，与时俱进，不断发展和完善。

园林规划设计作品都应经受专业和公众的批评、评论、评价、评定，接受时代考验和历史评判。

2. 城市公园绿地评价标准

国家评价标准：《城市园林评价标准》GB/T 50563。

城市公园绿地评价内容分为6个主项，可以量化打分。

6个主项——生态性、功能性、艺术性、文化性、技术性、经济性。

6个主项又分为20个子项：

（1）生态性：植物多样性、适生性、原生性——原生植被、地被、乡土文化、自然人文景观保护与利用。

（2）功能性：功能合理性、适用性、服务性、安全性。

（3）艺术性：设计理念先进，设计布局形式创新，园林景观独特、优美，具有艺术水平和艺术价值。

（4）文化性：园林文化是中国传统园林的精髓。其文化性一看园林历史文化遗产保护和展示水平；二看园林营造地方文化、民族文化与特定文化的内涵及展示水平。

（5）技术性：材料创新，施工质量；设计、施工技术规范标准达标，四新——理念、技术、形式、材料。

（6）经济性：节地、节能、节水、节财、低养护、高效益、耐久性。

20个子项，每个子项1~5分。按总得分值评价，分为5等：优（好）、良（较好）、中（一般）、较差、差。

行政性、专业性评价比较严肃、复杂，费时费力。

3. 公园绿地总体概念性评定（简易、感性）

社会公众对单体园林的广泛性、概念性、观感性评定，可采用口头或书面形式对园林进行简便、感性、直接评定。

我提出园林"三好"评定标准：好用、好看、好玩。

1）好用

（1）园林绿化茂盛，园林功能完善，设施完好，水洁气净，环境整洁，生态良好，可坐、可行、可游、可听、可赏、可静、可动，健康游园。

（2）服务公众：适用，方便，舒适，安全。

（3）养护管理：保安、保洁、保养。

2）好看

园林景观优美（人文、山水、艺术、建筑、植物），山清水秀，环境幽雅，鸟语花香，能令人赏心悦目。

3）好玩

提供老、幼等人群的活动设施，具有参与性、多样性、趣味性，能使人身心康乐，让人开心、舒心、好玩，下次还想再来。

群众性、概念性评定比较简便，可采用书面、问答、投票，或通过志愿者随访，听取游人意见和建议。评定标准可分为4等：优、良、中、差。

2.4.2 园林发展误区

自改革开放以来，我国经济蓬勃发展，城乡面貌日新月异，园林绿化事业也空前飞速发展。与此同时，中国风景园林事业陷入了许多误区。我以为有十大误区严重影响风景园林科学、园林绿化行业的健康发展。期望同仁早日走出误区、消除误区，促使中国风景园林健康、繁荣发展。

1. 误区之一：崇洋媚外，鄙视传统

常言道"物极必反"。在经历了长期封闭，围城锁国，思想禁锢后，改革开放使国门打开，激流澎湃、波涛汹涌，相当多的国人——领导者、决策者、开发商以及诸多民众涌现出一股崇洋媚外的思潮，崇尚西方文化，热衷异国风情，崇拜、模仿西洋建筑，借助洋设计师在中国大造西洋花园、西洋建筑、西洋广场和西洋园林，大兴西洋古典主义巴洛克、欧陆风、罗马风，许多建设项目规划设计首选洋设计师、洋概念、洋方案、洋名称，追求时尚、标新立异，求洋、求怪。这一是因为他们心怀民族自卑感和民族虚无主义，丧失民族自尊心，鄙视传统文化；二是对中华文化、民族文化、地方文化冷漠、厌恶、反感，排斥本土文化；三是不懂得"民族的就是世界的"这句话的真正含义。

40年过去了，人们开始思考到底还要不要尊重自己的祖宗，要不要传承、延续中华优秀传统文化。我们从不排外、不排斥西方文化，而是学习、汲取西方的先进文化、科技与艺术。我们欢迎外国设计师参与设计竞赛，带来国际新理念、新技术、新手法。但我们也不能不尊重自己五千年的中华文化。习近平总书记指出："中华优秀传统文化是中华民族的精神命脉，是涵养社会主义核心价值观的重要源泉，也是我们在世界文化激荡中站稳脚跟的坚实根基。要结合新的时代条件传承和弘扬中华优秀传统文化，传承和弘扬中华美学精神。认真学习、借鉴世界各国优秀文化，坚持洋为中用、开拓创新，做到中西合璧、融会贯通，繁荣我国文化艺术。"我们要有民族精神和气节，要汲取外国先进文化的精髓，结合中国的实际，在中国的土地上创建既有时代气息又有中国特色、中国神韵的中国园林、中国建筑和中国城乡规划设计。

在国际化、趋同化、信息化时代，中国园林也要与时俱进，要现代化，更要民族化。中国主流园林必须是中国的、民族的，而不是西方的或是所谓的国际式园林。一味崇洋媚外，必然导致中华文化缺失、民族衰败、国家灭亡！

2. 误区之二：景观至上，本末倒置

园林绿化是传统名称，包含"园"和"林"，是大园林的概念。园林绿化专业本以生态绿化为主，首要任务是创造和改善人类生存条件和游憩环境。园林绿化强调生态第一、生态至上，而观赏是次要的目标与功能。60多年前中国园林界曾掀起过批判"唯观赏论"的运动。现在"唯观赏论"又回潮了："景观"这一时髦名称满天飞，道路景观工程、河道景观工程、工厂景观工程、住区景观工程……几乎所有绿化工程都被贯以"景观工程"之名。时髦的"景观"名称又把人们误导到观赏第一、景观至上、唯美、唯观赏的错误道路上。事实已造成严重的局面：众多的决策者、开发商、设计人员、施工人员都重景观、轻生态；重硬景（建筑、构筑）、轻软景（绿化植物、生态），造成"景观过度""设计过度"的现象普遍存在。许多不识花木、不懂植物的人也在做园林绿化设计与施工。景观至上，偏废生态，本末倒置。国外的道路绿化、河道绿化都很简单、大方，既生态、实用又省钱。而我国很多城市由政府贷款，花子孙的钱，大搞道路景观、河道景观，甚至有人提出"道路绿化公园化"的口号，把盆景、桩景、大量景石都搬到道路上，不惜血本大搞城市化妆运动，涂脂抹粉、华而不实、劳民伤财，造成大量浪费，实在是过分。我们必须制止这些"景观至上""设计过度""景观过度"的不良风气，重新回到生态第一、民生第一的路子上来，把景观放在适当的位置上，做到适度设计、适度景观。

3. 误区之三："低三下四"，填空补缺

我国园林科学长期处于二级学科的分支地位，园林学科从属于建筑学科、规划学科或农林学科，园林成为二级学科、三级学科，成为附属专业，处于填空补缺的地位。从行政管理上，按建筑—规划—市政—园林四个层次排列。园林专业事实上处于第四层次的地位。园林行业实际上没有门槛，只要挂靠具有资质的市政公司，任何人都可以做绿化种植设计、园林绿化施工。市政公司也都在做园林绿化工程，而且很不虚心，其施工质量低劣，令人哭笑不得。

2011 年国务院调整风景园林学科地位，将其从二级学科调升为一级学科，建筑学、城乡规划学、风景园林学同为一级学科，这是与国际接轨，是一大幸事，并有利于风景园林学科与园林行业的健康发展，有利于国际交流合作。但学科位置调整仅是开了个好头，并不能彻底解决一系列问题，如观念问题、管理制度、工作程序等。

首先，长期以来，在许多人的思想观念里一直习惯把园林绿化作为"填空补缺"的附属工程，是一切项目的"扫尾工程"。

更有甚者把园林绿化当作可有可无、可大可小的观赏工程、景观工程，而并没有认识到园林绿化对创造和改善人类居住环境及生存条件的重要性和必要性，也并没有把园林绿化作为城市生态环境的重要组成部分。

其次，在实际工作中一直按规划—建筑—园林的顺序排序：规划先行，建筑操盘，园林扫尾。一切建设项目都是规划师编制控制性、修建性详细规划，确定用地性质、规模与指标，然后由建筑师完成项目的建筑道路布局、规划指标和建筑设计。待报批、开工建设后，才由园林设计师按照规划、建筑的总图进行填空补绿，而且最后还要取得注册规划师、注册建筑师的审核、签字（国家尚无注册园林设计师制）。这是几十年来形成的习惯分工和建设工作程序。规划师、建筑师和园林师三师分离，各自独立。园林师没有资质，三师是主从关系，而不是平等、合作关系。按照传统工作秩序操作往往很难营造出最佳的环境设计和效果。

国际上，规划、建筑、园林都是一级学科，"三足鼎立"。现在我们与国际接轨了，规划师、建筑师和园林师就应该是平等合作关系，应是情同手足、亲密合作的兄弟关系。在一些公共环境、公共建筑项目中，应改变传统程序，把原来惯用的"顺序设计"改为"同步设计"或"跨界设计"，甚至改为"先导设计"。事实上，已有过不少成功先例。一般项目可实行"三同时"设计，即规划师、建筑师、园林师共同参与讨论、起草与编制规划，合作—分工—再合作。三师共同完成总体规划，然后分工设计，这样做一定能取得良好的设计成果。有一些重要的公共环境项目可以实行"先导设计"。园林专业由原来的从属地位，变成调控宏观环境的先导地位，即环境先导，甚至环境主导。有的城市把城市绿地系统规划独立于城市规划之外（前），单独完成城市绿地系统规划。在城市绿地系统规划的引导下编制城市规划。园林绿化由原先的从属地位、填空补缺地位，变成先行、先导甚至主导地位。园林绿化先行，实行宏观控制和环境先导。

上海西郊宾馆、东郊宾馆就是园林主导、园林先行以及园林与建筑、规划合作的成功案例。其规划设计更有利于创造最佳人类居住环境和城市公共环境。

4. 误区之四：急功近利，粗制滥造

（1）园林绿化工程是民心工程、民生工程，是有生命的工程，通常又是政绩工程、实事工程、献礼工程。众所周知，绿化施工的最佳时间是春天，其次是秋天。但许多园林绿化工程都要求限时完工，成为献礼工程，以致建设工程违反自然规律，被要求必须在7、8月酷暑时节栽植绿化——"反季施工"。再加上经费不足，不能用容器苗和成熟苗，所以，在非种植季节勉强种树，导致了树木大量死亡。有的采取假招标、低价中标、偷工减料、弄虚作假等卑劣手段，以致工程粗制滥造、质量低劣，既返工浪费，又劳民伤财！

（2）一般绿化工程优先采用胸径为10~20cm规格的乔木（成本低、树形好、苗健壮、成活高、生长快）。而许多领导追求政绩，邀功心切，硬要种大树：种植胸径为20~40cm的大树（成本高、造型差、成活低、生长慢）。因此，助长一些不良苗木商目无法纪，偷盗国家山林，偷挖大树，强挖古树，损公肥私，破坏生态，制造了大量"杀头树"，浪费自然资源。这是近三四十年来中国园林行业非常严重的一股歪风，危害极大！应予制止。

（3）现代园林一年四季都可施工。只要经费足够，采用容器苗、移植苗（已移植3~5年的"熟苗"），就不存在"反季施工"的问题，正如上海迪士尼乐园那样。园林绿化工程必须有足够的工期、适合的施工时间。各级行政主管和业主都应贯彻科学发展观，尊重园林工程的生物周期和自然规律，尽量避免政绩工程和少做献礼工程，周密安排正常工程周期，创造优质工程。粗制滥造、急功近利出不了精品。只有精雕细刻、千锤百炼才能造就精品园林工程。外国建筑寿命一般是50~100年，中国建筑寿命仅有25~30年，园林也一样短命。除了规划决策失误之外，低价中标、急功近利和粗制滥造是短命工程、豆腐渣工程的祸根。

5. 误区五：模仿抄袭，生搬硬套

创新是事物发展和社会进步的原动力，同时，创新也是艰难痛苦的，费时费力甚至要冒风险的。模仿、抄袭虽简单易行、省时省力，但是低级、幼稚的行为。模仿、抄袭只能是临摹、复制，不可能创造自己的特色，形成自己的作品。一味抄袭、模仿，脱离实际、生搬硬套，难免平庸、低俗，只能产生平庸的建筑、平庸的园林、平庸的城市。学习和模仿必须活学活用。"不求形似，但求神似"。没有因地制宜，没有融入自我，没有创新，也只能产生初级作品。近年来全国各地城市建设、园林建设一味跟风、处处模仿，没有自我，没有独创，造成"千城一面""千园一面"的恶果。诸多败局，令人痛心！

与此相反，城市规划、建筑设计、园林设计都应提倡和激励原创，反对模仿、抄袭，力求特色，一定要有民族的、地域的特色，做出自己的品牌。

6. 误区六：重建轻养，后劲缺失

园林工程是有生命的艺术，是时间的艺术。国内外所有名园、古园都经历过数年、几十年，甚至几百年的建设，精心打磨而成。俗话说"冰冻三尺，非一日之寒"。园林绿化工程就是"三分种、七分养"。园林建设也有"成长的烦恼"，"建设容易，养管难"。许多工程都是大干快上、快马加鞭、轰轰烈烈，几个月或一年半载建成开放，就算万事大吉了。然后放松养护、管理，后劲缺失：缺少养护经费、养管不到位、树木死亡、设施损坏或破烂不堪，甚至绿地被侵占而改作他用。"重建轻养""建绿占绿"，这种现象不能继续下

去了，否则城市绿地就会变性。

7. 误区七：重引轻育，重洋轻土

苗木材料是园林绿化的物质基础，是园林绿化事业的"命根子"。中国有丰富的植物资源，但长期以来中国植物资源任由外国人搜集引种、巧取豪夺，而我们自己却熟视无睹、不以为然，不注意保护、引种、育种。叶培忠先生是个例外。他具有远见卓识，并埋头苦干几十年，终于杂交育种出东方杉、杂交马褂木、杂交杨等新品种，为中国林木育种作出了突出贡献，成为国人的骄傲。

近年来国内掀起兴建植物园的热潮，开始注意保护、搜集本地的植物资源。而更多的人热衷于引种外国现成的物种，甚至不惜重金购买外国苗木，可谓"中国人捧着金饭碗向外国人讨饭"。我国大量的野生植物资源仍处于自生自灭状态。在国际种子市场上，我国拥有自己知识产权的种子拥有率少得可怜（水稻除外）。

在地球环境日益恶化的大背景下，中国人应提高保护野生动物资源与植物资源的生态意识和自觉性。各地方植物园的首要任务应该是搜集、保护（就地保护或易地保护）本地野生植物资源，然后才是引种外国、外地植物，进而开发、利用本地野生植物资源。英国园林植物引种、育种是我们学习的榜样。我非常希望有一批中国园林同仁通过引种、选种、育种的艰苦努力，培育出有自己知识产权的优良品种。我最希望的是有一天能看到我们中国人自

已培育出大叶（大树）杜鹃，并能在各大城市公园广泛种植，这将无愧于堂堂世界植物大国的称号，无愧于"世界园林之母"的美誉。

8. 误区八：漠视场地，蔑视原生

《管子·五行》："人与天调，然后天下之美生。"

计成所著《园冶》教诲我们："须陈风月清音，休犯山林罪过""因地制宜，巧于因借"。培养场地精神、尊重场地、充分利用场地，是园林规划设计的基本原则，也是园林工作者的基本素质。尊重场地、珍惜原生态的山水地貌与原生树木植被，这是原生态设计的重点，也是因地制宜、自我创新、创建园林特色的基础和有利条件。

但在现实社会中，有相当多的领导、开发商和设计人员缺乏场地精神，漠视场地现状，对场地上的原有地形、地貌、山水、树木视而不见，甚至对场地上的千年古树、文化遗产都不屑一顾，只强调"七通一平"。许多园林工程、园林博览会一概铲除原有地貌，将山头夷为平地，填湖造地，开山劈岭，大挖大建。更有甚者砍掉大树，拉直道路，对原有河道水系截弯取直。他们对抗自然，进行破坏性的建设，不但造成巨大损失，而且冒犯自然规律，犯下破坏大自然生态的历史罪状。

人类破坏自然，必遭自然报复。惨痛的教训太多了。我们应该猛醒了，再也不能漠视场地、蔑视原生态了。应尊重场地，尊重原生。

9. 误区九：盲目追求名贵树木、四季常青和四季有花

有些领导或业主仅凭自己的好恶，主观认定某些树卑贱、某些树名贵，擅自决定"枪毙白杨""枪毙法国梧桐"，把上海的悬铃木统统送给外地，造成很大损失。盲目决定到处种香樟：在马路行道树、小区行道树上一律种香樟，就是想要四季常青，这已经造成严重的后果。常绿树、落叶树各有所长，各有各用。杨树、构树不择条件，生长快速，还有经济价值。构树的枝态很美，我就曾经用5棵大构树形成一个很好的小景点。其实，落叶乔木有许多优点：夏天繁叶庇荫，秋天色叶绚丽，冬天落叶凋零，四季季相分明，而且冬天透光温暖，最适合营造人类生态环境。

需要把握的原则：

（1）公园、社区、单位的周边宜种植常绿乔木（包括常绿中木、下木），形成与外界隔离的围合空间，内外分明，有良好的环境保护作用。

（2）公园、社区、单位内部则应以种植落叶乔木为主，这样内部开阔、视线通透，夏有浓荫、冬有阳光，冬暖夏凉。

（3）住宅楼、办公楼建筑正南面8~10m内不能种植乔木（包括常绿、落叶乔木），要以人为本，确保建筑通风透光、视线开阔，有利于人们的身心健康。

（4）马路北侧、社区道路北侧不宜种植常绿乔木，以免影响北侧建筑通风采光。

（5）四季有花虽可以做到，但要分场

地，需付出很大代价。如果到处都四季有花，将会造成巨大浪费，且不可持久。

四季常青，到处都种植常绿树，也将会缺少阳光，产生阴暗、沉闷的效果，同样有严重弊端。

10. 误区十：规范缺失，不尊重知识

1992 年我有幸参编《公园设计规范》CJJ 48—92。20 世纪末又曾主编上海园林设计深度规范（后由院标升级至上海地方标准，再升至国家行业标准）、上海绿地设计规范（后由地标升至国标《城市绿地设计规范》GB 50420）。《公园设计规范》GB 51192 历经 25 年后终于 2016 年完成修编。

多年来，园林建筑没有专门的设计规范（公园设计规范仅有简单的内容。），没有园林建筑结构（钢、木）设计规范，一律参照执行工业或民用建筑设计规范、抗震设计规范，造成工作不便、很不合理的现象。以往江南园林亭廊木柱直径仅 150~180mm，造型轻巧、飘逸、美观。而现在园林建筑一律执行工民建设计规范，园林亭廊的独立柱一律做成不小于 400mm×400mm，造成园林建筑材料浪费和造型丑陋不堪，园林亭廊完全变形，比例失调，变成丑八怪。园林设计师也实在无奈！

此外，园林桥梁也没有设计规范，也只能执行城市道路、桥梁或公路桥梁规范。园林花架、温室、大棚等也按一般建筑计算建筑面积等。盼望《公园设计规范》能补充花架、温室、建筑面积计算方法。编制园林建筑设计规范，含砖混结构、钢结构、木结构、钢木结构设计规范，使中国园林建筑设计能适应时代要求与健康发展。

园林规划通常只计算和表达规划用地平衡指标，按当地园林工程定额计算工程总造价（规划造价估算、初步设计造价概算、施工图工程造价预算）和园林总体单位面积造价。

规划文稿通常作为投标文件参加招投标，应能经受评标考验。

若设计中标后，即以此中标方案进行深化、优化、细化设计。

我必须郑重指出当前社会存在的极其恶劣的两大毛病：

一是"无偿设计招标"，这是残害知识分子、侵犯知识产权的无知、无耻的恶劣行为，是一种公开的剥削行为。

二是工程"低价中标"，这是无视工程质量、制造豆腐渣工程的罪魁祸首，是无视国家财产和人身安全的自杀行为。

为了中国园林的健康发展，希望全社会共同谴责、制止、根除这两大恶习。

2.5

园林未来发展

2.5.1 园林发展，路在何方？

园林发展，路在何方？古人云："路漫漫其修远兮，吾将上下而求索。"明天的路大家都一定得走，到底出路在何方？

路在脚下。依我看摆在我们面前有 5 条路，就看到底走哪一条路？

- 传统之路（复古之路）。
- 自我之路。
- 景观之路。
- 世界园林之路。
- 传承创新之路。

1. 传统之路

传统之路，就是走传统园林老路，也就是中国现代园林要走复古或仿古之路。从总体上说，这条路其实早已不存在。时代变了，社会也变了，世界都变了，中国园林、外国园林都早已进入现代园林时代。传统皇家园林、私家园林的时代已一去不复返了。中国园林不可能重复中国古典园林，或中国园林西洋化、走西方古典主义园林道路。反之，西方园林也不可能恢复古典主义园林，或走中国古典主义园林道路。

当今，个别私人园林或团体园林复制古典园林，或公共园林某一局部仿造传统园林，这只能是个别的、局部的、少数的现象。而绝大多数园林绿地都是以生态绿化为主体，为社会大众观光、休闲、康乐、健身服务的现代园林。现代园林与传统园林在规模、性质、流量、容量、尺度、密度、功能、服务对象以及生活方式上都大不相同了，人们的审美思想、审美情趣也发生了很大变化，变得更加开放明朗、丰富多样和现代化。总之，中西现代园林都不可能再走传统园林复古主义之路了。

2. 自我之路

自我之路，是一条渺小的个人主义道路。有些书画家、设计师主张"个人自由"：我想画什么就画什么，我想怎么画就怎么画，甚至提倡大家写童书、丑书，主张"艺术源自我心"，而非"源于生活"；追求个人的自由，以自我表现为中心。美不美我说了算，"丑也是美""我的艺术不为人民服务，不为政治服务"……有些艺术家心中没有他人，没有人民，只有自己。艺术家脱离了社会，脱离了人民，也就失去了其存在价值。当今文化艺术界的乱象值得我们大家警惕和深思。

园林设计师如果也走上这条"孤芳自赏、随心所欲""我行我素""以丑为美"的道路，而且自我封闭、自我标榜、自我孤立，那就必然脱离社会、脱离人民大众。这条自我之路是一条自我毁灭之路，也是一条走不通的路！

3. 景观之路

景观之路，就是"以景观取代中国园林"，要让中国园林走景观道路。

我喜欢新生事物，一生追求创新。20多年前，"景观"算是中国大地上一大新生事物，也曾引起我极大的关注。当时不止一个人自称是"中国第一个留美景观博士！"我好羡慕、好敬仰他们，因为我自己什么"士"都不是。我只能抱冷静欣赏、虚心学习的态度，希望能从他们那里听到一些新鲜事物、学到一些先进知识。20多年来我一直在静观、在仰望着，但最后看到的却令我很不解、很纳闷，很失望！

1）关于景观革命

如若仅是对一个英文名称 Landscape Architecture 的中文译名之争，或是对中国园林学科教育内容之争，那纯属学术之争。按照"百花齐放，百家争鸣"的方针进行正常争论，也无可厚非。"园林"一词在中国已沿用 1000 多年。近代以来，英文 Landscape Architecture 一直被译为风景园林，或园林（也有译为造园、景园、地景

之说）。中国官方一直沿用园林一词。绝大多数中国人用园林一词已成多年习惯，习以为常。"园林"是一个含义深广的名词，而"景观"就是一个纯粹观赏的景物，是一个含义有偏差的名词。

众所周知，"反传统""反规划"是西方现代学派的学术观点，主张规划、建筑、园林、艺术设计要创新，就要反传统、反规划、反协调，追求矛盾、冲撞……这是解构主义等现代学派的学术观点，是单纯学术之争，但不强加于人，更没有人要进行革命！

20世纪八九十年代，随着中国改革开放的推进，"海归"回流，中国社会经济迅猛发展，中国园林也随之进入飞速发展高潮期。一些地产商和政府官员联手刮起一股"西洋风"：建洋楼、造洋园、开洋荤、过洋瘾！20世纪90年代初中国园林界也开始刮起"景观"寒流。海归中的"景观派"断言："中国园林是封建农耕文化产物"，叫嚷"景观要革园林的命"。他们在全国掀起"景观革命"浪潮，并在 2006年 ASLA 和 IFLA 大会上作报告指出："长期以来，东西方学者们串通一气，向世人编织一个弥天大谎，使人们误以为中国造园艺术——这一虚假的桃花源艺术就是中国景观设计的国粹，继而代表着中国。我要提醒我们西方和东方的同行们，正是这种国粹加速断送了一代曾经辉煌过的封建帝国。从这个意义上讲，我宁愿将它和同样具有悠久历史的裹脚艺术相媲美。"还多

次在国际会议上蔑视中国传统园林，并称之为"小脚文化"。他们抛弃民族自信，否定一切、打倒一切，竭力推行历史虚无主义、民族虚无主义，把自己打扮成中国的奥姆斯特德。还自称自己首先把奥姆斯特德理论引进中国。于是，他成了中国园林的"救世主"，成了"中国的奥姆斯特德"。可笑至极。

我没读过哈佛大学，似乎有点遗憾，但我也曾到访过哈佛大学。20世纪90年代初，我曾接待过哈佛大学园林系主任斯坦尼兹（Carl Steinitz）先生，陪他参观了上海豫园、东安公园等，还专程去上海历史博物馆购买罗盘仪。我也曾多次游览、参观奥姆斯特德设计的纽约中央公园。我对纽约中央公园开放、宽广、明朗的自然风景式园林颇感亲切，也似曾相识。它与英国园林、上海西郊公园、上海中山公园、上海长风公园，以及中国的许多城市公园并无根本区别。当年，奥姆斯特德曾参观、考察英国的城市公园，模仿并发展英国风景式城市公园风格并设计出了纽约中央公园。后来奥姆斯特德先生创立了Landscape Architecture学科、城市公园体系、国家公园体系和城市绿地系统，并被誉为"美国园林之父"。我敬重奥姆斯特德先生，赞赏他的园林理论。只可惜之前中国闭关自守，我们没机会与美国同行交流。

虽然中国长期被帝国主义封锁，但中国也像美英等国一样进行城市园林绿化建设：把皇家花园、私家花园改建、扩建为城市公园并向公众开放；新建动物园、植物园、纪念公园和自然保护区；完善城市公园体系，建设市级公园、区级公园、儿童公园；发展公共绿地……"绿化祖国"，"实行大地园林化""见缝插绿"，实行"普遍绿化"。上海市把"华人与狗不得入内"的黄浦公园改造成为闻名世界的上海外滩滨江绿带，把著名的臭水沟——"上海的龙须沟"肇家浜改建为长3公里多的城市绿带；中国各地还按苏联城市绿化原理建设城市卫生防护林、农田防护林，以及滨河、滨湖、滨海防护林……建设大批工人新村、工人文化俱乐部。这是美国所没有的。这些举措与美国奥姆斯特德的园林绿地系统几乎是不谋而合的。我国现代公园的布局形式也有中心草坪、自然弧线的园路，这与奥姆斯特德的公园布局如出一辙，并无二致。难道这是历史的巧合吗？

中国的园林绿化建设如火如荼，已有了翻天覆地的变化！在过去的几十年，中国城市人均公园绿地面积指标翻了几十倍、上百倍！就拿上海来说，上海市人均公园绿地指标发生了巨大变化：从中华人民共和国成立初期人均只有一双鞋底样大小的绿地面积，到20世纪80年代发展至人均一张报纸面积，再到20世纪90年代发展至一张床的面积，而到21世纪初发展至人均一间房的公园绿地面积。60多年中，上海市人均公园绿地面积增加了400多倍。上海只有5个传统古典园林，却拥有近 300 个现代城市公园。中国各地方城市都与上海一样大量发展城市园林绿化，建设大量城市公园。改革开放以来，我国社会主义园林绿化事业达到鼎盛时期，传统古典园林只占极少比例，而且都向公众开放，城市公园也全部免费开放。园林绿化行业迅猛发展，与国际接轨的园林绿地遍地皆是。这些园林绿地都是中国政府为改善生态环境而付出巨大努力才取得的丰硕成果。

中国的园林绿化早已从传统园林里脱胎换骨走出来了，早已成为社会主义新园林了，它与封建农耕文化完全是"风马牛不相及。"但是，在"景观派"那些人的眼里，中国现代园林都是封建农耕文化的产物。

这 20 多年来的"景观革命"到底给中国带来些什么新东西呢？

"景观革命"来势凶猛，景观之风无处不在。在相当长的一段时间里，"景观"一词已替代了园林绿化之名称。全国各地的园林绿化工程纷纷改称"景观工程"。景观之名已深入年轻学者的心，他们都想当景观学士、景观硕士、景观博士，也跟着"景观"起哄、摇旗呐喊。如此已把领导们、老板们、年轻设计师们的注意力都集中到"景观"上去了。甚至我自己也看过热闹、跟过风。我曾参加评审大量"景观"设计图，有些设计表现技巧很好，内容丰富多样，很新颖，很不错。但涌现了大量的景墙、景柱（罗马柱、希腊柱）、景观铺地、景灯、景门、景架、景亭（"景观盒子"）等，还有金色景观树、红色飘带等，五颜六色、五花八门。它们多是"景观""洋景观""硬质景观"等洋玩意儿。他们"要以景观取代中国园林"！因此，便顺理成章地大搞硬质景观铺装、景观小品和装饰物，结果造出了没有植物绿化的"景观广场""景观绿地""景观园林"。他们又重新把人们引向"唯观赏"的错误道路，并走向过度设计、搞形式主义、景观至上、过度装饰、追求虚荣等的死胡同。很多领导和老板们都在追求"景观亮点"，景观要吸人眼球，景观要"使人眼睛一亮"。一切亮点都在景观。"唯美"就成了评选方案的主要标准。无形中，景观、唯美成为一种时尚、一种社会风气。正如美国著名园林大师、园林教育家佐佐木英夫先生所警告的：不要把人们引导到"享乐和装饰"的道路上。20 多年来，"景观"邪风已把中国人的思想搞乱，已把中国园林学科和行业搞乱！到处都是景观，到处都是唯观赏。这就是近些年来"景观"给中国留下的最深刻烙印。

老一辈园林人曾记否？20 世纪 60 年代中国园林界曾开展过批判"园林唯观赏论"运动。60 年后沉渣泛起，一个甲子，一个轮回。时至今日，我们还能走回头路，大搞景观、大搞唯观赏论吗？景观给中国带来的这些"新事物"我们能接受吗？这股歪风受到了广大园林行业业内人士群起抵制，但"景观派"已给中国造成许多恶劣影响和重大损失。

值得庆幸的是，这种不良思潮和错误以及恶劣行径已经受到中国政府的遏制。2011年国家教委行文确立"风景园林"为中国园林学科正式名称，并把风景园林学科提升为一级学科，与建筑学、城乡规划学共同构成人居环境大学科。

在此谨祝愿中国风景园林学科和事业能沿着正确的道路健康发展，从此不受干扰，不再折腾！

2）关于中国盆景

盆景和石灯笼都是中国传统园林艺术的重要元素。它们传至日本，形成日本石灯笼、盆景等系列，并传遍世界各地。在"文化大革命"时期，盆景被批判为"封、资、修"的典型代表。要扫"四旧"，就要把盆景扫除掉！1974年我承担上海龙华苗圃改建植物园的工程，冒险把1000多盆老盆景保留下来，并且从实际出发，在植物园中首创设置盆景园，取得很好效果，得到社会大众的肯定，并荣获部级科技进步奖。欧美各大植物园也相继仿效上海的做法，纷纷建设盆景园，有的还请上海的盆景大师、专家去传授盆景技艺，做技术培训。这说明大众喜欢盆景，世界需要盆景，盆景还可以存在并继续发展。后来有一天突然听说中国的"景观大师"竟然在IFLA大会上说：中国传统园林、中国盆景都是"封建农耕文化的产物"，是"臭婆娘的裹脚布"，是"小脚艺术"。我听了之后大吃一惊，难道我们建盆景园是搞封建文化残

余吗？难道我们设计盆景园又错了吗？为什么还有那么多中国人喜欢盆景，甚至还有那么多外国人也来学盆景？为什么外国著名植物园也都在仿建盆景园？记得当年我还曾参加过中国建筑海外建设总公司上海分公司承建的"华盛顿哥伦比亚特区美国国家树木园中国盆景园建设工程"工作。该园在原有日本盆景园旁边新建了一个中国盆景园。这表明美国园林界都认可盆景、欣赏盆景并喜欢盆景，全世界都需要盆景的存在。我想，"景观"先生可以有不喜欢盆景的权利，也可以有保持沉默的权利，甚至可以在国内学术会议上发表自己的意见，但是作为中国学者在国际学术会议上带头谩骂、诋毁中国园林和中国盆景，卖祖求荣，这还是单纯的学术之争吗？"景观派"之所以谩骂中国传统园林、谩骂中国盆景，是他们文化缺失、没有民族自信的体现。

3）关于稻、蔗景观

有景观大师著书立说，到处宣讲他的"大脚革命"，鼓吹城市绿地、停车场都种小麦、蔬菜……我还听说有景观大师在某大学里设计了稻田校园，我深感诧异和疑惑！后来我还目睹了厦门园博园"大师园"中的世博甘蔗花园。耳听为虚，眼见为实。难道这种"稻田校园""世博甘蔗园"就是"景观派"为解决环境污染、粮食安全等人类生存问题而做的"大脚革命"景观示范园吗？

也正是这种稻田、蔗地景观花园令我

猛然联想起"文化大革命"中的一个真实故事：上海西郊宾馆是上海最大的花园式国宾馆，原是毛泽东主席在上海的下榻处。主楼前是一大片非常漂亮的天鹅绒大草坪花园。"文化大革命"时，"革命造反派"对这块大草坪采取了"革命行动"：铲除大草坪（约 2000m²），改种花生、油菜花等农作物，以表忠心，以示"革命"。这是1976 年底我第一次进入西郊宾馆时看到的真实景象。相关领导要求我赶快做改建设计，恢复花园，恢复大草坪。此事给我留下非常深刻的印象，让我永世不忘。

我万万没想到"文化大革命"结束 30多年后，居然又出现了"稻田校园"和"世博甘蔗花园"等"大脚革命"的新鲜事物，如此"景观革命行动"！难道这是历史的巧合吗？这是"景观"走向反面、走向极端。以农业取代园林，以农作物代替园林植物。这着实令人啼笑皆非！

我以为"园林结合生产"是正确的、科学的方针。我坚决拥护、积极贯彻"园林结合生产"的方针。我国南方的南宁、湛江、海口、三亚、琼海等城市都种植芒果、菠萝蜜、椰子等果树行道树，而且取得了很好的效果。我认为"园林结合生产"是有原则的，是要讲科学的。首先必须因地制宜、实事求是。在园林中可广种果树（其中板栗、枣子、柿子、油茶、核桃、杏等许多树都是木本油粮作物）和竹木用材树，合适的地方还可设计果园、竹园、菜园，在养老院、别墅花园后院可以规划菜园、宠物园、草药园、药疗园，甚至在城市合适的地方规划保留一些稻田、果园、农园。但都必须实事求是、因地制宜，做到恰如其分。其次，必须摆正二者的位置。园林不是农业，园林不能等同于农业，农业也不能代替园林。不能不分场合、不讲方式方法，到处胡闹乱搞。不能狂热、幼稚、极左、偏激，以草本代替树木，以农业代替园林。

试问，为什么奥姆斯特德不把美国国会大厦前的林荫道和白宫前的大草坪都改种水稻、小麦、玉米？而白宫后院里第一夫人却可以种蔬菜！

4）关于"景观"目标

"景观"最有吸引力和号召力的是其宏伟目标——"景观"要解决洪涝灾害、土壤固化、环境污染、粮食能源、国土生态安全等事关人类生存的重大问题。我想："景观"能有如此担当，有如此大能耐，那就太伟大了！但"景观"到底有多大能耐，真能解决这些国家重大问题吗？确实，我们园林人应该有担当，应该提高生态觉悟、提高眼界，园林要与山河整治、环境保护紧密联系，还要纳入国计民生。但国土生态安全等国家层面的重大问题不是园林一个专业所能解决的，必须放到国家层面，由国家发展和改革委员会、自然资源部、住房和城乡建设部、农业农村部、水利部、生态环境部等多部门联手合作才能综合治理。哪一个部门单枪匹马、单打独斗都不可能解决这些重大问题。所以，对

"景观"的宏伟目标，我们只能听其言、观其行。某著名"景观"公司设计的3项河道生态工程，其中一项竣工不久政府就决定推翻重建。该"景观大师"做的上海一项工程设计图因通不过审图关，政府决定原"景观"设计作废，请我帮忙重新设计。第三项是著名河滩湿地生态工程，该"景观大师"对原河滩湿地弃而不用，却要在离水面5m高的河岸上开挖新河道、修筑梯田、人造湿地，公开吹嘘湿地有巨大净水功能……花巨资建成一年后，该湿地也全部关闭，不了了之，以失败告终。"景观大师"到底有多大能耐，以上3例可略见一斑。

"景观之路"貌似崭新之路，"景观大师"们多年来也确实给大家展示过不少"新东西""新观念"：从"景观革命""洪水为友""反传统""反规划""反和谐"，到城市"园林绿地普遍降低20cm可解决洪涝灾害"；更有甚者，"城市要与洪水为友""要炸掉水库大坝"……这些"伟大战略""宏伟目标"对于我们国家到底意味着什么？是福还是祸？实在令人触目惊心。

4. 世界园林之路（国际化之路）

当前，中西建筑、中西园林都在走向现代化、国际化，都以现代、时尚为追求目标。不应该追求时尚、奇异、怪诞、刺激、夺人眼球，而对自然、生态的世界园林潮流视而不见，或不懂装懂。一些人忘掉自己是个中国人，对中华民族、中国文化失去自信。他们抱着民族虚无主义、历史虚无主义的观点，鄙视地域文化和民族文化，不懂得"民族的就是世界的"。不求园林的民族文化内涵，不求民族化、地域化，只求现代化、奇异化。这样，现代化的世界园林变成了无源之水、无本之木，变成了随风飘忽、昙花一现的空中浮云。这样的世界园林没有了民族特色和地域特色，其文化缺失、灵魂缺失，以致"千城一面""千园一面"，这必然没有生命力，也必定是短命的。

"世界园林"之路是一条没有前途的道路。具有五千年优秀文化传统的中国，具有三千年悠久历史的中国园林绝不能走世界园林国际化之路了，必须走我们自己的路，走具有中国园林特色的道路。

5. 传承与创新之路

传承与创新之路，即是传承中国传统文化，创新时代发展之路。

这是一条"民族化＋现代化＋自然生态"的世界潮流之路，是中和、中庸之道，并融入地域文化、民族文化、现代化科技，这三者融合建成现代园林之路，即民族化（文化、艺术）＋生态化＋现代化（科技）＝现代园林。传承传统文化，与时俱进，创新发展，从而创造有特色的现代园林。"世界大同"就是求大同、存小异，即大同小异。小异就是民族化、地域化。只有求大同、存小异，风景园林才有特色，才有灵魂，才有生命，才能生机勃发。

梁思成先生曾论及中国建筑创新发展的价值取向："古为今用，洋为中用；古今中外，为我所用。"梁先生认为："中而古为下，洋而古为下；洋而新为中，中而新为上。"中而古、洋而古、洋而新都不是我们所要的，只有"中而新"对于中国是最好、最值得推崇的选择。继承传统、推陈出新、传承创新，这是我国建筑、园林的价值取向。因此，"中而新"就是我们的价值取向。这个论断不仅适用于建筑设计、规划设计，同样也适用于园林设计。在中国园林发展中融入中国传统文化元素、现代化元素，甚至融入某些外国文化艺术元素进行设计创新，可以创造出"新中式"的现代园林、新型的中国现代园林。近十多年来，既有现代气息又有中国传统韵味和中国特色的新中式建筑、新中式现代园林正在不断涌现。

中国园林必须要有中国文化、中国精神、中国血脉。各国园林都应该有自己的特色，这样世界园林才能繁荣昌盛。

古为今用，洋为中用；古今中外，为我所用。继承传统、推陈出新、创新发展，这样才能创造现代中国园林，这也是中国园林发展的康庄大道。

上述 5 条道路中的前 3 条路显然是走不通的。第四条世界园林之路似乎也走不了多远，因其过分追求表现形式，忽视民族文化、地域特色，最终必然导致"文化失落"。国际化将导致"特色危机""精神危机"，继续走下去也是没有前途的。只有第五条路，即传承创新之路，是最佳选择、唯一选择，也是中国园林和世界各国园林最宽广、最美好的发展道路。

2.5.2 园林发展向何处去——传承创新、主流引领、"三化"方向

传承创新，就是继承传统、创新发展。

传统是民族的根，是社会发展的基础。继承传统，就是要让国家、民族的文化绵延不断，继续繁衍、发展。

1. 传承什么

传承中西传统文化和中西园林精髓。朱建宁教授曾说："要把世界园林艺术当作传承发展的主体。"

中国园林的特点：

（1）崇尚自然、师法自然，天人合一、人与天调、天人和谐，"虽由人作，宛自天开""巧于因借，精在体宜，得景随形"。

（2）曲径通幽、小中见大，步移景异、引人入胜。

（3）诗情画意、情景交融，气韵生动、栩栩如生。

西方园林的特点：

（1）几何构图艺术，具有数理美，而且纷繁有序。

（2）它是丰富多彩的建筑、雕像和装饰艺术。

（3）随着园林科技的不断进步，数字化技术将引领世界园林的发展。

2. 如何传承

（1）要正确对待传统文化。不要仇视、全盘否定传统文化，胡乱打倒、抛弃传统文化。但传承也不是全盘继承、抱残守缺、故步自封，而是"批判性地继承传统文化""去其糟粕，取其精华"，并"推陈出新"。

（2）传承重在精神与气韵的继承，而非单纯形式的继承。要在传统与现代、新与旧之间找出矛盾、差异，找到结合点和契合点进行调整、修改、融合。继承传统园林的手法和表现形式，要注重内涵，汲取传统文化，并把它融入园林设计中。园林设计要做到深沉、含蓄。虽不求形似，但求神似，而且形神兼备。它不是贴标签、打广告、做表面文章，也不是传统文化符号的放大，而是一种新的东西，它能使人领略、感悟到传统文化的内涵和神韵。通过传承而为园林注入文化、创造灵魂，使传统与现代相融合，使现代园林具有传统文化内涵，具有中国精神和中华风韵。

（3）传承传统文化，最重要的是中国的园林设计师要有民族自信心、自尊心，要在心灵深处拥有中国文化，要承认自己是一个中国人，是一个有中国心的中国人，千万不能忘本。要热爱祖国的山水人文。心中要有中国文化和审美能力。在设计工作中注入和融入中国基因，作品有中国魂，这才是最重要的文化传承。

3. 如何创新

创新是事物发展、社会进步的原动力。园林创新是时代潮流、世界潮流。

创新是手段，但不是目的。

1）创新目标

创立园林理论体系。创建既有中国特色、中国神韵又有时代气息的中国现代园林；创建低碳、节能、绿色、循环的生态园林。创新的目的是为推动风景园林事业发展进步。创新不是为创新而创新。创新但不唯新，不能陷入唯"新"主义、形式主义的泥潭而不能自拔。

2）创新方法

（1）以传统文化作为创新基础，在传统的基础上创新。我们应该站在巨人的肩膀上攀登世界园林高峰，加快风景园林创新的速度，也使得风景园林创新有更加牢固的基础。在风景园林创新中延续传统文脉。要古今中外为我所用，海纳百川，百花齐放，推陈出新。"中而新"就是中国风景园林传承创新的价值取向。

（2）创新既要因地制宜、因时制宜、因事制宜，更要实事求是、立足本地、紧接地气、站稳脚跟，并与时俱进。一定要做到恰如其分、自然和谐，而不能牵强附会。

（3）以新创新。以现代新理念、新思想、新材料、新工艺、新技术进行风景园林创新。

3）创新对象

（1）在宏观上进行规划创新。这是从城市规划、城市设计到城市绿地系统规划的创新。

（2）在中观、微观上进行设计创新——风景园林局部创新，或细部技术创新、景点创新、园林小品艺术创新和技法创新。

（3）在工作方法、工作程序上的创新。实行城乡规划师、建筑师、风景园林师三师合作，同步进行；也可风景园林先导、环境先导、生态先导，创造新的规划布局。

创新会有艰难困苦，还会有风险、有挫折、有失败。但要勇于挑战，并坚持不懈、百折不挠、勇攀高峰。

4）创新的客观条件（外因）

（1）传统文化是创新的基础和灵魂。

（2）新材料、新技术、新工艺、新艺术。

（3）社会条件、项目、资金、决策。

（4）场地条件。

5）创新的主观条件（内因）

（1）新思想、新理念、新理论、新意识、新品格。

（2）自身专业修养、专业知识、技术能力、方法、经验积累。

（3）技术突破、打破常规、寻找新路、独辟蹊径。

4. 传承创新，主流引领，多元发展

每个国家的文化都有主流文化和支流文化，园林有主流园林和支流园林。虽然主流和支流是并存发展的，但创新要主流引领、多元发展。

1）中国主流园林

中国主流园林是代表国家、政府（包括地方政府）的主体园林。

中国主流园林是中国园林的主旋律。

中国主流园林必须传承中华文化，富有中华文化神韵、中华民族风韵，成为既有中国精神又有改革创新精神、时代精神的现代园林。

2）中国支流园林

中国支流园林是非主体园林，也可以说是民间园林。支流园林可以传承、创新，要多元发展。支流园林在形式、内容、技法上要大胆创新，做到中西合璧、百花齐放、丰富多彩。

中国既要有强大的主流园林，又要有丰富的支流园林。中国各地方也应有地方主流园林和地方支流园林。地方主流园林应有地方特色、民族特色和现代特色，能引领地方园林多元发展。

中国主流园林要引领中国园林多元发展、向前发展。

中国主流园林必将昂首屹立在世界东方，屹立在世界园林的前面。

各国园林都应有各国的民族风韵、地域特色，从而构成本国主流园林。

传承创新、主流引领、多元发展，这是中西园林、世界园林发展的未来格局。这也是我对世界园林和中国园林发展的认识、期望与预判。

中西园林从传统园林发展到现代园林，走过三千多年的漫长道路。中西方现代园林虽然流派纷呈、主义泛滥、交往渐多，而且相互交流、借鉴、融合，但正在走向趋同化、国际化。中国园林将何去何从？世界园林将走向何方？令人担忧与深思。

我是一个老朽园丁，从事风景园林规划设计近 60 年，算是一个平凡的园林设计师。我既无资格也无权力给中国园林制定发展方向和道路。但我可以思考自己过去的经历和走过的道路，更希望知道中国园林的明天将走向何方？

经过相当长时间的思索，我认为中国园林和世界园林有如下共同的发展方向：

（1）现代化。这是国际风景园林发展的必然趋势。它将应用现代科学理论、现代技术、现代材料、现代工艺建造现代新园林。同时，建设网络化、自动化、智能化的园林。风景园林要适应现代生活、现代审美思想和时代发展的潮流，并为时代服务。

（2）生态化。走向自然、回归自然，这是世界园林发展的大潮流，势不可挡。要尊重自然，保护生态。园林总体布局要倾向活泼、自由、自然。要采用生态设计，建设生态绿化、生态水体、生态建筑、生态能源，走低碳、绿色、节约（地、水、电、材、费、工、管）发展之路，建设生态循环的城乡人居环境。

（3）民族化。民族化与地域化体现着原生态文化的价值观。这是确保世界园林生动活泼、丰富多彩、健康发展的灵丹妙药。各国园林要在国际化、趋同化的世界大同中求同存异。"存异"就是立足本土，扎下深厚的乡土根基，传承民族文化和地域文化，建设有民族特色、本土特色的园林。只有这样才能找到自己应有的生存位置，才能站稳脚跟，立足世界园林之中。

总而言之，我认为：现代化、生态化、民族化是中国园林乃至世界园林未来发展的方向。

传承创新、主流引领、多元发展，这是中西园林未来发展的新格局。

第 **3** 章

园林五境理论体系

3.1

园林境界与人生境界

　　境界是指精神修养、思想觉悟、人生感悟、情调感知。

　　人生境界是一种微妙的感觉。人生境界有高低、优劣、良莠之分。

　　园林与人生密不可分，人生有境界，园林亦有境界。

　　李笠翁先生认为"雅静"是园林的最高境界。

　　孙晓翔（筱祥）先生提出"园林三境界"理论——生境、意境、艺境。

　　周维权先生以诗境比喻"园林三境论"。唐代诗人王昌龄在《诗格》中提出中国诗（山水诗）有"三境"——意境、情境、物境。"只写山水之形的是物境；能借景生情的为情境；能托物言志的为意境。"

　　中国著名哲学家冯友兰先生提出著名的"人生四境界"理论。从低级到高级依次是：自然境界、功利境界、道德境界、天地境界。

　　我学习以上人生境界理论，对冯友兰先生的"人生四境界"稍作补充，增加一个"智能境界"。因为"智能"是人类与动物最大的区别。我把"人生四境界"拓展为"人生五境界"——自然境界、功利境界、智能境界、道德境界、天地境界（图3.1-1）。

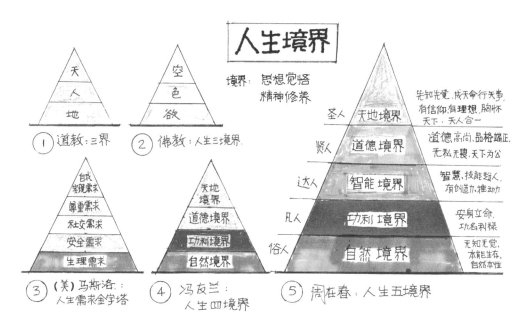

图3.1-1　人生境界

毛泽东于1939年在《纪念白求恩》一文中写道："一个外国人，毫无利己的动机，把中国人民的解放事业当作自己的事业，这是什么精神？这是国际主义的精神，这是共产主义的精神，每一个中国共产党党员都要学习这种精神。……就是一个高尚的人，一个纯粹的人，一个有道德的人，一个脱离了低级趣味的人，一个有益于人民的人。"白求恩大夫不但有高超的医术、聪明才智，还有高尚的精神境界，这就是最高的人生境界。

人生境界由低级境界到高级境界，我更愿将其通俗地表述为"五人"境界——俗人、凡人、达人、贤人、圣人。

俗人，是无知识、无技能、无觉悟的人，只会获取物质，消耗物质，只有自我生存的自然本能，是庸俗、低级的自然人，处于人生的最低境界——自然境界。

凡人，是平凡的人，具有基本的生存知识、技能和觉悟，功利目的明确，为私利而行事，追逐功名利禄，是较低级的功利境界。

达人，是通达事理、充满智慧、出类拔萃，有高超技能，是富有创造力的能人、强人，能为社会创造财富，推动社会进步。这是人生智能境界。

贤人，有才有德，自觉以善为乐，以善为福，追求精神层面的富足、心灵自由，行事符合道德标准，有道德意义，能助人为乐，愿为他人谋利益，为社会服务，德高望重。这是人生道德境界。

圣人，是完全超越自我，把自己融入社会和世界，对社会和宇宙负有责任感和使命感，以天地为己任，为谋求国家、民族利益，谋求全人类幸福和宇宙和谐，宁愿牺牲个人利益甚至生命。这是人生的最高神圣境界——天地境界。文圣孔子、武圣关公是中国人心中的圣人，白求恩、张思德、雷锋、黄继光、董存瑞、焦裕禄等英雄，都是高尚而伟大的圣人。

人生五境界，前面两个是物质境界，是人人都具有的低级境界；后面三个是精神境界。智能境界则是介于物质和精神之间的境界，同是人生须努力学习、长期修炼、不断提升的目标和方向。

人生有境界，园林也有境界。

孙晓翔（筱祥）先生提出著名的"园林三境界"，得到学者广泛认可。

我以为园林境界与人生境界相似、相容、相通。我参照"人生五境界"把孙先生的"园林三境界"拓展为"园林五境界"（图3.1-2～图3.1-4），与大家一起学习研讨。

图3.1-2 孙晓翔先生的"园林三境界"　　图3.1-3 周维权先生以诗境比喻"园林三境论"

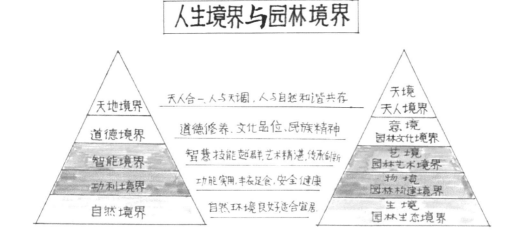

图 3.1-4　人生境界与园林境界

3.2

园林理论与理法

园林理论、园林理法，两个词仅有一字之差，差异何在？学者们常说的园林"理法"，我认为，是一个笼统而含糊的词汇。从字面分析，"理论"是实践经验的总结和升华，而"理法"是理论和技法的总称。我的理解是：理、法分属不同范畴。"理"是道德、理论、思想修养、艺术修养，是"大道"，是理论范畴，即园林艺术理论。"法"则是在理论指导下产生的技术方法。"法"和"术"是技术范畴，是园林艺术创作方法，或称技法、匠人的工法。"理"和"法"分属两个不同层面，"理"和"法"是"道"和"术"的关系。"道"和"理"是高层面的理论，"法"和"术"是低层面的技法。本书上篇"园林五境理论"（天境论、意境论、艺境论、生境论、物境论）是园林艺术理论，是"理"。本书中篇"园林设计技法"则是风景园林艺术创作方法，俗称技法、构图法、造景法等诸多工作方法、技术方法。"理"和"法"是有区别的，不宜混为一谈。

园林理法，就是园林有理、有法、有式（理论、方法、形式）。

园林有法，但"法无定式"，法式可以千变万化。

知晓法式才能熟练运用法式，不知晓法式就不会做园林设计。

要知晓法式，善用法式，但又不能受制于法式。要由有法有式上升到无法无式，要从法式中走出来，走向自由王国。犹如不懂战争就要被人欺负，学习战争是为了消灭战争，这是中国"以戈止武"传统智慧的体现。学习园林法式是为了掌握法式、超越法式，不受法式限制。

《园冶》共三卷十篇。第一卷兴造论、园说，写的是园林理论，写出了"园林巧于因借，精在体宜""虽由人作，宛自天开"的造园理论；而后几个篇章——屋宇、装折、栏杆、门窗、墙垣、掇山、选石，均是造园的技术、样式，而非造园理论；最后一篇——借景，则略有不同，借景既是理论，又是技法，可视为理法集合。从《园冶》十篇可看出：园林有理、有法、有式，即有理论，有技法，有样式（模式）。阚铎在《园冶识语》中说："《园冶》专重式样，作者隐然以法式自居。"《园冶》通篇的确是法式多，理论少。理论和理法显然是有差异的。说借景是理论，是对兴造论的补充。借景是园林规划设计常用的理论、理念。如何理解借景？有人认为"借景"就是把园外之景借入园内，就像借钱、借物一样。此话不假，但不全面。这是一个误解和偏见。其实借景有狭义借景，更有广义借景。狭义借景就是把园外之景借入园内；而广义借景，则是因地制宜，借助园地周边和园地内外的人、事、物，即借内、借外，借天、借地，借景、借物，借古、借今，天地、人文、地理、社会、民俗、风尚，凡是园地内外有利的条件都可以借入园内。"嘉则收之，俗则弃之"。借内外之景以创造园林景观，这就是《园冶》中说的"景因境出"。借景是理论，也是一种造园技法、技术。在园地的细部、局部，借用场地景物，借助园外道路、广场，设置园门入口，利用园、地、山、水、石、木以及边角场地设置独特景区、景点，这就是《园冶》中说的"景到随机""得景随形"。

本书提出区分理论和理法的差异，目的在于全面、深入研究园林理论，形成完整的园林理论体系，更进而研究理论和技法，以便更好地理解和运用。

3.3

园林五境理论体系

园林是生态、文化、艺术、建筑、社会、人文等多学科交叉渗透，科技与艺术相结合的综合体，融合了生态、文化、休憩、娱乐和避灾功能。众多学者都认为师法自然、天人合一就是中国园林的理论，这无疑是对的。但园林既然是多学科的综合体，就不可能只有单一理论，单一理论也不可能构成一个完整的理论体系。因此，我认为园林理论应是综合理论，而不是单一理论。但园林理论也不是一盆大杂烩、一锅"乱炖"。园林理论一直是园林学科似懂非懂、似有似无、含糊不清、说不清道不明、"悬而未决"的重大问题。

园林到底有没有理论？

有人说有，那就是《易经》，是"风水"；

有人说是《园冶》中的"虽由人作，宛自天开"，"巧于因借，精在体宜"，"相地合宜，构园得体"；

有人说园林理论和方法不可分，就是园林理法；

有人说园林理论是"地境""地景"；

有人说园林理论是"三元论"——景观、生态和功能三元素；

有人说西方园林以几何为美，以数求美；中国园林以自然为美；

有人说是"天人合一""师法自然"；

有人说园林理论是生态园林。

……

我认为这些都是理论，但都是"断锦碎片"，是碎片化理论；是不全面、不完整、不系统的理论。

到底什么是园林理论？

什么是园林理论体系？

有没有中外园林共同的理论体系？

园林理论与园林课程有何关系？

……

"路漫漫其修远兮，吾将上下而求索 。"

1. 园林理论体系——园林五境论

经过十多年的思考和梳理，我把园林理论和人生境界联系起来，把园林境界与人生境界相对应。在孙筱祥先生提出的园林三境界基础上，我增加了"天地境界"和"地物境界"，形成了一个具有系统性和完整性的园林理论体系——园林境界理论体系，即"园林五境论"，或称"园林五元论"。

天境——天人境界理论（天地境界）。

意境——园林文化境界论（情意境界）。

艺境——园林艺术境界论（艺术境界）。

生境——园林生态境界论（生态境界）。

物境——园林构建境界论（地物境界）。

园林五境论是园林的核心理论，也是中外园林共同的理论体系（图3.3-1、图3.3-2）。

1）天境

园林天人论、天人境界理论，即园林天境论。

东西方两种浑然不同的哲学形成两种不同的园林。东方人与西方人有不同的世界观、宇宙观。东方天人合一的宇宙观，以"道法自然""天人合一"为核心文化；西方的核心文化是"天人分二"，非此即彼的二元论，以人类为中心，人类主宰自然，以数理准则改造自然。东方的"天人合一"和西方的"天人分二"是两种哲学、两种理论。两种天人观构建出东西方两种园林。中国园林的最高境界就是"道法自然"，"虽由人作，宛自天成"，"天人和谐"，"天人合一"；西方园林的最高境界是数理美，人工美超越自然美，人工美让自然羞愧。

2）意境

园林文化境界、情意境界理论，即园林意境论。

园林是文化载体，是文化产物，也是文化产品。文化是园林的第二生命，是园林的灵魂。民族文化和地域文化是园林文化的根本。众多古典园林已成为珍贵的世界文化遗产。园林设计就是以人文为主线，借助文化创造园林意境，产生诗情画意。东西方园林有不同的文化内涵，从而产生不同的园林意境。中国园林总是以丰富的

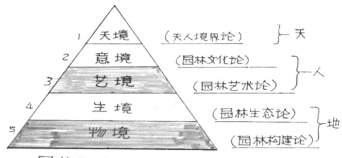

图3.3-1　园林五境界理论体系

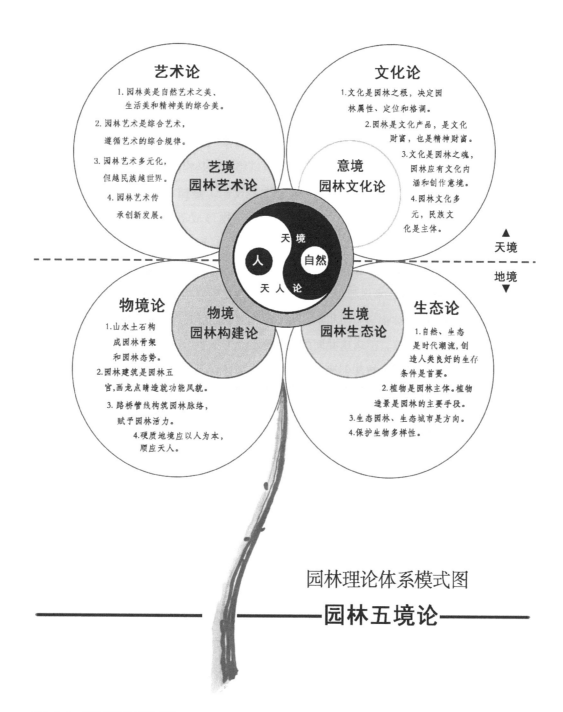

园林理论体系模式图
—————————————————————园林五境论—————————————

图 3.3-2　园林理论体系模式图

文化内涵创造除视觉、听觉、味觉、嗅觉、触觉以外的感觉——心灵感受、诗情画意、梦幻意境，提升园林审美情趣和精神境界，形成园林意境，这是中国园林的最大特色。"诗情画意"中的"诗情"就是意境、情境。中国园林有意境。

3）艺境

园林艺术境界理论，即园林艺境论。

园林是艺术性与科学性相结合的产物，有很强的艺术性和很高的艺术标准。园林艺术遵循设计学的共同艺术规律、法则。东西方园林有不同的园林美学思想和不同的艺术理论、形式、技法，但运用共同的艺术规律、艺术理论和艺术技法创造园林艺术美，创造优美的园林艺术境界。"诗情画意"中的"画意"就是园林艺境。

4）生境

园林生态境界理论，即园林生境论。

园林是由动物、植物和微生物构成的有生命的园林生态环境。植物是园林的主体，是构成园林生态环境的主体。园林中的生物所形成的生态环境状态就是园林生境。运用生态理论和生物材料创造良好的园林生态环境。园林生境是建设生态文明、生态城市、美丽乡村、美丽中国的重要内容。

5）物境

园林构建境界理论，即园林物境论。

园林的山水土石、道桥构筑、园林建筑等，都是构成园林景观和园林功能的重要设施，是园林的基本要素。园林各种构建物形成不同的园林环境、不同的园林形态，产生不同的境界，构成不同的园林物境——物态境界。通过园林构建物托物言志，以构建物传达情境和意境，运用园林器物创造园林艺术境界，这就是物境。

园林境界的创造通常是依靠园林总体创意，运用山水、植物、建筑、构筑和器物发挥园林艺术创造力，以多元素、综合性创造高雅优良、有特色的园林境界。

2. 园林五境与人体的对应关系

园林五境论可比喻为人体的头脑、双手、双脚形象（图3.3-3）。

（1）头脑是核心，是灵魂，天境是天人论，是天地境界。

（2）双手是文化论和艺术论，即意境和艺境，属上层建筑。

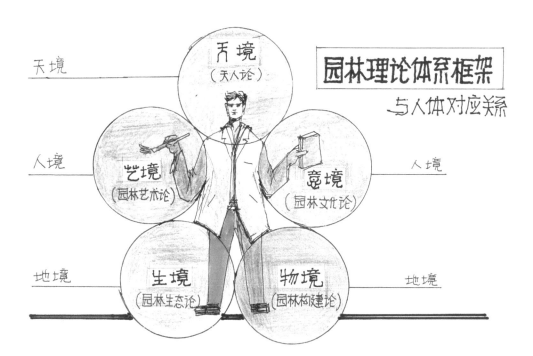

图 3.3-3　园林理论体系框架与人体对应关系

第 4 章

园林天人境界理论——天境论

天人论即天境论，是寻求人与天地（自然）关系的理论。

东方人和西方人有不同的宇宙观、世界观和自然观。

东西方人都认为宇宙有三界（三才）——天、地、人。

天，包括宇宙太空、日月星辰、神灵鬼怪、风云雨雪、雷电阳光。

地，包括地球上的动物、植物、微生物、无机物、有机物、山、水、土、石。

人，包括东方人、西方人等，不同人种组成人类社会，如东方社会和西方社会。

地球是天体的一小部分。天体、地球、人类都是自然界的组成部分。其中人类是唯一有思想、有智慧的自然物，是有智慧的动物。在几千年的生存、发展、进化中，东西方人形成了不同的自然观。东西方人对其身边的自然有不同的认识，用不同的方法、态度对待自然。人与自然的关系就是人与天地的关系，简单说就是天人关系。

我把研究人与天的关系的理论，即人与自然的关系的理论，简称天人论。天人论就是研究人对自然的认识、人对自然的态度、人与自然的关系的理论。这是世上几千年来所有宗教、世俗、哲学共同关注且长期争论的问题，是人类文明的灵魂，是东西方文化和东西方园林的核心理论。

以中国园林为代表的东方园林和以法、意园林为代表的西方园林，两者形式风格迥异，就是由东西方两种哲学、两条道路产生的不同结果。

因此，天人论即天境论，是园林的核心理论。

4.1

中国天人论

中国是世界东方最古老、最伟大、最具有代表性的文明古国之一，是东方文明的代表，也是东方园林的代表。中国人的自然观、天人论就代表东方的自然观、天人论。

崇尚自然、道法自然、天人合一是中国五千年文化的总纲，是中国传统文化的灵魂和核心。中国远古时代，伏羲创造太极八卦，显示阴阳和合。《易经》和《道德经》均称"一阴一阳之谓道"；"负阴抱阳，冲气以为和"。虽然"天人合一"一词出现在北宋张载的记载中，但"天人合一"的观点早在《周易》中已出现。《易经》蕴含自然界与人类社会融为一体的观念，以卦辞、爻辞论人事、论天事，将人事与天事（自然现象）合明吉凶。《易传》则进一步发挥天人合一思想，认为人是自然的一部分，人是天地的产物。这是《周易》天人合一的起点，天、地、人是《周易》的重要概念。"一生二，二生三，二生万物"，"人法地，地法大，天法道，道法自然"。《管子·五行》中有："人与天调，然后天地之美生。"战国时期发展为"天道、地道、人道"，概括为"三才"。庄子曰："吾以天地为棺椁，以日月为连璧，星辰为珠玑，万物为赍送"。汉代董仲舒用"造神运动"将天上神灵与人间皇权相联系，提出"事应顺于民，民应顺于天，天人之际，合而为一"，借以维系皇权。

佛、道、儒三教都有共同的观点：人与自然和谐，天人合一。这是中国人的宇宙观、自然观。天人合一的天人论，是中国园林的核心理论。中国传统哲学以天人合一为主导，以人生哲学为核心，以直觉和顿悟为方法，充满诗意境界，突出尽善尽美的价值观。道、佛、儒殊途同归，最终回归到"人法地，地法天，天法道，道法自然""天人和谐""人与天调"的认识上。认为人是自然的一分子，人不能离开自然，人要与自然融合，即人与天调，天人和谐，天人合一，天地人三才和谐统一。"道法自然"，是崇尚自然，源于自然，高于自然，再造自然，成为中国园林美的核心。"虽由人作，宛自天开""天人合一"已成为中国园林的核心理论。

几千年历史长河中，中国亦有过"天人分二"的理论，但仅为个别，并非主流。另有一种观点认为"天人合一"就是"天人一物"，天人没有区别。这是不对的。我以为天人合一，只是强调天人和谐、人与天调，并不是天人一物，更不是天人对立。就像天和地、阴和阳，并非天地一物、阴阳一物，而是指天地和谐、阴阳和谐。

中国园林天人论的主要理念：

1. 敬畏自然，崇拜天地

中国人自古以来崇尚自然。大自然为我们创造山川大地，提供阳光雨露、衣食住行，中华民族才得以生生不息。历代皇帝都拜天地、祭鬼神；中国老百姓也有祭天地、拜祖宗的传统；男女结婚也要拜天地。中国人热爱自然山水，崇尚名山大川。百姓"游山玩水"，士大夫"归隐田园"，儒家主张"仁者乐山，智者乐水"。中国人常说"感谢老天爷""谢天谢地"。几千年来形成了敬畏自然，崇拜天地，崇尚"自然美"的美学思想，创作了无数感恩山水、歌颂大好河山的优秀文章、壮丽诗篇和山水图画。

2. 崇尚自然，保护自然

中国农村都有请山神、河神、土地神的传统习俗。村民靠山吃山，靠水吃水，大都知道保护山林。在村头种神木，在村后种风水林，还有封山育林的村规习俗。西双版纳的傣族人民规定每家每户都要种一片速生黑心木作薪炭林，轮流砍树枝当柴火烧饭，不得上山砍柴，借以保护山林。中国很多农村地区几千年来自给自足、自产自销，没有废物，没有污染，虽然贫穷艰苦，但非常生态环保，非常健康。中国人有崇尚自然、尊重自然、保护自然的优良传统。自然界有其固定的运行规律：日有日出日落；月有阴晴圆缺；天有冰霜雨雪、雷电交加、暴风骤雨；水有波涛汹涌、

风平浪静；地有山崩地裂、地震海啸……人类可以研究掌握大自然的运行规律，利用其运行规律，顺应自然，趋利避害，但还不能准确预报地震等自然灾害，抵抗天灾地祸。古代大禹治水，李冰父子筑都江堰，苏东坡治西湖蓄水抗旱、筑堤防洪等，都是顺应自然、利用自然规律、趋利避害、造福人类的壮举。反之，强调"人定胜天"、烧山开荒、开山辟岭、围湖造田等，违背自然规律，破坏自然，造成天灾人祸，人类必遭受大自然的报复。正如计成告诫的"休犯山林罪过"。管子曰："其功顺天者，天助之；其功逆天者，天违之。天之所助，虽小尤大；天之所违，虽成必败。"当今，政府把环境保护作为一项基本国策。保护自然，治理山河，城乡一体，发展、完善城市绿地体系，建设国家园林城市和生态城市，建设生态文明，确立国家保护自然的战略方针。

3. 崇尚"风水"，选择自然

伏羲创造先天八卦，周文王创造后天八卦——诞生了经典著作《易经》，后人利用太极八卦创立了风水学，即堪舆学。我们的祖先仰观天文，俯察地理，创造了河图、洛书、阴阳五行（大自然的构成要素——金、木、水、火、土）、天干地支、四方五音、四象八卦、十二月律、二十四节气、二十八星宿……运用"觅龙、察砂、观水、点穴""藏风聚气"等理法，顺应自然，选择环境，安排生活，相地立基，选

择"背阴抱阳、背山面水""坐北朝南"的风水宝地。选择"阳宅福地",创造宜居环境,有益于健康长寿、兴旺发达;选择"阴宅福地",祈求祖先保佑,福荫子孙,后代昌盛。"风水"在中国大地已流传了几千年,还流传到海外:欧美、东南亚等外国学者对风水的热衷和研究甚至比中国人有过之而无不及。有人说风水是封建迷信,也有人说风水是科学。我以为风水是科学,但亦有糟粕。风水的核心是"气""气场",引出天气、地气、阴气、阳气、风气、水气。"看风水"就是勘砂察水,观脉觅穴,在自然界寻求最佳气场位置,相地择基,建造阳宅或阴宅,追求人身小宇宙之"气"与周围大自然宇宙环境之"气"的协调统一,小宇宙与大宇宙相适应,确保人体生理健康和心理平和(何晓昕《风水探源》)。这就是"天人感应""天人合一"的追求。当环境欠佳时,按风水原理建风水塔、种风水树,以"障空补缺"。

其实,风水是一门人类生存的科学,并非完全迷信,但也有糟粕和迷信。那些占卜、画符是迷信,是糟粕,而并非科学,应予去除;那些室内摆设诸多讲究也未必真科学。我们应以科学的态度对待风水,取其精华、去其糟粕,去伪存真、去粗取精,而不要泼水弃婴。风水是中国传统文化的结晶,是中国园林相地立基和建设的理论依据之一。但风水还有许多一时说不清道不明的谜团,有待进一步深入研究、科学论证,如"气场"与磁场的关系、"气"的实质、"气"的生成与变化等。风水学必须科学发展,与时俱进。

4. 师法自然,再造自然

中国皇家园林、私家园林和现代园林都是人工建造的"人工园林",恩格斯称之为"第二自然"。这些第二自然,都是根据第一自然的规律,运用工程技术和艺术手法,"师法自然",源于自然,高于自然。模仿第一自然——自然界高山大川而创造的自然山水园林格局,除了建筑庭院有中轴线,不规则、不对称外,完全采用自由弯曲的园路和水岸,收放自如,弯曲自然的河湖水体,自由散点的园林建筑,形成了自然式园林平面布局,这是中国园林的最大特色,完全不同于西方园林的中轴对称、几何规则式园林布局。

中国共产党信仰共产主义,不信宗教,但允许宗教自由。大多数中国人不信宗教。某些西方人骂中国人没有自由,没有信仰。中国人虽不信教,但有信仰。中国人信仰五千年的中国文化,相信佛道儒融合、尊重自然、仁义道德、忍辱负重、自强不息,追求自然与人文结合的精神,信仰天人合一的传统理念,信仰人与天调、天人和谐、天人合一的中华文化。不信鬼神,不靠上帝和救世主,不靠侵略、掠夺,而是信仰团结奋斗、艰苦奋斗的中华民族精神,战胜自然灾害和外敌入侵,保家卫国,"以斗争求团结","以戈止武",不求"你死我活"、由我独霸世界！斗争的目的是求"中庸"、和平共处：追求人与自然和谐共存；中国与世界各国和平共处、共存共荣，建设"人类命运共同体"。中国人依靠自己的智慧和勤劳的双手，依靠天时、地利、人和，振兴中华，建设美丽中国，建设人间天堂，创造全民族、全人类的幸福生活。

4.2

西方天人论

西方哲学以"天人相分"的二元论（天人分二）为核心，以逻辑分析为方法，带有科学精神和宗教幻想，充满了理性色彩。《圣经·旧约》告诫圣徒：上帝造人、造物、造伊甸园，人要崇拜上帝。古希腊以数学、美学的永恒原则追求唯理有序的完美。文艺复兴人文主义和科学精神的觉悟，以人性抗衡神性，促进艺术和科学的迅猛发展，冲破神学秩序。"人本主义"视人类为宇宙中心，人类统治自然，主宰自然。按"凡物皆数"、唯理美学的原则，以几何图形构筑园林布局滋养了巴洛克风格，"以艺术手段使得自然羞愧"，"人工美高于自然美"。"天人分二"就成了西方文化和西方园林的核心理论。

4.2.1 "凡物皆数""数构成宇宙秩序"

古代西方哲学以古希腊、古罗马为代表，在公元前 7 世纪到公元前 6 世纪，哲学以神话、神谱为基础，以研究宇宙本原为主（称自然哲学），形成许多学派，其中以毕达哥拉斯学派把"数"视为一切事物的原型，认为数构成宇宙的"秩序"，"凡物皆数"，一切美的东西都在数学之中。这种哲学对当时的希腊、罗马建筑和园林起到了极其深刻的影响。达·芬奇、米开朗琪罗、拉斐尔等伟大的艺术家都从"数"中寻求艺术。毕达哥拉斯发明了勾股弦定律、黄金分割定律等。基本几何图形成为古希腊和古罗马的建筑、园林、城市规划的基本构图元素。这正是"从数中寻求建筑、园林美的秩序"的结果。因此，中轴对称、几何规则就成为希腊、罗马建筑园林的基本形式，成为欧洲建筑、园林三千年来的基本构图形式，也包括埃及园林和伊斯兰园林。可以说，"万物皆数""数是有序的美"是西方园林的灵魂，是数学和几何学决定了西方园林的形式风格。

4.2.2 人文主义

以人为宇宙的中心、"征服自然"的理论，是形成西方规则式园林的又一重要原因。西方哲学以"天人相分"为前提，古希腊盛行自然哲学和多神论，以自然神崇敬自然，天人分离。中世纪，一神教代替多神教，超自然的上帝代替了自然神，自然崇拜变为一神崇拜。自然哲学和宗教哲学都将人和自然分离、对立。文艺复兴以后，"欧洲哲学成为神学的婢女"。

从中世纪中期起，哲学摆脱神学的统治，人们发现了自然和自身，开始追求知识，渴望个人自由，开始了近代哲学，以人和自然为中心，形成了人文主义和自然哲学。人文主义以人为中心，一切为了人的利益，反对灵魂不朽之说和禁欲主义。人文主义和科学精神的觉醒突破了神学秩序，以人性抗衡神性，以科学精神激起对自然、宇宙万物的探求，摆脱神学，进而探求自然、征服自然。培根的"知识就是力量"成为征服自然的座右铭。哲学家笛卡尔借助实践哲学使自己成为自然界的主人和统治者，引导人与自然分离、对立。美国前副总统阿尔·戈尔（Albert Gore）在《濒临失衡的地球》中写道："按照笛卡尔的解释，我们与地球无关，有权将地球仅仅视为一堆无生命的资源，可以随意掠取。"

文艺复兴使西方摆脱了中世纪封建制度和教会神权的统治，去除了长达千年的"黑暗时期"，精神和生产力得到解放，把人和自然从基督教统治下解放出来。而对自然的研究又改变了人们对世界的认识。世俗文化与古典文化的继承都标志着欧洲文化达到希腊时代以来的第二个高峰，影响到建筑、文化、艺术等各个领域，也给欧洲园林带来了新时代——欧洲古典主义时代，法兰西勒诺特（André Le Nôtre）式园林达到顶峰，形成了西方几何规则园林的总体格局。

中国古代五千年文明的核心和灵魂——天人合一观念是强调人和自然亲和，确立人与自然平等观念，其前提是人对自然的无奈和无知。与此相反，西方世界则宣扬人靠理性和科学认识自然、主宰自然、改造自然、征服自然。人类应按照"凡物皆数""数构成美的秩序"的原则改造自然，建造建筑和园林。西方认为人为宇宙的中心，"天人分二"，"凡物皆数"，按数理秩序改造世界，建造园林，形成西方园林的天人境界——天境。这就是西方园林的灵魂，是西方园林的最高境界。

4.3

结语

（1）天境是人与天的关系的理论，即"天人论"。天人论是中国园林理论，也是西方园林理论，但有着两种截然不同的理论内涵。中西两种哲学导致中西园林走上两条不同的道路，呈现两种布局形式。其根本原因就是在人与自然、天人关系上的分歧，这就是园林理论的核心所在。

（2）"天人境界"是中西园林的最高境界。"师法自然""天人合一"是中国园林的天人境界。"师法自然""天人合一""虽由人作，宛自天成""源于自然，高于自然"就是中国园林的最高境界。"天人分二""以人为宇宙中心""凡物皆数"，构成规整有序的数理美、人工美，"让自然羞愧"是西方园林的最高境界，也是西方园林的天人境界。

（3）进入后工业时代，人主宰自然、掠夺自然、破坏自然，人类社会出现资源匮乏、环境污染、生物消亡三大危机，人类认识到这是人类征服自然而受到自然惩罚的恶果。西方人开始醒悟，认识到人类再也不能与自然对抗，人类应做自然的保护者，人类要与自然和谐共存，从而实现可持续发展。西方正在"转向东方"，由"天人分二"转向"天人合一"。东西方已初步形成共识，殊途同归。"天人和谐""天人合一"必将成为中西方园林共同的最高境界，成为世界潮流和时代潮流。

第 5 章

园林文化境界理论——意境论

5.1

园林与文化

园林意境，或称园林情境、园林文化境界，是运用文化创造园林思想境界、精神境界，使园林充满诗情画意和人文情怀，让人触景生情。

中共十九大把文化提到空前高度："文化是一个国家、一个民族、一个城市的灵魂。""世界各国之间综合国力竞争日益激烈，文化越来越成为民族凝聚力和创造力的重要源泉，越来越成为综合国力竞争的重要因素。国际竞争比拼到最后就是拼文化软实力。"

俗话说"人要文化，地要绿化"。园林，既要绿化，又要文化。

什么是文化？要给文化下一个准确定义是非常困难的事。人们对文化的解读也是众说纷纭。世界上有 300 多种文化定义，有分歧，有争论。但东西方对文化有一个共同的解释：文化是人类历史所创造的物质财富和精神财富的总和。

英国学者爱德华·泰勒（Edward Tylor）曾于 1871 年给文化下过这样的定义："文化或文明，就其广泛的民族学意义来说，乃是全部的知识、信仰、艺术、道德、法律、风俗，以及作为社会成员的人所掌握和接受的任何其他的才能和习惯的复合体。"后来，文化与文明分离，认为文化是高层次，是精神的，而文明是低层次，是物质的。泰勒把文化分为本能、习惯、认知和感性四个层次。

大体说，文化包含广义文化和狭义文化，亦称大文化、小文化。大文化包括多种小文化：

大文化——制度文化（国家、民族、宗教）、物质文化（生产、生活、自然）、行为文化（语言、行为、习惯、风俗）、心理文化（精神、思想、审美、道德、教育、社会心理、哲学、伦理、风俗、习惯等）。

小文化——语言、文字、科技、教育、艺术、音乐、绘画、建筑、园林等。

世界文化包括古代文化、近代文化和现代文化，还包括西方文化、中国文化和其他各国文化。中国文化是世界文化的一部分，是东方文化的主体，她包含了华夏 56 个民族和地域文化，也包含中国建筑文化和园林文化等。

本书着重讨论与园林相关的文化。许多古典园林都蕴含着丰富的文化内涵，园林是工程技术和艺术相结合的文化产品。文化是园林的意识形态、上层建筑。文化是园林的决定性因素，园林文化决定园林的属性、功能、形式和内涵。

5.1.1 园林是文化产物

园林是人类珍贵文化遗产（Culture Heritage）。1972年联合国通过《保护世界文化和自然遗产公约》。联合国确定的世界遗产包括文化遗产、自然遗产、文化和自然双重遗产。1998年又将表演艺术、传统手工艺、节庆活动等列入非物质文化遗产（世界级、国家级和省级）。

截至2021年7月，中国入选世界遗产56项。其中世界文化遗产38项、世界文化与自然双重遗产4项、世界自然遗产14项。56处世界遗产中，大部分为中国名山大川风景名胜区、如颐和园、天坛、承德避暑山庄和苏州古典园林等。截至2020年12月中国已拥有42处世界非物质文化遗产（包括昆曲、京剧、书法、篆刻、剪纸等）。

中国传统园林作为世界文化遗产的组成部分，已受到尊重和保护。包括园林山水、园林建筑、假山、树木、匾联、书画、装饰，即中国古典园林的整体，都属于世界文化遗产。中国历史悠久，文化积淀深厚、源远流长，是拥有世界文化遗产最多的国家之一。法国凡尔赛宫，西班牙阿尔罕伯拉宫、奎尔公园，英国伦敦皇家植物园邱园，日本京都历史建筑园林、广岛和平纪念公园，印度泰姬陵，意大利帕多瓦植物园，美国黄石公园等11个国家公园，以及诸多著名古典主义园林和国家公园均已成为世界文化遗产。

园林是文化，是一个国家、民族的历史文化。众多东西方古典园林已成为世界珍贵文化遗产，这充分证明了园林的文化属性。

5.1.2 文化是园林的灵魂

文化是园林的灵魂，是园林的生命，是园林的根本。

文化决定园林性质、功能和形式。文化为园林定性、定位、定形。

1. 文化决定园林性质

园林有自然属性，也有社会文化属性。文化是园林之根，文化决定园林的性质，即文化为园林定性。古今中外一切园林都是在一定社会制度下，政治、经济、宗教、哲学、道德、伦理、信仰、文化、科技、艺术、教育等社会文化的综合产物。从古希腊、古罗马的宫廷、别墅，巴比伦空中花园到法国凡尔赛宫，从秦汉上林苑、唐辋川别业到拙政园、颐和园、承德避暑山庄等皇家园林和官宦仕商的私家园林，无一不是社会政治、经济、文化的综合产物。这些都是出于少数人掌握了社会地位和财富，有权、有财、有势、有地、有人，才能建造花园、宫苑。这些皇家宫苑、私家园林只属于皇室和官宦所有，为少数人享用。即社会的政治、经济、文化决定了这些园林的私有性质，为私人所有，为小众独用，而人民大众不能享用，也就是社会政治、文化、经济决定了古典园林的局限性。只有古希腊的圣林、神苑是神权宗教的产物，属于教会或政府所有，是公共财产，公众可以享用。

18 世纪，英国在资产阶级民主思想的影响下，少数皇家花园向公众试开放。19 世纪初进一步发展，把皇家园林改建为公共园林，为公众享用。德国也随后跟进。20 世纪美国政府规划新建城市公园，发展国家公园系统、城市绿地系统，向公众开放。这些公园绿地属于地方政府所有，为公众享用。

在中国，北宋汴京（今开封）、南宋临安（今杭州）西湖建有公共休闲绿地。中华人民共和国成立前，中国大多数城市建立中山公园。中华人民共和国成立后，人民政府为人民大众建设大批城市公园、人民公园。改革开放以来，一部分先富起来的人依赖个人财富和国家土地政策，建造私人花园或团体花园会所。东西方现代园林绿地归属政府，归公众享用；也有私人园林以经营为目的向公众开放。

以上事实表明社会政治、经济、文化决定了园林的性质，即私有、公有，或团体所有，即文化为园林定性。

2. 文化为园林定位

文化为皇家园林、私家花园或公共园林定位，即文化决定园林的功能定位。

古代皇家宫苑具有综合功能：除了生态功能外，还有行政、祭祀、宗教、狩猎、会客、会议功能，以及居住、休闲、度假、避暑功能。

私家园林、别墅园林具有生态、游憩、休闲、度假、健身、娱乐功能，也有居住、会客功能，有些有果蔬、花木生产功能，也可能有祭祀功能。

现代城市园林等公共园林绿地，除具有生态功能外，主要的功能为公众休闲游憩、观光、文化、教育、科普、会展、娱乐、健身、交友、聚会、餐饮、茶歇等服务功能，此外还有减灾避难功能。而狩猎、居住功能则已消失。除陵园、墓园和寺庙园林外，园林祭祀功能也已消失。

3. 文化为园林定形

文化决定园林布局形式，文化是园林形式的根源。东西方园林之所以呈现不同的布局形式，其根源就在于其蕴含着不同的文化内涵。东方园林蕴含着东方传统文化内涵——"道法自然""天人合一""虽由人作，宛自天开""巧夺天工"的园林审美观念，追求自然境界和诗情画意、出神入化的意境，这决定了中国园林自然式布局形式。

西方园林包括西亚园林，因蕴含着西方宗教（犹太教、基督教、伊斯兰教等）、哲学思想和以数理的方式改造自然的西方文化，按有序原则规划自然，追求规整，形成有序的几何形态的园林总体格局。

东西方园林呈现两种迥异的布局形式。东西方，主要是西方现代一些形式怪异的园林也只能是怪异思想文化的产物。根本原因正是东西方园林本身蕴含着不同的文化，不同的文化决定了东西方不同的园林布局形式，即文化为园林定形。

5.2

园林文化内涵

中西园林都有丰富的、互不相同的文化背景和文化内涵。中西方园林大文化背景见表 5.2-1 所列，园林小文化背景见表 5.2-2 所列，园林文化意境见表 5.2-3 所列，园林文化主体见表 5.2-4 所列。

中西方园林大文化背景　　　　表 5.2-1

中西方园林小文化背景　　　　　　　　　表 5.2-2

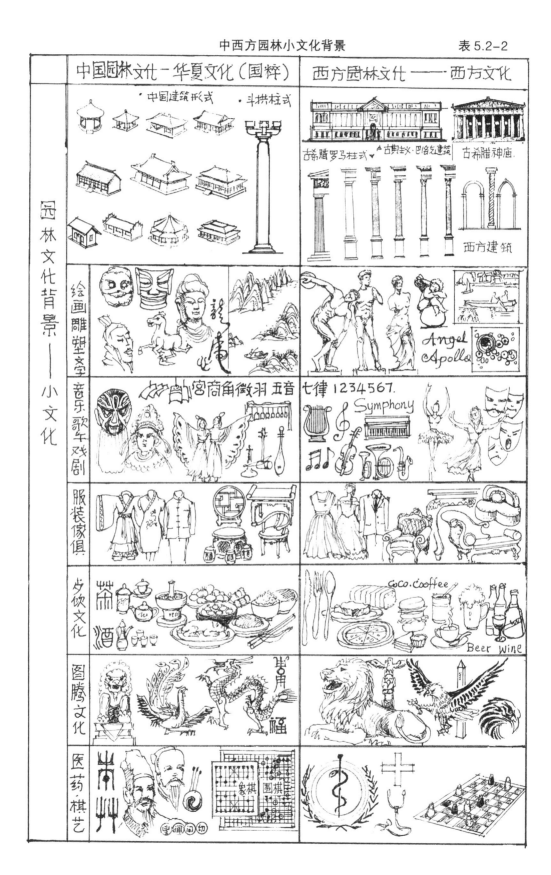

中西方园林文化意境　　　　表 5.2-3

中国园林文化	西方园林文化

（园林文化——园林意境）

山水意象

山水　自然山水

墓台　北海　中南海　留园　网师园

瀑布跌水

心灵山水

中国人崇拜山水，崇敬自然，建造自然山水，追求自然山水意境。

几何山水　人工喷泉

凡尔赛　红宫

Mastaba

西方人崇尚几何规则，以有序为美，建造几何形山水，以追求形式美为主。　视觉山水

花木意象

• 园林树木追求自然苍劲、野朴，花木意象：自然入画。

卧龙松　迎客松

• 花木意象：以自然形植株、自然布置为准。

• 花木意象：以人工整形几何体或仿生形，以及几何形植株和几何布局为审美标准

• 花木人格化（人性化的自然）

松柏常青，坚强伟大；银杏，古老长久；
竹子，虚心正直；石榴，多子多福；
百合，百年好合；梅花，坚贞不屈；
荷花，出污泥而不染；牡丹，荣华富贵；

• 花木象征意义：

红色玫瑰象征爱情；
香石竹象征纯真友谊；
黄月季象征和平、胜利；
各个国家有不同的习俗

国花 · 国树	国花：建议牡丹、梅花为双国花	世上大约100多个国家都早已选定国花。
	国树：建议以银杏为国树	国树，有的还有国鸟、国兽，还有
	国鸟：建议丹顶鹤、孔雀为双国鸟	省花、县花等，法国——鸢尾；比利
	国兽：建议熊猫为国兽	时——虞美人、杜鹃；英国——蔷薇；
	早定四至，以利生态文明	荷兰——郁金香；美国——月季花……

中西方园林文化主体　　　　表 5.2-4

园林文化主体	主题专题园林	植物园、动物园、雕塑公园、纪念公园、音乐公园、盆景园、竹园、梅园、影视乐园、水上乐园、文化公园等都是园林文化的主体内容	迪士尼乐园是综合文化内容

5.3

园林意境

孙筱祥先生给意境下过这样的定义："意境是浪漫主义'理想美'的境界"，"包括美的感想、美的抱负、美的品格、美的社会"。李渔、文震亨都以"雅静"为园林的最高境界。我以为意境可以是理想美，也可以是现实美。意境是中国艺术创作和艺术鉴赏的重要审美思想。"意"是主观情感与意念，"境"是客观景物的形象和境象。在艺术创作中，"外师造化，内得心源"，情理与形象互相渗透、制约，客观事物与主观精神有机结合，情景交融，构成意境美。通过形象与想象相结合，让人感悟到意境美，让鉴赏者产生情感激动和理念联想。

意境是一种意愿、情境的境界，是一种精神境界，是一种文化感受，现实生活环境和自然环境中也能产生美好境界，包括对自然环境、社会环境和园林环境产生的身心感受，体验升华为美好的境界。意境可以从民族文化、绘画、艺术作品中，从书本、民间传说中感受到。

园林意境，是通过园林形象所反映的情感，是运用人们的心理活动规律，使人在游赏园林中触景生情，情景交融，产生一种情感境界、文化艺术境界。园林意境对内可以抒己，对外可以感人。园林意境强调的是园林空间的精神属性，是相对园林生态环境物质属性而言的。

意境有人民性和时代性。不同的园林有不同的意境。面对同样的景物，不同的人可能会产生不同的感受。如面对一片桃花林，你可能有桃李满天下的美满意境感受，也可能会有黛玉葬花多愁善感、悲凉意境的感受。意境可以是个别人的感受，也可以是大众的感受。现代公共园林不应只表现个人的感受意境，而应该更多表现社会大众的共同感受意境。现代社会所需要的和值得推崇的再也不是弃官归田、厌世度日、腐朽没落的意境，而是光明正大、文明和谐、健康进步的意境。园林应给公众带来健康、快乐的美好意境。私人园林可以有个人独特的意境；但今天的公共园林应有健康、上进的园林意境导向，应有为大众所喜闻乐见、乐于接受的园林意境。

众多学者都认定：中国传统园林所特有的诗情画意、情景交融的园林意境是中国园林的最大特点，也是中国园林最重要、最高的评价标准。

5.3.1　中国园林意境

中国传统园林按中国传统绘画理论造园，追求诗情画意，把诗情画意融入园林，以境写情，以景写意，融情于景，触景生情，情景交融。不论江南私家园林或皇家园林都蕴含着丰富的人文意境，形成精美的、珍贵的园林意境。《红楼梦》、唐诗、宋词中都有大量关于美好意境的描述。中国园林在中国历史长河中留下了极其丰富的文化积淀，成为历史文化遗产和闻名于世的风景名胜旅游景点。如北京圆明园三十六景（后增至七十二景），西湖名胜苏堤春晓、曲院风荷、平湖秋月、三潭印月、柳浪闻莺，苏州拙政园、留园、退思园，扬州个园，上海豫园、秋霞圃，无锡寄畅园等经典传统园林，都传递出诸多美好的园林意境。

中国园林意境的多种表现形式：

（1）时空意境：清明时节雨纷纷、日出东方万里红霞、山林胜景、曲径通幽、"探幽"、庭院深深深几许、山花烂漫、柳暗花明又一村、烟雨茫茫、明月清风、花好月圆、风清月白、高山流水、小桥流水……

（2）情感意境：悲欢离合、情长义重、喜怒哀乐、藕断丝连、喜结连理、百年好合、桃园结义、岁寒三友……

（3）诙谐趣味意境：风花雪月、花鸟鱼虫、风月无边、与谁同坐（明月清风我）、曲项向天歌、流杯赋诗……

（4）道德情操意境：青松翠柏、高风亮节、世外桃源、归隐田园、出淤泥而不染、浩然正气、清正廉洁、万壑松风、光明正大、日月同光、天地长存、玉堂富贵……

（5）政治倾向意境：皇权至上、九五至尊、国泰民安、风调雨顺、社会和谐、五湖四海、九州同庆……

（6）人文情怀意境：天圆地方、福禄寿喜、负阴抱阳、山环水抱、风水宝地、青龙白虎、天人合一、平安吉祥、幸福美满；明月清风本无价，近水远山皆有情……

以上种种意境都是人们的精神感受，是意识形态文化层面的意境。若能灵活运用可创造园林意境，体现园林文化。园林意境是园林文化的集中表现，中国现代园林的成功作品也有富有哲理和情趣的园林意境。

下面列举几个运用文化创造现代园林意境的案例：

1. 上海长风公园

长风公园是1958年兴建的大型现代城市综合性公园。公园规划取自《宋书·宗悫传》中"愿乘长风破万里浪"的豪迈意境，表达了"大跃进"时代上海人民群众意气风发、气壮山河的时代精神，以此为园林创作意境，传承中国传统天人合一、人与天调、人与自然和谐共存的自然山水园林意境。

上海市人民政府发动上海人民义务劳动，依靠人海战术，手提肩挑，把苏州河老河套湿地挖成上海最大的人工湖（约15hm^2），人工堆起上海最高的土山（高36m）。以毛主席诗词《送瘟神》中"春风杨柳万千条，六亿神州尽舜尧""天连五岭银锄湖，地动三河铁臂摇"的诗意，以大山、大水、大草坪为主景，用创新手法，形成山脉与水系相交融、山水相依、背山面水、山环水抱、连绵不断的大型现代自然山水园的园林格局。取名"铁臂山""银锄湖"，并取"愿乘长风破万里浪"的诗意，将公园命名为"长风公园"，创造了一个胸怀祖国、大气磅礴、气壮山河的园林意境。这是现代城市公园创造现代园林意境的一个成功案例。上海长风公园由柳绿华设计，公园平面图和照片参见本书第6章之园林艺术构图原理。

2. 上海人民广场

上海人民广场，是我在1993年结合优秀中华传统历史文化与现代科技，潜心设计，把曾经是殖民主义冒险家乐园的"跑马厅"，改建成为蕴含中国传统文化和上海历史文化内涵，有丰富文化意境的大型现代化城市生态广场、上海市政府的大客厅。

这是运用"绿化＋文化"的设计创意，努力创造园林文化意境，创造生态型人文园林景观的案例。

3. 上海东方绿舟青少年活动基地

1998—2004年建成开放，陆地面积240hm²，是集上海青少年拓展培训、社会实践、团队活动、休闲旅游为一体的大型公园，由智慧大道区、勇敢智慧区、国防教育区、生存挑战区、科学探索区、水上运动区、生活实践区、体育训练区共八大园区组成（图5.3-1）。其中，最具文化创意的是智慧大道和智慧广场。

智慧大道是一条长700m的雕塑景观大道，两侧设置162座世界著名科学家、政治家、教育家雕塑（图5.3-2）。智慧广场以手、脑并用，让智慧创造强烈而丰富的园林文化意境，吸引广大青少年前来游览、学习。2016年，上海东方绿舟活动基地被认定为国家生态旅游示范区。这是大型公园文化创意的典型案例（图5.3-3），由朱祥明领衔规划设计，荣获上海市优秀设计一等奖、建设部一等奖、国家银奖。

4. 上海黄浦区九子公园

占地10余亩，集中展现上海老弄堂儿

图 5.3-1　花间栈道

图 5.3-2　智慧大道

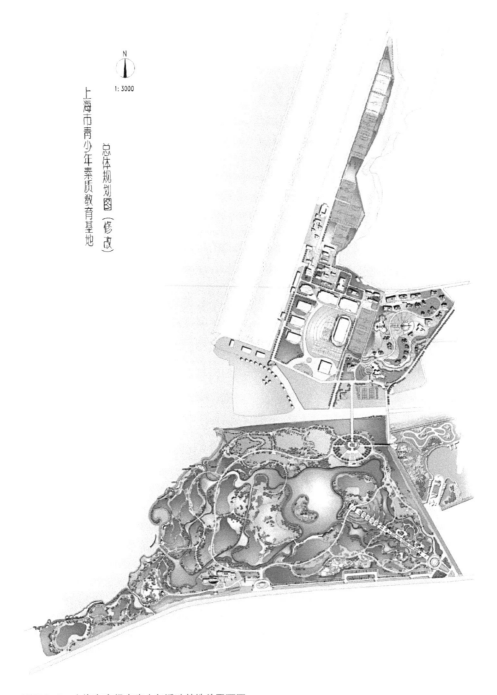

图 5.3-3 上海东方绿舟青少年活动基地总平面图

童游戏——打弹子、滚轮子、掼结子、顶核子、抽陀子、跳房子、跳筋子、扯铃子、套圈子，共9组雕塑景点。让人们穿越时空，重温老上海弄堂传统儿童游戏的美好记忆。这是小型公园文化创意的成功案例，公园由梅瑶炯设计，雕塑由周小平设计。

5.3.2 西方园林意境

西方园林意境，也许有人会质疑这个命题。只有中国园林有意境，西方园林何来意境？平心而论，其实不然。我走访过法、意、俄、美的一些园林，也读过一些书，虽然西方园林并不像中国古典园林那样强烈追求园林意境，但每个园林因不同园主、不同造园家而有各种不同的意境。并非只有中国园林有意境，西方园林就没有意境。只是园林意境或多或少，或强或弱，中西园林意境各异而已。从以下案例可以看出西方园林同样有意境。

1. 凡尔赛宫花园和意大利台地花园

凡尔赛宫是一个很典型的案例：官殿建筑本身是典型古典主义三段式建筑。建筑选址在巴黎少有的"山"顶上，花园在低洼处，体现了拿破仑皇权至上、居高临下的威严气势。室内富丽堂皇、奢侈豪华的皇家气派强烈无比，这种皇权至上的意境，与北京故宫、颐和园的皇权威严气势、皇权至上的意境毫无二致。

再看凡尔赛宫花园，一条中轴线以官殿为起点直通至终端大片森林，约13km

长，一眼望去远及天边，居高临下，可看到绿茵草坪、模纹花坛、众多雕塑喷泉、十字长河、两侧诸花园……视野广阔、深远莫测。美丽花园宏大威严，具有皇家气派，美轮美奂，无与伦比。皇权至上、豪华壮丽的意境令每一位游人都叹为观止，感慨万千！你能说这座园林毫无意境吗？在大花园中还有许多小花园隐藏着许多故事，蕴含着各种不同的有趣意境。

意大利台地花园中的岩洞雕塑、喷泉也同样蕴含着不少意境；各个花园呈规则几何式平面布局，罗马柱式、拱门建筑、花瓶栏杆、石花钵、模纹花坛等景物所体现出的巴洛克园林风格和文艺复兴时期的人文气息，不也是一种文化意境吗？只是没有匾额楹联加以点题罢了。整座园林气势恢宏，文化内涵丰富，古典主义神韵浓郁，让人深刻感受到意大利浓厚的文化内涵和园林意境。

2. 高迪

西班牙天才设计大师安东尼奥·高迪（Antonio Gaudi）创造的奎尔公园和多处高迪式建筑，巧妙运用彩陶碎片设计出五彩缤纷的变色龙样的景墙，异常出色地表现了超凡的摩尔艺术文化意境和高迪的艺术魅力，给人以美妙而神奇的意境感受。

3. 杰利科

英国杰出的园林领军人物杰弗里·杰利科爵士（Sir Geoffrey Jellicoe），尝试在英国近代园林中运用历史题材，甚至中国的阴阳学说。后现代主义也允许在现代园林、现代建筑中融入历史题材形式，这都体现了某些具有文化内涵的园林意境。

4. 哈普林

美国现代园林设计大师劳伦斯·哈普林（Lawrence Halprin），模仿自然山水成功创造出"哈氏山水"（爱悦广场"几何山水"）瀑布。再运用人工山水创造罗斯福纪念公园，大量采用花岗石大块石、石组形成山水景观，表现罗斯福总统一生四个时期的思想、功德和历史贡献，以曲轴布局形式创建了一座异常成功、生动活泼、带有新概念的纪念公园，其中蕴含着许多设计创意和文化意境。

5. 华盛顿越南战争纪念碑

年轻的美籍华裔设计师林璎设计的越南战争纪念碑，位于华盛顿国家林荫道大草坪一边，采用独特的"天崩地裂""半个陷坑式"的黑色镜面花岗石纪念碑（墙），甚至可以说是用"快刀剜肉式的布局"创造出黑暗、下行、深沉、悲剧式的气氛，游人可从纪念碑上或纪念册上查到牺牲将士的名单。这个简约的纪念墙令人深深地感受到这场不义战争带来的悲痛和哀伤，取得了意想不到的艺术效果和成功。这个富有独创精神、具有独特意境的设计，实在令人赞叹！

这就是由设计创意→建成园林景观→产生独特的气氛、生动而深刻的意境，完美地体现了创意、造景、意境的内在关系。说不清道不明的园林意境，在这里不用解说，一看就可以意会。

从上述几个案例清晰可见西方园林也有意境和文化内涵，而且表现出不俗的形式和非凡的水平。只是不同于中国文人园林意境的含蓄、深邃和普遍存在。所以，不可否认，中西园林同样有园林意境，却存在明显差异。

5.3.3 中西园林意境对比

中西园林意境特点对比见表5.3-1。

中西园林意境特点对比   表 5.3-1

	中国园林	西方园林
命题造园	命题造园，有如命题作文。按既定主题和标题，如神话传说、历史事件、人物典故，借助园林要素创造园景，体现命题的意境，如上海大观园、宁波梁祝文化园	多追求园林的形和色，少有中国园林的意境，但亦有命题造园创造特定意境。如华盛顿纪念园、越南战争纪念园、朝鲜战争纪念园
园景点题	园景点题，是对已有园林或自然环境触景生情，有感而发，为园景提名。常以匾额、楹联、刻石等形式赋以诗词歌咏，托物言志。如红楼梦大观园试才题对联，体现诗画意境	没有类似中国园林的以诗文为园林设匾额、对联点题的艺术形式
隐喻联想	模仿、比拟、隐喻、联想、产生意境。"师法自然"，叠石理水，"一拳则太华千寻，一勺则江湖万顷"。壶中天地，小中见大。物象变幻化为意象，把物镜幻化为意境，如中山陵的钟形平面	西方设计师赏识日式禅意枯山水，提倡从没有情感的事物中感受园林的精神，提倡移情的园林，如美国园林大师创造的"哈氏山水"
园林情调	特色园林情调，运用独特手法和材料，营造虽无主题，但有特色、有情趣、有浪漫的景点或园林空间。令人产生独特的园林意境，如岳坟秦桧跪像、牡丹园梅影坡	西方园林打破传统，大胆创新，产生诸多有情趣的景观，富有新鲜、活泼的园林意境，如奥尔良意大利广场、日本筑波广场、西班牙高迪的摩尔式、巴西马尔克斯的芒太罗花园

5.4

园林意境的创造

园林意境是广义的，内容是多方面的，意境的创作方法也是多种多样的。

园林意境究竟是如何产生的呢？创造园林意境的方法有以下几种：

1. 文化建园（人文建园）

1）主题建园

主题造景，标题园林，命题景点，按预先确定的命题造园。

（1）诗情画意。从美好自然环境中体验和感受到的意境，如桃花源、采菊东篱下。

（2）触景生情。从精美的园林景观中体验或感受到的意境，如三潭印月、花港观鱼。

（3）虚拟意境。从虚拟、联想及幻想中产生的美好境界，如从文艺作品、绘画、音乐中体验。

（4）意愿造景。造园家或园林主人的设计创意，将对于远景的畅想、追求的意趣、情调、未来意愿作为设计意图建造园林景观。

2）采用独特的园林布局形式（如南京中山陵钟形平面）

中式、西式、英式、日式（枯山水）、巴西马尔克斯抽象画式的平面，或德国解构式的平面，都能体现特殊的园林意境。

（1）独特建筑样式，如柱式、顶式、门式、窗式建筑群平面布局和空间布局，体现独特的园林意境。如埃及尼罗河岸边的卢克索神庙，以及由德国人设计的瑞亨酒店（Movenpic Hotel），该酒店全部建筑都采用棕叶建造成草房屋顶，体现出完全不同于城市宾馆的自然生态野趣。

（2）中国古典园林运用匾额、楹联、摩崖、屏风、影壁、牌坊等形式表现某种文化内涵的园林意境，如拙政园"与谁同坐轩"。

（3）以特式图案、纹样、壁饰、碑刻表现特殊的园林意境。如中式龙凤图案、团花、卷草、风车图案等；伊斯兰花式图案、文字图案体现的摩尔艺术意境，如阿尔罕布拉宫。

（4）采用特式园林小品展示某种园林意境：

● 特式假山水景，如上海豫园假山、上海龙华公园红岩假山、美国哈氏山水、华盛顿纪念园花岗石山水等；

● 特式石灯笼，其石柱、器物座、花钵等体现特式意境，如日本的禅式、枯山水、石灯、水钵等；

● 特式雕塑、主题雕塑，如凡尔赛宫的阿波罗花神、水神，杭州岳坟的秦桧跪像等；

● 特式动物体现某种园林意境，如恐龙、龙、凤、狮、虎、猴、熊猫、鱼、虾等；

● 特式植物体现园林意境，如物种、古木、形态各异的植物。

2. 以"师法自然"方式

如今大家竭力推崇师法自然、回归自然，以及原生态的造园方法，这也是中国古典园林中极为成功的创作方法。现代西方园林设计师也乐于师法自然创作园林景观。

3. 用模仿、借鉴方法

如乾隆皇帝模仿无锡寄畅园建造颐和园中的谐趣园景区。

4. 融会贯通，运用综合法

传统文化与现代科技、现代文明相结合，体现生态文明，建设绿色经济、蓝色经济（工业 4.0 时代）等先进的园林意境。

5. 因地制宜、因园制宜

园林意境的创造务必做到融会贯通，防止生搬硬套、牵强附会、张冠李戴、东拼西凑，要因地制宜、因园制宜，选用合适的文化内涵融入园林的骨肉、血脉中，而不是贴标签、做广告、打包装，如上海人民广场核心区特色文化的设计、龙华公园红岩假山、上海植物园、上海盆景园等案例。

园林美学家金学智先生在《中国园林美学》一书中提出了生成园林意境的诸多技法，为我们提供了创造园林意境的思路和方法。

（1）空间分割：方方胜景，区区殊致。

（2）奥旷交替：反预期心理。

（3）主体控制：凝聚、统驭、辐射。

（4）标胜引景：建筑及山水之眉目。

（5）亏蔽景深：一隐一显之谓道。

（6）曲径通幽：游戏引导。

（7）气脉连贯：脉源贯通，全园生动。

（8）互妙相生：美在双方关系中。

（9）意凝神聚：主题、命名系列化。

（10）有无相生与超越意识。

（11）借景、对景序列。

（12）框格美学与无心图画。

园林设计师要创造园林意境，就必须学习、掌握渊博的文化知识：中国哲学、中国历史文化、中国民俗、神话、中国宗教，以及西方哲学、西方历史文化、西方民俗、宗教、神话等。

5.5

结语

园林意境是园林文化的集中表现，是园林的精神境界。

园林意境和园林文化是园林的生命。

没有文化和园林意境的园林就没有生命力。

众多中外名园，正是因其丰富多彩的文化内涵和浓郁深沉的园林意境，才能够流芳百世、永留青史。

第**6**章

园林艺术境界理论——艺境论

园林艺境，即园林艺术境界，孙筱祥先生称其为"画境"。园林艺境是利用园林艺术理论（园林艺术构图理论、园林艺术构成理论等）和园林构图方法、造景方法，创造优美园林景观，产生审美艺术氛围，提升园林艺术境界。

6.1

园林艺术概论

6.1.1　美

什么是美？美人、美食、美酒、美肴、美景、美德、美乐，羊大为美……这一切都是美。爱美之心人皆有之。美，是人类有史以来一直期盼、永恒追求的梦幻般的东西。美，包含了自然美、生活美和艺术美。

自然美，是天然存在的自然山水美，如日月天光、蓝天白云、彩虹晚霞、风花雪月、明月清风、落花流水、鱼跃鸢飞、鸟语花香、锦绣江山、绿水青山等。

生活美（也称社会美），包含人体美、物质美、精神美。人体美本是自然美，人体一直是西方艺术重点研究的对象，人体美已成为人工美、艺术美的重要内容，成为西方艺术最主要的表现对象。天主、基督、阿波罗、花神、酒神、海神、农神、生殖神……大卫、维纳斯等众多神祇雕塑、人体解剖、人体绘画，成为达·芬奇、米开朗琪罗等艺术大师毕生研究和表现的重要对象。人体也就由自然美变成了人工美的对象。因此，人体美具有自然美和人工美双重属性。除了人体美和部分物质美（羊大美）是天生的自然美以外，大多数物质美（美宅、美车、美衣等）都是人工美。部分物质美、精神美也是人工美。美德、美誉是人为教育培养而来。当然，其中有"人之初，性本善"的因素，但"习相远，性乃迁"，人为善为恶也是人工培育、社会孕育的结果。其中精神美是人类社会最高尚的美，是建立和谐社会、美好社会的精神支柱和社会中枢。

艺术美，也是人工美，包括文化艺术美、工艺美术美、工程技术美和园林美。桥梁美和飞机、火箭、游轮的结构美、造型美等，是城乡建筑美包含不了的美，都是艺术美的重要内容，我把它们归类为工程技术美。园林美本应包含在建筑美、城乡美之内，但园林美又远远超出了建筑美的范畴，还包含了文化艺术美、工程技术美、自然山水美、生物美、生活美和精神美。

园林美，是自然美、艺术美和生活美的综合美（表6.1-1）。

园林美的分类　　　　　　　　　　　　　表6.1-1

		天地宇宙美	蓝天白云、明月星空、星光璀璨、阳光彩霞、万里晴空
美	自然美	山水美	青山绿水、锦绣河山、高山流水、九曲黄河、百川归海、崇山峻岭
		林木美	森林草原、山花烂漫、古木参天、蝶恋花、鸟语花香
		鸟兽鱼虫美	游鱼彩蝶、骏马肥羊、牛高马大、鱼跃鸢飞、花鸟鱼虫

续表

美	生活美	精神美	愉悦、怀旧、思念、欢乐、和谐、如意、福禄寿喜、心灵美、道德美、仁义、礼善、见义勇为、助人为乐、慈善、美语、美誉
		人生美	美人、美体、美肤、美容、美甲、美足
			友谊、恩情、婚姻、感情、爱情、亲情、健康、长寿
		物质美	美屋、美宅、美园、美境
			美车、美衣
			美食、美酒、美器、美玉
	艺术美	文化艺术美	文学、诗歌、书画、音乐、舞蹈、戏剧、雕塑、影视
		工艺美术美	手工艺品、技艺、造型艺术、工业艺术（包装、印刷……）
		工程技术美	城乡美、人工山水美
			建筑美、人造景观美
			工程构筑美、器物美

6.1.2 园林美

园林美学，是研究园林美内涵规律的理论，是研究审美意识的学科。在今天，特别需要进行现代审美意识、健康审美思想的研究。园林是精神与物质、工程技术与文化艺术相结合的综合体。园林美是自然美、艺术美与生活美相结合的综合美，是人类最崇高的美德、美景、美物的综合美。

三千年前的古埃及，法老死后被做成木乃伊，放在花园中央水池中的太阳船上，指望太阳神把法老送到天堂，让法老重生；两千年前的犹太国，犹太教创立《圣经·旧约》，上帝造人、造物、造园，让人们生活在美丽的伊甸园里；基督教、伊斯兰教都传承《圣经·旧约》的信念，梦想到天国花园（Paradise）里生活；道教、佛教都劝人弃恶从善，修身养性，积德行善，普度众生，人死后登上西天极乐世界，享受美好生活，免遭入十八层地狱之苦……为什么各大宗教都把天国花园（伊甸园）作为共同追求的目的地呢？因为人们都把它看作人类最美好的梦想和终身向往的去处。那么天国花园又在哪里呢？几千年来人们都在梦想天国花园，但没有人看见过、到达过，人们所能看到的、走到的只有人间天堂——那就是世界各地的皇家园林、公园、私人花园、风景名胜区和现代公园。中国有句俗话："上有天堂，下有苏杭"，苏州和杭州美好的山水园林就是中国人心目中的人间天国花园，是中国园林的代表。事实上，世界各国的公园、花园就是人间的天国花园。

园林美包括：

1. 生境美（生态环境美）

环境洁净、安静、清静。园林中水、土、气无污染，清洁干净，无噪声干扰，无安全隐患，绿树成荫，山清水秀，风和日丽，鸟语花香。

2. 景观美

绿化景观、山水景观、建筑景观共同构成和谐优美的视觉景观。山川秀丽，高山流水，小桥流水，山花烂漫，百花盛开，令人大饱眼福，大开眼界，享受视觉美。

3. 意境美

充满诗情画意的美好园景，情景交融，令人触景生情，心旷神怡，精神愉悦，流连忘返，享受心灵美。

4. 生活美

园林中可满足人们休闲娱乐、强身健体、欢乐游戏、欢歌曼舞、餐饮美食等康乐需求，增进人类身心健康。

园林美是艺术美、物质美、生活美的综合美，园林是综合艺术的王国。

6.1.3 园林艺术

园林艺术包含文学、书法、音乐、戏剧、影视、绘画、雕塑、建筑、工艺、装饰甚至服饰等造型艺术，包含视觉艺术、听觉艺术、嗅觉艺术、味觉艺术、触觉艺术、表演艺术等多种艺术，是精神美、物质美、艺术美、生活美的综合艺术。园林艺术是研究运用园林美学理论，创作园林美的技术和方法的学科，是风景园林学科的重要内容，是创造园林艺术境界——"艺境"的核心，也是本书的重点所在。

园林艺术境界理论包含以下五方面理论和方法：

（1）园林艺术基本理论——师法自然，或师法数理，园画同理。

（2）园林艺术构成原理——平面、立体（空间）、色彩和肌理构成。

（3）园林艺术构图理论——园林艺术构图规律（七律）。

（4）园林总体构图法式——自然、规则、混合、趣味、综合构图法式。

（5）园林艺术造景方法——景线造景法、景点造景法。

6.2

园林艺术基本理论

6.2.1 中国园林艺术基本理论

1. 师法自然，巧夺天工

中国造园思想的核心是追求自然，崇尚自然，模仿自然（第一自然），再造自然（第二自然）；讲求的是"敬畏自然"，"道法自然"，"源于自然，高于自然"。园林是"人的自然化，自然的人化"（李泽厚）。中国园林的审美情趣和审美标准是"巧夺天工"，"虽由人作，宛自天开"，"艺术在于似与不似之间"，"山重水复"，"未山先麓"……运用造园（设计施工）的技巧，以少胜多，以假乱真，以小见大，以形显神，以人工造山造水，造出比自然更美的第二自然山水园。中国古代从魏晋山水画衍生出的文人山水园，到唐宋自然山水园，都是人化的自然，都是"巧夺天工"。"一峰则太华千寻，一勺则江湖万里"，环秀山庄的湖石景山、豫园的黄石大假山、苏州博物馆的"贝氏山水"都是抽象概括的现代山水，都是"道法自然""人化自然"的结果。

中国园林坚持自然、拙朴的风格，在"师法自然"的理论指导下，创造了丰富而巧妙的园林技法：

- 巧于因借，得景随形——因地制宜，因时制宜。
- 山重水复，源流不尽——山贵有脉，水贵有源。
- 步移景异，引人入胜——山重水复疑无路，柳暗花明又一村。

2. 诗情画意，寓情于景

"胸有成竹，意在笔先"。中国园林与文化紧密结合，给景物赋予诗情画意，将意境视为园林的灵魂，始终不渝地追求园林意境，将园林意境视为园林美的最高评价标准。中国画是写意山水，意在笔先，画的是心中的山水、心中的花鸟、人化了的自然，是由脑子记忆加上抽象、概括写意而成。大画家石涛说："夫画者，从于心者也"，"物我统一"，"外师造化，内得心源"。中国古典园林设计同样讲究"胸有成竹，意在笔先"，先有设计创意，通过联想、比拟，采用浪漫主义手法，设计写意自然山水园林，以"一卷代山，一勺代水"。现代园林设计也非常讲究设计创意。此"意"并非空穴来风，而是因地制宜、因人制宜、因时制宜，根据场地（内外）的环境条件、业主的要求、时代需求进行构思，发挥独创精神，设计创意，规划思路，然后动笔进行总体设计，通过造园艺术手法创造某种能使游人产生联想，或触景生情、感同身受的园林意境。

中国园林把诗情画意写入园中，体现在园林景观中，使诗情画意立体化、实体化，即是寓情于景，情景交融，以形传神，风景如画，令人赏心悦目，耐人寻味。"中国园林妙在含蓄，一山一石耐人寻味"（陈从周）。

中国园林常赋情于物，托物言志，寄情山水，对动物、植物赋予感情。最典型的是中国诸多文人墨客对竹子情有独钟：爱竹、颂竹、种竹、画竹、赏竹。认为竹子具有高尚品格——虚心、气节、向上、刚直。竹子能产生"日中月中有影，诗中画中有情，风中雨中有声，庭中园中有景"的奇妙艺术效果。因此，"宁可食无肉，不可居无竹，无肉令人瘦，无竹令人俗"。此外，还有松树长寿、苍劲；"岁寒三友"松竹梅；"四君子"梅兰竹菊；梅花"暗香浮动"，耐雪傲霜；荷花"出淤泥而不染"，纯洁、清廉等。

中国园林更有妙招——"画龙点睛"。用匾额点题、楹联抒情的造景手法令人产生联想："石令人古，水令人远"，"片山有致，寸石生情"（五老峰、美人峰、狮子峰、四季山），以石为友；"长松筛月"，"风月无边"（虫二）；"清风明月本无价，近水远山皆有情"（沧浪亭）；"落霞与孤鹜齐飞，秋水共长天一色"（滕王阁）。将景物变成人化了的自然，诗、书、画、园四合为一，融为一体。诗情画意、寓情于景、情景交融，是中国园林的美学思想、美学理论，也是中国园林的艺术手法和最高境界。

3. 空间多变，曲折幽深

中国园林追求含蓄、曲折幽深的空间布局，小中见大，空间形态变化多样，讲究空间起结开合、高低起伏，大小相间、旷奥变幻，明暗差异、含蓄隐喻，引人入胜。

中国园林空间布局避免开门见山、一览无余、枯燥无味……有如做文章，有起头作序，逐步展开，渐入佳境，变化曲折，高潮低谷，阴暗明朗，起承转合，回顾结尾，通过园林空间变化营造"庭院深深深几许"的意境，及幽深莫测、曲折回环的空间效果，让人回味无穷，意犹未尽，流连忘返。

4. 园画同理，异曲同工

诗书画艺术相通，绘画与园林相通，园林设计和绘画都是艺术创作，绘画是纸上作画，园林设计则是在地上作画，是一种比绘画复杂得多的艺术创作。园林设计理论、方法与绘画理论相融相通（表6.2-1）。中国绘画理论一直是中国园林的理论指导，许多绘画理论、技法都被运用到园林中，按照画论建造园林。古代如此，现代也如此。"园以景胜，景因园异"，"远山无脚，远树无根，远舟无身"。唐代画家张璪"外师造化，内得心源"的画论就是中国诸多造园家的指导理论和方法。中国文学、绘画与中国园林有着千丝万缕的联系，往往是三位一体。中国历史上许多诗人、画家就是造园家，许多造园家也是诗人画家，集诗、书、画、园于一身。文人墨客擅长诗书画，亲自造园，使诗词、绘画与园林紧密相连，相辅相成。唐代诗人白居易自建草堂；唐代王维诗书画三绝，自建辋川别业大型园林；多才多艺的宋徽宗亲自设计建造艮岳；明代李渔精书画，著《一家言》，自建芥子园等三园。

"园林是一首活的诗、一幅活的画，是一个活的艺术作品"（陈从周《随宜集》）。宋代李格非所著《洛阳名园记》中提出，名

园兼备六条件——宏达、幽邃、人力、苍古、水泉、眺望。日本金泽兼六园也是按照中国画理论建成的，为日本三大名园之一。

园林艺术与绘画艺术虽有共同的画理和方法，但园林除了有艺术属性之外，还有自然属性、社会属性和科技属性，园林是具有强大功能和生命的实体，园林设计除了遵循文化艺术规律法则外，还要遵循自然科学和社会科学规律及法则。

中国绘画理论与中国园林理论的互通、共融　　　　表 6.2-1

	中国绘画理论	中国园林理论
1	中国绘画师法自然，气韵生动，山重水复，山高水长，崇山峻岭，曲径通幽，形神兼备	山水构园——以水为心，以水为脉，"池水有边，源流不尽"。中国古典园林均以水为中心，环湖而建，是自然山水园，如圆明园、颐和园、西湖、网师园等
2	绘画三远——深远、高远、平远	绘画三远原理在园林设计中同样被运用
3	绘画标题	园林楹联、匾额点题
4	中国画的特点是以线描为主，以点、线构成画面，以浓墨、点彩装点画面	中国传统园林、中国现代园林也由许多线构成：林缘线、林冠线（天际线）、游览线、水岸线、景观线……
5	绘画构图原理——对比、统一、均衡、节奏、韵律、比例尺度、以少胜多、留白守墨	绘画构图原理在园林艺术原理中广泛运用

6.2.2　西方园林艺术基本理论

1. 数理为美

"凡数皆美"，"师法数理"。按"数理"原理创造园林美，即按几何美、人工美创作几何式园林，"人工美让自然羞愧"。

2. 空间开敞

西方园林多为外向空间、开敞空间。空间简洁，开阔明朗，一目了然。

3. 园画同理

西方园林一直按绘画理论——透视学原理造园。在新艺术运动和工艺美术运动后，西方园林吸取野兽派、印象派、抽象派、立体派、大地艺术派等众多流派的艺术理论，创造多种新、奇、特园林形式。这表明西方园林与西方绘画的理论是相通的。西方绘画理论对西方园林的影响大大超过中国画对中国园林的影响。

6.3

园林艺术构成理论

中国画是线的艺术，以勾线为主体构成画面，再辅以点彩、泼墨等点、面形态。绘画是二维的平面艺术；雕塑、工艺品、建筑是三维立体艺术；而园林则是更复杂的四维时空艺术，是有生命的（图 6.3-1）。园林艺术与其他造型艺术有共同的构成原理：包括平面构成（点、线、面）、立体构成（立体，空间）、色彩构成和肌理构成。除此之外，园林还有时间构成、生命构成等（图 6.3-2）。

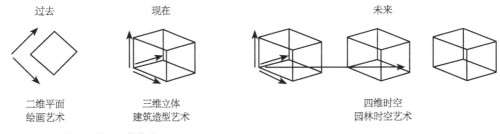

图 6.3-1　二维、三维、四维艺术

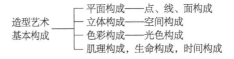

图 6.3-2　造型艺术基本构成

6.3.1　平面构成

1. 点的构成

1）点的概念

点是造型要素的最小单元。草原上的一顶帐篷、海中的一艘船、天空中的一架飞机都可以看成一个点，不同形状、不同大小的物体都可以看成一个点（图 6.3-3）。一般都以为点是圆形的，但点是多种多样的，可分成规则和不规则两类（图 6.3-4）。自然界任何形态缩小到一定程度，都会产生不同形态的点。

点是视觉中心，也是力的中心。当画面上有一个点时，这个点有引导视线的功能。点在连续时会产生线的感觉，点在集合时会产生面的感觉，点的大小不同会产生深度感，几个点在一起还会有虚面的效果。

 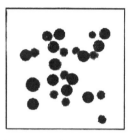

图 6.3-3 相同两点在大小不同的面积中会产生大小错觉

图 6.3-4 各种形态的点

2）点的特征

点有大小（图6.3-5）、虚实（图6.3-6）之分。

图 6.3-5 点的大小

图 6.3-6 点的虚实

点具有方位性，是位置概念。在我国的古画论中说的"经营位置"实际上就是方位和坐标。我们平时常常说的"地点""出发点""终点""立脚点"都是点的位置概念。在二维的绘画、浮雕和一切平面设计中，点的方位是以平面中心点为坐标的。

点对空间有控制作用（图 6.3-7）。中心点同时也是平面上所有点的平衡中心。如果扩大一点说，距离也是经营点要素的概念，如点的聚散都与此相关。

点可以产生情感性。点的大小、数量、空间及排列的形式、方向会使作品产生不同的心理效应，可形成活跃、轻巧等不同的表现效果。点在不同构成中的视觉效果会给人以不同的情感感受。

3）点的构成

（1）单点构成（图6.3-8）

在一个视域中，或在一个画面上，只要有一个点，我们的注意力就会集中在这个点上。如在大海中有一小舟就能引起我们的注意，这是一个点在视野中的作用的缘故。在一个平面上只有一个点，它就具有肯定和加强这个位置的作用，就会形成中心。

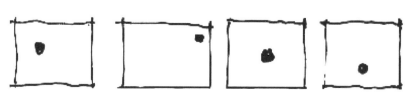

图 6.3-7 点的位置不同给人的感受不同

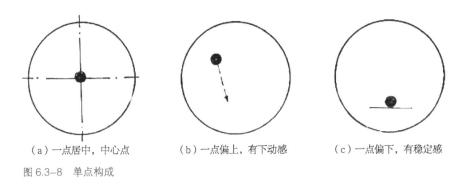

（a）一点居中，中心点　　　　（b）一点偏上，有下动感　　　　（c）一点偏下，有稳定感

图 6.3-8　单点构成

点还具有方向性和收缩效应，四面八方都向它压缩，可以说点是通过引力来控制空间的（图 6.3-9）。

（2）双点构成

单点可形成中心，但双点不能形成中心。两个点大小不同时，会产生大点向小点移动感（图 6.3-10）。

（3）多点构成

在一个画面中存在 3 个点时，则会在三点间先暗示出消极的线，继而联想出三角形面，所以也可以说它暗示出一个消极

的三角形的面空间。若是 4 个点，就会暗示出四边形的消极的面空间（图 6.3-11）。

当画面有多个点时，人的视线会在多个点中快速移动穿梭，捕捉信息，做出对图形的反应、判断（图 6.3-12）。

若将点沿着一定的方向有规律地排列，会形成虚的线或面（图 6.3-13）。

（4）点群构成

5 个以上的点就可以称为点群。点群有 3 种效应：

大小相同的点群化时，会产生面的效

图 6.3-9　点的咬合

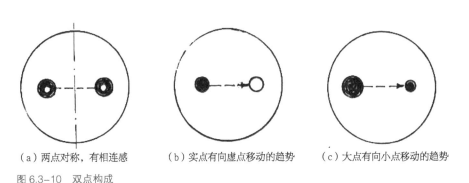

（a）两点对称，有相连感　　　　（b）实点有向虚点移动的趋势　　　　（c）大点有向小点移动的趋势

图 6.3-10　双点构成

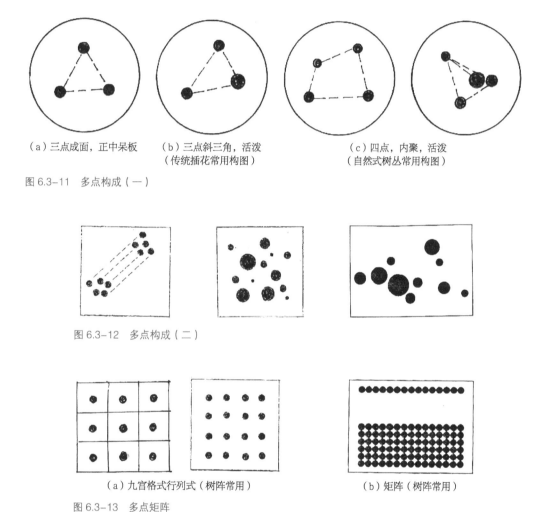

（a）三点成面，正中呆板　　（b）三点斜三角，活泼
　　　　　　　　　　　　　　　（传统插花常用构图）
　　　　　　　　　　　　　　　　　　　　　　（c）四点，内聚，活泼
　　　　　　　　　　　　　　　　　　　　　　（自然式树丛常用构图）

图 6.3-11　多点构成（一）

图 6.3-12　多点构成（二）

（a）九宫格式行列式（树阵常用）　　　　　（b）矩阵（树阵常用）

图 6.3-13　多点矩阵

应，如针织网扣的结构一样，是一种半实半虚的面。

　　大小不同的点群化时，不产生面的效应，而是产生动感和空间感。动感是由点的始动和终止感决定的，点能增强这种动感。在现实生活中，当我们仰望夜空时，大小不同的群星似乎有闪动的感觉。这里除光的效应外，主要是由于点要素的大小关系以及它的始动和终止感造成的。而空间感则是由"近大远小"的透视现象引起的。

　　点群与点群之间会产生消极的面的空间效应。而在具有空间效应的点群之间，又会产生消极的立体空间效应。

　　点如果按照一定的方向配列，就会使人产生时间的联想。尤其是大小不同的点配列，会使人产生连续和休止、再连续的时间连续感。

　　（5）点的组合构成

　　点可以有序构成：对称、中轴、均衡、排列（图 6.3-14～图 6.3-16）。

图 6.3-14　点的渐变

图 6.3-15　点的组合

图 6.3-16　点的聚散

点可以自由构成、自然构成（仿生：撒豆子、米）。

国画的点：点石、点苔、点彩、点叶（图 6.3-17）。

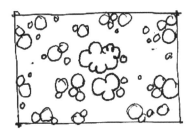

图 6.3-17　国画的点

生活中的点：主脚点、出发点、终点、中心点、地点、景点，都是方位和坐标点。水面上的油点（油花）是仿生的点，有大小，有疏密，有聚散。水面上的油花是非常活泼、生动、优美、有趣的点的构成。

园林的点：树、石、球、灯、雕塑、亭、汀步、花钵、轴线起点、中点（交点）、终点。

园林的点的组合构成如图 6.3-18 所示。

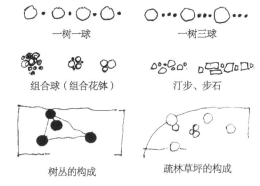

图 6.3-18　园林的点

有秩序的点能显示出一种具有律动感的美。

点的自由构成，是以点为基本型，按照不同的设计意图，有意识地进行自由排列（图 6.3-19）。这种构成形式能比较充分地表达个性特点。

点在均衡构成时，在整体形象上要避免形成一种拘谨的小集团式的图形，应注意外形的变化。按照点在空间的扩张性特征，点与点之间有一种无形的连线。在点构成时，要将处在外围各点的位置内外穿插开，有些变化会使其外形更加活泼，也就是在构成时，不但要有主要的密集点与次要的密集点（主要密集点是画面的主体，也常常是画面的重心所在），还应有连接各密集点的散点（起到呼应作用）。此外，要留有一定的空间，对于较大的空间可发挥点的张力作用，利用一个点占据大面积的空间，使图形呈现强烈的块面和疏密对比。点与点之间的等距离排列，有一种

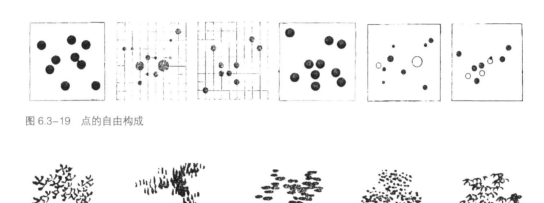

图 6.3-19　点的自由构成

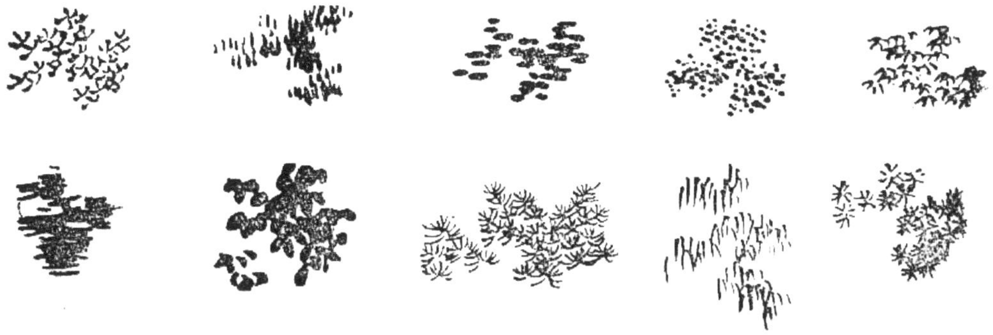

图 6.3-20　中国画的点叶

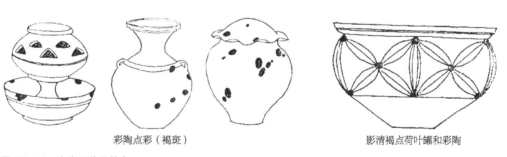

彩陶点彩（褐斑）　　　　　　　　影清褐点荷叶罐和彩陶

图 6.3-21　陶瓷工艺品的点

秩序感，但应尽量避免图形大面积等距离排列后形成的平淡感和缺少变化感，应将规则式的排列与自由式的排列结合应用，这样才能收到更好的效果（图 6.3-20、图 6.3-21）。

2. 线的构成

1）线的概念

线是点的移动轨迹。线有长度、宽度。中国绘画、雕刻，甚至建筑都是线的造型。

通过力度、速度和方向画出多种富有感性的线，由线塑造各种形态。

中国画的"线描""十八描"就是典范。方向是线的灵魂。线有性格、表情。线的构成就是利用线的长度、粗细、线形、间距、排列方式的变化，构成各种图形，强调气韵生动。

此前，已有多种线的分类方式，笔者亦对线的分类做了初探，如图 6.3-22 所示。

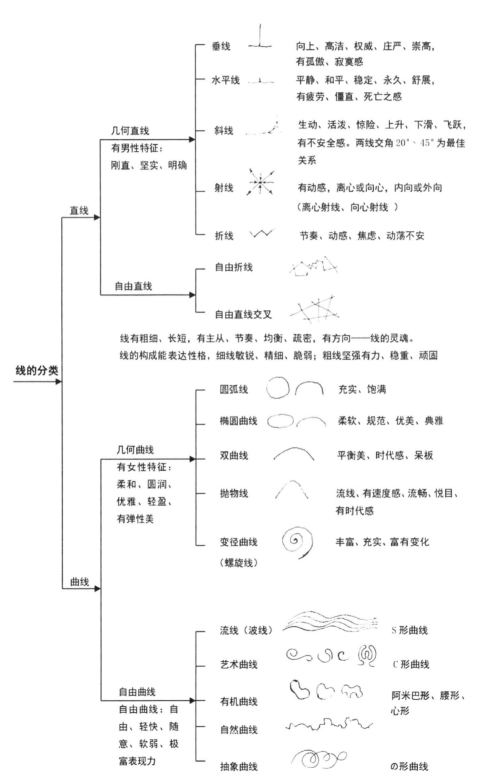

图 6.3-22 线的分类

2）线的特征、情感

线的特征及其所表达的情感如图6.3-23所示。

3）线的构成

线可有一定宽度与不同线形，利用长度、粗细、线形、间距、排列方式的变化构成各种图形或产生空间感。线的构成可分为有序构成和自由构成，各有不同的艺术效果（图6.3-24）。

（1）线的分离构成（图6.3-25）

（2）线的连接构成（图6.3-26）

（3）线的交叉构成（图6.3-27）

俄罗斯画家和美术理论家瓦西里·康定斯基的《三十图》体现了线的构成和线的性格特征（图6.3-28）。

北京奥运建筑鸟巢由自然曲线构成（图6.3-29）。

《芥子园》竹谱中竹枝、竹叶的画法

艳丽的　　　　精妙的　　　　粗野的、坚硬的、阳刚的　　　温柔的、婉约的、流畅的

活泼的　　消极的　　结构的、固态的、强烈的　　非结构的、流动的、柔和的　　稳定的　　不稳定的

稳定的　　不稳定的　　明确的、有力的　　不定的、犹豫的

图 6.3-23　线的特征及其情感

不连续的、严肃的　　直接的、肯定的、有力的、目的明确的　　相对的　　有联系的　　平衡的、和谐的

流动的、绵延的　　正式的、规矩的、强迫的、专横的　　向上的、乐观的、成功的、高兴的　　向下的、失败的、悲观的、沮丧的

犹豫的、弱的　　渐强的　　间接的、蹒跚的　　向心的　　离心的

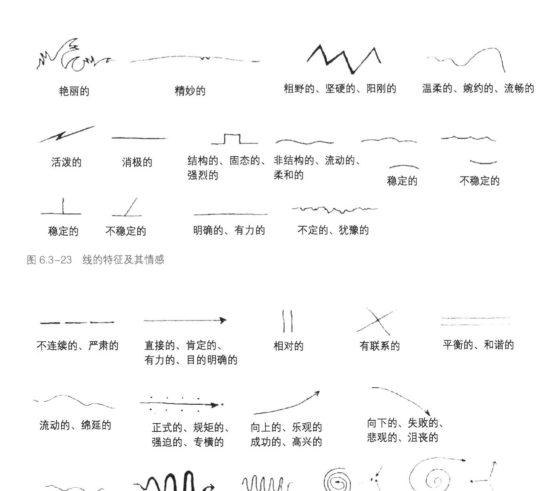

图 6.3-24　线的构成

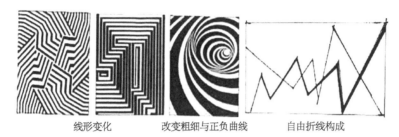

线形变化　　　　改变粗细与正负曲线　　自由折线构成

图 6.3-25　线的分离构成

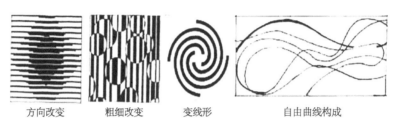

方向改变　　　粗细改变　　变线形　　　　自由曲线构成

图 6.3-26　线的连接构成

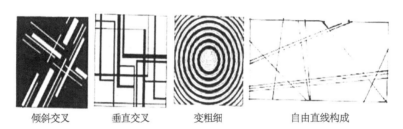

倾斜交叉　　　垂直交叉　　变粗细　　　　自由直线构成

图 6.3-27　线的交叉构成

图 6.3-28　康定斯基的《三十图》

图 6.3-29　北京奥运建筑鸟巢——自然曲线构成

图 6.3-30　《芥子园》竹谱示意

可以说是线构成的典范。竹子布叶、生枝得当，疏密适中，结顶完整、自然、丰满，竹枝角度合理，总体效果自然、优美，这是和谐、完美的线的构成。从竹叶细部关系中可以看到，除叶子的大小变化外，方向的对比和适中是至关重要的。这里很少有平行的和呈 90° 角的关系，所以十分悦目（图 6.3-30）。

园林设计中有许多线：路线、岸线、天际线、林冠线、林缘线；还有中轴线、透视线等宏观的线，以及许多微观、细部的线，都值得我们重视并认真处理。

美国风景园林师格兰特·W.里德利用几何曲线（自由折线）和自然曲线绘制自己的设计方案（图 6.3-31）。

（4）园林设计图中常用的各种线型（图 6.3-32、图 6.3-33）

3. 面的构成

1）面的概念和分类

面为线移动的轨迹。面为二维空间（长度、宽度二维），可分为平面和曲面两大类（图 6.3-34）。

曲面——圆锥面、圆柱面等，是直线移动而成的面。

树冠

震荡

幕帘

人字纹

迷宫

图 6.3-31　自然曲线

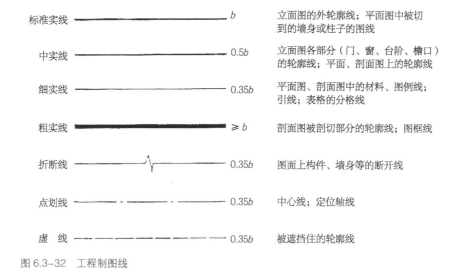

标准实线	—————————— b	立面图的外轮廓线；平面图中被切到的墙身或柱子的图线
中实线	—————————— 0.5b	立面图各部分（门、窗、台阶、檐口）的轮廓线；平面、剖面图上的轮廓线
细实线	—————————— 0.35b	平面图、剖面图中的材料、图例线；引线；表格的分格线
粗实线	—————————— ≥b	剖面图被剖切部分的轮廓线；图框线
折断线	——~—— 0.35b	图面上构件、墙身等的断开线
点划线	— - — - — 0.35b	中心线；定位轴线
虚 线	— — — — 0.35b	被遮挡住的轮廓线

图 6.3-32　工程制图线

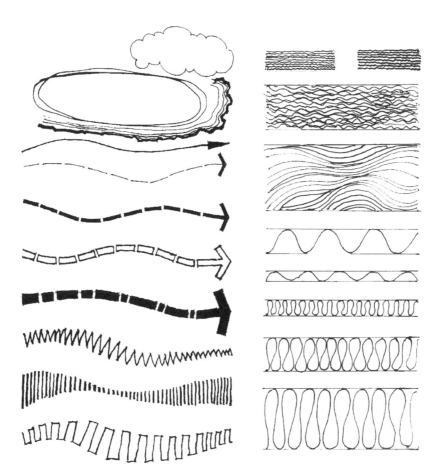

图 6.3-33　园林设计手绘草图用线

图 6.3-34　面的分类

面形 —— 几何形——用仪器绘成，有数学关系
　　　　自由形——经手绘成的形
　　　　综合形——徒手与仪器绘成，无几何关系

图 6.3-35　形的分类

图 6.3-36　自然界的形

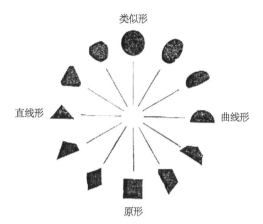

图 6.3-37　形环由十二基本形构成

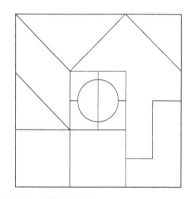

图 6.3-38　益智图原形

非线织面是不存在直线的面，如椭圆形、抛物线和双曲抛物线曲面。实际上这种面已具有三维性质，如蛋壳面。

凡面均具有形（图 6.3-35）。

世界万物形态复杂，千姿百态。可概括为直线系形和曲线系形（图 6.3-36）。被直线围合成的面就是直线形，被曲线围合成的面就是曲线形。

世界上千姿百态的形状都来源于两个原始的形状：方、圆。方和圆称为二原形。二原形分割成三角形和半圆形，然后过渡变形而产生 12 个几何形，即十二基本形，进而构成"形环"。形环中产生了原形、类似形、直线形和曲线形（图 6.3-37）。

为了系统认识面和形的特征与规律，将面和形归纳为形环体系可看清方、圆二原形演变成十二基本形的规律。

益智图是我国古代文人雅士陶冶情操、提高智力的玩具。有如七巧板，又似太极图（图 6.3-38）。一线生两仪，两仪生四象，四象生八卦。内部二三得六，为 6 块，外部三三得九，为 9 块，共 15 块。益智图涵盖 7 种几何形态，可帮助我们认识形的变化和规律。

面的形状：面具有长度、宽度，无厚度，是体的表面。它受线的界定，具有一定的形状，如几何形（图6.3-39）、有机形（图6.3-40）、偶然形（图6.3-41）等。面又可分为两大类：一类是实面，另一类是虚面。

图 6.3-39　几何形的面

图 6.3-40　有机形的面

图 6.3-41　偶然形的面

实面是指有明确形状的、能实在看到的；虚面是指不真实存在但能被我们感觉到的，它是由点、线密集移动而形成的。

2）面的特性

面有多种多样的形态。形环、形系统树和益智图都是形的分类。

形的系统树是外国学者以方、圆为原型，在方、圆两主枝上，逐步向上演变形成6个分枝30多个图形，成为一株完整的形的系统树，有助于我们对形的认识（图6.3-42）。

面有情感。面有不同的形状，可以表现出不同的情感：

（1）几何直线形，是指有固定角度（45°、90°）或对称的形，有简洁明确、有序或机械、呆板、生硬的情感（图6.3-43）。

（2）自由直线形，往往有敏锐、明快、强烈、生动的情感（图6.3-44）。

图 6.3-42　形的系统树

（3）几何曲线形，有半径或对称的形，有柔软、逻辑、明确、高贵的情感（图6.3-45）。

（4）自由曲线形，也是任意曲线

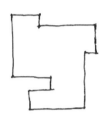 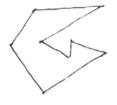  

图 6.3-43　几何直线形　　图 6.3-44　自由直线形　　　图 6.3-45　几何曲线形　　图 6.3-46　自由曲线形

形。可有优雅、魅力感，或无序、散乱感（图 6.3-46）。

面的组合，是指面与面的分割或合成，产生分与合的关系。

（1）面的组合有 4 种形式（图 6.3-47）。

（2）面的分割有划分与减缺两种形式（图 6.3-48）。

分割时应考虑它的主导方向。主导方向在面减缺时应注意减缺形的联想形状、

主导形象、主导面积，做到多样化又使之明确、单纯，一般多用几何形状。

3）平面构成

以上是点、线、面单一的构成。但在实际运用中更多的是点、线、面共同作用进行平面综合构成，更易取得良好的效果，如图 6.3-49（a）所示。图 6.3-49（b）是一幅以弧线为主，由点、线、面共同构成的清秀、明快、抒情的画面。

并列　　　　　连接　　　　　叠合　　　　　群体

图 6.3-47　面的组合

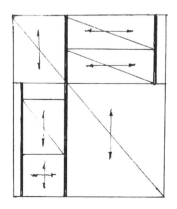 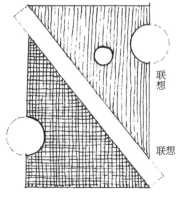

联想

联想

图 6.3-48　面的分割

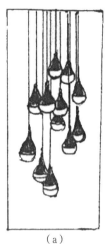 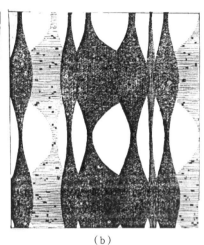

图 6.3-49　点线面综合构成　　　　（a）　　　　　　　　　（b）

6.3.2　立体构成

1. 概念

立体是面移动或转移的轨迹，是三维形式点与线的构成。

1）立体分类

立体的分类如图 6.3-50 所示。

2）立体特性

立体有形态，有性格表情，有体量、光影、虚实、质感和色彩（图 6.3-51）。

2. 立体构成（源自《建筑设计资料集》）

1）单一立体通过变形构成新的立体（图 6.3-52）

2）两个以上立体组合构成（图 6.3-53）

3）多元立体组合构成（图 6.3-54）

3. 园林立体构成

1）植物构成

两种单排构成：简单、单调、乏味（图 6.3-55），一株桃花一株柳，景观单调，桃花生境不良。

两种群体组合：景观生动、活泼，树木生境良好（图 6.3-56）。

群体组合：活泼生动，景观优美，林冠线高低起伏，生动活泼（图 6.3-57、图 6.3-58）。

2）山水构成

自然山水园是中国传统园林的精髓。山水是园林的骨架。

钱学森先生提议中国要把建设"山水城市"作为城市建设目标，把建设"山水城市"作为国策。在中国大地上，微型山水、假山瀑布是常见的园林景观（图 6.3-59）。

3）综合立体构成

立体构成虽分点材、线材和块材，各自均有构成的规律和方法，但现实中立体构成艺术总是综合构成。园林景观多由点、线、面共同进行综合构成。一般来说，园林是由山水、建筑、植物等园林基本物质要素构成的园林景观（图 6.3-60）。

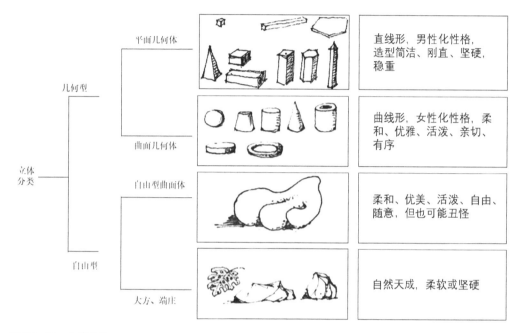

图 6.3-50 立体分类

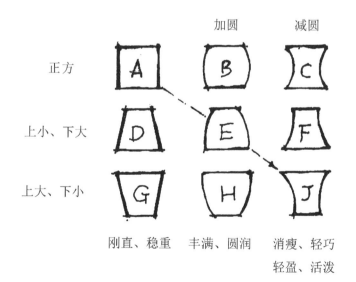

图 6.3-51 立体特性

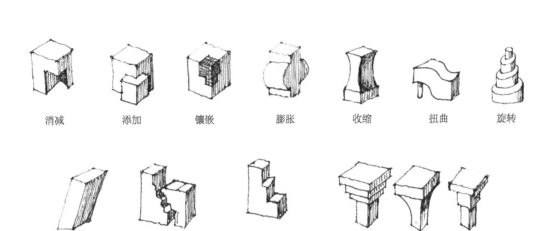

消减　　　　添加　　　　镶嵌　　　　膨胀　　　　收缩　　　　扭曲　　　　旋转

倾斜　　　　　　分裂　　　　　　渐变　　　　　　　倒置

图 6.3-52　单一立体变形

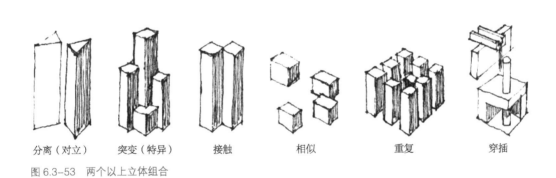

分离（对立）　　突变（特异）　　接触　　　　相似　　　　　重复　　　　　穿插

图 6.3-53　两个以上立体组合

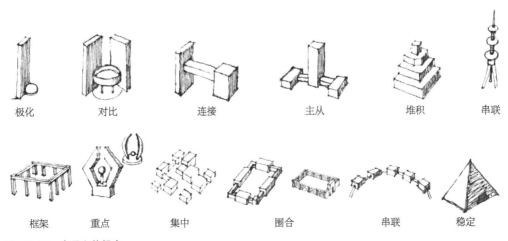

极化　　　　对比　　　　连接　　　　主从　　　　堆积　　　　串联

框架　　　　重点　　　　集中　　　　围合　　　　串联　　　　稳定

图 6.3-54　多元立体组合

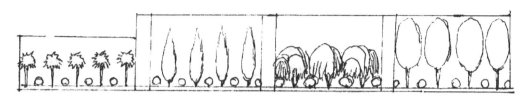

图 6.3-55　两种单排构成

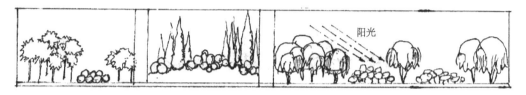

图 6.3-56　两种群体组合

图 6.3-57　群体组合（一）

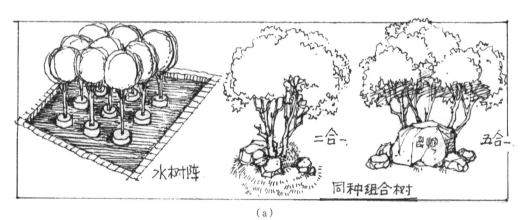

（a）

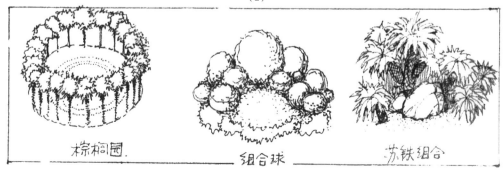

（b）

图 6.3-58　群体组合（二）

图 6.3-59　山水构成

图 6.3-60　综合立体构成

6.3.3　空间构成

1. 概念

哲学上讲，空间是无界限的，也是无形的。正如《道德经》中的"大音希声，大象无形"，太空就是如此。杜甫的诗句有"窗含西岭千秋雪，门泊东吴万里船"，但在造型艺术领域里则完全不同，空间是与实体相辅相成的，没有实体也就没有空间。空间是在可见实体的限定下所形成的虚体，是一种空间"场"，是有限空间（图 6.3-61、图 6.3-62）。点、线、面三种形态的实体都可成为空间的界限，只是空间的限定强度不同。空间有形态、体量、材质、色彩等特征。空间有高低、大小、长短、深浅不同的形体，表现出开敞、封闭、半开敞的情感。构成空间的 6 个面（天面、地面和四周围合面——墙面或绿面）因材质不同而形成软硬、粗细的情感。

园林规划的首要任务就是分隔、创造空间——园林空间和建筑空间。园林设计则是进一步塑造、完善园林空间。因此空

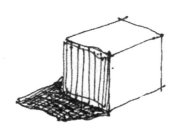

图 6.3-61　实体和外部空间

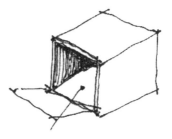

图 6.3-62　内部空间

间构成在园林规划设计中有特别重要的意义。这也正是中国传统园林空间旷奥多变、幽深莫测、引人入胜的艺术精髓。

2. 空间分类

空间分类如图 6.3-63 所示。

还可以按空间的功能分成实用空间、观赏空间和赏用结合空间（图 6.3-64）。

3. 空间感受（情感）

人类对空间有生理感受和心理感受。生理感受主要是空间的实用功能，以及人的尺度和生理构造对空间的需求。心理感受是指空间比例、方向、体量和形态对人

产生的视觉心理影响，是精神功能、视觉美学。因点限、线限、面限所形成的不同空间、不同比例、形状、尺度、开闭度会产生不同的感受。

（1）点限空间：由诸多点状物体（群点）构成的空间，给人以活泼、轻快和运动感（图 6.3-65）。

（2）线限空间：由线形物体排列所限定的空间，具有轻盈、剔透的轻快感（图 6.3-66）。

（3）面限空间：由平面或曲面物体限定的空间。曲面空间表情丰富、柔和、

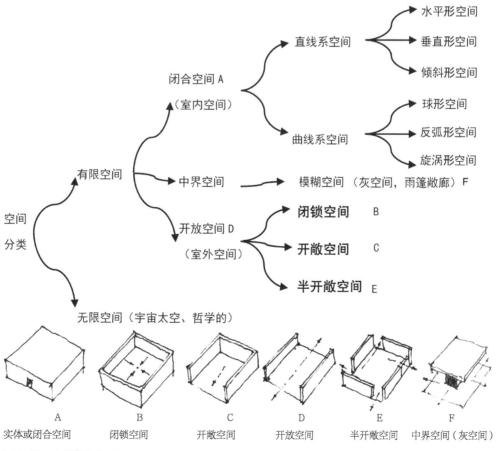

图 6.3-63　空间分类（一）

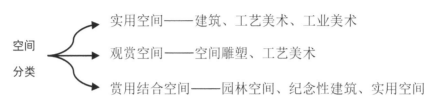

空间
分类

实用空间——建筑、工艺美术、工业美术

观赏空间——空间雕塑、工艺美术

赏用结合空间——园林空间、纪念性建筑、实用空间

图 6.3-64　空间分类（二）

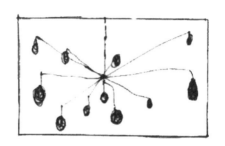

图 6.3-65　点限空间

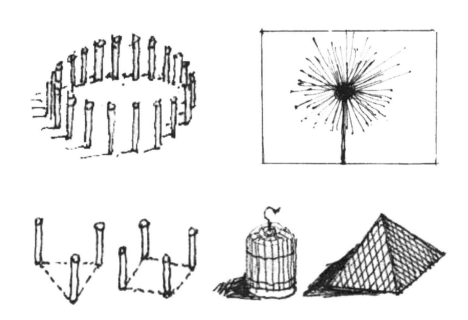

图 6.3-66　线限空间

抒情；平面空间表情单纯、简朴、庄重（图6.3-67～图6.3-70）。

（4）空间尺度的感受：三维中以高度对空间的影响最大，常以人体尺度衡量空间的标准，大高度产生宏伟感，但不亲切（图6.3-71）。

（以上内容大部分参照《建筑设计资料集》，略有增减）

4. 空间组合

由3个以上空间相连聚合在一起，形成序列空间或组合空间，可按轴线或无轴线组合。空间大小、长短、高低、收敛、明暗不同，形成室内空间变化多样，按前奏、过渡、高潮、过渡、次高潮、尾声等意图组合空间，产生庄重、肃穆或活泼、轻快的心理感受（图6.3-72、图6.3-73）。

5. 园林空间构成

园林规划的首要任务就是创造园林空间。园林设计主要是塑造室外空间——园林空间，但园林空间中有时还有建筑空间。园林空间和建筑空间往往是紧密相连、密不可分，你中有我、我中有你（图6.3-74）。建筑空间由6个面构成。建筑设计的主要任务是创造室内空间，与建筑组合形成建筑空间。而园林空间6个面中的天面即天空，构成无天面、无顶盖的露天空间。有时天面变成林面，地面换成地被、草坪，天面和地面全是绿面。墙面则可能是墙面（围墙、围廊、建筑），或绿面（林面、绿篱、绿墙），或山面（土山、石山）。由不同的6个面构成千变万化的园林空间。森林、树林可视为林下空间、灰空间（图6.3-75）。林中草地、林中空地就是林中空间（俗称"开天窗"）。园林空间规划之初就是画"泡泡图"，每个泡泡都是一个园林空间。把每个泡泡都赋予特定功能、特色，全部泡泡相互联系形成一个完整的园林构图，构成一个整体园林（图6.3-76）。

图 6.3-67　面限空间

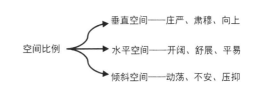

图 6.3-68　空间比例

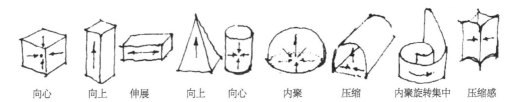

向心　　向上　　伸展　　向上　　向心　　内聚　　压缩　　内聚旋转集中　压缩感

图 6.3-69　方向的感受

上 篇

园林五境理论

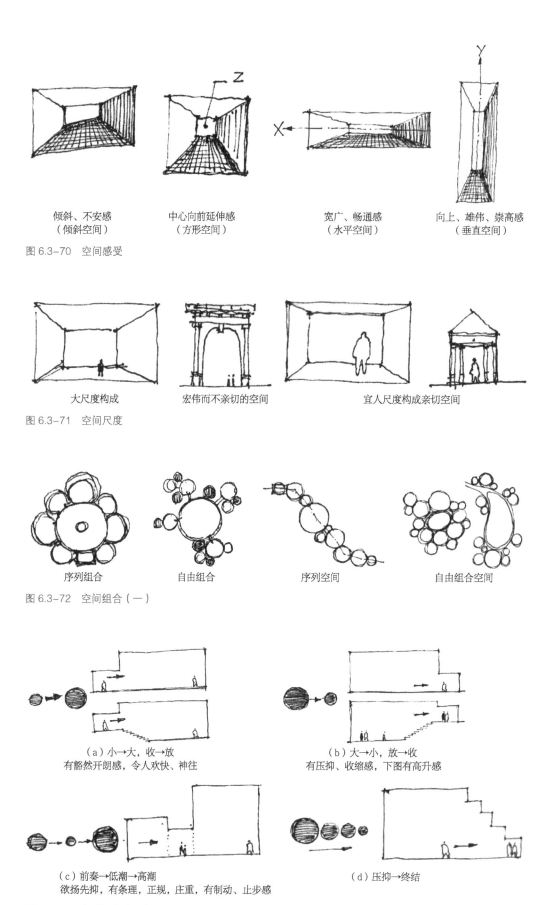

倾斜、不安感　　　　中心向前延伸感　　　　宽广、畅通感　　　　向上、雄伟、崇高感
（倾斜空间）　　　　（方形空间）　　　　（水平空间）　　　　（垂直空间）

图 6.3-70　空间感受

大尺度构成　　　　宏伟而不亲切的空间　　　　宜人尺度构成亲切空间

图 6.3-71　空间尺度

序列组合　　　　自由组合　　　　序列空间　　　　自由组合空间

图 6.3-72　空间组合（一）

（a）小→大，收→放　　　　　　　　　　（b）大→小，放→收
有豁然开朗感，令人欢快、神往　　　　　　有压抑、收缩感，下图有高升感

（c）前奏→低潮→高潮　　　　　　　　　　（d）压抑→终结
欲扬先抑，有条理，正规，庄重，有制动、止步感

图 6.3-73　空间组合（二）

（a）单一全封闭式
园林空间

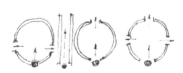
（b）半封闭园林空间
（一处或多处开口）

（c）通透式
园林空间

（d）流动空间
由多个空间组成

图 6.3-74　流动空间、序列空间

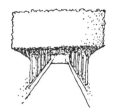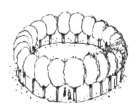

图 6.3-75　以树木构成的园林空间（灰空间）

图 6.3-76　园林空间

园林空间布局实例如图 6.3-77～图 6.3-79 所示。

6. 园林空间组织

1）园林空间的基本类型（图 6.3-80）

2）园林空间组织（图 6.3-81）

综合运用对比、重复、过渡、衔接、引导等一系列空间处理手法，将个别的、独立的空间组织成为一个有秩序、有变化、统一完整的空间集群。

3）两种不同类型的空间序列（图 6.3-82）

4）空间布局案例

丹麦音乐花园（The Musical Garden, Denmark）由索伦生（Carl Theodor Sorensen）设计，空间布局如图 6.3-83 所示。

这座花园用不同高度的绿墙创造一系列几何形空间——花园房间，每个空间的大小、形态、功能不同，空间 1～10 串联或并联形成园林空间系列。

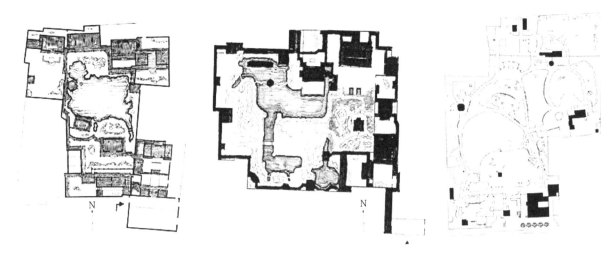

图 6.3-77　苏州狮子林园林空　　图 6.3-78　苏州网师园园林空间布局　　图 6.3-79　上海东安公园园
间布局　　　　　　　　　　　　　　　　　　　　　　　　　　　　　　　　林空间布局

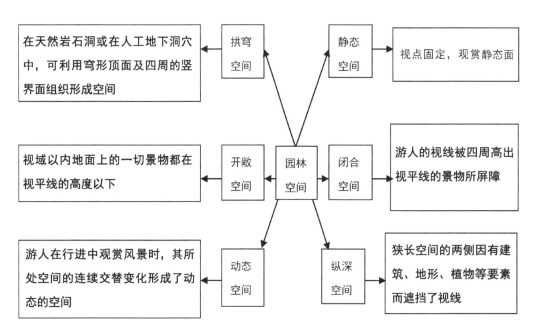

图 6.3-80　园林空间的基本类型

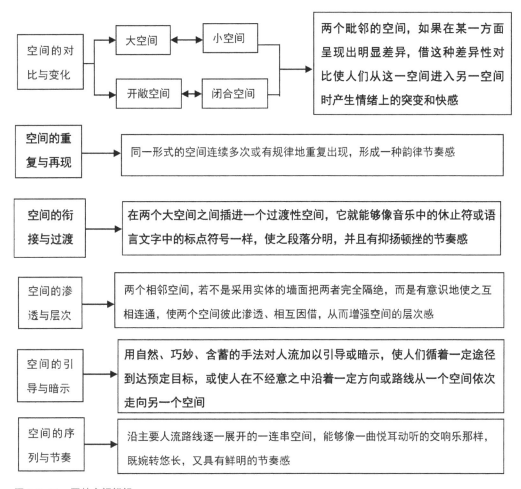

图 6.3-81　园林空间组织

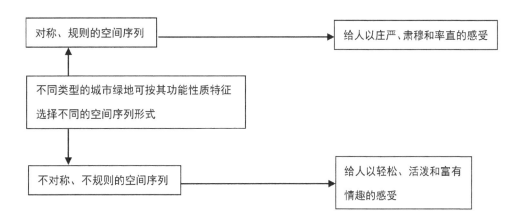

图 6.3-82　两种不同类型的空间序列

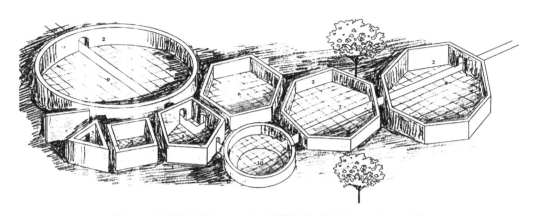

1—草地；2—同高度的绿墙；3~8—边长相等的多边形空间；9、10——圆形空间

图 6.3-83 丹麦音乐花园

6.3.4 色彩构成

人们认知事物都是从事物的形态和色彩开始。世上的事物是形形色色的，光学颜色与颜料颜色是不同的。

1. 色彩三属性：三原色、三要素、三色系（图 6.3-84）

二原色的间色为第三原色的补色。补色互为对比色。色环中直径两端互为补色。

2. 色彩对比

（1）明度对比

高明度色彩对比，有晴朗、明快、纯洁感，或冷淡、柔弱、病态感。

中明度色彩对比，有朴素、庄重、平凡感，或呆板、无聊感。

低明度色彩对比，有沉重、深厚、刚毅感，或黑暗、阴险、哀伤感。

（2）纯度对比

高纯度色彩对比，有积极、强烈冲动感，有膨胀外向、欢快活泼感；用得不当会有疯狂、恐怖、低俗感。

中纯度色彩对比，有中庸、小雅感。

低纯度色彩对比，有平淡、消极、无力、陈旧、简朴、平静、随和感；用得不当会有土气、肮脏、悲观感。

（3）类型对比

同类色对比：色差小，对比微弱。

类似色对比：统一、和谐、微差。

对比色对比：鲜明、强烈、激动。

互补色对比：对比最强烈、鲜明、最刺激。

（4）色相对比

将不同色相的色彩并置在一起，通过对比显现出差别的方式称为色相对比（图 6.3-85）。色相通过比较使得对比双方或多方的性格表情更为鲜明突出。这既为我们在设计上提供了多种变化的可能性，也为色彩适合不同场合、不同主题的表现提供了广泛的领域。

色相对比的强弱可直观地用色相环上的距离表示出来（图 6.3-86）。以 24 色相环为例，任选一色（色相环 15°），与此色相相邻的色为同类色（色相环 30°）；与此色相间隔 2~3 色的为邻近色（色相环 60°）；与此色相间隔 4~7 色的为中差色（色相环 90°）；与此色相间隔 8~9色的为对比色（色相环 120°~130°）；与此色相间隔 10~12 色的为互补色（色

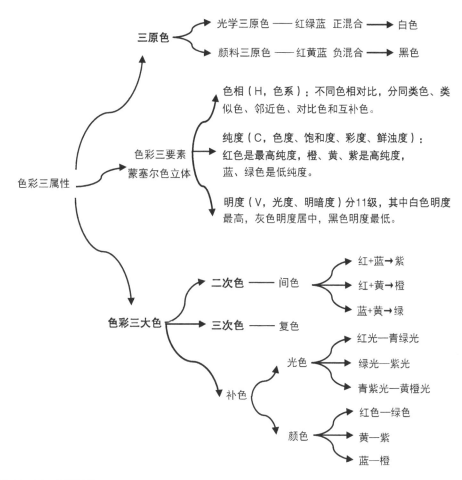

图 6.3-84 色彩属性

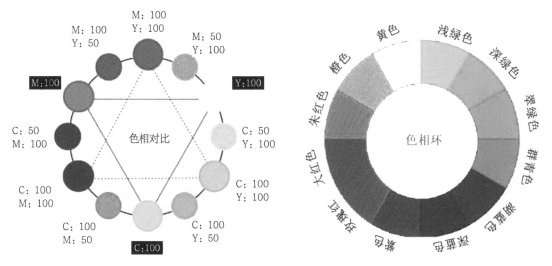

图 6.3-85 色相对比

图 6.3-86 色相环

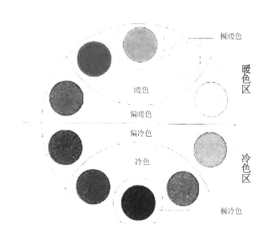

图 6.3-87　冷暖色相环

相环 180°）。

3. 色彩的情感

色彩的情感，即色彩的心理感受。色彩本身并无情感，而是色彩使人产生感受，不同的色彩使人产生不同的心理感受，产生不同的色彩表情（情感）。

1）色彩的冷暖感（图 6.3-87）

暖色调：橙色为极暖，红、黄为暖色，红紫和黄绿为中性偏暖色。

冷色调：蓝色为极冷，蓝紫、蓝绿为冷色，紫色与绿色为偏冷色。

中性色：黑、白、灰、金、银。

冷暖色彩的情感：

（1）暖色：具有阳光感、激情感、向前进感、扩张感、男性感、坚定感、干燥感和硬朗感。

（2）冷色：具有阴冷感、镇定感、女性感、潮湿感、理智感、后退收缩感、流动感和柔软感。

2）色彩的心理感应

色彩的直接心理感受：色彩通过人的视觉感应，直接地、自发地产生心理感受，融入人的情感。如红色使人血液加快流动，给人警觉作用；蓝绿色供人安静；橙色可引起食欲。

色彩的间接心理感应：当色彩作用于人的视觉产生心理感应后，进一步唤起人的知觉的强烈感受，扩展到人的思维，即从感性到理性，为色彩的间接心理感受。包括色彩的象征、联想和联觉。

（1）色彩的象征

不同国家、民族、宗教对色彩的爱好、理解不同。如红色，在中国象征喜庆、幸福、革命；在西方则表示宗教仁爱和祭礼。黄色在中国象征崇高的帝王；在巴西则表示绝境中的奋斗。在伊斯兰教中，黄色是祸害与死亡的色彩，绿色视为永恒的东土之色。

（2）色彩的联想（图 6.3-88）

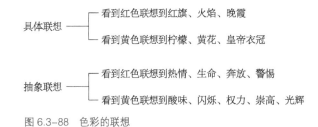

图 6.3-88　色彩的联想

（3）色彩的感觉

色彩的感觉是在色彩心理的表现领域中多种主观对客观世界感受性的表现形式（表6.3-1）。如喜怒哀乐情绪、四季、味觉、质感以及优雅、华丽、悲壮等精神象征等，参见日本色彩学家大庭三郎的色彩情感价值表（表6.3-2）。

色彩的感觉　　　　　　　　　　　　　　　　表 6.3-1

色彩的音乐感	色彩是音乐的抽象表现，音乐是色彩的有声描绘，如热烈的红色、明亮的黄色、压抑恐怖的黑色。康定斯基在《论艺术中的精神》中写道："浅蓝色类似笛声，悠扬而清晰；深蓝像大提琴声，深沉而动听；更深蓝色就像低音大提琴……苦闷……沉痛而又悲哀"
色彩的轻重感	轻重感取决于色彩的明度。色彩的明度高给人感觉轻，明度低则感觉重
色彩的软硬感	软硬感取决于色彩的纯度和明度的变化。明度高而纯度低则有软感；明度低而纯度高则有硬感。黑白有硬感；灰色有软感
色彩的强弱感	明暗色彩对比反差大有强烈感，反差小则有弱化感。高纯度色彩对比是强化，低纯度色彩对比则是弱化
色彩的明快与忧郁感	明度、纯度都高的华丽色有明快感，纯度低的深暗色拥有忧郁感
色彩的华丽与朴实感	主要源于色彩明度、纯度的变化。明度高、纯度高的色彩华丽；明度低、纯度也低的色彩朴实
色彩的庄重与活泼感	明度低、纯度不高的同类色相，和不太明确的复色有端庄稳重感；而明度高、纯度也较高且相互对比的色相感鲜明的色组，有生动活泼感
色彩的兴奋与沉静感	暖色系的色彩组合具有兴奋感，冷色系的色彩组合则有沉静感。沉静感色组的明度应略低于兴奋色组

日本色彩学家大庭三郎的色彩情感价值表　　　　表 6.3-2

色彩	联想的东西	心理上的感觉
红	血、太阳、火焰、日出、战争、仪式	热情、激怒、危险、祝福、警惕、革命、恐怖、勇敢
橙红	火焰、仪式、日落、罂粟花	古典、警惕、信仰、勇敢
橙	夕阳、日落、火焰、秋橙子	威武、诱惑、警惕、正义、勇敢
橙黄	收获、路灯、金子	喜悦、丰收、高兴、幸福
黄	中国、水仙、柠檬、佛光、小提琴（高音）	光明、希望、快活、向上、发展、嫉妒、庸俗

色彩	联想的东西	心理上的感觉
黄绿	嫩草、新苗、春、早春	希望、青春、未来
绿	草原、植物、麦田、平原、南洋	和平、成长、理想、悠闲、平静、永远、青春、幸福
蓝绿	海、湖水、宝石、夏、池水	神秘、沉着、幻想、永远、深远、忧愁
蓝	蓝天、海、远山、水、日夜、果实、钢琴	神秘、高尚、优美、悲哀、真实、回忆、灵魂、天堂
紫蓝	远山、夜、深海、黎明、死、竖琴	深远、庄严、天堂、公正、不安、无情、神秘、幻想
紫	地丁花、梦、死、仪式、大提琴、低音号	优雅、高贵、幻想、神秘、宗教、庄重
紫红	牡丹、日出、小豆	绚丽、享乐、性欲、高傲、华丽、粗俗
淡蓝	水、月光、黎明、疾病、奏鸣曲、钢琴	孤独、可怜、忧伤、优美、清净、薄命、疾病
淡紫红	少女、樱、春、梦、大波斯菊	可爱、羞耻、天真、诱惑、幸福、想念、和平
白	雪、白云、日出、白糖	洁白、神圣、快活、光明、清净、明朗、魅力
灰	阴天、灰、老朽	不鲜明、不清楚、不安、狡猾、忧郁、预感
黑	黑夜、墨、丧服	罪恶、恐怖、邪恶、无限、高尚、寂静、不详

6.3.5　肌理构成

1. 概念

风景园林的肌理丰富多样，差异悬殊，大到居高临下俯视山川、森林荒漠、梯田条垅、城市道路、工厂小区、大地景观，小到树木花草、地纹叶脉、花鸟鱼虫等微观事物，共同构成宏观、中观、微观的风景园林景观肌理。肌理包括视觉肌理和触觉肌理。肌理能给人以各种感觉，并能增强园林景观形象的表现力和感染力。人们在游园中抬头看景物形象，低头看表面纹理（肌理），还会触摸纹理。因此，肌理在园林景观中发挥着重要作用。

园林肌理要比建筑和其他造型艺术的肌理复杂得多。园林的天面、地面、墙面变化无穷，可能是墙面（园林亭、廊、架、景墙），也可能是"绿面"（林面、绿面）、山面、水面、"崖面"（岩面——岩石"肌理"）。露天园林空间的"天面"是天空、日月星辰、风云雨雪，人们尚无法干预。绿面、林面是绿色植物构成的表面，是园林景观面的软质肌理。地面、墙面有硬质肌理和软质肌理。以往园林肌理构成中大都只注重硬质肌理的研究，还没有意识到软质肌理在园林设计中的重要地位和作用，也还没有人对园林软质肌理进行系统研究，可以说我国的绿化种植设计水平还没有达到注重软质肌理构成的高度。英国园林植物设计（配置）居世界领先水平，非常注重花境、花带的细微的配置艺术，具有良好的即时和四时景观效果。但至今尚未见英国植物配置肌理构成的技术和艺术研究成果。我们应学习英国园林植物配置的细腻与精致，注重软质和中性肌理的研究应用，提高我们的种植设计水平。

2. 肌理的类别

园林肌理中除硬质肌理、软质肌理外，还有中性肌理。肌理还包括视觉肌理和触觉肌理。

1）硬质肌理

硬质肌理是指石材、钢材、木材、玻璃、砖瓦等坚硬材质所构成的道路和广场地面、建（构）筑物的肌理（图 6.3–89）。其中石材是最丰富、最优秀的肌理构成材料。不同的石材（大理石、花岗石、青石板、大小卵石、碎石……）有不同体量、不同纹理、不同粗细、不同色彩、不同工艺，可做出千变万化的地面、墙面景观硬质肌理，石材是创作园林硬质肌理的最常用材料。但石材僵硬、冰冷，且有微弱放

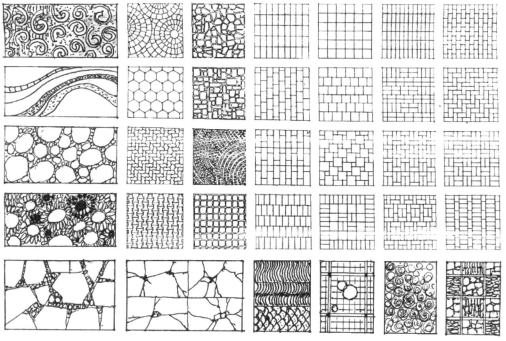

图 6.3–89 园林景观中的硬质肌理

射性影响，室内慎用。此外，木材、竹材是园林硬质肌理的最佳材料；还有砖瓦，硬中有软，更加人性化，也更能表现园林特色，及景观的趣味性和感染力。

2）软质肌理

"绿面"肌理，是由花草、树木的花、叶、枝、果等构成绿色景观表面的软质肌理（图 6.3-90）。

其中花、叶的形态丰富多样，构成千变万化的园林肌理。草坪是最简单的肌理，但不同的草坪也会有不同的肌理：天鹅绒、老虎皮、大叶油草、高羊茅、羊胡子草都有不同的肌理。近十余年来，日本园林界成功研究开发苔藓地被，是目前世界上最高级、最优良的园林地被，也是最高水平的园林地被，质地纯粹、细腻，不但景观优美，而且苔藓是环境指标优良的标志。

从草叶、松叶、黄杨叶、银杏叶、枫

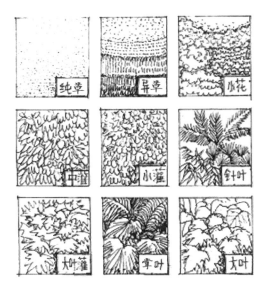

图 6.3-90　软质绿色肌理

叶到梧桐叶、泡桐叶、棕榈叶，叶形、叶色、叶脉各异，在种植设计配置中会产生许多不同的肌理效果。不同肌理的树木，如雪松与棕榈、八角金盘的随意配置会造成不良的效果（图 6.3-91）。

图 6.3-91　软质肌理——树木质感平面图例

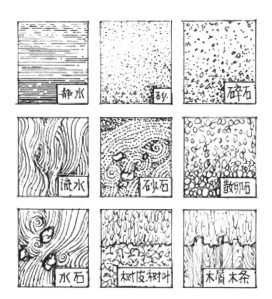

图6.3-92 中性肌理（透水透气）

水面是软质肌理，但不同于绿色有生命的肌理元素。水面的肌理千变万化，波纹、浪花、流水、喷泉、镜面水面、瀑布表面，都能产生多种不同肌理和不同的景观感受。

3）中性肌理

中性肌理是指硬质材料粉碎后采用松散的布配，如碎石、卵石散置，或用碎木片、树皮覆盖的地面，都有透水透气的功能，比硬质肌理具有较好的生态功能（图6.3-92）。日本、欧洲园林中常用的砂土路、碎石路都是值得学习推广的范例，给人以回归自然、轻松自如、生态宜人的感受。

6.3.6 综合构成

园林艺术是四维的时空艺术，园林景观是有生命的时空艺术。园林艺术除了一般造型艺术的平面构成、立体构成、色彩构成和肌理构成四大构成外，园林中的植物、动物、微生物都是有生命的元素，都会随春夏秋冬四季有物候变化，还有过去、现在、将来的变化，更有阳光雨露、朝夕风云的时空变化。因此，园林还有时间和空间的构成与生命的构成。

园林肌理的构成不是单纯的视觉效果，而是要以人为本，防止光污染及光滑地面游人易滑倒等不良效果，宜选用综合构成，以求良好的综合效果。

6.4

园林艺术构图原理
（园林艺术七律）

风景园林设计是综合性艺术创作。园林艺术与建筑、绘画等造型艺术具有共同的艺术构图形式美法则：统一与变化、对比与相似、均衡与平衡、节奏与韵律、比例与尺度、比拟与联想、性格与风格。这是构图艺术形式美的原理、法则、规律，也叫"七律"。本书试图从园林专业角度简单阐述构图艺术形式美的原理、法则，即园林艺术构图原理。

6.4.1 统一与变化

1. 概念

统一与变化法则，也称同一律、统一调和律。统一与变化是艺术构图形式美的主要法则，强调艺术构图中的各部分之间、部分与整体之间要有和谐关系，同时某些局部也要有差异，既统一又有变化。只有统一而没有变化就使整体单调乏味，缺乏表情；缺少统一，变化过多，则会使整体杂乱无章、支离破碎。我们主张统一中求变化，追求整体构图和谐统一，达到构图完美，这是传统艺术的核心和最主要法则。一些现代艺术流派把统一调和律视为洪水猛兽，极力主张离经叛道，要反传统、反和谐，追求矛盾、冲撞、分裂，追求视觉刺激。不同流派、不同观点的争鸣是可以的，也应提倡，作为某些次要局部创新尝试也未尝不可。但如果把这种理论和形式作为造型艺术的主要规律是不可行的。统一和谐依然是最基本、最主要的艺术构图规律，同一律必将永远存在。当然传统也要与时俱进，变革创新永远是统一与变化的法则，必将使主流艺术青春永驻。社会需要和谐与协调，艺术也需要统一和谐，以统一为主、变化为辅，统一中求变化，变化中求统一。

2. 统一的形式

1）对称

对称是指中轴两侧物体等同或近似，中轴对称是中外传统园林构图中最主要、最常用的构图形式，表达一种庄重、有序的美感。分为完全对称、近似对称、反转对称三种形式（图 6.4-1）。

2）对位

对位本是音乐概念，借用到造型艺术中，谋求构图要素间在位置上的正对关系。分为中心对位、中轴对位和边向对位三种形式（图 6.4-2）。

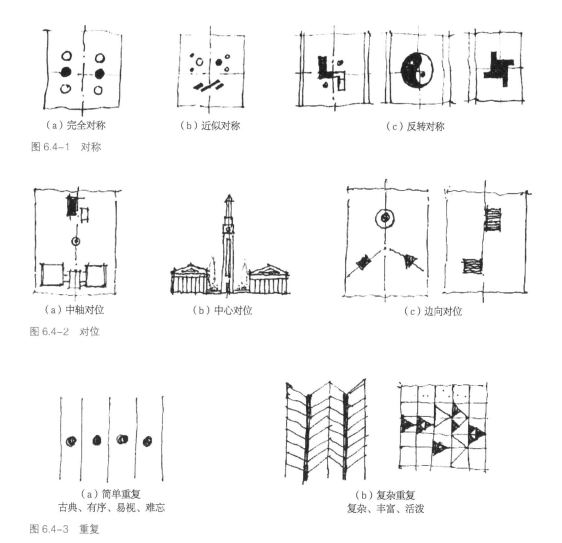

（a）完全对称　　　　　（b）近似对称　　　　　　　　（c）反转对称

图 6.4-1　对称

（a）中轴对位　　　　　（b）中心对位　　　　　　　　（c）边向对位

图 6.4-2　对位

（a）简单重复
古典、有序、易视、难忘

（b）复杂重复
复杂、丰富、活泼

图 6.4-3　重复

3）重复（反复）

重复是用相同或相似的要素重复排列，求得构图统一。这是一种历史悠久的古典构图形式，是图案组织的主要原则，具有平静、消极的统一美感，同时具有节奏、韵律美感。重复分为简单重复、复杂重复两种形式（图 6.4-3）。

3. 变化的形式

变化可使艺术形式生动活泼，凸显灵气，变化多样可使艺术形式丰富多彩。变化有渐变和突变，亦即小变和大变两种形式。

1）渐变

渐变是指形式连续的近似构图形式，是近似形象有序排列，通过渐变过渡，两端的对立（极化）转化为统一（图 6.4-4）。如色彩的冷暖、体积的大小、形状的方圆等产生微小变异，但仍可求得统一，并产

图 6.4-4 渐变

生柔和、含蓄之感，具有柔性的韵味和优雅、美妙的艺术感受。但其渐增或渐减都必须具有一定的比例和秩序。苏州园林建筑均采用大坡顶形式，但有悬山顶、歇山顶、庑殿顶、攒尖顶、硬山顶等，各有微小差异，但又有整体统一的艺术效果。又如围墙漏窗有多种形式，方、圆、六角、八角、定胜、矩形、椭圆、梅花、海棠形等，月洞门也有多种形式，但总体仍有统一协调效果。在绿化种植设计中，树丛配置、花坛形式、模纹式样也常用微变的方式，以求多样统一效果。

空间序列也是一种渐变手法，其中规则空间序列给人的印象是庄重、率直，并有明确和强调的高潮，具体还可分为开敞空间的序列（中国园林、寺庙、庭院），结构部件序列（列柱），封闭序列，标高变动的序列，方向、大小交替的序列（中国园林空间），复杂性或丰富性递增的序列等。

不规则序列空间布局则充满了富有活力和变化的运动感，产生令人惊讶、意想不到的魅力。多采用独特的构思、弯曲转折多变的轴线和不规则的视觉平衡可以创造戏剧性的高潮效果，但又不破坏设计统一性的首要原则。

2）突变

突变是变化的另一种形式，是渐进过程的中断，是不经过任何过渡阶段从一种形态到另一形态的飞跃。在园林艺术构图中，不存在毫无关联的突变。我理解的变化（突变）应该是有共同的基础，本身又是有所不同的事物。只有当这些东西被统一起来了，它们之间因为有了某种相同的元素，同时还保留着它们本身与众不同的特性，这时才能称为变化（突变）。这种突变会产生令人惊奇或者令人震撼的美感。

4. 突出主体

主体与配体是统一与变化的一种形式，

在一个画面构图中有两个或两个以上的物体共同存在时，应突出主体，配体服从主体、衬托主体，宾主分明，主次分明，突出重点，以求统一中有变化，使画面构图显得更加生动活泼，以免构图单调、呆板。例如，园林地形设计中的三座山头应有高低、大小、距离、形态上的不同，次峰退让，衬托主峰，突出主峰。

6.4.2　对比与相似

1. 概念

对比与相似法则，也称对比律，是强调各形式要素彼此不同性质的对比，对比就是强调画面的变化，以反衬方式突出重点，表现主题，使造型构图产生生动效果，富有活力。视觉感观刺激较强，使人兴奋、激动，艺术形式具有生命力。相似就是使各个部分或要素之间相互协调。在园林艺术设计中，对比与相似通常是某一方面居于主导地位。对比与相似反映了矛盾的两种状态，对比是在差异中趋于对立，相似是在差异中趋于统一。

2. 对比与相似的形式、类别

对比与相似的形式：相似是同质要素（形体、色彩、质感等）的组合，并称类似组合；对比则是异质要素的组合，表现在体量（大小、多少、长短、宽窄、厚薄）、方向（纵横、高低、左右）、形体（曲直、锐钝、线面）、材料质感（光滑粗糙、软硬、轻重、疏密）、色彩（黑白、明暗、冷暖）等方面。同质多则相似，异质多则对比强。

对比的类别（图 6.4-5～图 6.4-13）：

（1）点的对比——大小、疏密、聚散、规则、自由。

（2）线的对比——粗细、曲直、断续、长短、横竖。

（3）形状对比——房树、山水、方圆、高低、长短、横竖、曲直、凹凸、锐钝。

（4）体量对比——大小、高低、主从、上下、乔灌花草、左右、前后、疏密。

（5）空间对比——内向与外向、开合、敞闭、虚实。

（6）质地对比——山水、粗糙与光滑、软硬、轻重、虚实。

（7）色彩对比——黑白、冷暖、浓淡、

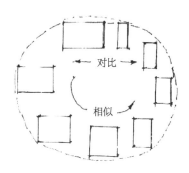

图 6.4-5　大小对比

图 6.4-6　形式对比

图 6.4-7　黑白对比

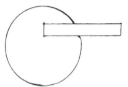  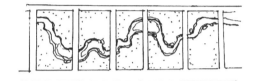

图 6.4-8　长方条与圆对比　　图 6.4-9　形、色、质对比　　图 6.4-10　IBM 总部：溪水、道路与绿地，体现
规则与自然对比

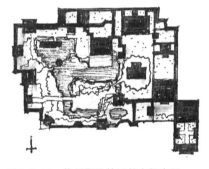 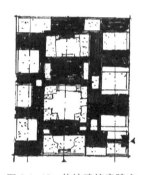 

图 6.4-11　苏州狮子林园林空间布局——　图 6.4-12　传统建筑庭院空　图 6.4-13　苏联卫星纪念塔设
大小、长短、木石、开合、软硬对比　　间对比　　　　　　　　　计图——横竖、黑白对比效果

鲜艳与灰暗、红与绿、深红与浅红、正红与灰红、青与橙黄、紫与黄、红与白。

（8）明暗对比——高光明暗、灰暗、黑暗、阴影。

6.4.3　均衡与平衡

均衡是形式要素间构成视觉审美的心理平衡，是同量不同形的形态，具体指在特定空间范围内形式诸要素之间保持视觉上力的平衡关系。均衡是根据形象的大小、轻重、色彩及其他视觉要素的分布作用于视觉判断的平衡。

平衡是重力的静态平衡，典型状态就是对称。如果用直线把画面空间分为相等的两部分，它们之间不仅质量相同，而且距离相等。中外很多古代建筑、教堂、庙宇、宫殿等都以对称为美的基本要求。对称的构成能表达秩序、安静与稳定、庄重与威严等心理感觉，并能给人以美感。

平面构图上通常以视觉中心（视觉冲击最强的地方的中点）为支点，各构成要素以此支点保持视觉意义上的力度平衡，对称的事物基本上是均衡的。也有些画面并不一定对称，但它仍然很美，就是因为它还符合均衡的法则。均衡是景观的普遍特性。平衡和均衡都要有中心点。均衡分对称均衡和不对称均衡（图 6.4-14～图 6.4-17）。

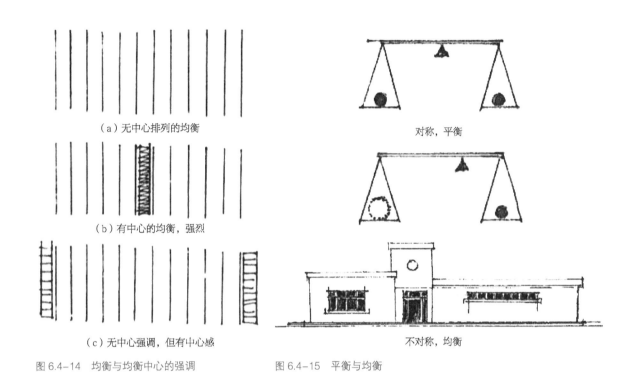

（a）无中心排列的均衡

对称，平衡

（b）有中心的均衡，强烈

（c）无中心强调，但有中心感

不对称，均衡

图 6.4-14 均衡与均衡中心的强调 　　图 6.4-15 平衡与均衡

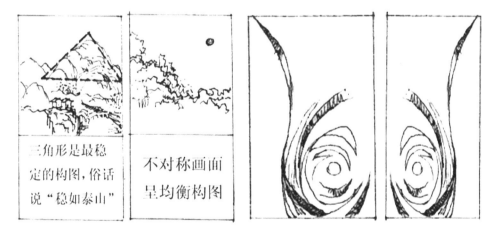

三角形是最稳定的构图，俗话说"稳如泰山"

不对称画面呈均衡构图

图 6.4-16 不对称的均衡重心在左，不平衡的重心在右，整体感觉平衡

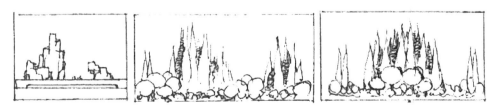

图 6.4-17 不对称的均衡展现出盆景园林设计的均衡构图

6.4.4 节奏与韵律

1. 概念

节奏与韵律，亦称节律法则，节奏就是有规律的重复，有机械美。呼吸、心跳、日出日落、花开花落是自然界的韵律；音乐、舞蹈、体操是乐声和运动的韵律；房屋的门、窗、柱、墙、屋顶是城市建筑的韵律；行道树、花坛、栏杆、园灯是园林的韵律。韵律就是有规律的抑扬变化，节奏是韵律的纯化，韵律是节奏的深化。节奏富于理性，韵律富于感性。节奏韵律在造型艺术创作中的主要作用是使构图形式产生情趣，具有抒情韵味。

2. 形式类别

韵律可分为渐变、旋转、等差、等比、起伏、自由、连续、交错等韵律形式（图6.4-18）。此外，还有自然韵律（图6.4-19）。

"体量和线条的韵律是取得统一和趣味最可靠的方法之一"（哈木林）。

3. 绿 化 对 比 与 韵 律（图6.4-20、图6.4-21）

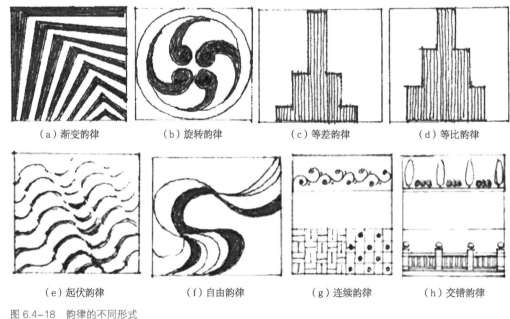

（a）渐变韵律　　　（b）旋转韵律　　　（c）等差韵律　　　（d）等比韵律

（e）起伏韵律　　　（f）自由韵律　　　（g）连续韵律　　　（h）交错韵律

图 6.4-18　韵律的不同形式

图 6.4-19　园林漏窗的韵律异质对比、过渡的韵律、水岸台阶的韵律

图 6.4-20　由 "一株桃花一株柳" 改为 "一组桃花一组柳" 的韵律　　　图 6.4-21　旋转韵律使画面产生动感和趣味性

6.4.5　比例与尺度

1．概念

比例与尺度法则，亦称数比率，是指构图形式要素之间的数值逻辑关系，比例是形式要素相互分割，形成部分与部分之间或部分与整体之间存在数学关系。尺度是指建筑园林与人体之间的数量逻辑关系。尺度标准有三维尺度、人的尺度、皇家尺度、神的尺度等多种。私家园林、皇家园林、城市公园、寺庙园林有不同的尺度标准。如栏杆、窗台常是 1m 高，水岸常为 10～20cm 高，踏步常是 15cm 高，门常是 2m 高，园路常为 1～2m 宽，这是人体的尺度。园林、园林建筑通常追求 "亲切的尺度感"，需要时也可强调高大、雄伟、庄严、夸张的尺度感。

古希腊哲学家毕达哥拉斯发现了数学美，认为建筑、雕塑、音乐都按一定的数量比例关系构成，研究得出 "黄金分割"，被奉为永恒的美的比例。

现代著名建筑大师勒·柯布西耶（Le Corbusier）根据对人体比例的研究，按人体的理想尺度，将黄金分割发展成 "黄金尺"，谋求给予建筑造型合理性。

2．几种常用数比构成方法（参照《建筑设计资料集》）

1）黄金分割比值约为 0.618（图 6.4-22）

2）黄金尺（黄金比）（图 6.4-23）

3）整数比 1/2，2/3，3/4，5/8（图 6.4-24）

4）等差数列比 3，6，9，12（图 6.4-25）

5）等比数列比 1，2，4，8，16（图 6.4-26）

6）平方根比

由包括无理数在内的平方根 $\sqrt{n}$（n 为正整数）构成的矩形称为平方根矩形。平方根矩形自古希腊以来一直是设计中重要的比例构成要素。以正方形的对角线作长边可得 $\sqrt{2}$ 矩形，以 $\sqrt{2}$ 矩形的对角线作长边可得 $\sqrt{3}$ 矩形，以此类推可得 $\sqrt{n}$ 矩形（图 6.4-27）。

7）建筑模数

勒·柯布西耶的模数体系是以人体基本尺度为标准建立起来的，它由整数比、黄金比和斐波纳契级数组成。勒·柯布西耶进行

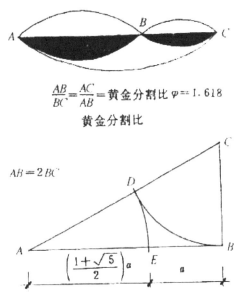

$$\frac{AB}{BC}=\frac{AC}{AB}=黄金分割比 \varphi = 1.618$$

黄金分割比

$AB = 2BC$

$\left(\frac{1+\sqrt{5}}{2}\right)a$

图 6.4-22　黄金比的几何做法

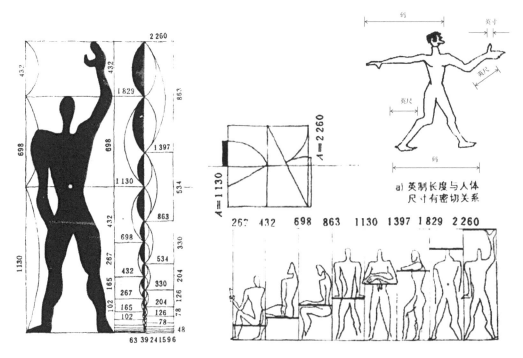

图 6.4-23　黄金尺与人体模数体系

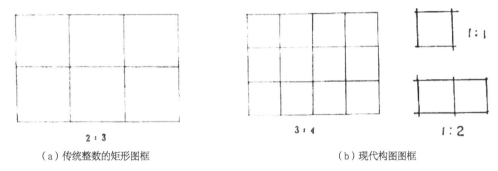

（a）传统整数的矩形图框　　　　　　　（b）现代构图图框

图 6.4-24　整数比

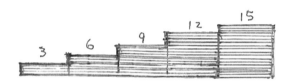

图 6.4-25　等差数列比

图 6.4-26　和谐的等比数列比

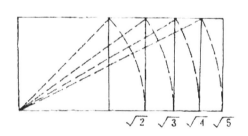

图 6.4-27　平方根矩形

的高度 1130mm 定为单位 A，身高为 A 的 ϕ 倍（$A \times \phi \approx 1130 \times 1.618 \approx 1829$mm），向上举手后指尖到地面的距离为 $2A$。将以 A 为单位形成的 ϕ 倍斐波纳契数列作为红组，由这一数列的倍数形成的数组作为蓝组，这两组数列构成的数字体系可作为设计模数。

8）景观视距

$H : D$，其中 H 是物的高度（应扣除视点高 h），D 为视距（图 6.4-28～图 6.4-30）。

这一研究的目的就是为了更好地理解人体尺度，为建立有秩序的、舒适的设计环境提供一定的理论依据，这对内、外部空间的设计都很有参考价值。该模数体系将地面到脐部

上 篇

园林五境理论

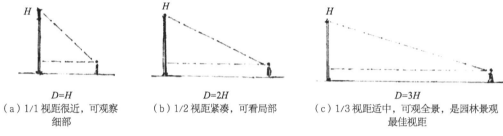

(a) 1/1 视距很近，可观察　　　（b）1/2 视距紧凑，可看局部　　　（c）1/3 视距适中，可观全景，是园林景观
　　　细部　　　　　　　　　　　　　　　　　　　　　　　　　　　　　　　　　最佳视距

图 6.4-28　景观视距

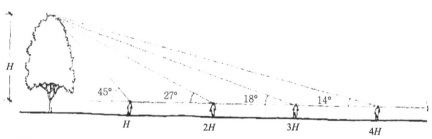

图 6.4-29　视角、视距与景物的关系

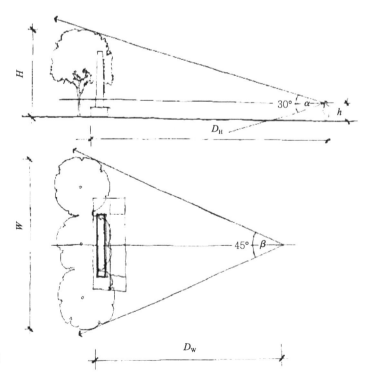

图 6.4-30　最佳视角和视距
与景物的关系

9）景物倒影

在面积有限的传统园林之中常利用水面限定与划分空间（图 6.4-31、图 6.4-32）。例如，苏州环秀山庄中水面形成的强迫视距并不令人感到生硬，反而强化了景物的空间感受（图 6.4-33）。

用水面控制视距、分隔空间还应考虑岸畔或水中景物的倒影，这样一方面可以扩大和丰富空间，另一方面可以使景物的构图更完美（图 6.4-34）。利用水面创造倒影时，水面的大小应由景物的高度、宽度，希望得到的倒影长度以及视点的位置和高度等决定。倒影的长度或倒影量的大小应从景物、倒影和水面几方面加以综合考虑，视点的位置或视距的大小应满足较佳的视角。如图 6.4-35 所示，在视距为 D、视高为 h，池岸高出水面为 h' 的条件下，若需要倒影景物（树木）的冠长，则倒影的长度和水面的最小长度可按下式计算：

$$l=(h+h')(\mathrm{ctg}\beta-\mathrm{ctg}\alpha)$$

$$L=h(\mathrm{ctg}\beta-\mathrm{ctg}\alpha)+2h'\mathrm{ctg}\beta$$

园林设计应按项目的性质和特定需求，采用相应适合的比例尺度。但绝大多数项目是为人民大众享用的，所以在大多数情况下，应按照以人为本的原则，以人体尺度——亲切宜人的比例尺度进行设计。

10）模数

模数是指建筑物或其配件选定的标准尺寸单位，称为建筑模数。世界多国均采用 100mm 为基本模数，其符号为 M，$1M=100$mm。主要用于建筑物层高、

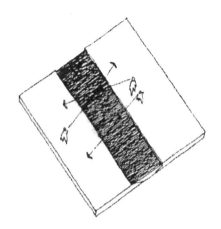

图 6.4-31　水面限定了空间，但视觉上渗透

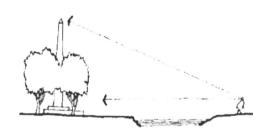

图 6.4-32　控制视距，获得较佳视角

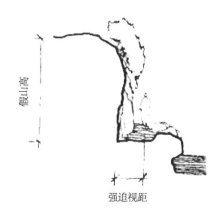

假山高

强迫视距

图 6.4-33　利用水面获得较好的观景条件

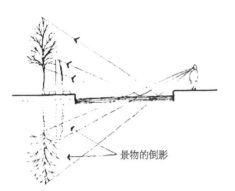

景物的倒影

图 6.4-34　水面倒影丰富景观效果

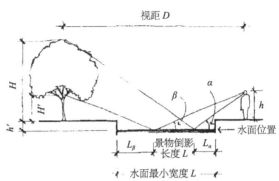

视距 D

景物倒影
长度 L

水面位置

水面最小宽度 L

图 6.4-35　视点、景物和水面的关系

门窗洞口和配件截面，扩大模数为 1M、2M、3M……分模数为 1/10M、1/5M、1/2M……用于构造节点等细部。还有模数化网格，用于场地或柱网等。如法国巴黎拉·维莱特公园布局用 120m×120m 网格。园林建筑设计执行建筑模数。亭廊花架等园林小品体量微小且变化过多，常灵活应用。

6.4.6　比拟与联想

比拟与联想是中外艺术形式常用的一种浪漫的构图法则，在中国传统建筑、传统园林中更是比比皆是，处处可见。从建筑形象、建筑意境到园林环境、鸟禽动物、花草树木都运用比拟和联想，以象征主义手法表达人们的意愿。先有比拟，后有联想；联想是比拟的升华，比拟和联想密不可分，相辅相成。

1. 建筑形象的比拟联想

古往今来，中西方建筑都有丰富的比拟联想。古希腊建筑的多立克柱式比拟为男性粗壮有力美，爱奥尼柱式比拟为柔和、纤细的女性美；高直式建筑隐喻直立向上通达天堂的神圣意义；伊斯兰建筑塔尖的星月喻示天上神灵；列宁墓采用类似基础台座的形式象征苏维埃政权的奠基人。中国传统建筑分北式、南式两大类，主要差别在于屋檐、戗脊。北式粗壮、刚直的屋顶展现北方民族粗壮、强悍风格；南式建筑翘角、飞檐、举折等形式，展现南方民族轻巧、灵活的风格。北京天坛的设计采用了九九归一、天圆地方的平台铺地，以及四时、二十四节气的建筑构造等意念，喻示中华民族的宇宙观，表达了皇天至上的威严。上海古猗园的缺角亭，做成四方屋顶独缺东北一角，喻示日本侵占东北三省，警示国人莫忘国耻。北京奥运中心水立方采用蓝色透明水池式建筑外形喻示游泳馆；上海世博会阿联酋馆以悬空的船形建筑喻示一千零一夜的诺亚方舟等，这些都是运用建筑形象进行比拟与联想，让观众产生某种特定的意念联想。

2. 花草树木的比拟、联想

中国传统文化中关于植物的比拟联想极为丰富，通常借助文学诗词或绘画手段赋予植物性格、情感，把花草树木比作人生，使花草树木人格化。如松竹梅被喻为"岁寒三友"；梅兰竹菊被封为"四君子"；把石榴比作子孙满堂，多子多福；玉兰、海棠喻为玉堂富贵；桃李满天下；芭蕉海棠比作怡红快绿；松柏常青比作长寿；莲花出淤泥而不染，纯净圣洁；蟠桃祝寿，"福如东海，寿比南山"……竹子因其虚心、刚直、挺拔、有节、潇洒、飘逸的品格，以及"日中月中有影，诗中画中有情，风中雨中有声，庭中园中有景"，备受文人雅士推崇，到"宁可食无肉，不可居无竹"的境地。

3. 动物的比拟联想

中华民族祖先素有动物崇拜、动物图腾。把龙凤奉为神灵，龙凤呈祥；龟鹤长寿；蝠鹿视为幸福、俸禄；"鲤鱼跳龙门"；风水八卦中有四神兽——青龙、白虎、玄武、朱雀，并与天象相对应；把大象比作万象更新，吉祥如意；喜鹊示为喜庆吉祥；乌鸦隐示灾难和不幸；鸽子为和平的象征；鸳鸯比作恩爱夫妻……

4. 诗词匾联的比拟联想

或以诗词比拟，或以匾联点题，是中国园林最鲜明的特点。这是除日本以外的外国园林无法比拟的。如拙政园、个园、豫园、退思园、醉白池等园名，画龙点睛，

点出了园主人的心愿和园林的特色。又如："梅林春深、金雪飘香"，香雪海、枇杷坞、听月楼、得月轩、听涛阁、听雨轩、远香堂、鱼乐榭、怡红快绿、沁芳亭等景名，使游人顾名思义产生直接联想，点出景点特色。更多的是以对联抒情写景，怀古抚今，令人触景生情，点燃主题，强化意境，达到情景交融的美好境地。如重庆枇杷山风景区红星亭的对联，上联是"枇杷山头，听两江流水唱不尽古今豪情，蔓子悲歌，玉珍遗恨，邹容亮节，闇公壮志，更高吟一曲沁园春，响彻寰宇"，下联是"红星亭畔，看万家灯火交映出南北风光，龙门皓月，海棠烟雨，鹅岭秀色，嘉陵夕照，还联缀千串夜明珠，辉耀长空"。上联绘声绘色写嘉陵江、长江的涛声，吟颂重庆历代英灵；下联写极目四望，两岸灯火，灿烂辉煌的山城美景使人游兴倍增，情趣盎然。众所周知的昆明滇池大观楼 500 字长联是清代诗人孙髯翁所作，长联写景咏史，寓情于景，情景交融，意境深远，表现了作者爱憎分明的赤子壮志。

5. 园林意境的比拟联想

园林布局曲折幽深，自由随意，小中见大，步移景异，心旷神怡，这是江南私园的特色，如苏州网师园；而高大雄伟的万寿山、佛香阁、故宫、天坛，以大空间、大尺度给人以皇权天授、至高无上的联想；传统园林中"一拳石则苍山千仞，一勺水则碧波万顷"，咫尺山林，即是典型的比拟联想。天坛三层祭台用三个九级

汉白玉台阶，三层祭台地面均用九圈石板铺装，形成上九环、中九环、下九环布局，意为"九九归一"，皇权至高无上，庄重威严。众口同声说南京中山陵是一个成功之作，在于其高尚、威严，令人肃然起敬。设计者颇费心机，采用钟形平面布局，比拟"警钟长鸣"，隐喻"革命尚未成功，同志仍须努力"（孙中山警句），但游人并不能看到其钟形平面，所以实际效果未能明确显示，虽有美好的比拟，但多数人难以领略，未能产生真正的联想。上海人民广场旱喷泉广场和上海博物馆采用现代材料、技术、功能，运用"天圆地方、九九归一"等传统理念，以及钟鼎文"申""沪"二字、黄道婆和徐光启相关的石刻浮雕，给人以"上海是古老而又现代的城市、这里就是上海的中心"的联想。昆明世博会上海明珠苑采用"大珠小珠落玉盘"的平面、立面构图，给人以"东方明珠"的联想。

6.4.7 性格与风格

1. 概念

人类有性格（兴奋、活泼、安静、抑制四型，或完美、成就、艺术、和平等九型），建筑、园林也有性格。但要讲清楚建筑和园林的性格和风格是一件很难的事情，似乎是一件玄而又悬，很虚幻，很渺茫、迷惑的事。性格与风格确实是园林艺术构图形式美的一对重要因素。园林是一种高雅艺术，也是困难的艺术。园林艺术和建筑艺术同样都有一定的性格和风格。

建筑性格是建筑外观和内在功能所反映出来的特性，使人产生情绪、感受。如教堂、寺庙、哥特式高直建筑令人产生神秘、向上、敬仰的情绪；清真寺圆顶建筑、佛教的大雄宝殿，都充分表明建筑性格和特征。民居住宅有轻巧活泼多变、自然亲切宜人的性格；学校、医院、歌剧院、办公楼、商店银行、工厂，因其不同功能表现出不同外观形式，分别形成了各自的性格和风格。园林也一样，因不同功能等因素形成不同的园林性格和园林风格。恩格斯曾对各时代的建筑做过极精辟的比喻："希腊建筑如灿烂的阳光照耀的白昼，伊斯兰建筑如星光闪烁的黄昏，哥特建筑则像彩霞……希腊建筑表现了明朗愉快的情绪，伊斯兰建筑表现了忧郁的情绪，哥特建筑表现了神圣的意义。"

2. 园林性格

风景园林绿地因其功能不同而分公园绿地、附属绿地、生产绿地、防护绿地和其他绿地等类别，不同类别的公园因其不同功能和外观形式，会表现出不同的性格（表6.4-1）。同一园林绿地可兼有双重性格或多重性格。

3. 园林性格成因

（1）文化背景。不同文化观念、设计主题直接决定园林性格。

园林性格类型表 表 6.4-1

序号	类别	类型	园林性格
1	优美景观型	城市公园、宾馆庭院、滨水广场、风景旅游区、养生园林等	优雅、愉悦、轻松
2	庄重纪念型	纪念园、陵园、庙园、墓园	严肃、庄重、敬仰
3	典雅幽静型	行政广场、图书馆、剧院等公建绿地，住区、公园局部附属绿地等	恬静、愉快、平和
4	休闲娱乐型	度假村、农家乐、游乐园、公园局部等	欢乐、明朗、热烈
5	康乐运动型	体育公园、儿童公园、游乐园、公园局部等	轻松、活泼、灵动、从容
6	生态保健型	疗养院、医院、风景旅游区、度假区、养生园等	幽静、洁净、清新、宁静
7	生态防护型	海湖绿地、水域保护林、湿地、生态涵养林、防护林等	自然、野趣、洁净
8	生产绿地型	果园、经济林、苗圃、花园等	整齐、有序、高效

（2）地理、气候。不同的地理和天文条件、不同植被都会影响园林性格。北方寒冷，园林简单、粗放、高大；南方炎热，园林丰富、多样、精细。

（3）园林形态。不同功能要求影响特定的布局形态，从而表现出不同的园林性格。

（4）园林功能。园林因休闲、观赏、运动、养生、生态等不同使用功能会表现出不同性格。

4. 园林风格

园林风格是园林设计作品的艺术风韵、气派、格调。园林风格可分地方风格、民族风格、时代风格、流派风格和个人风格。

（1）地方风格。英式、法式、西班牙式、日本式、东南亚式、中国式（江南风格、岭南风格、西南风格、闽南风格、北方风格、皇家风格等）。

（2）民族风格。汉族风格、傣族风格、壮族风格、藏族风格等。

（3）时代风格。西方古典主义、巴洛克式、洛可可式、现代主义、后现代主义等。

（4）流派风格。结构主义、解构主义、大地主义、生态主义等。

（5）个人风格。因主人或设计师个人兴趣、爱好、习惯不同而形成不同风格。

中西方园林由于历史、文化的差异，在园林风格上也具有明显差异。西方园林往往注重园林物质外观，建筑、植物个体形体突出、外形表露，整个园林雕塑感强，属于形体写实的外向型艺术风格。中国园林往往注重园林的精神意境，建筑群体形式统一，关注园林内向空间，注重园林意境内在含蓄；整个园林是绘画式的，线形多样、变幻，属于写意、自然、内向型的艺术风格。

5. 风格成因

（1）地理气候。如地中海、东南亚不同地理气候形成不同建筑风格、园林风格。

（2）文化观念。神权、皇权、文人、民族，古代、现代不同的文化观念，以及不同的审美意识形成不同风格。伊斯兰园林惯用圆顶建筑、蓝绿色陶瓷锦砖装饰小品，不用人像和动物图像，而只用植物图案装饰园林建筑，形成独特的民族风格。

（3）园林材料。南方和北方不同的植物材料，不同的竹、木、石材、陶瓷锦砖等材料，形成不同风格。

（4）细部纹样。细部装饰纹样、园林小品式样，也可影响园林风格。

（5）设计个性。设计师个性、喜好、特长也是影响园林风格的因素。如西班牙高迪善用彩陶瓷片设计自由曲面体景观，表现摩尔园林和建筑风格；巴西罗伯托·布雷·马尔克斯（Roberto Burle Marx）善用彩色花灌木形成有机图形，建造抽象画式园林。

综上所述，园林项目从选址、立项开始，即受地理、气候、人文背景的影响，再则园林主人对园林内容、形式及功能的需求，加上设计师修养和个性化的创造，在综合因素的影响下最终形成园林的性格和风格。

第 7 章

园林生态境界理论——生境论

园林生态论是园林理论的基石，生态是园林的生命所在，是生态文明建设的重要内容。

园林生态论包含生态、生态文明、生态城市（城镇），以及生态园林理论和方法。

园林生态论的目标是创造天人和谐、境界优雅的人居生态环境。

7.1

生态概论

7.1.1　生态

"生态"（ECO-）一词源于古希腊，原意指"住所"或"栖息地"。1866 年德国生物学家海克尔（E. Haeckel）最早提出生态学（Ecology）的概念，是指研究动植物与其生存环境、动物与植物之间关系及其对生态系统的影响的一门学科。一般是指生物的生活状态，以及人类与生物（动植物、微生物）在一定的自然环境条件下生存和发展的状态，也指生物的生物学特性和生活习性。"生态"一词通常是指生物之间以及生物与环境之间的关系，是指生物生活的状态。生态，有良好的生态，也有恶劣的生态。"生态"本是一个中性名词，并非一定是好或是坏，而是可好也可坏。中国南北朝梁书中有"动容神态""举动生态"等词语，唐朝杜甫有"物色生态能几时"的诗句，都是描写生物意态的文学词语。20 世纪 60 年代初，我曾偶然购得我国著名散文作家秦牧的《艺海拾贝》一书，作家曾"把一只虾养活了一个多月，观察虾的生态"，这个"生态"也是描写生物的生活状态。

生态既有健康、美好、和谐的生态，也有贫民窟悲惨世界里水深火热、荒漠恶劣的生态，即生态可分为正生态和负生态。现在凡提起生态都是指美好的、和谐的生境，原来的中性词变成了褒义词，如生态城市、生态文明、生态经济、生态园林等，都是美好、健康的生态，都将错就错，把生态一词作为正生态理解和使用。中国如此，外国如此，联合国也同样，已成世界共识而习以为常了。

7.1.2　生态文明

文明，包括物质文明、政治文明、精神文明、生态文明。

生态文明是人类遵循人、自然、社会和谐发展规律而取得的物质和精神成果。

中共十八大后形成这样一个定义：生态文明是人类为保护和建设美好生态环境而取得的物质成果、精神成果和制度成果的总和，是贯穿经济建设、政治建设、文化建设、社会建设全过程和各方面的系统工程，反映了一个社会的文明进步状态，是社会发展形态和人类文明形态。

人类文明社会经历了原始文明、农业文明、工业文明和正在开创的生态文明四个阶段。

1. 原始文明时代

在上百万年的原始社会里，人类尚处于愚昧、混沌状态，创造了石器工具，以渔猎和采摘为生。人类敬畏自然、顺从自然，人与自然和谐共存。这是石器时代、原始文明，亦称为"灰色文明"。

2. 农业文明时代

在一万年的农业社会里，人类发明了铁器工具，有了改变自然的能力，发展农业生产，人类从奴隶社会走进封建农业社会。在西方世界的耶路撒冷，先后创立了犹太教、基督教和伊斯兰教三大宗教，奉劝人们与人为善、与邻为善、感激天恩；在东方世界的中国，中原大地产生了道、儒和佛教（源于印度），主张众生平等、知恩图报、因果相报、自觉斋戒、慈悲为怀、敬畏自然、道法自然、人知天命、天人合一、和谐共存。在封建社会里，东西方都产生了皇家园林、私家园林和寺庙园林。有人称封建社会的农业文明（农耕文明）为"黄色文明"。

3. 工业文明时代

18 世纪的英国工业革命开启了人类现代化生活，至今走过了机械化、电气化、工业化、信息化时代。

（1）第一次工业革命：1760—1860年，机械化时代（100 年）。

（2）第二次工业革命：1866—1956年，电气化时代（90 年）。

（3）第三次工业革命：1956—2006年，信息化时代（航天、核能，50 年）。

在三百年工业文明时代，以西方世界的人类征服自然思想为核心，世界工业化发展使人类征服世界活动达到顶峰，带来全球性资源匮乏、环境恶劣的生态危机，使地球再也无法承受工业文明的野蛮发展。所以，工业文明又被称为"黑色文明"。人类开始文明反思、生态觉醒，认识到必须促使全世界共同开创一个新的文明形态来延续人类的生存。

4. 生态文明时代

生态文明时代是 AI 时代，又称为"绿色文明"。

（1）第四次工业革命：2006 年，智能化时代——互联网、IT、新能源、新材料、AI 时代（工业 4.0 时代）开启，努力开创生态文明时代。

20 世纪末，一些西方生态学家提出"生态伦理应进行东方转向"的倡议。

1988 年，75 位诺贝尔奖得主在巴黎集会并发出呼吁："如果人类要在 21 世纪生存下去，必须回到 2500 年前去吸取孔子的智慧"。那么，何谓"孔子的智慧"呢？

（2）中国儒家生态智慧的核心是德行，尽心知性而知天，主张以敬爱之心对待自然，主张"天人合一""人与天调"，人与自然和谐共存。

（3）中国道家的生态智慧是一种自然主义的灵空智慧。通过敬畏万物来完善自我，以崇尚自然、效法天地为人生的基本皈依，强调人必须尊重自然，顺应自然，达到天地与我共生。

（4）佛教的生态智慧的核心是在爱护万物中追求解脱，以慈悲向善为修炼内容。

（5）以道、佛、儒为中心的中华文明，从社会政治制度到文化艺术哲学无不闪烁着生态智慧之光。生态文明是人类文明的最新、最佳形态，它是以尊重和保护自然为前提，以人与人、人与自然、人与社会和谐共生为宗旨，建立可持续的生产方式和消费方式，引导人们走上持续和谐发展，是人类对工业文明进行反思的成果，是人类文明形态、理念、道路和模式的重大进步。

1992年，联合国环境与发展大会在巴西里约热内卢召开，发表《里约宣言》和《21世纪行动议程》，提出和平发展和保护环境是相互依存、不可分割的。世界各国应在环境与发展领域加强国际合作，建立新的、公平的全球伙伴关系，各国应履行环保承诺。敦促各国政府和公众采取积极措施协调合作，防止环境污染和生态恶化，保护好人类赖以生存的唯一的地球，为保护人类现有环境而共同努力。

中国作为全球最大的发展中国家，改革开放以来，长期实行依赖投资和物质投入的粗放型经济增长方式，导致资源和能源大量消耗和浪费，同时也让中国的生态环境遭受严重污染，面临非常严峻的挑战。党和政府意识到尊重和维护生态环境的重要性。党的十七届五中全会明确提出"树立绿色、低碳发展理念"，表明我国走绿色发展道路的决心和信心。党的十八大报告

再次论及"生态文明"，将其提升到更高的战略层面。2015年，中共中央、国务院印发《关于加快推进生态文明建设的意见》，实现生态文明的最直接表现就是人类不再污染地球，不再污染环境（大气、土壤和水体），不再污染自己食用的食品，这也减少了自然灾害对人类的伤害，以及解决国土生态安全等人类生存问题。空气中没有雾霾，人类生产、生活中产生垃圾很少，一切废物都得到回收利用，实现低碳绿色经济、蓝色经济——循环经济，真正实现生态文明。西方人士极力赞赏和推崇中国农村香菇生产的循环模式：利用枯木、秸秆制作菌袋生产香菇，将废弃菌袋制作成饲料或肥料，再生产肉类或油粮作物。这一过程没有产生废物，形成完美的循环食物链。

7.1.3　生态城市

"生态城市"（Ecological City）是联合国教科文组织发起的"人与生物圈计划"研究中提出的一个重要概念。生态城市是经济高度发达、社会繁荣昌盛、人民安居乐业、生态良性循环，保持经济、社会、人居、环境高度和谐，城市环境及人居环境清洁、优美、舒适、安全，失业率低，社会保障体系完善，高新技术占主导地位，技术与自然达到充分融合，最大限度地发挥人的创造力和生产力，有利于提高城市文明程度的稳定、协调、持续发展的人工

复合生态系统。

1. 生态城市的创建原则

1）社会生态原则

以人为本，满足人的物质和精神需求，创造平等、自由、公正、稳定的社会环境。

2）经济生态原则

保护和合理利用一切资源和能源，提高资源的再生和利用，采用可持续生产、消费、交通、居住区发展模式。

3）自然生态原则

一方面，自然生态优先，最大限度地保护和利用自然生态，使开发建设活动保持在自然环境允许的承载能力内；另一方面，减少对自然环境的消极影响，增强其健康性，也减少自然灾害对人类社会的影响。

2. 生态城市的建设目标

生态城市是人类对传统以工业文明为核心的城市化运动的反思、扬弃，体现工业化、城市与现代文明的交融与协调，是人类自觉克服城市病，从黑色文明走向绿色文明的伟大创新。生态城市包括生态产业（生态工业、生态农业、生态旅游）、生态环境和生态文化三个方面。紧凑、低碳、经济、和谐应是我国今后生态城市建设的基本目标。

规划建设六类示范型生态城市：景观休闲型、绿色产业型、资源节约型、环境友好型、循环经济型和绿色消费型城市。还有许多城市把"花园城市""山水城市""绿色城市"作为奋斗目标和发展模式。

美国著名生态城市学家理查德·瑞吉斯特（Richad Regist）在其专著《生态城市——建设与自然平衡的人居环境》（*EcoCities：Building Cities in Balance with Nature*）（王如松、胡聃译，社会科学文献出版社 2011 年版）一书中直言不讳、一针见血地写道：

美国"财富的积累是以掠夺世界各地的自然资源并导致当地生态系统的退化和社会的贫困为代价换来的……当年从土著居民手里夺得大片肥沃的土地，利用第二次世界大战期间其本土未受攻击的地理优势积累了几代人财富的美国，已没有引导生态城市建设潮流的能力……这却给中国提供了一个千载难逢的机会：在别人发展汽车社会的同时另辟蹊径，以一种对自己的人民也对这个美好地球上的其他生物负责的态度去建设生态城市，使自己变得更强大、更聪明。中国不仅有思想基础，有实证经验，而且也有能力和潜力去改变这个世界。这个思想基础就是中国五千多年来积淀的'天人合一'的人类生态观和儒释道诸子百家融于一体的传统文化；这个实证经验就是中国传统农耕村社朴素的自力更生传统和风水整合、阴阳共济的乡居生态原则。同所有城市文明一样，中国古代村镇、城市是以步行生态和古朴自然为规划准则的，中国和欧洲的一些城镇至今还保留着这种风格。认真总结这些城市经验，对未来城市的发展将有极其重要的指导作用。中国地大人多，资源丰富多样，人民勤奋执着，目前正在探索多种城市生态建设模式，前途无量。希望中国能借鉴工业化国家城市发展的前车之鉴，在汽车城和生态城、机械城与人性城之间做出明智的决策，后来居上……要推进重建人类集体文明，以达到天人合一的境界。"

这是一位美国生态城市学者对生态城市的真知灼见，也是对中国生态文明建设的真诚、热切的期望，实在令人感动。

该书译者王如松作序指出："作者通过大量事实、案例深刻揭露了工业革命以来城市发展背离自然、破坏自然、违背生态的问题和弊病，揭示了工业化时代城市经济资产的积累是以更大地域自然生态资产的被掠夺和退化为代价的实质。""城市摊大饼现象就是生态经济分离的典型"。"瑞吉斯特生态城市理念的核心是改变城市居民的生产和生活方式，把人们从破坏生态的汽车时代唤醒。""无论是美国的汽车城模式，还是日本在全世界建立生产基地的资源外置型模式都是走不通的。"有人说西方城市是"走向地狱的天堂"，发展中国家的城市贫民窟则是"走向天堂的地狱"。"中国的城市既不是天堂也不是地狱，而是要建成脚踏实地的人间乐园。"

译者还进一步指出："作者强调回归自然，模拟自然……与自然平衡的理念基本上是二元论，与中国传统天人合一的一元论理念既接近又有距离。尊重自然、认识自然、顺从自然是共同的，但在人和自然合二为一，促进自然化和人性化的协调发展，以适应和改造环境的意义上尚有距离。"

1993 年吴良镛院士提出"人居环境"的概念，表示"创建有序空间与宜居环境是治国安邦的重要手段"。至 21 世纪初，进一步提出拓展建筑学、城市规划学、风景园林学三大学科作为主导学科群，是人居环境科学的核心学科，三者同列于 110 个一级学科之列，以人居环境科学为总的方向，进入新阶段，达到新境界，适应绿色生态发展等趋势，同时，提高科学技术内涵，由"三位一体"走向"四位一体"，与人文艺术相融合。人居环境建设既要满足安全、生存、伦理、教化等要求，更要追求一种人文意境，适应情理的追求，在哲理上具有一种"中国智慧"。我们应探索今天人居环境文化建设的新途径，探索"大科学＋大人文＋大艺术"的体系，以及这三大学科的融合，融入中国智慧、人文情怀，以此为基础进行国土整治、山川保护、生态修复，重建青山绿水。

重新审视优秀中华人居传统，探寻中国未来城镇化道路模式，克服城市文化病——规划"过度化"、城市品牌"低俗化"、都市主体"离心化"，提出城市文化重建和城市文化复兴。既要追求既有民族的、地域的文化复兴，又要海纳百川、胸怀世界，实现中国与世界共同发展。

吴良镛院士还指出："园林学科，不仅将美带入我们的生活，还身系国计民生，肩负修复生态、重整山河、创造生态文明的重任……要胸怀国计民生。人居环境的核心是人，关系国计民生。"人居建设的目的是创造有序空间与宜居环境，满足人的需求，人居建设应成为五大建设的核心之一。

2012 年中共十八大提出："全面落实经济建设、政治建设、文化建设、社会建设、生态文明建设'五位一体'总体布局，推进城乡一体化，促进城乡共同繁荣，把生态文明理念和原则全面融入城镇化全过程，走集约、智能、绿色、低碳的新型城镇化道路。"

生态文明关乎生存。我们既要发展中国传统的人居智慧，也要吸取西方的精华，切实解决中国面临的雾霾、土壤污染、生态灾害的严重问题。房地产发展模式迫切需要以人为本，从"金钱经济"转向"民生经济"。

3. 生态城市建设三大步

中国政府为生态城市建设设置了三个大台阶：国家园林城市→国家生态园林城市→国家生态城市（省）。

（1）国家园林城市（区、县城），生态城市建设的第一阶段。

1992 年建设部推行国家园林城市创建活动，2000 年制定了标准。北京、合肥、珠海首批达标，杭州、深圳第二批通过。

至 2017 年，全国已有 290 多个城市、城区、县城达到国家园林城市标准。创建国家园林城市活动大力推动了全国各大中小城市的生态建设。这一阶段的重点在于增加城市绿地面积，初步改善城市生态环境，改善民生，造福百姓。

（2）国家生态园林城市，生态城市建设的第二阶段。

2004 年，建设部颁布创建"国家生态园林城市"的实施意见，生态园林城市是国家园林城市的提升版。2016 年初，苏州、南京、徐州、昆山、珠海等 7 个城市被列入首批"国家生态园林城市"名单。

生态园林城市是新型城镇化建设的方向之一，是响应生态文明和美丽中国建设的有力措施。生态园林城市创建是城市再现绿水青山的一项基础工作。

（3）国家生态城市（省、市），生态城市建设的第三阶段。

1999 年，海南首先获准建设生态省；2001 年吉林、黑龙江获准建设生态省，闽、陕、川、鲁也提出要建设生态省，还有津、穗、沪等 20 个市提出建设生态城市的奋斗目标。

2004 年起开展创建"森林城市"活动，多途径、多渠道推动生态城市建设。

7.2

中国生态文明建设

在发展经济的过程中，中国依然没能摆脱西方三百年工业革命的惨痛教训，一度重蹈欧美、日本当年覆辙，同样面临环境破坏、资源短缺、生态恶化的严峻形势，但能在不算很长的时间内就清醒过来，吸取教训，以彻底改变。十三届人大把"生态文明"写入国家宪法。党的十八大第一次把生态文明建设目标写入政治报告，把生态文明建设与经济建设、政治建设、文化建设、社会建设放在同等位置，形成中国特色社会主义"五位一体"的整体布局。中国政府把可持续发展提升到绿色发展高度，把生态文明建设作为中国特色社会主义事业的重要内容，事关民族未来，事关"两个一百年"奋斗目标和中华民族伟大复兴的中国梦。中国政府高度重视生态文明建设，先后出台了一系列重大决策、部署，推动生态文明建设取得了重大进展和积极成效。并做出"大力推进生态文明建设的战略决策，从 10 个方面绘出生态文明建设的宏伟蓝图"；制定《生态文明制度改革整体方案》，建立系统完整的生态文明制度体系，用制度保护生态环境；健全自然资源资产产权制度和用途管理制度，划定生态保护红线；实行资源有偿使用制度和生态补偿制；改革生态环境保护管理制度。

中共十九大站在战略和全局的高度，对生态文明建设和生态环境保护提出一系列新思想、新论断、新举措，为努力建设美丽中国，实现中华民族永续发展，走向社会主义生态文明新时代，指明了前进方向和实现路径。中共十九大提出中国生态文明建设的三大创举。

7.2.1　把生态文明建设列入共产党"不忘初心、牢记使命"的宏伟蓝图

习近平总书记指出："人与自然是生命共同体，人类必须尊重自然、顺应自然、保护自然"。建立绿色发展、循环发展、低碳发展的生态文明发展模式。坚持节约优先、保护优先、自然恢复为主的方针，形成节约资源、保护环境的空间格局、产业结构、生产方式，还自然以宁静、和谐、美丽。还提出构建新时代、坚持和发展中国特色社会主义基本方略的"14 个坚持"，提出"要像对待生命一样对待生态环境"，"坚持人与自然和谐共存"等理念。

7.2.2 提出生态文明建设新举措

1. 推进绿色发展

加快建立绿色生产和消费制度的政策导向，建立健全绿色低碳循环发展的经济体系。倡导简约适度、绿色低碳的生活方式，反对奢侈浪费，开展创建节约型机关、绿色家庭、绿色学校、绿色社区和绿色出行等行动。

2. 着力解决环境污染突出问题

坚持全民共治、源头防治，打赢蓝天保卫战，加快水污染防治，强化土壤污染管控和开展农村人居环境整治行动，提高污染排放标准——构建以政府为主导、企业为主体、社会组织和公众参与的环境整治体系。

3. 加大生态系统保护力度

实施生态系统保护修复重大工程，优化生态安全屏障体系，构建生态廊道、生物多样性保护，提升生态系统质量和稳定性。完成生态保护红线、永久基本农田、城镇开发边界三条控制线的划定工作。开展国土绿化行动，推进荒漠化、石漠化、水土流失综合治理，强化湿地保护和修复，加强地震灾害防治。完善天然林保护制度，健全耕地、草原、森林、河流、湖泊休养生息制度，建立市场化、多元化的生态补偿机制。

4. 改革生态环境监管制度

生态文明建设"功在当代，利在千秋"。牢固树立社会主义生态文明观，形成人与自然和谐发展的现代化建设新格局，为保护生态环境做出我们这一代人的努力。建立"河长制"，强化管理，落实到人。

7.2.3 向全世界做出中国建设生态文明的庄严承诺

2015 年，习近平出席巴黎气候变化大会，签署《巴黎协定》。2016 年，杭州 G20 峰会积极推动执行协议。中共十九大报告提出积极参与全球环境治理，落实"减排"承诺，作为世界最大发展中国家要为全球生态安全做出贡献。

在此期间，中国政府在生态文明建设方面还推出两大重要生态行动创举：

1. 推行国家新型城镇化规划建设

推进《国家新型城镇化规划 2014—2020》，明确以人为本，以城乡统筹、城乡一体、产业互动、节约集约、生态宜居、和谐发展为基本特征，坚定走集约、智能、绿色、低碳的国家新型城镇化道路，实现城乡基础设施一体化、基本公共服务均等化、新农村新城镇化与农业现代化"四化同步"；创新发展、建设特色小城镇，促进经济社会发展，实现共同富裕，全面建设生态人居、生态社会，建设生态文明的新农村。

2. 推行新能源政策，走生态文明道路

表明维护能源、资源长期稳定可持续利用是中国政府的重要战略任务。大力发展新能源和可再生能源——太阳能、地热

能、水能、风能、核能，实现节约发展、清洁发展和安全发展。特别出台推动发展新能源汽车政策，积极发展电动汽车和智能汽车，限时替代燃油汽车。大力推进节能减排，治理雾霾，保护环境，改善民生，促进循环经济发展，建设生态文明。

中国政府坚定走生态文明道路，大力推行生态文明建设行动，为民造福，为地球、为人类、为世界生态文明做出应有贡献。

3. 生态教育是关键

生态文明建设最关键的是推动全民生态教育，把生态理念贯彻到全社会每个角落，唤起民众的生态觉醒，使人人都有生态意识，养成生态文明素质，形成保护环境自觉行动，从我做起，减少废物，回收废物，利用废物，人人自觉保护环境、保护地球。

7.3

生态园林理论

在人类开始进入生态文明时代的前夕，在 1988
年西方众多生态学家向全世界发出"生态伦理向东方
看齐"的呼吁之前，1986 年中国著名园林专家（原
上海市园林管理局局长）程绪珂先生向中国园林界首
先提出"生态园林"概念和倡议，并动员、组织上海
及全国园林专家进行生态园林理论科研攻关，展开大
量生态园林建设实践、经验总结。经过长期努力，终
于编写出版《生态园林的理论与实践》一书，为中国生态园林打下了坚实的理论基础，对
中国生态园林、生态城市建设做出了很大贡献。

全书对生态园林的含义、理论、分类进行详细全面诠释，并附许多实践案例。本节内
容即多处源自该书。

7.3.1 生态园林概述

1. 时代背景

中华人民共和国成立后，我国城市园林绿地以文化休息娱乐为主，以美学理论为指导
进行绿化、美化，体现观赏、游憩功能，但限于围墙内。随着城市功能的转变和时代的需
求，公园绿地建设也顺应时代潮流，走出公园围墙，转向以改善城市环境为主的道路，建
设绿廊把城市与郊区的公园绿地连成一体，形成城乡一体化的大环境绿化，把自然引入城
市，促进城市生态良性循环。在此背景下产生了生态园林的理念，就是以生态学为理论基
础，在"以人为本"的思想指导下建设多功能公园绿地，创建人与自然和谐的环境，提高
人民生活质量。

1986 年 5 月，在温州召开的"中国园林学会城市绿地系统植物造景与城市生态"学
术讨论会上，上海市园林管理局局长程绪珂首先提出"生态园林"概念，立即引起各地广
泛响应和积极探索。1989 年，上海市绿化委员会和上海市园林管理局在副市长倪天增的支
持下列出"生态园林研究与实践"科研课题。倪天增指出："生态园林的提出不是偶然的，
它既有历史发展的积累和深化，也有时代背景的孕育。它既继承了传统园林的经验，又适
应现代化的发展。从过去单纯观赏、装饰，向着改善人类生存环境、保护城市生态平衡的
高度转化，从而赋予园林绿化新含义和应有的地位。树立生态园林观念，建设城市生态园
林绿化体系，是当今园林绿化发展的趋势，也是历史赋予我们的一项光荣任务"。"生态
园林的目标是在地球上建立合理的生态系统；它的核心是为了提高人类健康水平和文化素

质；它的建设原则是用尽可能少的投入产生更多的生物产品和社会公益服务。"

2. 含义

遵循生态学和景观生态学原理，营造多层次、多功能、多样性的植物群落，建成既传承历史文脉又反映时代精神、生态健全、景观优美、效益良好、良性循环的生态系统，以改善人类生存环境，提高人类健康水平，人与自然和谐共存，人类社会走可持续发展道路。生态园林是从对传统园林的反思、蜕变中发展起来的现代园林形式。

3. 特点

生态园林具有以下特点：

（1）整体性：根本改善城市环境，形成城乡一体、协调统一的复合型生态系统。

（2）多样性：有动物、植物、微生物多样性，景观多样性和维度多样性（四维）。

（3）功能性：具有生态、游憩、景观、文化、科学等多功能性。

（4）公益补偿性：通过宏观和微观的分析、计算，生态园林具有巨大的生态效益，即生态价值，具有比其实体市场价格（身价）大得多的生态影子价格。据日美等国推算，生态价格比生态身价大10～20倍。

7.3.2 功能

生态园林的物质基础是植物，生态园林具有多样和强大的功能：

（1）生态功能：吸收 CO_2，制造 O_2，吸收有害物质；调温调湿；净化大气；吸附粉尘；防沙防风；吸声降噪；水土保持；水源保护；净化水体。

（2）保健功能：释放负离子；挥发消毒；杀灭细菌；净化空气；提供药物及资源；保护人类健康。

（3）生产功能：生产花卉、水果、药物、粮油、木材、纤维、香料、饲料、食物。

（4）文化科技功能：由植物催生了植物文化（竹文化、竹画、松竹梅等）、植物太空实验、植物科学普及和科学研究等。

（5）景观游憩功能：植物的花、果、叶都具有观赏性，由花草树木构成的丰富多彩、千变万化的园林景观为人类提供游乐、休憩环境。

7.3.3 类型

生态园林有多种类型：

（1）观赏型生态园林：各类公园、花园、盆景园。

（2）环保型生态园林：固沙、海防、防火、防噪、卫生防护、护堤固岸。

（3）保健型生态园林：杀菌净气、药疗、闻香安神、强心、体疗等。

（4）知识型生态园林：植物群落、科普示范、植物分类、珍稀植物、趣味园。

（5）生产型生态园林：花、果、叶、

材、药、苗……生态林、湿地、苗圃。

（6）文化型生态园林：风景名胜、寺院、纪念园。

7.3.4　生态园林体系

生态园林的指标体系有绿地率指标、绿量指标、多样性指标、社会指标（服务半径、舒适度）、经济指标（低碳、节约、低养护）。生态园林是一个庞大的系统工程，有一个完整的体系。

植物群落。绿色植物是生态园林的基石，是风景园林的主体，没有绿色植物就没有生态园林，也没有风景园林。

生态水系。截流全部生产、生活污水，建立活水处理体系，建设生态水系、水岸和水体净化技术及标准，搜集雨水、中水用于绿化浇灌、冲路、洗车，不用自来水浇灌绿地，用生物技术和物理方法净化水体（不用化学方法），人类不再污染河湖水体，确保园林水体达到二、三类水质标准。

生态能源。利用生态能源——太阳能、风能、水能、地热能等可再生能源作为园林能源。

生态道路。园林道路尽可能采用透水透气的沙石、碎石路，或用透水透气的材料铺装路面、地面。建造上有绿树庇荫，下有透水透气铺装，没有泥泞的生态停车场或绿荫停车场。

生态建筑。园林内景观建筑、服务建筑均应参照绿色建筑、生态建筑标准建造，但又不同于一般的生态建筑，如生态厕所、屋顶花园、绿墙等。更多的应是绿化植物与园林建筑紧密相连，把绿色植物引入室内，使室内外相连通，富有园林特色，如绿廊、花架等。

生态基础设施和生态养护。园林土壤、灌溉、肥料、农药都应有生态园林的标准。做到落叶归根，提高园林土壤肥力、透气性和透水性，建立相关国家标准，建立现代化生态、水土、肥、药生产企业和产品质量标准，大大改善园林生境。园林不施化肥、农药，一般不移植大树，不破坏山林，不用杀头树、杀头苗等技术措施和人工修剪。

总之，生态园林的目的是要建立多层次、多机构、多功能的人工植物群落结构和空间结构，建立人类与动植物和谐共存的新关系，形成人与天调、良性循环的生态链（食物链、产业链），达到生态、经济、社会效益同步发展，最终为人类创造清洁、优美、文明、可持续发展的人居生态环境。

7.4

生态园林行动

7.4.1　确立生态园林的主体地位

绿色植物是人类生存的物质基础，是地球生物圈生态功能的制造者、提供者，是园林绿地生态功能的源泉，是人类的朋友。人类和动植物是生命共同体。

园林植物是以乔木为主体，乔灌木、花卉、地被相结合构成的植物群落，是城市建设的基础设施，是风景园林绿地的主体。建筑是古典传统园林的主体，因其宅园性质决定了传统园林多以建筑为主。但近现代园林的性质、服务对象、规模和功能都发生了根本性变化。私家园林多已变为公共园林，城市园林由小园子、小庭院变成大型公共园林、大绿地、大环境绿化；园林由为少数人服务变成为公众服务；园林绿地功能也由以传统园林宅居功能为主变成以生态功能为主，形成生态与休憩、景观相结合的综合功能。

现代园林绿地性质、功能的变化决定了现代园林以生态绿化为主体，生态园林为风景园林主体，园林绿地必须以大面积绿色植物覆盖的绿化面积为主（70%~90%），以求生态效能的最大化，确保风景园林的生态功能，改善城市生态环境，改善人类生存环境，推动社会可持续发展。

国内外的城市广场多以石板硬地为主。1993年上海人民广场改建时就一反常态，把过去以大面积硬地为主改为以生态绿化为主（绿化面积>80%），人民广场由原来的集会广场变成以生态为主，生态、观光、休闲相结合的生态型园林广场，体现了生态园林作为城市园林绿化主体的生态园林理论。

7.4.2　保护原生态

所谓"原生态"，指的是场地（建设用地）内原有的山水、地形、建筑、树木、山石。原生态就是宝贵的自然资源、人文资源。尊重原生态就是敬畏自然、尊重历史，是人的德行；反之，就是野蛮、犯罪。政府主管部门、开发商、业主、设计师和建造师都应有良好的"场地精神"，要"敬畏自然，尊重历史"，尊重原生态，珍惜场地上的原生山水、地形、木石，仔细观察，深入了解，认真分析，再分别做出保留、利用、改造的决策，而不能漠视一切，对场地视而不见，把场地当成白纸一张，采取历史虚无主义、一切推倒重来的野蛮态度，甚至犯罪行为。

场地勘察是规划设计启动的非常重要的环节。有良知、有修养的设计师，一定会有良好的"场地精神"，善于发现、捕捉场地的亮点，珍惜场地内每个原生的物件、人文精神和历史典故，懂得"景因境出"的道理，自觉贯彻"因地制宜"原则，发扬"原生态"精神，发挥个人聪明才智和创造精神，创造出与众不同的独特园景，达到事半功倍的效果。

上海植物园首创盆景园的独特设计，正是这种保护原生态、尊重历史、发扬场地精神和传承创新的做法，成为上海植物园的一大亮点，也是世界植物园规划史上的一个创新。相反，当年上海宝钢轧钢车间在做规划设计时，因没有保护原生态的思想，没有场地精神，把场地当成一张白纸，对场地中极其珍贵的一株千年古银杏树视而不见，在此地规划建造轧钢车间。最终不得不忍痛牺牲，搬迁大树，导致古树自焚死亡，十分惨痛。

7.4.3 保护、利用植物资源

中国是世界上植物资源最丰富的国家之一，是世界植物起源中心之一。但我国相关政府部门以及国民保护植物资源的意识非常淡薄，对保护植物资源还没有足够的重视，致使我国对野生植物资源和乡土植物的调研保护、引种驯化、繁育、栽培、利用还处于落后状态。必须提高业内人士乃至全体国民对植物资源的保护意识，有

系统、有组织地加强植物资源的有效保护，保护珍稀植物种群，加强植物资源引种、选种、育种、开发利用，丰富园林植物种类和品种。

1. 保护植物资源

因地球生态恶化，导致每天都有生物物种灭绝，这也威胁着人类生存。生物多样性是国家最珍贵的资源。生物多样性包含物种多样性、生态系统多样性和基因多样性。马来西亚虽然是个小国，但其植物资源为世界首富，巴西次之，中国第三。海南岛、西双版纳是我国植物资源最丰富的地区，有五千多种植物物种，是我国植物多样性最丰富的地区，也是生态环境最佳的地区。中国是世界上观赏植物资源最丰富的国家，但中国人长期不懂得珍惜植物资源。中华人民共和国成立前的半个世纪里，中国西南地区大量植物资源任由英美法等众多殖民者长期肆意窃取、掠夺。那时的中国政府对这种文化侵略不闻不问，听之任之。现代英美许多著名园林的大部分物种都源自中国。英国人毫不掩饰地说"没有中国的植物，就没有英国的花园"。有良知的外国人还能著书称赞中国是"世界园林之母"，而很多中国人长期以来不知道这些植物资源的珍贵，不懂得保护中国自己的植物资源。就连当年发现珍稀化石植物水杉，建立中国水杉保护委员会，都得由美国驻中国大使司徒雷登担任水杉保护委员会主任。中国的植物资源中国人保护不了，要外国人来保护，实在可悲。只

因当年中国政府无能，不作为！

中华人民共和国成立后，尤其是改革开放后情况虽然有了很大变化，但植物资源保护、生物多样性保护仍然不能令人满意。至今，中国许多物种仍然依赖外国，中国命脉被外国人控制；世界上大部分物种命名、登录权都掌握在欧美国家手中。中国仅有梅花、桂花、莲花、竹、海棠少数几个登录权威。其中，恩师陈俊愉院士一生呕心沥血为梅花繁育、登录做出了很大贡献，为中国人争得了荣耀，是中国人的榜样和骄傲。除上述五种外，其他许多物种登录就没有中国人的话语权。这种状况很是无奈，但愿将来能改变。

2. 保护生物多样性

在保护生物多样性方面，中国人早该醒悟，急起直追，不能再捧着金饭碗讨饭了！国家应有生物多样性保护的规划和计划，各地政府首先应摸清各自的家底，编制各省区的生物多样性保护规划和计划。现在许多城市在编制城市绿地系统规划，争创国家园林城市，但其中生物多样性保护规划内容一般都比较肤浅、简单、陈旧，或依据不足。因为生物多样性的家底模糊不清，尤其是对当地野生植物资源的调查不充分、不全面，或套用陈旧的资料。由于地方资源资料不翔实，国家要做出全面、翔实的规划、计划也只能画饼充饥了。

美国一直是全世界植物园数量最多的国家。世界上历史最长、规模最大、最佳水平最高的植物园多在英美。植物园的科技水平在一定程度上代表了一个国家的植物科技水平。植物园是植物多样性保护的责任担当机构。世界一流水平的植物园保有活植物的种类都在 2 万~3 万种，甚至更多，保有植物蜡叶标本 500 万份以上。而我国的植物园活植物物种保有量大都只有 3000~5000 种，包括品种在内也不过 1 万种。中国植物园创始人之一陈封怀先生曾创建北京、庐山、南京、广东、武汉植物园，做出过不可磨灭的贡献，他曾指导过上海植物园的规划建设，我们永远怀念他。原南京植物园主任、世界植物园协会主席贺善安先生编写专著《植物园学》，为中国填补植物园学科空白做出了贡献！中国植物园的发展史很短，目前仍处于初级阶段，必须奋起直追。

近年来各地兴起了建设植物园的热潮，可喜可贺。一些地方官员只是为申报国家园林城市而筹建植物园，或为自己的政绩，为建植物园而建植物园，对为什么建设植物园、植物园的任务和目标不甚了了，对植物园的意义、作用、历史使命知之甚少，甚至漠不关心。只把植物园当成一般公园，充其量也只把植物园当成"植物公园"看待（单纯休闲、游览，不搞植物引种驯化，不搞科研，不承担植物多样性责任），甚至当政绩工程看待！这样的植物园根本没有担当起保护植物多样性的责任和历史使命。其实，植物园首要任务是保护、保存本地区特有物种及植物资源，开展本地区植物资源保护、利用的科学研究，利用植物为人民生活和国家建设服务。希望各地能把握好植物园建设的方向、任务和目标，使植物园能沿着正确的方向发展，建设真正具有植物科学研究、科普教育，兼有游览观赏、休憩娱乐综合功能的植物园，为保护植物多样性真正发挥作用。

当前我国大多数植物园都存在以下一些偏差：

（1）热衷于公园景观建设及游园活动，忽视植物资源保护、利用的科学研究；

（2）重视木本植物，忽视草本植物资源保护、利用；

（3）热衷于外国、外地观赏植物资源的引种，忽视本地野生植物资源的搜集、保护、利用。

我以为中国每个植物园都应确定本园近期、中期、远期（10年、30年、50年）的植物引种目标。首先是当地特有、珍稀物种和种群的保护，做好就地保护、异地保护、引种驯化、繁育利用。此后要全面调查本地乔、灌、草植物物种，特别是草本植物，查清本地区全部野生植物资源，摸清家底，担当起本地区、本气候带植物资源的搜集、保护、利用任务，真正承担起保护本地植物资源的责任。然后才是外地、外国植物物种的引种、搜集、利用。

苏联曾以莫斯科总植物园为中心，建立全苏联植物园网，全面规划确定每个植物园的任务、目标，明确分工、相互合作。1958年，中国科学院曾学习苏联的经验，

以北京植物园为核心，建立中国植物园网，协同规划分工，确立各大植物园的目标、任务。我认为这是一个很好的经验、很重要的举措，建议应予恢复。中科院应肩负重任，建立中国植物园网络，制定总目标、分目标、总任务，分工合作，有短期计划，又有中期和长期计划，各个气候带有1~2个主导植物园，协同本气候带其他植物园共同攻关，完成保护、利用植物资源的历史重任。

我国国土广袤，跨地球各个气候带，从南部热带北沿，到亚热带、暖温带、温带、亚寒带、寒带，各个气候带植物物种数量相差悬殊。各个气候带的省市应规划确定各个城市植物多样性的发展目标，确定各地、各市园林建设常用植物多样性目标，确定公园常用植物多样性目标，有利于园林规划建设参照执行，落实植物多样性目标。我国目前已开始注意木本植物多样性，但国家编制的《城市园林绿化评价标准》仅限于木本植物，尚未提及草本植物多样性。英国园林对保护和应用草本植物多样性为世界园林做出了榜样。中科院与英国邱园植物园曾于2014年签订过植物多样性及植物应用的合作意向。中国园林植物多样性，尤其是草本植物多样性在园林的应用方面，与欧美的差距太大了。保护生物多样性，包括木本、草本植物，还有鱼类和鸟类多样性保护，也必须引起重视。

基因多样性是建设多层次、多功能、

多样性生态园林的重要内容。在物种快速消亡的当下，建立国家级的基因库、种子库，尽可能拯救生物基因，同时开展基因工程研究的宏伟事业。袁隆平杂交水稻研究取得巨大成功，是中国之骄子，但在中国进行遗传育种研究的科学家是少之又少。在园林和林业专业领域里，叶培忠教授是一个长期甘于寂寞、乐于清贫、默默无闻、坚忍不拔，而又卓有成效的极为稀罕的林木育种专家。他繁育成功东方杉、杂交马褂木、杂交杨等木本优良新品种，特别是东方杉具有耐水湿、生长迅速、树形优美、落叶期短等超越父母亲本的特性，成为现今优良的园林植物，令我敬佩！但这样的人才、这样的业绩对中国来说实在太少，实属稀罕！现代大量园林植物新品种都是外国人育成，我们都是拿来主义，没有自己的知识产权和专利。原产中国的诸多观赏植物——银杏、水杉、竹类，中国十大名花——牡丹、杜鹃、山茶、月季等，有多少个品种？有没有中国人自己培育的新品种？百余年来外国人用中国月季杂交育成当代3万多种月季品种，占据了世界花卉市场，都是外国人的专利。大叶杜鹃、高山杜鹃、云锦杜鹃多数原产我国，19世纪英国用10多年从我国西南大量引种、繁育成功并大量应用，使得大叶杜鹃成为欧美各国园林最普遍、最常用、最主要的观赏植物，构成欧美园林主景。但令人遗憾的是在我国至今尚未引种驯化成功和广泛栽培应用，长期以来我们只能望洋兴叹！

"世界园林之母"只为外国"生孩子"，装点外国江山，实在可悲！但愿中国今后能有更多有识之士在园林植物遗传育种领域崭露头角，排除急功近利，甘于寂寞，不怕艰难，通过长期的艰苦努力，培育出一批中国人自己的园林植物新品种，做出中国人应有的贡献，无愧于"世界园林之母"，无愧于一个泱泱植物大国。

3. 开发、利用植物资源

保护植物资源的首要目的是保存物种，扭转物种消亡的可怕状况。但保护植物资源的根本目的是利用植物资源为人类造福。

（1）华夏先人炎帝发明农业、中药，李时珍等中国名医利用植物创造中医中药，为中华民族防病、治病，造就了中医中药宝库，做出了不可磨灭的历史贡献。但中医中药未能跟上时代步伐，一直停留在较原始状态徘徊不前，未能利用现代科学技术发展壮大，甚至中医中药仍处于被怀疑、被打压、被消灭的可悲境地。

（2）中国人发明生漆、桐油为中国的造船业、航海业和海上丝绸之路做出过很大贡献。

（3）屠呦呦利用蒿草研制抗疟药，荣获诺贝尔奖，为人类做出了重大贡献。

（4）袁隆平繁育高产良种水稻解决了粮食危机的人类重大难题，做出巨大贡献。

屠呦呦、袁隆平成为中国科学界的典范，是很了不起的中国人，非常值得每个中国人骄傲，中国应有更多这样的人才和业绩。

在 11 世纪巴西人就已从"眼泪树"（三叶橡胶）上土法提取橡胶。中世纪航海帝国葡萄牙、西班牙把巴西的橡胶制品带回本国。法国人在南美科学考察中知晓橡胶树。1876 年英国人亨利·维克汉姆（Henly Wickham）从巴西亚马逊热带雨林中采集天然三叶橡胶 7 万多颗种子带回英国，在邱园育种成功 2300 株橡胶幼苗，然后转运到斯里兰卡、马来西亚、新加坡等殖民地，最后依靠剩下的几百棵幼苗，在 10 年后建成东南亚橡胶园。新加坡植物园主任黄德勒发明连续割胶法。从此大力发展橡胶产业、橡胶科技，为英国提供四大工业原料之一的橡胶，为英国第一代工业革命奠定了基础，造就了大英帝国的辉煌。虽然曾经历过一场国际诉讼公案，但不可否认，英国邱园引种橡胶成功造就了汽车、飞机等现代交通工具，为世界经济现代化、生活现代化做出了巨大贡献。

这是植物，是植物学家，是邱园植物园对人类做出的巨大贡献。这是利用植物资源为人类造福的典范。中国人应从中受到启示，也要利用植物资源为人类做出应有贡献。

7.4.4 适地适树，以乡土植物为主

适地适树是生态园林的一大重要原则。园林绿化种植应选用能适应当地环境（水、土、温、光、水文、气象等）条件的植物，即适地适树。绿化成活率高，植物病虫少，植物健康生长发育快速，最大限度地发挥生态效益和景观效果。选用乡土植物是实施适地适树原则的最有效措施。

以乡土植物为主，以外来植物为辅，是最稳妥、最有效的生态园林措施，目的是谋求增加新鲜物种，丰富植物多样性，增添新型的植物景观和生态效益。当然，所选用的外来植物必须是经过多年引种驯化，能适应当地气候条件的物种。事实上，很多外来植物经过多年驯化完全可以变为当地新的乡土物种。如葡萄、辣椒、胡椒、芝麻、胡萝卜、番茄、番薯、番木瓜、番石榴、玉米、小麦、甘蓝、土豆、烟叶等都是外来植物，经过百余年的引种驯化，已完全变成中国的乡土植物，成为中国主要大宗农作物。其中，上海的先人科学家徐光启对此做出过贡献。如今的悬铃木（俗称法国梧桐、英国梧桐）、珊瑚树（法国冬青）、夹竹桃、广玉兰、茉莉花也曾是外来植物，经过百余年的驯化，已由外来植物变为乡土植物，变成中国优秀的乡土树种，能适应中国除东北、西北（黑、蒙、疆）以外的绝大部分地区，已成为中国主要园林绿化树种。

外国人能够大量引种中国植物，中国人也可以引种外国植物。有识之士若经过"张骞通西域、唐僧取真经"般的努力，经历磨难，无论引种外国植物，或自行杂交育种也定会成功。

《国家生态园林标准》规定本地植物指数不小于 0.7 的要求。以乡土植

为主，乡土植物应占2/3物种以上，即70%～80%（仅限于木本植物）。这是一个合适的程度。

7.4.5　科技兴园

中国风景园林是古老而年轻的行业，也是新生学科。

中国园林历来偏重人文造园，忽视科学造园，致使中国园林的土壤科学、遗传育种学、植物学、植物园学长期处于落后状态。

进入21世纪以来，中国风景园林事业高速、跨越式发展，发展总量世界领先，但发展质量是不能令人满意的。中国园林绿化的生产方式、生产技术依然较原始、落后，园林科技甚至比中国农业科技还落后，与农业强国荷兰、以色列以及欧美相比更有巨大差距。目前，中国风景园林学科总体科技含量低、科技水平低是不争的事实，这与中国经济发展状况完全一致：必须由高速度发展、高数量发展转向高质量发展。中国园林同样需要深化改革，改变园林产业体制、机制和发展模式。必须科技兴业，以现代科学技术武装园林，加快传统园林走向现代园林的进程，使中国风景园林健康发展，传承创新发展。

1. 以现代科技推进中国园林科学技术发展进步

中国园林理论发育不完全：园林理论碎片化，片面化，不成体系；

中国园林理论发育不完整：园林重人文、轻科技，园林缺少科技内涵；

必须以现代科学武装中国园林，充实园林理论内涵，完善园林理论体系。

2. 以现代科技推动园林技术进步

中国园林生产、建设、养护和管理的装备和技术落后，必须以现代科学技术改造更新中国园林，促使园林向集约化、现代化、智能化发展。

1958年我国提出简单明了的农业"八字宪法"——土、肥、水、种、密、保、工、管，指导中国农民、农村、农业迅速发展，使中国发生了翻天覆地的变化。农业"八字宪法"曾被评为中国农业的母法，在中国农业历史上发挥了重要作用。时过境迁，60年后的今天，"八字宪法"涵盖的八个方面依然是中国农业的关键问题，只是八字的内涵有了巨大而深刻的发展变化。这八个方面在传统技术基础上充实了许多现代科学技术内涵。园林的林与农林的林本是一家。园林苗木与花果蔬菜本质相同，生产方式、生产技术都是"八字宪法"所涵盖的内容，同样面临技术进步、科学发展问题。

面对今日的中国园林现状，最突出的问题是——种、土、肥、工、管。

（1）种质——不重视选种、育种，种质资源差且少（苗木、花卉品质差距巨大）。前面已简述，在此从略。

（2）土、肥——土地是农业命脉，也

是园林根本。几千年来中国园林与传统农业一样，一直都用农家肥、有机肥，生产有机产品、有机食品。利用枯枝腐叶、动物粪便生产农林有机肥（营养土）一直是保持土壤生命活力的最佳办法。

土壤是中国园林界最不在意、最不舍得花力气、花金钱的地方，也是中国园林最不注重科学的地方，致使中国园林的土壤科学、遗传育种、植物科学、植物园科学长期落后于外国。农业"八字宪法"中把"土"排在第一位，但实际执行了错误方法：推行农田深翻，把地表熟土翻到地下，把地下 30~40cm 的生土翻到地面，在没有团粒结构、没有肥力的僵土上种植庄稼，致使农业减产、失收，造成了惨痛的教训。

现代园林多在新堆的地形、生翻的僵土上直接种植花木。土壤 pH 值达 8.0~9.0，土壤重碱、重盐，不透水，不透气，没有团粒结构，没有有机质，这样异常贫瘠的土壤使植物成活率低，长期生长不良。现代园林开始注意搜集农田、自然表土（长期形成的农地耕作土）加以利用；在园林设计中采取种植穴换土或浅层换土的技术措施。以往曾采取置换"山泥"的措施，但因破坏自然地被和植被而放弃。

近数十年来大量施用化肥、农药，造成土壤重金属污染、板结、贫瘠等严重恶果。虽然利用枯枝腐叶、动物粪便生产有机肥（营养土）受到重视，但营养土的生产一直处于小规模零散试验阶段，没有形

成规模、系列及标准，始终无法全面推广。而欧美等许多国家园林种植早已全部采用多品种、多规格的人造商品土壤（营养土）。

2010—2015 年建设上海迪士尼乐园时，美方强硬推行美国迪士尼的土壤标准（包括 30 多项检验标准，中国只有 5 项标准）。因上海土质黏重、碱性高、地下水位高，不能用作种植土。美方要求从国外进口百万方土壤，在园区全面更换 1.5m 深种植土！在上海申迪公司、上海园林集团、上海园科院的共同努力下，调动大批力量进行技术引进、吸收、创新。经过 2000 多个配方实验，终于形成符合美方技术标准（31 项），并有自主知识产权的土壤配方，建成有 5 条流水线的营养土工厂，就地取材，以利用现场的土壤为主，一年内加工生产出 100 万方完全符合美国迪士尼标准的营养土，供迪士尼乐园全面换土 1.5m 深。上海迪士尼乐园的土壤改良工程对上海园林行业是一次巨大的挑战，也是对中国园林土壤工程的一次技术革命！上海为迪士尼的高标准付出了高昂的代价。绿化种植区（百余公顷）全面换土 1.5m 深，每平方米绿地的土方造价就高达 700~800 元，每立方米营养土造价高达 500 元，相当于把 50 亿元人民币埋到地下。

迪士尼乐园的植物种植标准高且严苛！每一棵乔木、灌木都必须采用容器苗全冠种植；不得"杀头"；不得修枝；必须一次成型达标，就这样依赖高质量的土

壤、高质量的苗木和高标准技术措施建成世界一流的游乐园。迪士尼进入上海，对中国的游乐园和中国园林业产生了极大震撼和推动！但美国迪士尼技术标准能否变成中国标准？全上海、全中国园林都能推行迪士尼标准吗？显然，答案是否定的。俗话说"矫枉过正"，中国园林业界人士都认为迪士尼的园林绿化技术标准太过严苛了。我认为迪士尼的土壤、苗木标准非常高，也很科学，但对中国园林并不合适。

中国园林土肥要讲科学，要以科技兴园林，不能照搬照套外国经验、标准。

我们要学习欧美先进经验，注重保存利用地表土，利用园林废弃物，热切希望推广上海的经验。全国普遍建立种植土工厂，生产园林营养土和园林复合肥，形成适合中国国情的、中国人自己的园林土壤技术、标准与系列产品，并推广应用营养土和复合肥。

上海地区以及沿海滩涂、三角洲地区都是地下水位高的河口冲积平原，地下80cm就是地下水位，绝大多数树木的根只能在地面下80cm以内的区域生长，树根长到80cm以下就会烂根、死亡。因此，地表80cm以下一律换营养土是毫无意义的，是完全浪费的。再说，草坪区和灌木区也一律换土1.5m更是不合理的，是浪费的。我认为换土深度应区别对待：草坪、地被换土30cm，灌木区换土50～60cm，乔木区换土100～150cm，把地表线提升，

避开地下水层。

（3）工、管——我国园林工具、园林机械、园林养护和管理普遍落后，仍以手工为主。应向机械化、自动化、智能化方向发展，赶上时代。

园林苗木是园林建设的物质基础，是园林绿化事业的"命根子"。中国园林苗木生产方式、生产技术、生产机具原始、落后，苗木品种少、质量差的现状急需改善。改进苗木生产设备和技术，大力发展容器育苗；提高园林生产、园林施工机械化水平，提高生产效率和产品质量。禁止挖掘野生大树破坏生态的行为。提高园林生产技术，提高苗木品质，增加苗木品种，提供生态文明的物质基础和基本保证。

中国园林只讲艺术不讲科学技术是一个陋习。对中国园林土肥、种质问题视而不见，长期不能解决，严重影响中国园林健康发展。必须科技兴园，提高园林科技含量，加速中国传统园林向现代园林的发展进程。

7.4.6 确立风景园林以植物造景为主

园林植物景观是风景园林主体景观。风景园林景观以植物景观为主、建筑景观为辅，俗称"软质景观为主、硬质景观为辅"。以"植物造景为主"，发挥最大的生态功能，获取最大生态效益，体现生态园林总体面貌。

园林以植物造景为主，就是根据园林的主题创意，遵循自然美与人工美结合、科学性和艺术性统一的原则，以绿色植物为主，充分发挥绿色植物群落的自然美，运用艺术美的手法进行科学、合理配置植物，创造生态健全、景观优美的生态园林景观。

风景园林中以建筑材料（钢筋、水泥、砖石等）创造亭廊、厅堂、景柱、景墙、道桥、地坪铺装、园林小品等构建的硬质景观作为辅助景观，起到"以一当十，以少胜多，画龙点睛"的作用，体现"巨大不是伟大，微小而不渺小"的精神，营造生态园林以软质景观为主、硬质景观为辅的总体形象。

园林设计师在植物造景中的责任就在于增强自身植物造景的意识，提高对园林植物的认知、熟悉程度，提高植物造景能力、设计技术和造景艺术水平。同时，也要培养、引导和激发游人对植物景观的审美情趣，不断提高游人的审美意识和审美能力。

植物景观是园林主体景观。园林造景手段很多：山水造景、建筑造景、构筑造景、文化造景、植物造景（绿化造景）、建筑与绿化组合造景、山水与绿化组合造景、绿化与文化结合造景、绿化与山石组合造景等。但绿色植物景观始终是园林的主体景观，始终应以植物造景为主，绿色植物占据园林大部分用地面积（70%～80%），建筑只占小部分面积（2%～8%）。因此

在园林造景诸多因素中，植物造景是园林造景的主要手段，植物景观是园林景观的主体。

植物造景，主要是利用植物的形态（花、果、叶、秆）、色、香、味等特色创造景观——自然植物景观和人工植物景观。

自然植物景观——大自然给我们创造了许许多多的自然植物景观，如北京香山红叶、贵州百里杜鹃、内蒙古大草原、海南红树林和椰林、川浙竹海、林海雪原等。

人工植物造景——设计师利用植物人工创造园林植物景观。通常有：

（1）专类植物景观——梅园、蔷薇园、丹枫园、杜鹃园、牡丹园、盆景园等。

（2）人文植物景观——松竹梅园、香雪海、松风阁、长松筛月、曲院风荷、花港观鱼、竹径通幽、藕香榭等。

（3）独木植物景观——黄帝柏、清奇古怪、将军柏、独木成林……古树名木、古桩等。

（4）组合植物景观——植物与景窗、景墙、山石辅佐构成铭牌景点、趣味小景、桩石景点等多种景观形式。

生态园林设计含义很广，包括生态植物设计、生态建筑设计和生态构筑物设计。生态植物设计又包括原生态设计、生物多样性、适地适树、植物造景，都是通过生态植物设计创造生态园林的重要内容。

我的大师兄苏雪痕编著的《植物造景》一书，详述了植物造景定义、理论，以及

国内外众多植物造景实例，是植物造景的生动教科书。

我的另一位师兄施奠东编著的《杭州植物景观》，总结了杭州多年来植物造景的理论、实践、经验与成果，内容丰富，图文并茂，实为业内楷模。

7.5

提高园林植物设计技术

园林植物设计，俗称绿化设计。又称植物配置、种植设计。园林植物设计任务包含：

园林总体空间规划。运用植物组织园林空间（景观分区、功能分区）序列。

组织园林生态体系。以植物为主，发挥植物生态保护功能，协同园林建筑和山水地形创建良好生态环境，形成园林整体生态体系。

创建园林植物景观体系。运用植物营造特色植物景观，创建园林主景区、主景点、次景点，形成园林景观体系。

树种选择。选定主调树种、基调树种、主景树种。

确定植物多样性、乡土树种、植物物种指标。

植物空间及平面设计。选用乔、灌、草物种，进行科学和艺术配置，按植物形态高度的上、中、下三大段 8 层次进行立体设计，再作平面设计，最后完成园林细部植物配置设计图。

以往教科书仅讲植物平面设计，忽略植物空间设计，造成园林空间以及园林景观许多不良效果，应该纠正这些偏差。

第 8 章

园林构建境界理论——物境论

园林山水、建筑物、构筑物等非绿色硬质园林物体构建园林环境，除满足实用、景观、休闲功能外，还创造了某种园林气氛、人文情怀、精神氛围、园林情境，即物境，使得园林达到更高的思想和精神境界，让生硬冰冷的构筑物、建筑物产生思想和情感，让人触景生情：宁静致远、热情奔放、激昂奋进，或悠然自得、怀古思乡等情境。物境是以园林物体传达人文哲理，让景物产生境界，以物传情，提升园林景物的精神境界。

园林物境，就是通过园林土地、掇石理水、园林建筑及小品等园林物体，创造园林的精神境界和思想境界。

8.1

土地情结
——园林场地是根本

土地情结，这里指的并非地理学广义的土地，而是狭义的微观的土地——园林用地。土地是人类生存的基础，是工农业生产、城乡建设的基础，也是园林的基础。土地是园林的前提条件，是园林第一要素。以往学者们谈论园林要素时并未把土地列为园林要素，人们并不重视土地要素。园林土地，涉及园林选址、地位、地形、地势、地貌、地缘，以及土质和土壤改良、土壤修复等诸多问题。

8.1.1　地位

地位，即园林用地的区位。计成所著《园冶》相地篇中提出六种园林用地（私人宅园）——城市地、村庄地、山林地、江湖地、宅旁地和郊野地，提出"惟山林地最胜"。计成认为园林选址要根据用地环境条件和园林使用目的来选择。现代公共园林用地多是根据城市（乡）规划和城市绿地系统规划来确定，园林选址少有机会和主动权。我国城市园林用地主要根据城市规划布局、园林均布性和服务半径决定园林用地布局。个别私人园林、团体园林有可能自主选择园林用地。

一般来说，园林用地不必苛求，荒地、废地都可作为园林用地，有化学污染的土地经过生态修复改造消除污染后也可使用，关键是根据园林性质选择园林用地。休憩绿地、防护绿地因其功能不同，用地区位也各异。值得注意的是，动植物园和游乐园的用地应优先选择地形起伏多变，有山有水，没有污染，没有"飞地"，用地连成一体的土地，便于规划布局、使用和管理。中国植物园事业的缔造者陈封怀先生曾语重心长地对我说："我一辈子搞过 5 个植物园，得到唯一的经验就是植物园用地必须完整，千万不能与农村交会穿插。植物园必须设围墙实行封闭管理，以防牛羊等禽畜毁坏珍贵的植物物种资源和园林设施。"

尤其重要的是动物园用地必须与住宅区有足够的卫生防疫安全防护距离。

8.1.2　地形

地形，一是指地理学意义上的地形，包括高原、平原、丘陵、坡地、洼地、悬崖、峭壁、高山、大川、山丘、溪水、河塘、湿地等。二是指土地的二维形态：长短、曲直、方圆。园林地形往往呈不规则多边形、多角形、触角形，形成许多边角料。设计师应不怕艰苦深入现场勘察园林地形，充分掌握园林地形特点，不要嫌弃边角料场地，而应充分发挥智慧巧妙运用边角料，做出令人意想不到的规划效果。这正是发扬"场地精神"、创造园林特色的最好机会，也是"景因境出"的体现。

8.1.3 地势

地势，是指园林用地的高低起伏态势，山水龙脉气势，远山、近山，前山、背山，水体源流（源头、水口）方向，传统堪舆"察砂、觅水"，寻找"藏风聚气"的风水宝地。关注地势为的是充分利用地势，依高就低，依山就势，营造园林骨架、园林空间和人工自然山水。

8.1.4 地物

地物，是指场地内原生树木、建筑、山石、历史遗物等自然资源和人文资源。有的业主和设计师忽视地物、地形，把场地当成白纸一切归零，这是对历史、对社会的犯罪！尊重历史、珍视场地、珍惜资源是设计师的道德、修养、品格所在。当年上海宝钢就因缺少场地精神，无视场地古物，不尊重历史，致使千年古银杏树死亡。

8.1.5 地缘

地缘，是指园林场地与周边山水、道路、建筑、居家等相邻单位的相互关系。常有"地缘政治"之说，就是妥善处理相邻国家间的地缘关系。明代国相张英以"退让三尺又何妨"的高姿态，最终建成"六尺巷"，成为中华民族友善睦邻、谦让美德的典范。园林规划应充分了解园外周边现状和未来规划状况，趋利避害，充分利用有利条件，回避不利条件，使园林规划与周边社区相协调，建设环境协调的和谐社会。

8.1.6 土壤

土壤，是植物的母亲，是园林的根本。但中国园林历来偏重人文造园，忽视科学造园。土壤一直是中国园林最不在意、最不注重科学的地方，致使中国园林的土壤科学、遗传育种、植物科学、植物园科学长期落后于国外。

欧美等许多国家园林种植早已全部采用多品种、多规格的人造商品土壤（营养土）。迪士尼公司以其极严苛的种植土标准和苗木种植标准建造上海迪士尼乐园：所有绿化种植区一律以符合美国30多项检测指标的人工种植土覆盖1.5m厚；每一棵乔木、灌木都必须采用容器苗，不得"杀头"，不得修枝，必须全冠种植，一次成形。迪士尼乐园进入上海，对中国园林苗木生产、施工、土壤、肥料科学兴起了一场革命，产生了极大震撼、推动！虽然迪士尼极高的技术标准不可能在全中国复制推广，但上海园林种植土工厂生产适合中国国情、有自主知识产权的种植土的经验值得推广和普遍采用。而且应该尽早制定中国园林土壤等标准，早日改变在生土、僵土上直接种树等不讲科学的落后现状。

8.2

山水情怀
——绿水青山总是情

图 8.2-1　象形汉字"山水"

- 华夏民族敬畏自然，钟情自然山水，最早发现自然美。华夏先人模仿自然山水创造了象形汉字，完全体现了山水形态和性格：山属阳，水属阴，山刚水柔，山壮水润，山静水动（图 8.2-1）。

- 华夏先人仰天俯地，观砂察水，创造太极八卦，追求背山面水、坐北朝南、山环水抱、藏风聚气、四兽守护的山水格局。

- 山水艺术绵延千年。孔子曰"仁者乐山，智者乐水"，庄子曰"天地与我共生，万物与我为一"。山水不仅是"道"（自然山水）的外在形式，而且是人格精神和思想的体现。

- 秦汉开始挖灵池、筑灵台，东海求仙，创造"一池三山"的人工山水格局，成为中国园林山水的典范。

- 魏晋南北朝时期文人墨客创造了山水诗、山水画，创建文人山水园。锦绣河山成为中国画的永恒主题，山水画延伸出青碧山水、无骨山水、泼墨山水、彩墨山水等诸多画派，发展了山水审美思想：崇山峻岭、重峦叠翠、山光水色、高山流水、山高水长、山明水秀、绿水青山……提炼出山水精神、山水气派。

- 隋唐兴建山水建筑官苑。诗书画三绝的诗人王维选自然山水间营造私人大型山水园林——辋川别业。刘禹锡的名句"山不在高，有仙则名；水不在深，有龙则灵"，成为千古传诵。

- 道、佛、儒三教融合，一致推崇自然山水、"道法自然"。文人墨客创造了独特的山水画、山水诗、山水文学，崇尚山水。在三山五岳九州、名山大川兴建楼阁碑塔，营造风景名胜，保护自然山水，造福子孙万代！几千年来华夏民族形成拜天地、敬山河、祭鬼神的传统。山水已成为中华民族的文化基因，三山五岳已成为中华民族的神灵和形象。

- 宋徽宗赵佶酷爱花鸟山水，亲自设计、主持建造大型写意自然山水官苑——艮岳。欧阳修名句"醉翁之意不在酒，在乎山水之间也"，山水令人陶醉，名山大川令人向往。

- 明清文人墨客、官宦士商掀起营建江南园林的热潮。清帝康熙、乾隆酷爱江南园林，在京兴建三山五园和热河避暑山庄。山水营造、山水审美已成为江南园林乃至中国园林的主体。自然山水园已成为中国传统园林的精髓和全人类的珍贵财富。

- 中国火箭之父钱学森在 20 世纪末曾热情跨界提出"中国要把建设山水城市作为城市建设目标"，"把山水城市作为国策"。就是要把山水留在城市，把绿水青山、鸟语花香引进城市。"山水在城中，城中有山水，人与自然和谐共存"。

● 习近平总书记提出"绿水青山就是金山银山"的崇高理念。守住老的绿水青山，建设新的绿水青山、鸟语花香、和谐美满、幸福安康的生态人居环境，建设美丽中国，建设人间天堂，实现中国梦。

这就是中国人的山水情怀。

8.3

掇山理水
——人工山水创境界

8.3.1 掇山理水理论

掇山理水，是中国传统人工创造自然山水园林的造园要素和园林景观精粹，是华夏先人创造且传承两千多年的特殊园林技艺，颇受世人青睐、宠爱、推崇，至今一直在广泛流传、应用，由人工山水创造山水园林境界。

1. 园林掇山宗旨

（1）创造绿水青山、鸟语花香、生态优良、洁净舒适的人居环境；

（2）创造山水景观，构筑园林山石主景、壁泉瀑布、置石小景、铭牌景石、景墙；

（3）创造园林空间，以山石组织、分隔园林空间，创造高低起伏、奥旷开合、曲折幽深的园林空间；

（4）创造植物种植、生长发育的生态条件；

（5）创造园林地形，人工创造山地、坡地、池塘、湿地、溪涧等多样地形，组织地形排水，搜集利用雨洪，减少排水暗管，改善园林雨洪环境。

2. 掇山理水理论

计成所著《园冶》中用"掇山"专篇系统、全面论述了掇山的形式、类型、材料、理论、技术和忌讳。提出掇山要"深求山林意味，假山真意"，"深意图画，余情丘壑"，"虽由人作，宛自天开"；还要"咫尺山林，邀月招云"等。虽是晦涩古文，但简单几句却点出了"山林意味""图画深意""邀月招云"等掇山理水的艺术情怀。

计成的论述概括了掇山理水的理论——天理、画理和心理。

1）天理

天理，是天地造化之理、自然之理，是"道法自然，天人合一"之理，是中国文化、哲学的核心理论。就是师法自然，崇拜自然，学习自然，模仿自然，缩移自然，再造自然，创造人化自然（第二自然）。

掇山理水就是要学习自然山水的山形水势、龙脉气势、峰峦叠嶂的自然规律，观察、认识火成岩、水成岩和变质岩等的地质构造、岩石节理、山石层积、管柱结构、裂隙、石皮等山石形态，按自然之理——"天理"进行人工掇山理水。

计成从大自然的崇山峻岭、层峦叠嶂中分析概括出峰、岭、峦、岗、麓、峭壁、悬崖、瀑布、溪涧、洞穴、石矶等诸多山形。现代有人提出"叠石四仿"——仿山、仿云、仿生、仿器的主张，值得深究。模仿真山真水，模山范水，是先人和今人造园中普遍使用而且效果良好的理念和手法。张南阳、计成均师法自然，创造了中国传统园林掇山理水的"全景山水法"；张南垣等则另辟蹊径创造了"截山一角"的"小景山水法"。

美国现代园林设计大师哈普林也模仿美国西部自然山水，用西方几何学、建筑学的理论，以抽象的形式、大胆夸张的手法创造了与中国传统园林山水完全不同的"哈氏山水"。正所谓异曲同工，都是师法自然、模仿自然、再造自然的同一思路，用不同的方法造出不同的结果。

2）画理

画理，即绘画的理论，运用绘画理论来掇山理水。唐代画家张璪画论"外师造化，中得心源"是中国绘画、园林艺术的基本理论，也是掇山理水的主要理论。"外师造化"就是观察自然，认识自然，学习自然，模仿自然，再造自然。而"中得心源"就是从自然中产生心悟，正如禅宗修炼而得"顿悟"，变成内心的思念，由"外师"转化为"心源"，产生心悟——静悟或狂悟，都是源于自然、超乎自然、高于自然的理念。

历史上王维、赵佶、李渔等不少文人、画家亲自造园；计成、张南阳、张南垣等造园匠师均擅长绘画。两者共同之处就是以绘画理论指导造园，按画理掇山理水。许多著名的画论都成为掇山理水造园的理论指导，如"未山先麓""横看成岭侧成峰，远近高低各不同"（图 8.3-1）、"山有三远"（图 8.3-2）等著名画论都已成为中国造园的理论和依据。

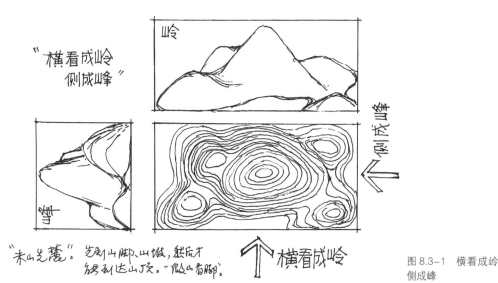

图 8.3-1 横看成岭侧成峰

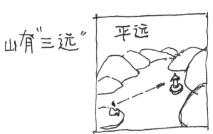

图 8.3-2 山有"三远"

米芾提出的"瘦、透、漏、皱"赏石标准，后来成为掇山艺术的标准和掇山追求的目标。这一观点对传统掇山产生了较大影响。

3）心理

心理，即内心的理念，是人对掇山的认识、欲望和追求：园林主人对园林山水的理想、企盼；设计师对园林山水的理念、创意；还有社会、民族、民俗对山水的传统认识……都是山水创作的理论依据。把人们心中的意愿、理想作为山水创作的依据，变成"胸有成竹，意在笔先"，运用到山水创作中。例如："阴阳太极，山水合一"（图8.3-3）。中国传统习俗有"背山面水，坐北朝南，负阴抱阳，藏风聚气"的"风水格局"（图8.3-4）。察砂觅水，选择山水龙脉，寻找避风向阳、负阴抱阳的洞天福地，祈求福荫子孙。

中国传统山水理念："福如东海，寿比南山"（上海豫园）；"九州清晏"，金水桥；"一池三山"，不老仙境。

西方传统山水理念：上帝创世，上帝创造"四大天河"（酒河、水河、蜜河、乳河）（图8.3-5）。

中国传统山水忌讳：园林土山堆成半球形，犹如中国传统坟墓形态，此乃园林山水一大忌讳（图8.3-6）。

图 8.3-3 阴阳太极，山水合一

图 8.3-4 风水格局

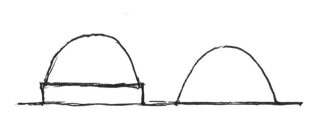

图 8.3-5　"一池三山"和"四大天河"　　图 8.3-6　园林山形之忌讳——墓、台、坟

8.3.2　园林掇山研究

1. 山体形态研究

1）山有峰、岭、峦、岗、麓、悬崖、峭壁、洞穴、溪涧、瀑布、峡谷、台、坪、矶等形式（图 8.3-7）。

山高而尖曰峰；山高而圆曰峦；低山脊梁曰岗；山顶平而广曰台；山脚曰麓。

一座山有多个峰时，比山脊鞍部高出 400m 以上才称峰；山峰有主峰、侧峰（卫峰）、中央峰和前后峰；群峰相连曰岭。

山脊是山的隆起部分，是山的分水岭；多座山岭、山谷组成的山体称山脉，有主脉、支脉、余脉。由若干山脉构成山系。

2）石为山骨，水为山血，草木为山衣。山水相连，不可分割。"土山见石斯名真骨气"；水口石如水中龙脉，弥足珍贵，为园林常用。

3）山分土山、石山、土石山，还有冰山、雪山。

土山是外力形成；石山是地壳运动内力形成，有褶皱或断层。土山植被茂盛，

山石裸露，植被稀少。人类的生活、生产活动多在 25° 的坡度（约 1：2.5）以下的山坡、平地。

4）岩石有水成岩、火成岩和变质岩：

（1）水成岩：沉积石、层积石、页岩、砂岩、石灰岩。2～0.5mm 砂粒胶合成砂岩，更细粒胶合成页岩。方解石构成石灰岩，多呈水平层积构造。

（2）火成岩：由岩浆形成流纹岩。岩浆岩有花岗岩、闪长岩、辉长岩、安山岩和玄武岩，多呈块状构造，呈细粒或玻璃状。

（3）变质岩：由水成岩、火成岩受变质作用形成的岩石，包括板岩、片岩、片麻岩、石英岩、大理岩等。

5）高山多为石山。岩石质地、山体形态各异。山有形，石有序。石山都有岩石结构：岩层、褶皱、管柱、裂隙、体块。此乃园林掇山至关重要的技术秘诀。不然，就是乱石、破山。

6）"山有脸，石有面"。石有三面，山有五脸。细心观察，各不相同。

7）园林掇山须观察自然，模仿自然，师法自然，更要源于自然，高于自然；要提高山水审美思想，以"比德""畅神"的超然境界，创造自然山水。"既要以眼中的山水，更要以心中的山水，造出手中的山水"，进入自然山水的自由王国。

中国画中的山石有披麻皴、斧劈皴、折带皴、分头皴、荷叶皴等多种皴法，用不同皴法以表现不同石质，获得不同的绘画效果。

图 8.3-7　山体形式图示

山高而尖曰峯．群峯相连曰岭，低山脊梁曰岗．
山高而圆曰峦；山顶平而广曰台；山脚曰麓．
山体形式：峯、峦、岗、岭、麓、台、砰、矶、悬崖、峭壁、
峡谷、洞穴、溪涧、瀑布、坡．
山石细部构造形式：层积、晋柱、裂隙、石筋、石皮、石缝

2. 传统掇山研究

掇山，即人工掇叠石山、土山，人工创造园林山水美景、人文情趣的美妙意境。

从埃及金字塔、方尖碑、古希腊神庙、古罗马维纳斯，到中国石窟、园林假山……中西古文化多以石头为载体，岩石承载着沉重的人类古文明。

假山是中国传统园林三小艺术精品（假山、盆景、石灯）之一。以石构山，俗称叠石、掇山、掇假山、堆假山。

假山，始于汉。汉武帝时代（公元前141—前87年），西汉富商袁广汉"于北邙下筑园，东西四里，南北五里。激流水注入其内，构石为山，高十余丈，连延数里"。这可谓中国第一个"构石为山"的大型私家园林。后"有罪诛，没入为官园"（上林苑）。

西汉名将霍去病墓（公元前117年建），人工以土为主构筑土墓，土石结合，墓台上下堆叠天然山石，以巨石装点墓冢，构成墓台山石景观，成为古今罕见的独特形式。

我于20世纪80年代初第一次拜谒霍去病墓，甚为诧异：墓旁有十多个用浑圆的河滩石粗略加工而成的石人、石兽、石象生，造型极其简练、古朴、浑厚，宛若天成，韵味十足。还用数十块大小不等的荒料巨石（经过人工开采成块状的料石）装点墓台及墓碑。后来在网上偶见一幅霍去病墓全景（图8.3-8）。经查这是法国诗人、旅行家、考古学家维克多·塞噶伦（Victor Segalen，1878—1919年）于1914年拍摄的霍去病墓全景。山体光秃，寸草不生，山石巨大（2~3m），形象独特。墓顶庙旁和台基墓碑旁两组巨石上下呼应，还有"马踏匈奴"等16座石象生装点墓道。楞台形的墓冢"状如祁连山"，俗称"石岭子"。像这样使用山石装点墓台环境的陵冢，在全国也是独一无二。从照片可见，上下两组顽石虽均已风化、散落，但仍可看出这两组荒料山石都是经过精心策划，大小搭配，高低组合，有序构图，山石与建筑、树木组合成景。我们可以看到：墓体是在平地上人工聚土成山，堆成一座高大矩形楞台型土山（土墓）；山顶建霍去病庙；山脚建墓碑。在神庙和墓碑旁均用十多块大小不一、高低各异的山石荒料聚合堆砌成山石景观。这与现代园林假山、土山形式完全相同。我欣然顿悟：这不正是中国古代园林假山、置石的原形，是中国园林假山起源的佐证吗？

魏晋时期兴建石窟艺术，隋唐有石灯笼、石兽、石幢、石碑，编著《云林石谱》。

宋代米芾拜石为友，被誉为"石圣"

图 8.3-8 霍去病墓全景——中国叠石假山的雏形（1914 年拍摄资料）

"石痴"。宋徽宗以"花石纲"建艮岳，开启了中国大规模营造石构假山的先河，且把掇山艺术推至顶峰，乃至酿成"玩物亡国"的悲剧。

元代，苏州狮子林被称为"假山王国"，全园罗列奇峰怪石，群峰林立！

明代云间（上海松江）林有麟著有《素园石谱》，被誉为划时代赏石著作。

明清帝王始终在效仿、抄袭、移植江南园林布局和假山景致。在京都建"三山五园"，创造了"奇石含天地，雅趣意隽永"的意境美。明清士大夫、富商竞相显财斗富，兴建江南园林成风，推太湖石、英石、灵璧石、昆山石（或黄蜡石）为中国四大名石，均以山石兴建园林美景，产生了"水令人远，石令人古""无园不

石""片山有致，寸石生情"的山石审美意识，以及"瘦、透、漏、皱"的赏石、品石标准。江南园林主要用太湖石，其次为黄石。此外，还有灵璧石、英石，南方还有黄蜡石。北方园林则主要用北太湖石、房山石（花岗石）（图8.3-9）。

学者推举环秀山庄为太湖石掇山的代表作，上海豫园"玉玲珑"为独峰的代表作，豫园黄石大假山、苏州耦园、常熟燕园为黄石假山的代表作。曾有人提出过"中国六大园林假山"——狮子林、环秀山庄、豫园、耦园、个园和北海公园静心斋。

中国传统园林设计中涌现出几位最著名的掇山匠师，他们是张南阳、计成、张南垣（家族）、戈裕良。在计成的《园冶》一书中，"掇山"是最充实、生动、最主

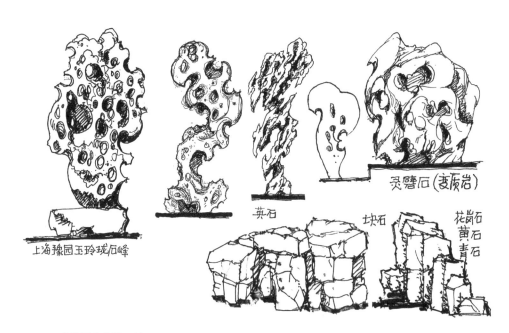

图 8.3-9　传统假山主要石料

要的一章。除掇山外，计成还记述了凿山（凿石成景）、剔山（剔除表土露出真山）等形式，总结了他毕生造园掇山的经验和忌讳。张南垣曾完成了诸多江南园林，后来成为皇家园林的御用匠师，被誉为"山子张"（家族）。

日本园林的山石艺术源于中国，但已发展演变成日本独特的模式。

世界最早的园林专著——日本平安时代（相当于中国唐末）的《作庭记》，以"立石遣水"为中心，记述了"立石要旨、立石口传、立石分水、立石诸样、立石禁忌"等技术细节。明末珍本《夺天工》从日本回归中国，就是现在的《园冶》，这是中国历史上第一部园林专著。《园冶》比《作庭记》晚 600 多年。有人说这是中国传统"气上器下"思想的缘故（气为上，器为下，看重气节，轻视器物）。

叠石掇山在西方园林中极为罕见。但西方建筑、园林中大量运用石雕、石钵、石墙、石柱，比中国建筑、园林有过之而无不及，已构成一种极其丰富的西方石文化。

掇山理水技法详见本书第 13 章园林掇山理水艺术与技法。

8.4

建筑风情
——风华物茂蕴人文

8.4.1 建筑概述

"建筑是建筑物和构筑物的总称，是人们为了满足社会生活需要，利用物质技术手段，运用科学规律、风水理念和美学法则创造的人工环境"。建筑是人类文明的结晶，是人类居住、生活、进行生产和社会活动的地方，即人类生存的处所。建筑物，是建筑文化的载体，也是人类文化的重要载体，是物质文化、制度文化（建筑技术、制度、建筑语言、建筑艺术、建筑理论）、精神文化（伦理、宗教信仰、理念、民俗、思想感情）和符号文化的综合反映，具有历史性、地域性、时代性、多元性、民族性、层次性等特性。

园林建筑是最活跃、最丰富也是最精彩的建筑形式。在中外传统中，园林建筑是园林主体。但在现代园林中，园林建筑虽不是园林主体，但依然是园林主角。园林构筑物是指建筑外部的道路、广场、桥梁、围墙、驳岸、涵洞水闸、水电沟管等工程建筑。

1. 中国建筑是人类文化的瑰宝

中国的木结构建筑是世界上历史最悠久、最完整、最独特的建筑体系，反映着中国建筑在技术上和艺术上的成就，是中国古代文化也是人类建筑宝库中的一份珍贵遗产。木柱斗栱、翘角飞檐、大坡顶屋面是中国传统建筑的最大特色，也是东方建筑的代表。

中国建筑宝库有丰富遗产，但建筑专著太少。中国最早的建筑著作为《木经》，还有宋代李诫所著《营造法式》、明代姚成祖所著《营造法原》。

2. 西方建筑

从古埃及、古希腊、古罗马的石头建筑，到混凝土建筑，再到现代钢结构、玻璃建筑，都是以希腊建筑为源泉，建筑科学以数理为美的哲学思想为基础，以古罗马建筑"三大原则"为标准发展演变出古典主义三段式建筑、巴洛克建筑、摩尔建筑、玛雅建筑、英式木构建筑、地中海建筑、现代主义、浪漫主义等诸多建筑流派形式，风格迥异，成为西方文化的重要载体，传递着西方的民族文化和地域文化。西方建筑是西方哲学、科学、艺术、宗教、文化的最鲜明、最亮丽的象征和代表，是西方文化的璀璨明珠。

3. 民居建筑

民居建筑是地域文化、民族文化的传承载体和标志性象征。民居建筑是最丰富多样、生动活泼、原生态的建筑形式。

中国是一个多民族国家，56 个民族中产生了数十种形式的民居、亭台楼阁、轩廊架榭等。中国最有特色，也最受欢迎的民居如：

- 南方民居——浙江民居、安徽民居、福建民居（闽台民居）、广西民居；
- 北方民居——北京四合院、山西四合院、东北森林木屋、蒙古包。

地方民居是地域文化、民族文化的集中表现。民居建筑从原始的窝棚建筑、洞穴建筑开始，发展到现代世界数百种民居建筑。民居建筑有最丰富多变、精彩纷呈的平面和立面形式，是最有生活气息、最有民族和地方特色的建筑，也是最优美的建筑形式。民居建筑是民族文化、地域文化和传统文化的最佳表现，也是园林建筑创作的源泉。

4. 园林建筑

形式多样、造型优美的园林建筑是世界建筑中最丰富多彩、最活跃的重要组成部分，是园林建筑物和园林构筑物的总称。园林建筑是建于城乡园林中，为构筑景观、欣赏景观、休闲游憩、提供服务和管理的建筑，包括景观建筑、服务建筑、管理建筑、交通建筑、园林工程构筑和园林小品建筑，是风景园林中的硬质景观。

除工业、交通、仓储、行政、司法、教育、医疗等建筑外，中国建筑的大部分建筑形式（样式）都在中国园林中出现。从宫殿、寺庙、楼阁、宝塔，到各种民居、牌坊、戏台、观景台、楼台、坟台等，都在园林景观和名胜古迹旅游区可见。西方建筑和西方园林建筑也是如此。

园林建筑远比工业、商业、交通、公共、市政建筑小得多，数量少得多。

园林建筑在中西古典园林中都常占主导地位，是园林的主角和主体，也因此园林建筑在计成《园冶》一书占据主导地位。但在近现代园林中，园林建筑的主导地位逐步消失，而让位于园林植物，园林建筑在现代园林中所占用地比例已从以往的 30% 左右，下降至 2%~8%，甚至更少。园林建筑虽不是园林主体，但园林建筑依然是园林主角。

民居建筑形式是园林建筑创作的源泉。学习运用地方民居特色，是园林规划设计创造园林地方风格特色的主要手段和发展方向，是园林建筑、园林设计传承创新、永续发展的最佳道路，简易可行，且效果显著。

中外建筑是中西各国宗教、历史、文化、艺术和民族风情的集中表现（图 8.4-1、图 8.4-2）。

8.4.2 园林建筑空间

园林建筑组群活泼多变，常采用庭院空间序列布局。中国古代宫廷建筑按纵横轴线规则对称布局，延伸组织庭院空间。园林建筑、民居建筑则为非规则对称布局，以透空花墙、长廊、厅堂分隔空间，自由组合，形成曲折、多变的庭院空间，产生"庭院深深深几许"的空间效果，追求曲折幽深、步移景异、"小中见大"、引人入胜的艺术效果。

中国建筑形式

图 8.4-1　中国古代建筑、民居建筑丰富多彩的艺术形式和现代、后现代建筑

外国建筑立面形式

图 8.4-2 丰富多彩、富有西方特色的西方建筑形式

"园林建筑，以厅堂为主……以南为宜……曲径通幽，更觉柳暗花明；连续抚廊，曲折随宜，高低蜿蜒……"（姚承祖《营造法原》）。

法国卢浮宫以绿篱高墙分隔形成花园序列，成为西方园林的代表。西班牙阿尔罕布拉官亦以院墙分隔空间，组成丰富多变庭院系列。

西班牙人在埃及首都开罗的尼罗河边建了一座伊斯兰式花园——安绿路西亚公园。在四周筑土堤与城市道路分隔，形成带状内向园林空间，中心为喷水池，周边建花坛、台阶、亭廊，堤顶建两条榕树长廊，颇有特色，可作为伊斯兰园林的代表。

中西园林都采用以建筑围墙、绿墙或

山水来组织园林空间，形成园林空间序列。

8.4.3　建筑三原则

早在公元前，古罗马建筑师维特鲁威著《建筑十书》，提出了"坚固、适用、美观（愉悦）"的建筑三原则。两千多年来已成为全人类共同的建筑原则。

1955 年，我国提出"适用、经济、在可能条件下注意美观"的建筑三原则，是解放战争、朝鲜战争刚结束后百废待兴的时代产物。1965 年调整为"适用、经济、适当注意美观"三原则；1985 年改为"适用、经济、美观"三原则；1986 年变成"适用、安全、经济、美观"四原则，还给建筑赋予民族性、地方性、时代性和经济、社会、环境三效益。进入改革开放时代，西方新老古典主义、现代主义、解构主义、欧陆风、罗马柱……各种风格、流派、时尚先锋建筑一拥而入，在中国建筑大潮中，掀起一股崇洋媚外、贪大求洋、求新、求奇特的浪潮，各种奇形怪状的建筑充斥市场，形式主义盛行。人们被冲昏头脑、忘乎所以，建筑三原则已无影无踪！中国人的民族自尊、文化自信已严重缺失，应予反思。

第 20 届世界建筑师大会发布的《北京宪章》庄严宣告："20 世纪是大发展、大破坏的时代，21 世纪是大转折世纪，面临大自然的报复、混乱的城市化、技术的'双刃剑'和建筑魂的失落……"建筑学要走可持续发展道路，"做到一致百虑、殊途同归"。"在风格流派纷呈的今天，我们不能忘记回归建筑基本原理——朴实的建筑三原则，这是建筑文化基石。要在建筑三原则的平台上再谈论风格、流派和时尚，追求建筑的最高境界。那么，应如何理解，如何践行建筑三原则呢？我们的建筑三原则是'适用、经济、美观'，而罗马的建筑三原则是'坚固、适用、愉悦（美观）'，两者是有明显差异的。"

我们的原则中强调经济，而不是坚固，这与近半个世纪中国建筑的平均寿命仅有 25～30 年，成为世界上的短命建筑，有无直接关系？不得不令人深思。当初，我国人口众多，长期战乱后呈现一穷二白，把经济作为一条重要的建筑原则固然是必要的。在生态信息时代的 21 世纪，要求建筑节地、节能、低碳、零排放，作为经济节约原则的重要内容，也是必要的。

至于美观原则，对于园林建筑来说更有重要的意义和地位，尤其是园林景观建筑和观景建筑，作为构筑园林景观的重要手段，其造型美观、令人愉悦的要求是首要条件。纪念建筑、城市标志性公共建筑的美观应有更高要求。而此类地标建筑、公共建筑、娱乐建筑、景观建筑还应体现出建筑性格、地域和民族风格，发挥它的社会价值和文化价值，引起社会公众的愉悦、自信和自豪感，让公众喜闻乐见。

8.4.4 人文物境

中国园林建筑除了使用功能外，还具有构建人文景观，托物言志，传达人文情怀，创造园林建筑意境、人文物境、园林物境的特性功能。

园林建筑形式多样，造型优美，具有浓厚的地方特色和民族风情，传达出许多文化信息。中国园林建筑常用匾额、楹联产生点题、象征、隐喻、诱导、联想作用，隐藏了丰富的文化内涵，可达到托物言志、情景交融的美妙境界，构建丰富多彩的人文物境。

点题——园林建筑匾额直接点题，点明景点、景物种类、特色，如藕香榭、远香堂、翠竹楼、望江楼、听涛阁、八音涧。

象征——如九龙壁、龙墙，象征皇权至上。缺角亭象征日军侵占东三省，中国版图缺了一角，以示国耻！

隐喻——"与谁同坐轩"亭，隐喻歇后语"清风明月我"的寓意。"清风阁"匾额隐喻廉吏包大人两袖清风、廉洁浩气风尚。

诱导——"探幽""入胜""百步云梯""天梯"等景名都能产生引导游人游览的作用。

联想——得月楼、南天门、水晶宫、丹凤阁等景名都能令人产生某种景物、境地的联想。

8.4.5 与时俱进，传承创新

社会在进步，时代在发展。消除环境污染、消除雾霾，建设生态型人居环境，建设生态文明、生态城市、生态园林，发展低碳、节约型经济和绿色经济，直至低碳、循环的蓝色经济，这是当今时代的需求，也是人类未来发展的希望。当代园林肩负着建设最佳人居环境的重任。其中，建设低碳、节能的生态建筑就是重要举措。近些年来，国内外对生态建筑、生态住宅的试验研究已取得了初步成果。如：生土建筑（覆土数米至数十米）、生物建筑（外墙围护结构具有皮肤功能）、生态建筑（自维建筑，利用太阳能、风能、地热能，零排放，自给自足）、新陈代谢建筑、绿色建筑、有机建筑等。但技术尚未完全成熟，造价昂贵，难以推广。更应提倡乡村型绿色建筑，技术含量较低，并侧重对传统地方技术的改进，达到保护原有生态环境的目的，使建筑与环境相融合、共生。至于生态园林建筑则尚在探索研究中。生态园林建筑不同于生态公共建筑，更不同于生态住宅。我以为园林建筑不能与一般民用建筑采用相同的生态标准。园林建筑种类繁多，也不能采用单一的生态标准。

园林中的亭廊台榭等都是开敞建筑，只有遮阳、避雨的要求，游人坐在其中，需要清风拂面、明月同坐，与大自然共存共荣，而不是与外界隔离，不需要隔热保

温。我国南方气候炎热，许多民居都采用敞厅、明堂；庭院空间也不完全隔断、封闭，而采用流动空间，以求得良好的通风、采光，让人回归自然。园林建筑也正是追求人与自然相融合的境界。除非是园林博物馆、会展馆等建筑可以与一般民用建筑采用相同的生态标准。园林建筑应尽可能采用自然空间，采用绿色植物庇荫、隔热，建筑与绿化环境相结合。

在园林建筑走向生态建筑的道路上，更应着力利用太阳能、风能、水能、地热等再生能源，要把新能源、再生能源与园林建筑融为一体，创造出崭新的生态型园林建筑，如新型生态厕所、生态温室等。

在发展生态园林建筑的同时，还须研究、发展生态构筑物、生态桥、生态停车场、生态水岸、生态水体、生态道路、生态地坪等。

目前，园林建筑尚无单独的设计规范，而采用全国统一的工民建安全设计规范，致使园林建筑失去了昔日江南园林建筑轻盈、剔透、飘逸的风韵。原来小亭子只用直径15~16cm的柱子，而现在一律按工民建抗震要求必须采用40cm×40cm钢筋混凝土柱子，变成一座粗笨丑陋的亭子。这是园林建筑设计的悲哀与无奈！钢结构或木结构园林建筑都没有设计规范。结构总工程师或审图公司都按通用工业与民用建筑设计规范审图，否则，拒不签字。出于无奈，只能把小亭子做出大柱子！小木亭、小钢亭也一律用大柱子，到处都是"大老粗"，实在可悲！园林建筑师不敢设计木结构建筑或钢木建筑，因结构工程师不会做木结构计算，也不会做钢结构计算！无奈只能做粗笨的钢筋混凝土建筑。小木桥、竹亭、小木亭都不敢做，因没人签字。这种状况令人欲哭无泪，无可奈何，迟早要改变！

我在多年设计生涯中一直潜心于园林规划、园林设计和园林建筑的传承创新，抓住机遇不断探索，进行过许多园林建筑设计继承传统、变革创新的实践。我以为园林建筑不能全盘西化，也不能走复古道路，而必须与时俱进，继承传统，改革创新，走传承创新之路。

8.5

园林小品
——微妙小品多情趣

小品，是指园林艺术小品，就是体量微小的园林建筑、园林构筑、园林装饰物和园林家具。虽体量微小，但种类繁多，小而实用，小而精美，小而可爱，小而有情有趣，是微小而伟大的园林艺术小品。它们都具有实用性、艺术性、独特性和趣味性。设计精良的园林艺术小品，具有强烈的艺术感染力，让游人为之愉悦、兴奋、感动，触景生情。园林小品产生情感，园林景观艺术升华为精神情感，使园林达到更高精神境界。反之，如果园林小品设计得很粗糙、丑陋，不生动、不精美，不能使游人感兴趣、愉悦，也就没有美好的精神感受，甚至产生厌恶情绪，而不能形成美好的园林境界。

园林艺术小品，首先是中国（也包括日本园林）独有的园林艺术小品——盆景、石灯笼、假山、牌坊、塔幢、洞门（地穴）花窗和楹联匾额；其次是中西园林共有的雕塑、雕刻、标识、灯具和园林家具。

8.5.1　盆景艺术

盆景是中国传统园林独特的艺术精品，是中华文化的珍贵遗产。盆景起源于中国，起源的确切年代尚待考证。七千年前新石器时代的河姆渡盆栽陶片、西汉张骞通西域引种盆栽石榴，并非盆景起源的证据。唐代章怀太子墓道壁画中仕女侍奉盆景，表明盆景已初步成熟，成为宫廷玩物、馈赠物品在宫廷中流行，也说明盆景必起源于此前的时代，可能起源于东汉至魏晋北齐年代，这是推断，多种盆景起源之说并未定论，尚待发掘考证。

晋及十六国时期战乱不断，社会动荡不安，人们厌世逃生，追求和平、自由，归隐田园，向往自然山水。一批文人雅士催生了山水诗、山水画、山水画论、山水园。中国园林由官苑园林转向自然山水园林。按照山水画论的原理，追求山水情趣，寻觅奇峰怪石，以石代山，以石构山，玩赏奇石，寻求古木老桩，这一切都为盆景的产生奠定了思想、理论基础和物质条件。

华夏先人利用山水画艺术手法和植物栽培技法相结合，模仿山水，人造山水，缩龙成寸，创造无声诗、立体画。至唐代，盆景艺术已逐渐成熟，由民间进入宫廷，供王公贵族玩赏、礼赠。

中国盆景艺术走过一千多年的漫长道路，发展成长，逐步形成孤赏石盆景、水石盆景、树桩盆景、桩石盆景和组合山水盆景（配有山川、水石、山村、人物小景）等系列盆景。

盆景和石灯笼经由日本隋唐使经朝鲜传至日本。日本采用中文"盆栽"一名转为日本名称"Bonsai"，并得到大力发展、流传。盆栽与石灯笼发展成为日本园林精粹。20世纪末，盆景和石灯作为日本国粹、日本文化象征，构筑于日本园赠送给欧美甚至非洲各国，对外传播日本文化，给世人造成了"盆景和石灯是日本特有的艺术小品"，"盆景和石灯起源于日本"等的错觉和误解，掩盖了历史真面目。

一千多年来盆景在中国虽历经战乱败落但并未消失，在民间得以幸存。直至中华人民共和国成立后，盆景得到恢复和发展。上海市园林管理局原局长程绪珂给我们讲过上海盆景的故事：1954年在上海人民公园第一次举办菊花展览会，赚到一笔钱。经潘汉年副市长批准，用这笔钱到各地收购盆景。从小农场主、日本商人手中收购到一批珍贵的真柏、五针松树桩（有百余年树龄）等盆景，集中放在当年刚建立的上海龙华苗圃内保养、展出。还请来平井秋二等三位日籍园艺师负责养管盆景、制作盆景、培养盆景技工。当年在龙华苗圃主任周柏真（鸳鸯蝴蝶派文人周瘦鹃之子）的掌管下，盆景得到发掘、传承、发展。但在"文化大革命"期间，在造反派极"左"思潮的冲击下，盆景受批判，被打成"四旧""封、资、修的典型代表"。

程绪珂也被打成"走资派"，关进"牛棚"（关押"牛鬼蛇神"的地方）。此间有些好盆景被砸烂或被偷盗（偷至外地后被追回）。至1972年"文化大革命"后期，在筹划上海龙华苗圃改建上海植物园的过程中，如何处置这批（千余盆）盆景成为一大难题！当时我被指定主持上海植物园规划，对此深感为难：若植物园保留盆景，就要冒"复辟""守旧"被批判的风险；再则，国内外所有植物园都没有盆景和盆景园的先例。

首先，如何正确看待盆景？盆景到底是"四旧"，是"封、资、修的典型代表"，还是中华文化精粹、中国传统园林文化的珍贵遗产？最终认定造反派对盆景的批判、打倒是极"左"思潮泛滥，是"打砸抢"行为，是对中华文化的犯罪！当时程绪珂刚从五七干校调回负责筹建植物园。经过激烈的争辩取得统一认识后，决定排除万难，把盆景留在植物园中。中外植物园没有盆景园，上海植物园为什么不可以设置盆景园？为此，打破国际植物园的惯例，1974年在上海植物园规划中独创性创建盆景园，并作为植物园第一个建成的专类园，于1978年先行开放。并在园中创建盆景历史陈列室首次展出盆景起源的相关资料，其中包括1972年出土的章怀太子墓壁画《仕女侍奉盆景图》，展示盆景起源于中国的史实。盆景园是植物园科技创新内容之一，曾获建设部科技进步奖和上海市优秀设计奖。盆景园规划内容可参见《龙华盆景园规划》一文。

上海植物园盆景园建成前后，多次举办全国性盆景培训班，为全国各地培养盆景人才，也接纳海外人员培训，推动上海海派盆景艺术创作。盆景出口迅猛发展，带动了美、加、英、澳等国的植物园相继建立盆景园，还帮助美国华盛顿国立树木

园建盆景园，帮助纽约植物园、加拿大蒙特利尔植物园等发展盆景艺术。推动成立世界盆景协会和亚太盆景协会。上海植物园盆景园为海派盆景和中国盆景发展并推向国际，发挥了重要作用。

园林艺术小品是园林的调味剂（图 8.5-1）。

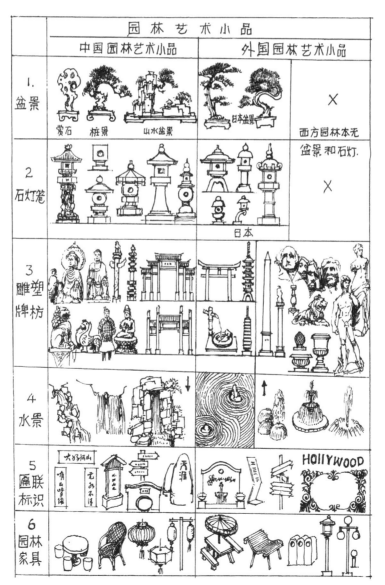

图 8.5-1　园林艺术小品

图 8.5-2 盆景园改建设计总平面图

2016年上海植物园盆景园进行全面更新改造，经过前期多年折腾，我再次被邀请主持改建设计。基本保留原有传统园林院落式的空间布局和江南民居风格（新中式），更新改造破败的建筑、道路等基础设施。重点建设至朴园（中心园）、四季园、龙华园、盆景博物馆、盆景展览馆、盆景艺术交流馆；新建"江山多娇""锦绣河山""铁骨峥嵘""三友"四座大型主题盆景。改建中特别创意设计、定制布局了一批中国传统形式的石灯笼，取代在市场上常见的日本式石灯笼，首次把中国园林两个传统精品——盆景和石灯笼联袂布局、联手展出，相映成趣、相得益彰，使盆景园升级换代，老园新生，取得了良好的效果，将推动中国盆景艺术、海派盆景

图 8.5-3 原盆景园主入口照片

艺术的发展进步（图 8.5-2~图 8.5-12）。

8.5.2　石灯笼艺术

人类自古就有祭祀传统。华夏民族自商周起就祭拜天地鬼神，祭拜对象愈来愈多：

图 8.5-4　新盆景园入口设计草图

图 8.5-5　盆景园新建入口实景照片

图 8.5-6 至朴亭设计草图

图 8.5-7 盆景展览馆入口照片

（a） （b）

图 8.5-8 盆景背景设计

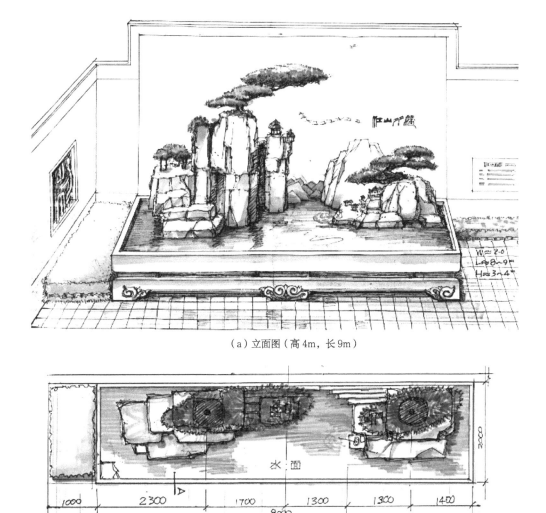

（a）立面图（高 4m，长 9m）

（b）平面图

图 8.5-9 XT-1 创新特大盆景"江山多娇"设计图

（a）立面图（崇山峻岭＋枯山水）

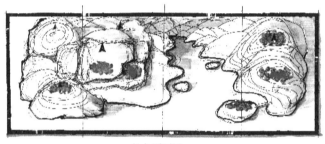

图 8.5-10　XT-2 创新特大
盆景"锦绣河山"设计图

（b）平面图

图 8.5-11　"岁寒三
友"大盆景设计图

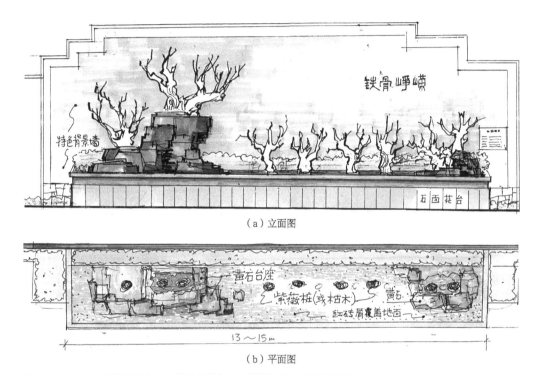

图 8.5-12　XT-3 创新特大盆景"铁骨峥嵘"——紫薇枯桩大盆景设计图

（1）祭天神（日、月、天神、玉皇、道教三清、佛祖三圣、悉达三世）；

（2）祭地祇（土地神、山神、河神、海神、水神、灶神、树神）；

（3）祭人神（孔子、关帝、城隍、妈祖、酒神及各种专业、行业始祖以及祖宗神灵）。

祭祀场所就集中在祭坛（日坛、月坛、天坛、地坛）和观宫、寺庙。中国本土的道教源于汉朝。印度佛教也同时传入中国。道教、儒教但凡祭祀都必用烟火祭拜神灵。以智慧之火点燃心灯，借烟火除妖驱鬼、降魔、请神，让佛光普照，净化万物，燃灯祈福，保佑解脱苦难。为保护露天灯火长明而设置石灯避风挡雨，石灯笼自然成

了庙前的长明灯，自然与寺庙宫观相伴而生。据文献记载，中国石灯笼已有两千年的历史，起源于汉代，发展成熟于魏晋南北朝，鼎盛在唐朝。在南北朝、隋朝时期，随佛教传入朝鲜和日本。

据查现存我国最古老的石灯笼是北齐（公元 556 年）太原崇善寺石灯（高4.12m）。佛教于 552 年传入日本，石灯笼也随之传入日本。现存最古老的石灯笼在奈良当麻寺（612 年建），百济益山弥勒寺（韩）石灯笼（600—641 年）。日本从公元 630 年起先后共 19 次派遣唐使数千人。日韩现存石灯笼的年代都在中国之后，证明了日韩石灯笼都源自中国。

我原本对石灯笼知之甚少。1979 年我

有幸参加中日友好之船访问日本京都、奈良、东京、大阪、横滨等地，看到每个寺庙都有许多石灯笼，而且石灯笼早已走出寺庙，走进公园、广场，乃至私家庭院。石灯笼不仅仅是敬神的供具，早已变成石艺装饰品，变成园林艺术小品，且带有浓郁东方文化和思想情怀。石灯笼形式多样，已形成春日型、雪见型、临水型、坟灯型等日式石灯笼系列产品。这是我第一次看到如此众多精美的石灯笼，感受到石灯笼的艺术价值和它在园林中产生的如此大的艺术魔力和感染力。石灯笼给我留下了极为深刻的印象。

此后，还在欧美甚至非洲目睹过日本园林中石灯笼的影响。日本把石灯笼、盆景（Bonsai）看成是日本的文化精粹，在全世界到处建日本园，把日本国粹传递到纽约、华盛顿、伦敦、巴黎、开罗等世界各大城市，致使许多外国人都误认为石灯笼、盆景都是起源于日本，是日本的园林艺术小品。石灯笼和盆景为日本文化输出发挥了巨大作用。

至此，我深感作为中国人的失落和耻辱。深感石灯笼体态虽微小，但艺术魅力巨大。石灯笼是东方园林（中国园林）的传统艺术精品，是中国也是世界文化遗产。为此，我还曾建议把石灯笼作为高校硕博论文专题进行深入挖掘，乃至申遗，但未引起关注。此后，我一直想寻找中国的石灯笼，但遗憾的是，只找到西湖三潭印月三座石灯（高 2.5m，出水 2m），还有故

宫的"嘉量"。虽是石灯笼，但一直不知为何叫嘉量？其实它就是石灯笼，嘉量只是藏在石灯笼内部的中国古代量器（斛、石、斗、升、合）的模型。到了 20 世纪 80 年代初，我偶然参观西安碑林博物馆，无意中发现一座高 1.94m 的石灯笼，那是来自西安乾县石牛寺的石灯笼，四坡瓦棱灯顶、四方灯体（室）、八角灯座、蟠龙灯柱，造型活泼舒展，比例均匀，雕刻精美华丽，是极为珍贵和罕见的最为完美的古代石灯笼，是无与伦比、极其精美的石灯笼（图 8.5-13）。站在此石灯笼旁，我兴奋至极，惊叹不已！限于不能摄影，我只能画速写，多年后才从网上找到此石灯笼完整的照片。

据悉，至今我国已发现尚存的古代石灯笼约有 20 多座。其中最早的是北齐石灯笼，其余大多是唐代石灯笼，分布在山西、陕西、河北、山东、黑龙江、四川等地（图 8.5-14～图 8.5-20）。除三潭印月（宋）石灯笼外，此后中国石灯笼莫名其妙地消失了，实在可惜，也非常令人费解。

在改革开放年代，日本为了保护本土自然环境，不开采本国石矿，就到中国开矿加工石灯笼。在 20 世纪末，福建已成为日本石灯笼的主要产地，大量加工出口日本。春日型、雪见型石灯笼一时充斥着中国各地寺庙、园林和博览会。许多国人还麻木不仁、不以为然，有的人甚至还颇为欣赏，实在是麻木、无知。在 2000 年前后，中国自己的石灯笼没有了，用的全是

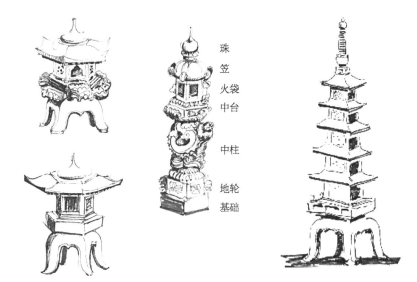

珠
笠
火袋
中台

中柱

地轮
基础

图 8.5-13　石灯笼

图 8.5-14　北齐童子寺石灯笼（556 年）

图 8.5-15　西安乾县石牛寺石灯笼

图 8.5-16　山西观音寺石灯笼（713 年）

图 8.5-17　山西法兴寺石灯笼（773 年）　　图 8.5-18　渤海国兴隆寺（唐）石灯笼　　图 8.5-19　三潭印月（宋）石灯笼　　图 8.5-20　故宫嘉量（清）

日本石灯笼，中国人颜面何在？随着改革开放浪潮的冲击，一时间，西方文化滚滚来袭，来势凶猛，崇洋媚外思潮兴风作浪。一部分国人失去文化自信和民族自尊，中华民族灵魂受到猛烈冲击。中国要改革发展，民族要振兴，关键是中国五千年文化不能断代，中华民族之魂——中华文化不能丧失。要振兴中华必须传承复兴传统文化，传承民族文化才能健康发展。我认为中华传统文化之一的石灯笼已经到了重见天日、恢复振兴、发扬光大的时刻。

为此，1987 年我为日本设计横滨本牧公园内的"上海—横滨友谊园"项目时，特意设计了中国式石灯笼。1986 年主持埃及开罗国际会议中心秀华园项目中，我亦特意设计了中国式石灯笼。同时我的同事梁友松先生在上海大观园也特意设计了两种类型的中国式石灯笼。1993 年在上海人民广场改建工程中，我设计了新型的多功能中式石灯笼装点现代化城市广场。2000 年昆明世博园后期工程名花艺石园中，我设计了 5 种现代石灯笼。2016 年，在上海植物园盆景园改建中，我特地把中国园林三小精品石灯笼、盆景、假山结合起来，在盆景园中创作了 7 种中国式石灯笼，丰富盆景园文化内涵，增添景色，取得了良好效果。

石灯笼是一种大型灯具，也是一种微型建筑。石灯笼可吸取中国传统建筑和灯具的特色，进行传承和创新，走出一条振兴中国石灯笼的道路，为中国式石灯笼的创新发展作出贡献，为恢复石灯笼起源于中国的历史真相做出贡献。

图 8.5-21 是我多年前设计的石灯笼、石塔、石作小品。

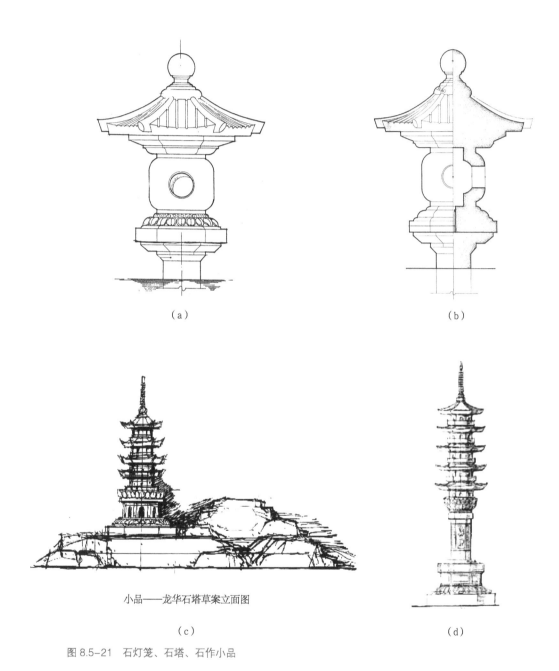

（a）

（b）

小品——龙华石塔草案立面图

（c）

（d）

图 8.5-21　石灯笼、石塔、石作小品

龙华千载仰高风

"龙华"景墙展开立面图（高3m，宽10~12m）
（e）

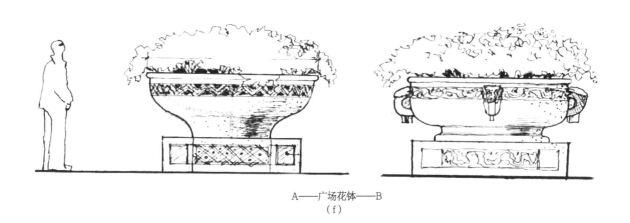

A——广场花钵——B
（f）

（g）

（h）

图8.5-21　石灯笼、石塔、石作小品（续）

8.5.3 其他园林艺术小品

除盆景和石灯笼两种中国（日本）独有的具有浓厚东方美的园林艺术小品外，还有中西园林共有的园林小品：雕塑（雕刻）、水景、匾额、标识和休闲小品（家具、灯具、玩具、游具、器具）。

1. 雕塑（雕刻）——城市雕塑与园林雕塑

中外园林都有人物雕塑、情景雕塑、动物雕塑、植物雕塑、纪念雕塑、装饰雕塑、神祇雕塑，而且各具特色。西方雕塑以人体解剖学为基础，讲究准确精美和超现实主义效果，现代逐渐趋于写意抽象／浪漫主义雕塑、环保雕塑（废物利用）；中国雕塑多以神似写意为主追求意境效果。

园林雕塑关键所在：

雕塑要选题恰当，雕塑应与园林主题、园林环境相吻合。

雕塑要有良好的朝向，人物雕塑应背阴朝阳，背山面水，避免"黑脸"。如咸阳的汉武大帝、襄阳的孟浩然两座雕像采用面向北、背阳面阴、背水面楼的朝向，人脸阴暗，效果不佳。上海外滩陈毅雕像采用朝阳方向，背靠香樟树林，取得良好效果。许多大学校园的毛主席雕像都采用朝阳背阴方向，都有良好效果。

雕塑还要少而精，不要滥竽充数。

雕塑应有良好背景衬托，雕塑应与环境相协调，融为一体。

雕刻、石雕、木雕、砖雕在江南民居、江南园林中广为应用。花窗、门罩、映壁、抱鼓、器物座等精美雕刻小品形式多样、技艺精良，应予保护、传承和发展。

伊斯兰园林的花园图案雕刻可以说是精美绝伦，很值得借鉴、传承和运用。

2. 水景

中西园林因天人观不同，分别采用不同的水景，中国传统园林都用自然式流水、瀑布、跌水、湍流形式，水是自然向下的，且与山石花木结合；西方园林用人工喷泉，水是靠人工压力向上流的，多用在规则式水池中，与雕塑相结合。现代园林已中西融合，逐步走向自然形态的道路。

3. 楹联、匾额、对联

楹联、匾额、对联是中国特有的传统文化形式，运用对仗工整、平仄协调、字数相同、结构相同的文字组成对偶的楹联，表达美好的愿望、幽深的情趣和理想的境界，也给园林注入文化内涵，耐人寻味。这种优良文化传统应得到更多的关注运用，使之得以传承发展，但应与环境相协调，追求高雅格调。苏州沧浪亭著名对联："清风明月本无价，近水远山皆有情"是绝佳的名联。

4. 标识

铭牌、标牌、指示牌、说明牌、导游牌、导向牌等，由文字、图案构成简单明了的标志、标识，让人一目了然，快速获得所需信息或企图传达给游人的信息。标识应图文简洁、图形美观、含义清晰、色彩素雅，不得喧嚣、花哨。

5. 休闲小品

园林家具、灯具、玩具、游具、器具，是为满足园林各种休闲活动所需的用具：

——交通（水、陆）游具：游船、游车。

——餐饮：餐座、伞座、饮水、手洗、废物箱。

——坐歇：坐凳、座椅、沙滩椅、情侣蓬（椅）。

——娱乐：儿童玩具、沙滩、游戏场、老人和成人娱乐用具。

——益智器具：华容道、鲁班锁、益智课堂、平衡器。

——健身：老人健身、青少年竞赛探险器具。

——观景：微型景观设施、花钵（缸）、器物座、装饰。

中 篇

园林设计技法

第9章

园林规划"三立"法

9.1

园林规划概述

园林规划首先是"纸上谈兵"，然后是"地上作文"。

"纸上谈兵"就是在地形图上画"泡泡图"，画圈圈划分功能分区、景观分区，画线条规划道路，进行总体规划布局；主体建筑选址、定位；选取出入口；设置交通路线；串联各个泡泡（分区），构成整体规划。然后，再把每个泡泡（圈圈）深入布局功能、设施、场地等，排兵布阵，有如将军指挥战争。

"地上作文"就是把设计图落实到地上，是把"纸上谈兵"的总体布局图搬到现场，用脚、用眼、用心把图纸上的布局落到地上。在场地上虚拟、想象图上的布局是否合适？对日后使用、管理有何利弊？园内布局与周边山水、市政有无矛盾？内部空间布局是否得当？图纸与场地有无差异，有无矛盾？到现场发现问题、解决问题，然后回到办公室修改图纸，有如在地上写文章、作诗词、绘图画。

通常一个园林项目的规划设计要经过十个步骤（工作程序）才算是完整的规划设计过程，但其中立意、立基、立景的"三立"始终是园林规划的重点和核心。

园林项目规划设计工作程序的十个步骤：

（1）相地：相地、五清。

（2）问主：三问、六定。

（3）立意：构思——园林创意。

（4）立基：构图——总体布局。

（5）立景：构景——景观立像。

（6）分项规划：山水、地形、交通、建筑、绿化、景观。

（7）贯标：标准、规范。

（8）论证：评审、报批。

（9）详细设计：扩初、施工图。

（10）施工配合、现场服务、设计回访。

第一步：相地。即现场踏勘，"观砂察水"。

相地，有如相亲、相面、相命，是园林规划、设计、建设的起步，包括选址、踏勘、调研、搜资、择基（厅堂定位）等内容。

计成将园林用地分为山林地、城市地、村庄地、郊野地、宅旁地、江湖地六种，其中，"唯山林地最佳"。还指出园地不拘方圆、方向、凸凹、曲直，关键是"因地制宜"，

"相地合宜，构园得体"，"得景随形"，求得"自然天然之趣"。西方园林设计强调"场地精神"也是同样的道理，充分发挥场地的特质，因地制宜，巧妙布局园林。中外园林设计程序并无二致。

相地，是认识场地、了解场地、熟悉场地，找出场地的特点，分析场地的利弊，对场地做到胸有成竹，知道如何因地制宜，做到"构园得体，随形得景。"相地，一般不宜空手看场地，而应带着地形测量图去相地，对照查看图纸与实地是否相符，并顺手把场地上的要点、特点、重要的地物标注到图上，如原生大树、大山石、建筑，特别是历史遗迹。大中型项目往往要多次相地。

相地关键要做到五清，要相清"五地"——地形、地理、地物、地质、地缘。

● 地形：包括场地的平面地形和竖向形状。具体有地形、方位、方向、方圆曲直，核实红线边界；基地内外的山形、水系（河、湖、溪、塘）。

● 地理：水文、气象、风力、风向、气温、光照、年雨量、水位（洪水位、枯水位、常水位、水质、水量、来源去流）、山脉、山势、地形坡向、坡度、高地、平峻，"观砂察水"（风水堪舆）。

● 地物：木（大树）、山石、房舍、高压线、植被、路径、人文史迹，确定可以保留或必须保留的地物，进而了解其自然和人文历史背景。

● 地质：土壤取样、检测土壤指标性

质（pH 值）、含盐量、可溶性盐浓度值等。

● 地缘：场地周边市政道路、建筑、山水、相邻关系；车流、人流、交通状况；环境卫生、动植物、主要物产；民族、民居、社会风俗、风土人情、人文资源、神话传说、历史典故等。

第二步：问主。

通过"三问"，做到"六定"。可采用提取资料的方式进行。提取资料可归纳为"一书、两图、三规"，即设计任务书；红线图、地形图；城市规划、水务规划、绿地系统规划。

首先是"三问"，就是调查研究，也即"三问三主"：一问主人，二问主旨，三问主题。

● 一问主人：问明园林基地的主人（业主）是谁？是公家（政府）？是商家（团体单位）？是私家（私人）？即园地归属权归谁所有，建设者是谁，使用者是谁。归属权决定了园林性质和属性，是公园，还是私园？应了解业主的意愿、信仰、喜爱、禁忌。

● 二问主旨（主意、宗旨）：问明园林建设的主要宗旨：要建设什么类型、什么形式、什么特色的园林？园林为谁使用，有何需求——风格、形式、功能、内容。

● 三问主题（标题、园名）：问明园林主题、标题、园名，这些与园林性质、内容密切相关，更是园林文化内涵和园林特色的表述。孟兆祯先生以"景面文心"一语道破。"颐和""豫悦""残粒"等园名都能顾名思义，触景生情，情景交融，达到地物景观与人文景观合二为一、天人合一的境界。主题、园名的构思、确定既表述了园主的目的、心志，也体现了设计师的智慧、胸怀和文化功力。此外，公共园林往往还要进行网上公示或向公众作问卷调查，搜集公众的需要和意愿。通过问主，了解人（主 / 客）的需求。

通过三问，达到六定：

● 定性（园林属性）：公共园林、单位（团体）园林、私人园林。

● 定类（园林类别）：风景区、公共绿地、防护绿地、生产绿地、郊野园林、专用园林或私人园林等。

● 定名：园名初步方案，园名、主题对园林规划设计会有重大作用。

● 定位（园林功能定位）：生态防护（备灾）、景观、休憩、休闲、健身、居住、度假、娱乐、游乐……

● 定量：园林建设数量、规模，园林建筑数量，以及建设费用投资额。

● 定标（园林建设指标）：建设标准（高中低标准），用地指标、规范。

有了上述"六定"，即可初步形成项目建议书、设计任务书或设计委托书，作为规划设计依据。经过相地、问主后，即进入园林规划的核心工作——"园林三立"，即园林立意、立基、立景，也是园林规划三立法。

园林立意、立基、立景（立形、立像）是园林艺术创作、园林规划设计整个过程中的三个核心阶段：

● 艺术构思（立意）。创立园林主题、意境，定性、定位。

● 艺术构图（立基）。创立山水、建筑、园林总体空间和平面布局。

● 艺术构景（立景）。创立山水、建筑、园林景观的艺术形象、风景园林画面形象。

9.2

园林立意
（构思——园林创意）

立意，即园林艺术构思、艺术创意，是艺术意境的构思，是园林艺术创作的重要环节。

艺术构思是指在相地、问主的场地体验和生活积累基础上，艺术家／园林设计师对园林素材进行加工、提炼、组合，形成艺术主题和艺术形象的过程。园林艺术构思是一个复杂的精神活动，是创造性的精神生产过程。文化艺术构思可以在一刹那间形成，有如诗歌、音乐、绘画的即兴之作；也可能是漫长岁月的构思。

艺术家／园林设计师借助一定的物质材料和艺术语言，运用艺术手法和艺术技巧，将构思成熟的艺术形象转化为艺术作品，完成艺术创作过程，进而进行艺术传达。艺术创作是先从"自然丘壑"到"胸中丘壑"，再到"纸上丘壑"。郑板桥画竹是先从"眼中的竹子"到"手中的竹子"，再到"纸上的竹子"。

构思的方法有简化、夸张、变形、综合等。现代艺术常用变形和夸张手法，突出艺术家对生活的强烈感受，达到知识性、科学性和趣味性熔于一炉、引人入胜的艺术境界。

设计师在相地、问主之后要迈出第三步，就是依据相地、问主获得的第一手资料，开始用脑、用心思索，寻求想要创建一个什么样的园林，将要营造什么样的意境、情景和格调。常言道"意在笔先"，设计师必须"胸有成竹"，然后才能动手作图，有主意才能有行动。园林立意就是创立园林设计思想、设计理念、设计意图，创立园林意境，即本书前面所述的五种园林意境——天境、意境、艺境、生境和物境。

东西方有不同的境界。中国园林追求师法自然、天人合一的境界，追求城市山林，再造自然，返璞归真，幽静、舒适、安逸，鸟语花香、诗情画意的境界。西方园林追求数理为美、天人为二的境界，追求人工雕琢的几何体建筑、精美的园林装饰，以及明亮、华丽的意境。东西方有不同的宗教、哲学，不同的民族、民俗，不同的地域文化和不同的思想情感、文化境界。东西方不同的艺术形式，以及不同的山水、建筑、植物构成多种异样的意境、生境和物境。东西方有不同的园林风格，不同的园林情调，而现代园林正在走向国际化、趋同化，西方园林也开始转向自然、生态的时代潮流，产生新型园林意境。在大体、粗犷的意境中，还有更多样、丰富的细微意境差异。设计师在动笔做园林设计之前，必须认真思索，寻找答案，形成园林意境，并与园主沟通以达成共识。

意境，似乎是一种虚无缥缈，又丰富多样的东西，看不见、摸不着、道不明、说不清、难以捉摸、难以言表。但它确实存在，是能让人感受得到的东西。意境，需要靠设计师努力摸索、寻求。而且园林立意、创意在园林设计中至关重要，是事关园林成败的关键。

举例说明，约在 1982 年初，我应邀承接西双版纳热带植物园核心区改建设计。按常规，植物园核心区一般多由温室、花坛、水池、科普馆等构成。这很普遍，也较容易设计，但没有新意，也没有特色。此时正值该园主任许再富先生"民族植物学"研究课题成果出炉不久。民族植物学是国际植物学科的一个新兴分支，是一个很先进、很时尚的课题，而且正巧取得最新的研究成果。我想，何不趁此机会把这一最新研究成果应用到植物园改造工程中来呢？世界植物园史上虽从未有过"民族植物园"这样的规划分区形式。我们为何不能打破常规，开创一个新天地，搞一个民族植物园区？于是我把傣医、傣药、傣族民居竹楼和傣族民族风情运用到园林中，规划建设一个崭新的民族植物园区。这是多好的创意！这样一个园林立意便在天时、地利、人和俱备的情况下顺利诞生，成为一个富有地方特色的世界首创的民族植物园区。这个规划创意是很好的，但可惜的是当时只做概念规划，未做深化规划和详细设计，也未知后续结果。

我深感园林立意非常重要，非常必要，但做起来却是异常艰难，异常痛苦。要求设计师用毕生的修养、功力和经验积累，用心、用力去探索和追求新鲜的事物、新的思路、新的思想，创造未来的新园林。最重要的是要融入地域文化、人文精神创造园林意境，为园林赋予灵魂和生命。《园冶》追求"虽由人作，宛自天开，自感天然之趣"的自然、野趣意境，这是中国传统园林之精髓。要找到一个好的创意非常艰难，而要实现一个好的设计创意更是难上加难。一个好的设计师必须不畏艰难，知难而行。

9.3

园林立基
（构图——园林布局）

立基，即构图、布局，就是园林的空间和平面规划设计布局。"立基"是《园冶》最精彩的一章，记述了计成先生造园生涯中积累的成功经验和园林构园（布局）要点："凡园圃立基以定厅堂为主，先乎取景，妙在朝南。""小筑贵从水面"；"立基先定源头"；"楼立半山水之间"；"借景偏宜，得景随形"；"十之三开池，十之四掇山"；"巧于因借，精在体宜"；"因地制宜，随地构园"……园林立基，是要把事先确定且已画到图上的立意落实到地上。所以说园林设计就是在地上做文章，从纸上构图到地上构图，即先做平面构图，再做空间构图。园林平面构图就是常说的画"泡泡图"，在红线图上进行场地分析，进行功能分区、山水布局、建筑布局、景观布局和交通布局。

《园冶》所讲的立基都是私人宅园（庭园）的规划布局，与今天的城市公园、大型绿地的立基布局大有差别。传统宅园是由宅和园两部分构成。宅前庭园、宅后庭园或宅旁庭园都是以宅为主，园为宅服务，往往是宅的位置决定了整个场地的布局。传统民宅用地偏小，建筑都沿周边布置，形成"一颗印""三合院""四合院"布局。

现在别墅园林或会所园林，一般用地稍大，建筑占地较少，即园林面积比建筑面积大许多，如此情况下，规划布局就有了较大的可能性和灵活性。建筑立基（择基）的方案多而且对全局影响大。中国围棋有句俗语——"金角、银边、草肚皮"，先占领阵地边角就可能成为赢家，我认为此话同样适用于园林规划设计。计成说园林规划以"先定厅堂为主"，建筑"妙在朝南"，"贵从水面"，"楼立半山水间"。

通常建筑师不会考虑园林布局，多是建筑已建成后，再由园林设计师设计花园，但最理想的做法是，先由园林设计师从园林整体布局考虑，确定建筑定位后再由建筑师设计建筑。

关于建筑立基，我尝试运用九宫格定位，如图9.3-1所示。

九宫立基建筑定位法，是以中国传统九宫格为建筑选址定位，简易便捷。运用九宫格"定厅堂"，通过九宫格摆放主体建筑位置，进行建筑朝向方位、空间视线、视野分析，以及园林（花园、菜园、果园、禽畜园、花房、停车场、杂物院）等布局分析。

在一块方形用地内，按照九宫格选择厅堂建筑位置

1	2	3
4	5	6
7	8	9

图 9.3-1　九宫格

的三原则：厅堂建筑朝向好、花园完整、厅堂观看花园的视线最长。按此三原则对九个位置进行评定，得出如下结果：

● 建筑位 5（太极）最差。因建筑居中，四面视线长短相等，空间相等，且都很短，花园分散、不完整。中央建筑布局过于严肃、紧张，除了纪念性园林外一般不宜选用。

● 建筑西南位 7（坤位）、南位 8（离位）、东南位 9（巽位）。建筑都在地块南边，花园在北面，建筑朝北面向花园，朝向不佳。故此三个建筑定位较差，不宜采用（南半球除外）。

● 建筑西北位 1（乾位）、北位 2（坎位）、东北位 3（艮位）。建筑都在北部，建筑坐北朝南，朝向最佳，花园也完整，而且建筑的前景视线最长。故北面的三位是建筑的良好选位。其中西北位 1，建筑朝南、朝东，花园在建筑南面，建筑东南方向观看花园的景观视线最长，所以建筑西北位 1、北位 2 都是最佳和常用的建筑选位。

若以九宫格分隔线西北交点定位，则更为便捷可行。若以九宫位选择入口也是一种好方法，以不同的入口选位方案布局园林，可产生多种不同效果。

图 9.3-2 是 20 世纪 40 年代法国人设计的上海襄阳公园，建筑选九宫格中的北位 2，园林入口选西南位 7，形成建筑正位，入口呈"歪门斜道"特别布局。不过，根据现行国家规范，入口位置选择必须远

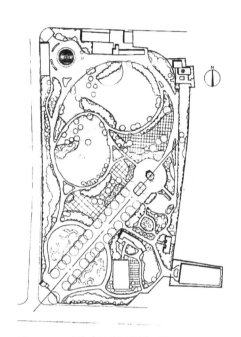

图 9.3-2　上海襄阳公园总平面图

离十字路口 70m 之外。

上海嘉定南翔黄家花园是 20 世纪早期所建私人别墅，建在南翔镇郊野农田之中，通过挖河（护园河）、堆土（土丘和土堤）形成周边林带。别墅（厅堂）定位偏于西北角，相当于九宫格中的西北位 1，建筑坐北朝南（图 9.3-3）。楼前挖湖堆成三座小山丘，分别位于楼北、楼南远端水口两侧，形成三角阵势。水口选在西南位 7，偏安一角，使人在建筑处见水不见流（出水口），形成"见源不见流"（出水口）的佳境。

主楼背山面湖，远处两山（山林）夹一水，隐约可见水流去处，但不可望穿，令人向往；楼宅东侧为菜园、花园和草坪。

内部布局合理、简洁、适用，周边以河代围墙，以林带包围全园，从而与外部

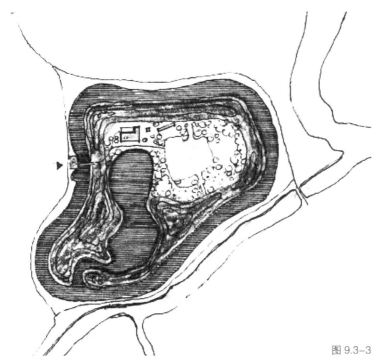

图 9.3-3　上海南翔黄家花园平面图

完全隔离，从外部只能看到一片郁郁葱葱的森林，只在西侧设一小屋连一座吊桥沟通内外。布局简洁之极，巧妙之极，实用之极，造就了一个安静、安全、安逸的郊野生态别墅。关键一点就是"以定厅堂为主"，"小筑贵从水面"，"楼立半山水之间"，"坐北朝南"，完全是《园冶》立基理论的体现，营造了"幽、雅、闲"的生态人居环境最佳境界。可以说，这是郊野别墅规划布局的成功范例。

9.4

园林立景
（构景——园林景观构图）

立景，即立形，立像，构景，造型。当立意、立基完成之后，即进入立景设计。立意和立基是立景创建园林景观的依据，立景创造园林景观的形象；根据既定设计创意和设计布局，进行园林景观创作——山水景观、建筑景观、植物景观和其他景观的规划设计，创立景观形象和造型。

立景，即景观创作，要创造出具有完美艺术形象和美好意境的园林景观形象。立景的关键是要形神兼备，出神入化，独具特色，为人民大众喜闻乐见，传达正能量的景观，而不是丑陋、庸俗的景观。

立景，要求设计师具有良好的空间概念，富有想象力和创造精神，还要有良好的艺术修养、过硬的绘画表现力，有手绘效果图的真功夫，具有良好的艺术想象力和艺术创作能力。

立景，需要像"大海捞针""艺海拾贝"那样去寻觅、去创作具有针对性和适应性，能符合场境需求，与环境相协调的景观，而不是文不对题、滥竽充数的景观。

拾趣，创造趣味景点。在总体景观布局确立后，还须特别关注选择某些关键节点，设置饶有情趣、令人难以忘怀的趣味景点。

立意，是确立园林风格形式、意境、情调和精神风貌，立意是园林之魂；立基，是确定园林场地和总体环境、总体平面布局、园林空间布局。由立意、立基和立景共同构成园林总体规划，取得园林设计的最初成果——园林概念性规划。

下文以上海东安公园为例，说明园林规划的"三立"（立意、立基、立景）过程。我虽是一个性格内向、安分守己的人，但对园林设计却很不安分，不愿因循守旧、循规蹈矩。我习惯观察周边的事物，喜欢捉摸、思考，问个为什么？20 世纪 80 年代改革开放初期，上海浦东尚未开发，城市公园绿地稀少，住房环境很差，市政府为改善城市环境，响应市民对公园绿地的急迫需求，决定首先把市区的大型苗圃改建为公园绿地。东安公园原为东安苗圃，面积仅 20 多亩，根据规划征地扩建总用地才 28.35 亩，还不到 2hm²，比外滩黄浦公园还要小。当时上海原有一批老的小公园，如淮海、衡山、静安、南阳、霍山、曹阳、普陀公园等都是小型的社区公园，公园周边都是大片居民区。这些小公园规划布局、设施内容都很简单粗放，没有明显特色。在公园门口就可一眼看到底，园内兜一圈，结果"一点也唔啥啥"，没有东西能吸引游人，没有什么景物能给人留下深刻印象，正如人们常批评的"千园一面"。大家都厌倦这种状况，希望新建的公园能改变这种局面，走出一条公园建设的新路子来。

9.5

"三立"法实践——上海东安公园规划创新

1. 立意

1980年我接受了东安公园的设计任务，这是我设计生涯中的第四个公园。我一直在想小公园设计如何打破常规，改变小公园的老面孔，总想有所创新，能做出一个新型的小公园。苏州有诸多古典园林，上海也有豫园等五个古典园林，园子面积一般都很小，但其园林空间极其丰富多变、曲折幽深。今天如果重复古典园林的手法，又觉得不合时宜，与现代公园大众游览的功能不相适应；如果都按现代城市公园的布局形式，又感到过于简单乏味，显得一览无余，令人扫兴。因此我想，可不可以把传统与现代相结合，把古典园林手法与现代园林手法相结合，在园中小部分采用曲折多变的院落式庭园，而大部分区域采用现代园林的开放空间形式，以绿化植物构筑园林空间。灵感来了，立意可行！于是就产生了传承传统园林与开拓创新相结合的创作意向，获得了东安公园的规划创意——立意。

有了立意，便顺利进入了立基阶段。

2. 立基

我在学习和继承中西传统园林手法、吸取江南民居建筑风格的基础上，海纳百川，中西合璧，大胆改革创新，创建既有中国传统园林韵味，又有西方现代园林形式，以老人、儿童为主要服务对象的现代社区公园。公园总体布局采用绿化和院墙创造现代园林空间，并形成园林空间序列；运用天然的竹、木、石建造江南民居风格的园林建筑；创造雕塑造型儿童玩具等，在多方面进行创新尝试。东安公园面积不到2hm²，并且还分一、二期建设。在规划中基本保留利用原有院墙划分园林空间。一期自然形成四五个"泡泡"（分区）；二期有4个"泡泡"，形成20多个园林空间。一期中，按照"先定厅堂为主"的原则，我以自创的建筑九宫定位法，把建筑集中布置在西北角，主体建筑茶室坐北朝南，临水而立，面向大草坪主体空间；二期也同样把老年服务建筑"伏枥轩"设在西北角。在每个泡泡内再进行二级空间分割处理和景点设置。至此，"立基"完成，即确定了公园布局。

3. 立景——山水立景、建筑立景、植物立景和雕塑立景

1）山水立景，即山水景观创作。

东安公园中主体空间是山水空间，即水池大草坪开放空间。把原有蓄水池延扩、整形，构筑源流。公园原地为平地造园，需要人工创造微地形，草坪南端提升2~3m，北端设缓坡草滩延伸入水池中，做成草坡以解决草坪排水（图9.5-1~图9.5-3），形成"山水"

图 9.5-1　东安公园（一）

图 9.5-2　东安公园（二）

图 9.5-3　东安公园茶室手绘

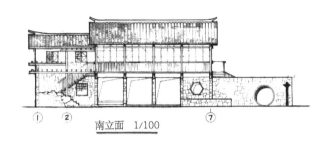

① ② 南立面　1/100 ⑦ Ⓐ Ⓑ Ⓓ 东立面　1/100

⑦ ② ① 北（背）立面　1/100 Ⓔ Ⓑ Ⓐ 西立面　1/100

图 9.5-4　东安公园建筑立面

相连、一气呵成的气势（坡度约5%），创造颇有气势的开放式"雪松大草坪"等现代微山水园林景观。

2）建筑立景，创立建筑景观。

全园采用江南民居建筑风格（图9.5-4）。北部采用黛瓦粉墙分割、组织园林空间，构成江南民居建筑庭院布局形式。建筑全用竹材、木材和石材、青石板天然材料装饰。

小公园不做大门，改用小小的、简化的垂花门。

主体建筑茶室采用二层垂花楼石墙山地民居吊脚楼形式。用钢管仿竹构架、竹材构顶，构建亭廊，形成简朴、素雅、轻巧、明快的江南乡野建筑景观氛围。

3）植物立景。

公园中部主体空间以雪松丛林、花坛、大缓坡草坪的现代园林布局形式，形成"雪松大草坪"绿化主景。公园北部建筑庭院环境多种竹子，形成竹径通幽的院落，体现"宁可食无肉，不可居无竹"的简朴而有内涵的生态人文意境。此外，设置合欢院、杏花苑，以及以春天百花构成的迎春院（图9.5-5）。

4）雕塑立景。

往时上海公园绿地很少运用雕塑。东安公园规划希望丰富园林文化内涵，增添园林文化景色。因此，规划中大胆运用雕塑这一艺术形式。传说东安苗圃基地旁边原有一座花神庙，被战乱所毁。为此在公

图 9.5-5　东安公园的竹景

园南部设置了一座"天女散花"雕塑；在茶室侧院水池旁设置了一座"吹箫少女"，配以芭蕉、修竹；还在儿童乐园大型沙坑中，大胆设置了狗熊抬杠、蜘蛛网、猴子滑梯等十多组动物雕塑造型和活泼可爱的儿童玩具，当年都采用 GRC 材料制作，素色或彩色，价廉物美，效果良好，深受欢迎。

20 世纪 90 年代上海只有一个园林设计单位，仅有 20 多位"文化大革命"前的老设计人员，设计力量不足。而园林学校开办不久，学生尚未毕业。东安公园从总体规划（立意、立基、立景），到地形、绿化、建筑设计，包括水电总体设计和雕塑总体方案（儿童乐园雕塑造型创新玩具），除建筑结构设计外，都由我一人完成，由几个助手编制施工图；雕塑家完成雕塑单体设计。真是"压力山大"！但这样的环境却给我提供了涉及园林规划设计各专业全方位锻炼、考验的机遇。

前面走过了相地、问主和"三立"共五步，至此，园林规划的宏观问题已基本解决，园林总体布局、建筑、绿化等景观形象和位置得以确定。进而就进入中观设计阶段——分项规划设计。最后完成施工图设计、概预算、施工交底、现场服务、竣工验收、交付使用、设计回访。

第 10 章

园林规划总体构图法

将前文所述园林构成原理、园林构图理论运用到园林总体构图规划中，以达到创造园林艺术境界的目的，必须深入学习并熟悉三个概念——园林构图形式、园林构图方法和园林造景手法。这三个概念既相似又不同。形式与方法可合称为法式。

- 园林构图形式是指园林总体构图的形式，即园林布局样式。
- 园林构图方法是完成园林总体构图的创作方法。
- 园林造景手法是园林局部景观的创作方法。

园林构图方法和园林造景手法虽然都是设计方法（手法），但二者有区别：园林构图方法是创作园林总体构图形式的方法，是宏观或中观层面的艺术手法，往往是游人视觉看不到也难以感悟到，而要看整体图或鸟瞰图才能看到的园林总体布局；园林造景手法则是园林局部景观的创作方法（设计技法／手法），是创造微观层面、局部景观的方法。园林设计就是要运用这些方法去创作更细致、更精美的园林景观。在三千多年的历史长河中，世界园林形成了东方和西方两大类型园林构图形式——东方自然式园林和西方规则式园林。

- 中国园林采用自然构图法，形成中国传统自然山水园形式，也代表日本和东亚各国的东方传统园林形式。
- 意大利园林、法国园林、西亚悬园和伊斯兰园林，均采用几何规则构图法，形成西方规则式园林形式。
- 英国自然风景式园林和英美城市公园运动形成的现代自然式园林，是其近代受中国传统自然式园林影响而形成的现代自然式园林。

后来，自然构图法和几何构图法相结合，形成混合式园林构图形式。

- 至 20 世纪初，欧洲新艺术运动、工艺美术运动兴起，欧洲艺术走向分化，出现现代主义、后现代主义、结构主义、解构主义、立体主义、野兽派等先锋艺术流派，园林也受到影响和冲击，涌现了形形色色、标新立异，令人眼花缭乱的园林构图形式。我实在是找不到一个合适的词语来称呼它们，暂且称其为"浪漫主义"构图法（或称自由构图法、趣味造景法）。

以往国内外园林设计教科书介绍过一些造景法：景区、景点、主景、配景；夹景、框景、障景、透景、漏景、对景、借景，以及中轴线、透视线、导游线等景观概念。其中，借景是《园冶》教给后人的主要园林理论，也是造景方法，具有理法双重含义。在现代园林设计实践中，涌现出许多新型的园林理念、理论、造景方法。我在 50 多年的园林设计工作中也曾运用过，并进而探索、创造过多种园林构图法和园林造景法。

综上所述，不同的构图法产生不同的园林构图形式；不同造景法形成许多不同园林景观。可综合、概括成以下 5 种园林构图法式：自然式构图法式、混合式构图法式、规则（几何）式构图法式、浪漫式构图法式和综合式构图法式。运用 5 种园林总体构图法式产生 30 多种现代园林造景法（表 10.0-1）。

园林总体构图（法式）案例 表 10.0-1

园林构图法式			园林构图形式　案例
自然式构图法	1	中心构图法 中心湖、中心建筑、中心岛、中心草坪	北京圆明园、苏州网师园、上海长风公园、上海大观园、北京陶然亭公园、杭州花港观鱼公园、北京紫竹院公园； 美国奥兰多迪士尼 EPCOT 园区
	2	阴阳（太极 S 轴）寓意构图法 禅意构图法	无锡寄畅园、上海豫园大假山水池、苏州环秀山庄、上海南翔黄家花园、上海闸北不夜城广场、上海金山龙胜公园； 东京新大谷饭店庭院
	3	多心散点构图法	杭州太子湾公园、上海植物园
	4	序列空间构图法	苏州留园、上海东安公园、上海植物园盆景园
混合构图法	5	混合构图法 曲轴、弯轴、斜轴构图法	北京颐和园、上海虹口公园、上海辰山植物园（方案）、宁波植物园、郑州植物园、随州白云湖公园、上海襄阳公园
规则式构图法	6	直线中轴构图法	上海鲁迅墓、上海人民广场； 意大利兰特庄园、英国汉普顿宫、法国沃·勒·维贡特花园、柏林苏军墓
	7	双轴（十字、T 字）构图法	随州炎帝故里、上海宋庆龄陵园、上海世纪广场、广州烈士陵园、龙华烈士陵园； 日本横滨山下公园
	8	曲轴构图法	美国罗斯福纪念公园
	9	多轴、射线构图法	上海植物园扩建规划（方案）； 法国凡尔赛宫苑、印度莫卧儿花园、印度泰姬陵
	10	网格构成构图法	美国达拉斯喷泉水景园、亚特兰大瑞欧购物中心

续表

		园林构图法式	园林构图形式　案例
浪漫构图法	11	母题构图法	昆明世博园明珠苑； 丹麦音乐花园、圆形庭院
	12	解构法构图	德国柏林犹太纪念馆、德国港口岛公园
	13	无轴、流动空间构图	西班牙世博会德国馆（密斯·凡·德·罗）
	14	叠加构图法 拼合构图法	索拉纳 IBM 研究中心、格林艾克小公园、日本某庭园、坦帕北卡罗来纳国家银行广场、巴塞罗那市北站公园、法兰克福国家花展主题花园、筑波科学广场（拼合构图法）
	15	仿生、隐喻、象征、寓意构图法	南京中山陵墓区、北京奥林匹克公园、西安 2011 世博园入口区
	16	抽象构图法	巴西奥德特·芒太罗花园
综合式构图法	17	综合构图法 网格，多轴，弯轴、曲轴，几何，解构等综合构图法	上海徐家汇公园、随州文化公园； 法国拉·维莱特公园、雪铁龙公园

10.1

自然式构图法

自然式园林构图法是中国园林的基本构图法，也是英式风景园和美式城市公园的现代构图法，是世界现代园林的主要构图法。自然构图法可分为 5 种构图法式：中心构图法、阴阳构图法（偏心构图法）、散点式构图法、序列空间构图法和自然式序列空间构图法。

10.1.1　中心构图法

可分为中心湖（中心草坪）、中心岛、中心建筑构图法。

网师园是苏州典型的府宅园林。全园布局紧凑，建筑精巧，空间尺度比例协调，以精致的造园布局、深蕴的文化内涵、典雅的园林气息成为江南中小古典园林的代表作（图 10.1-1）。

中心湖构图法是中国传统园林和西方传统园林最常用、最主要、最经典的构图手法，也是东西方现代园林的常用手法。无论私家园林、皇家园林、现代园林大都采用——"以湖为中心，沿湖构景"的构图方法。苏州网师园、留园，北京圆明园、颐和园、紫竹院、奥林匹克公园，上海长风公园、大观园、世纪公园、辰山植物园，美国奥兰多迪士尼核心园等许多园林均采用中心湖构图法，并取得完美效果（图 10.1-2～图 10.1-5）。

长风公园布局模拟自然，因低挖湖，就高叠山，山体坐北朝南，可眺望宽阔的湖面。水面采取以聚为主、以分为辅的布局，以银锄湖、铁臂山为主体，巧妙保留了原有的苏州河老河套，它从铁臂山的东南向北再西折，恰好环绕整个山体。铁臂山有起伏的山峦和蜿蜒的余脉，隔河的黑松山向东延伸，与铁臂山西北余脉有连贯趋势，从而增添了园林空间层次，避免山形轮廓相同（图 10.1-6）。

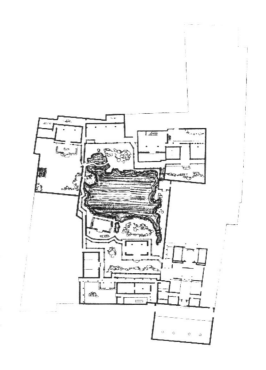

图 10.1-1　网师园平面图——自然式中心湖构图法

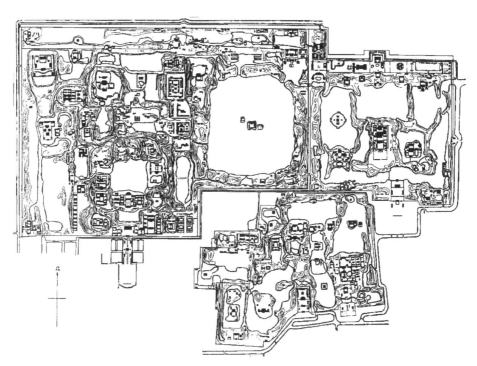

图 10.1-2　乾隆时期圆明三园中心湖构图法

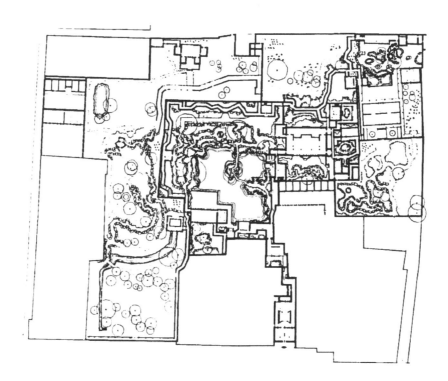

图 10.1-3　苏州留园中心湖构图法

图 10.1-4　上海大观园中心湖构图

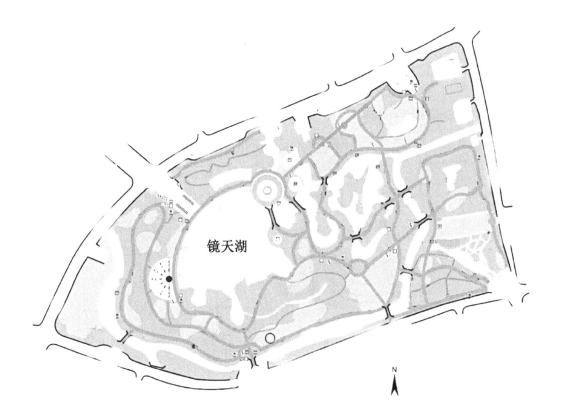

镜天湖

图 10.1-5　上海世纪公园中心湖构图法

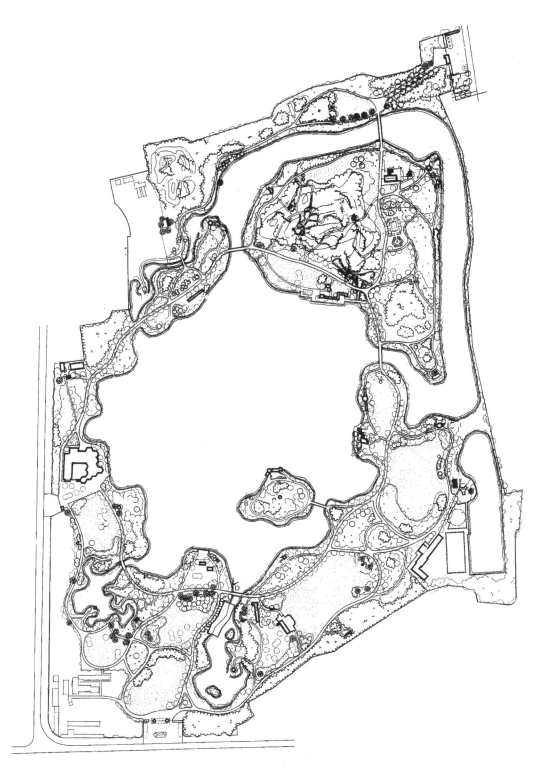

图 10.1-6　1985 年上海长风公园平面图——自然式中心湖构图法

北京陶然亭公园，是一座融传统与现代造园艺术为一体的、以突出中华民族亭文化为主要内容的现代新型城市园林。园内林木葱茏，花草繁茂，楼阁参差，亭台掩映，景色宜人。陶然亭公园采用了中心岛构图法。湖心岛上，有锦秋墩、燕头山，与陶然亭成鼎足之势（图 10.1-7）。

圆明园、金明池采用了自然式中心建筑构图法（图 10.1-8、图 10.1-9）。

紫竹院公园位于北京城西，公园内有三湖两岛一堤，楼台亭榭巧布其中（图 10.1-10）。大湖可泛舟，小湖为荷花渡，船夫摇橹可穿梭于荷塘之中。两堤垂钓，有"一得"之乐。青莲岛八宜轩展示

了中国传统的竹文化。湖南岸有依山傍水的澄碧山房。明月岛上还有问月楼、箫声醉月等景点。长河以北是独具江南园林特色的筠石园，园内松竹障目，笋石直立，幽簧拂面，四野皆碧。

杭州花港观鱼公园，以中国传统园林的造园手法为主，也吸收部分西洋组景方式（大草坪，植物修剪成形）。园林布局由牡丹园、鱼乐园、花港和大草坪四部分组成。为了打破过分的开朗性，设计将全园最大的建筑文娱厅——翠雨厅布置在临湖水边，成为全园构图中心，作为整个园林空间的主景。同时利用长廊将一部分草坪与广阔的湖面分隔起来，自然空间组织开

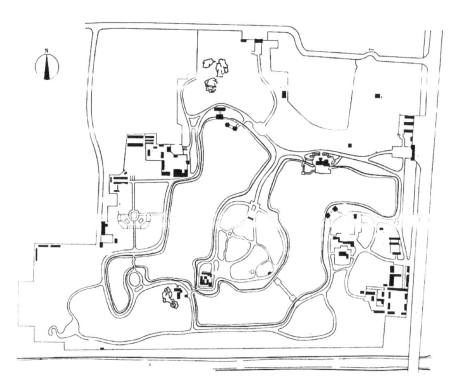

图 10.1-7　北京陶然亭公园——自然式中心岛构图法

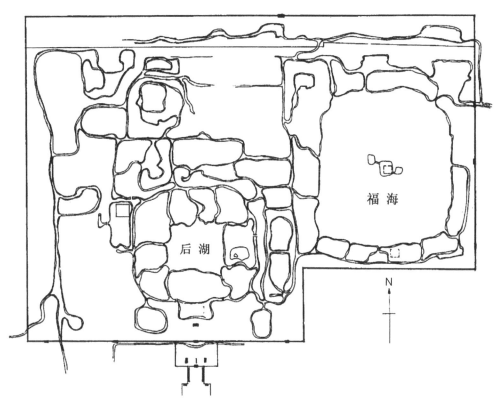

图 10.1-8　雍正时期的圆明园——自然式中心建筑构图法

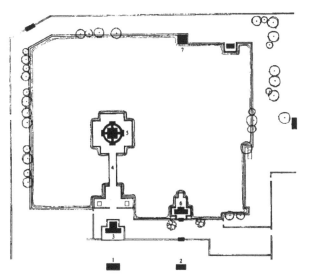

1-宴殿；2-射殿；3-宝津楼；4-仙桥；5-水心殿；6-临水殿；7-奥屋

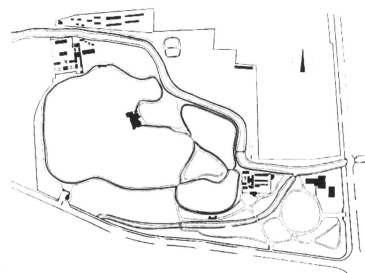

图 10.1-9　开封金明池——自然式中心建筑构图法　　　　图 10.1-10　北京紫竹院公园——自然式中心湖构图法

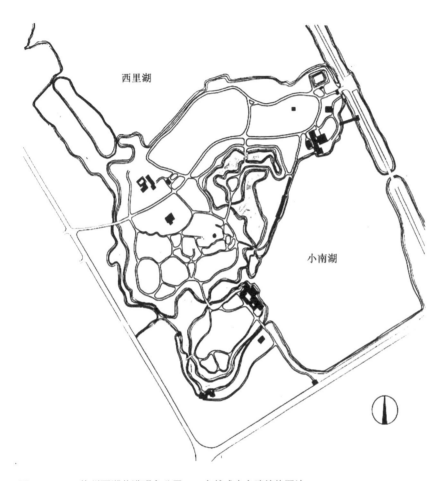

图 10.1-11　杭州西湖花港观鱼公园——自然式中心建筑构图法

合收放，虚实相间，互为衬托，聚散有变。造就一个"多方圣景，咫尺山林"的艺术境界（图 10.1-11）。

10.1.2　阴阳构图法（S 轴、禅意）

上海南翔黄家花园布局别致，虽为人工所筑，却构思奇妙，富于山林野趣，山居、园居是造景主题。其四周为河流，好像古城外侧的护城河。入园是别具一格的木制小吊桥。只要拉一下铃，便可放下吊桥入园。走在吊桥上意蕴无穷，清清的河水在脚下流淌，层层叠叠的绿色充满诗意，让人似乎进入世外桃源（参见图 9.3-3）。

无锡寄畅园、苏州环秀山庄假山、上海豫园大假山均采用了阴阳构图法（图 10.1-12~图 10.1-14）。

受日本传统文化和现代科技的双重影响，日本龙安寺用不锈钢等现代材料表现日本枯山水，整体风格呈现出现代设计简洁明快的特征，反映了人民既眷恋历史又崇尚现代的矛盾心理（图 10.1-15）。日本东京石

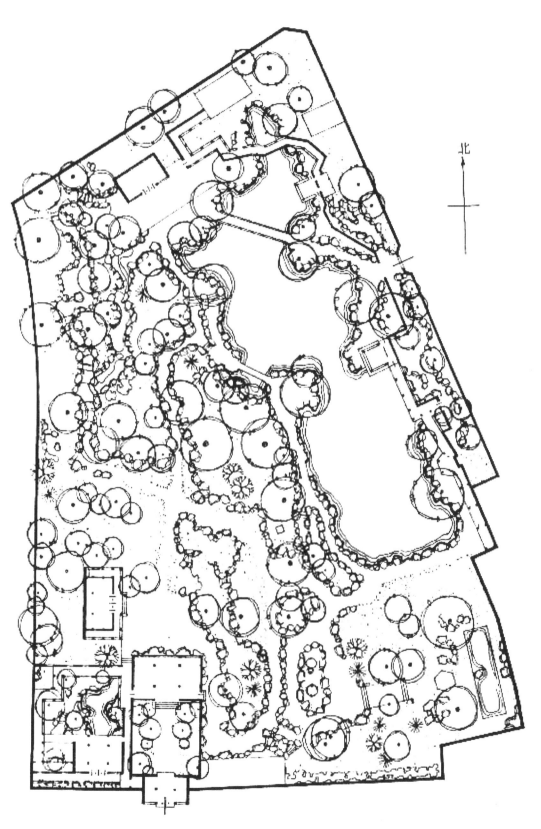

北

图 10.1-12　无锡寄畅园——阴阳构图法

中 篇

园林设计技法

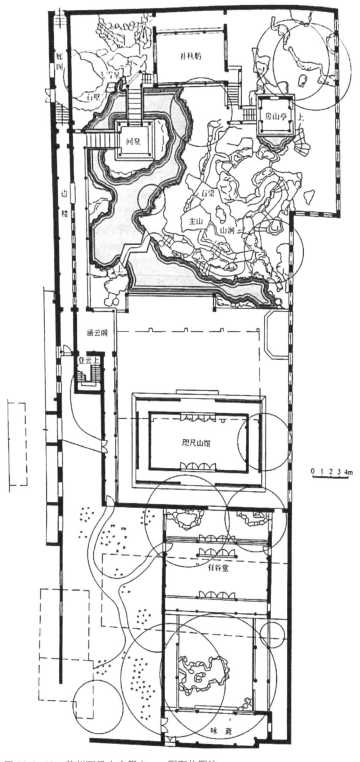

图 10.1-13　苏州环秀山庄假山——阴阳构图法

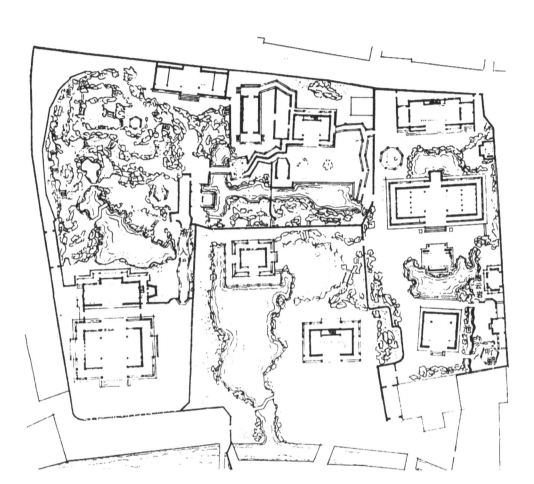

图 10.1-14　上海豫园大假山——阴阳构图法

图 10.1-15　日本龙安寺枯山水园——阴阳构图法

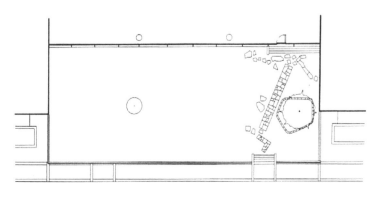

图 10.1-16　日本东京石园——阴阳构图法

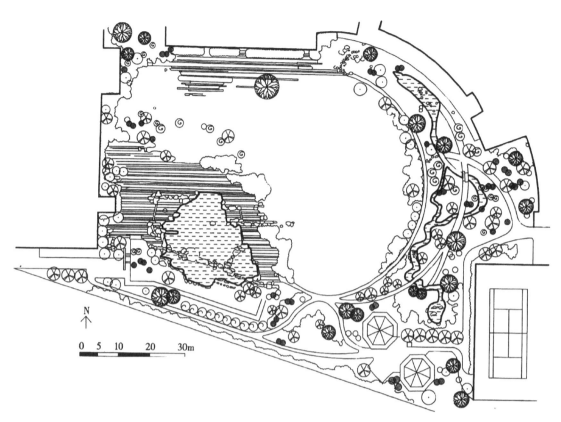

图 10.1-17　东京湾喜来登大饭店中心庭园

园、上海金山龙胜公园（规划方案）也都是
阴阳构图法设计的代表（图10.1-16）。

　　铃木昌道研究所为东京湾喜来登大
饭店设计的众多庭园各具特色，其中的中
心庭园为自然式偏心构图。有些庭园受
到西方园林形式的影响，例如入口大跌
水、流水庭等，但是在材料使用与细部处
理上仍没有脱离日本传统园林；有些则
反映了设计师对传统手法的思考，例如
中心庭园大瀑布石景、枯山水风格庭园
（图10.1-17）。

10.1.3　散点式构图法（多中心自然式构图法）

　　杭州太子湾公园采用多中心散点式构
图（图10.1-18）。园址曾是南宋庄文、景

献两位太子的攒园，故名。该园以中国传
统造园手法为基础，吸取现代造园理念，
使山水、花木、建筑融为一体，空间多变，
层次分明，自然疏朗，形成一幅清丽的山
水画。园内的琵琶洲、翡翠园、逍遥坡、
玉鹭池、颐乐苑、太极坪等景点贴近自然，
视野开阔，清新宜人，具有"自然拙朴，
清新雅逸"的特点。一年一度的郁金香花
展与绚丽缤纷的樱花交相辉映，成为杭州
人早春旅游的热点。

　　上海植物园也采用多中心、散点式构
图法（图10.1-19）。上海植物园前身为
龙华苗圃，是一个以植物引种驯化和展示、
园艺研究及科普教育为主的综合性植物园。
展览区设植物进化区、盆景园、草药园、
展览温室、兰室和绿化示范区等15个专
类园。

1-主入口；2-悠然亭；3-放杯亭；4-小木屋；5-竹楼；6-次入口；7-观瀑亭；8-九曜楼餐厅；
9-凝碧庄；10-颐乐园；11-天缘台；12-听涛居；13-厕所

图 10.1-18　杭州太子湾公园平面图

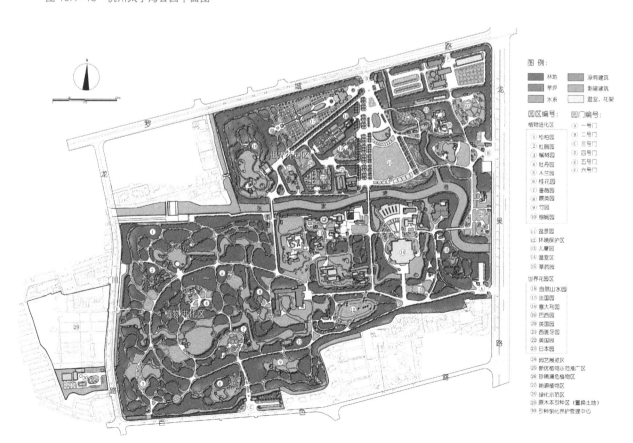

图 10.1-19　上海植物园总平面图

10.1.4 序列空间构图法

序列空间构图法是中国传统园林组织园林空间常用的构图法。没有轴线，仅按实际需要依次连续组织空间。园林空间大小、明暗、奥旷、方位不同，形成有主次、有序列的园林空间序列。如苏州的拙政园、留园（图10.1-20），及上海的豫园就是典型代表。

10.1.5 自然式序列空间构图法

我通过学习传统园林序列构图手法创作现代园林，传承与创新结合，组织现代园林空间，取得过良好效果。

如上海东安公园（图10.1-21），这是一座兼有传统江南庭园和现代园林特色的城市社区公园。公园布局采用门洞、漏窗、院墙、游廊相连，构成传统建筑庭院与现代园林空间结合的造园手法，兼有现代大草坪、大空间和重重院落，及曲折幽深的园林空间序列，取得"小中见大"、颇有特色的园林意境，避免了小公园单调、平庸的弊病。

上海植物园盆景园（图10.1-22）同样采用自然式序列空间构图法，形成十多个大小、形式、内容不同的园林空间，造成"庭院深深深几许"的深奥神秘、变幻莫测、小中见大的空间效果。

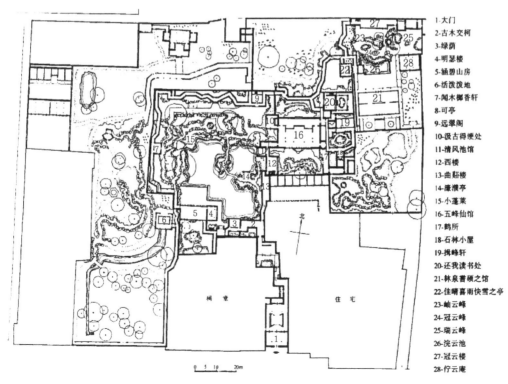

1.大门
2.古木交柯
3.绿荫
4.明瑟楼
5.涵碧山房
6.活泼泼地
7.闻木樨香轩
8.可亭
9.远翠阁
10.汲古得绠处
11.清风池馆
12.西楼
13.曲谿楼
14.濠濮亭
15.小蓬莱
16.五峰仙馆
17.鹤所
18.石林小屋
19.揖峰轩
20.还我读书处
21.林泉耆硕之馆
22.佳晴喜雨快雪之亭
23.岫云峰
24.冠云峰
25.瑞云峰
26.浣云池
27.冠云楼
28.伫云庵

图 10.1-20 苏州留园平面图（摹自《苏州古典园林》）

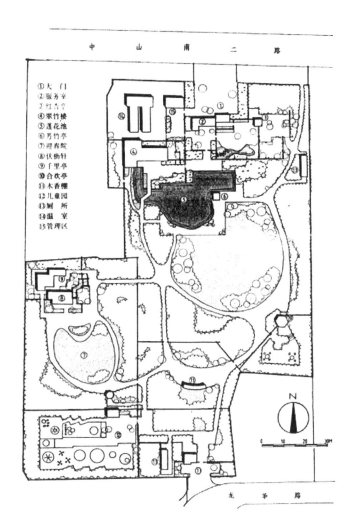

图 10.1-21　1984 年
上海东安公园平面图

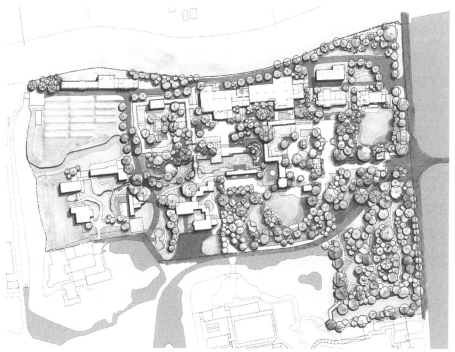

图 10.1-22　上海植物园盆景园（2016 年）——自然式序列空间构图法

10.2

混合式构图法

混合式构图法是中外园林沿用了两个多世纪的园林规划构图方法，就是在一个园林中同时采用自然式和规则式规划构图法，用两种规划布局形式构成一个园林总体。混合式构图法包括自然式混合构图法和规则式混合构图法。大部分为自然式构图，仅有小部分为规则式布局，则列为自然式混合构图法；当大部分区域采用规则式构图，仅有小部分区域采用自然式布局，可列为规则式混合构图法。

在混合式构图法中，通常采用直线形景观轴线进行园林规划布局。我在十多年前开始做创新尝试：先是把直线景观轴线改为弧形景观弯轴；后来再把弧形景观轴线的路面变成宽窄渐变形态，并设有中心花坛，呈现牛角形或喇叭形景观弯轴构图形式；后来又进一步造成 S 形景观轴，这样的景观弯轴图形变得柔和、生动、活泼，更优美，更有情趣。

10.2.1 曲轴自然式混合构图法

颐和园，中国清朝时期的大型皇家园林，前身为清漪园，是以杭州西湖为蓝本，汲取江南园林的设计手法，以昆明湖、万寿山为基址建成的一座大型人工山水园林，也是保存最完整的一座皇家行宫御苑，被誉为"皇家园林博物馆"。公园入口区行宫建筑群及湖滨长廊弯曲延伸为横轴；万寿山前主轴景观建筑为弯曲主轴。全园主要建筑构成两条相互垂直的十字形曲轴，成为全园构图的主心骨，控制全园总体构图（图 10.2-1、图 10.2-2）。这正是皇家园林与江南私家园林的最大不同之处。

上海鲁迅公园（原名虹口公园），占地面积 28.63hm^2，始建于清光绪二十二年（1896年），采用单轴混合构图法（图 10.2-3）。

广州云台花园坐落于风景秀丽的白云山南麓云台岭风景区内，占地面积 25 万 m^2，因背依白云山的云台岭及园中的中外四季名贵花卉而得名（图 10.2-4）。云台花园是以世界著名花园——加拿大的布查特花园为蓝本，在 1995 年 9 月 28 日建成开放的，它的建成结束了"花城"无花园的历史，享有"花城明珠"的美誉。

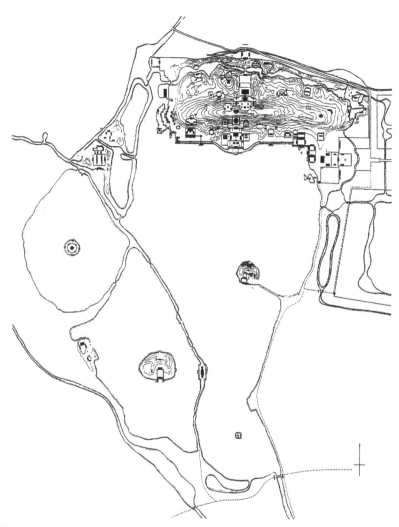

图 10.2-1　颐和园平面图

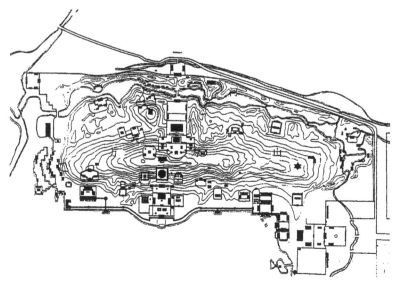

图 10.2-2　颐和园——曲轴
偏心自然式混合构图法

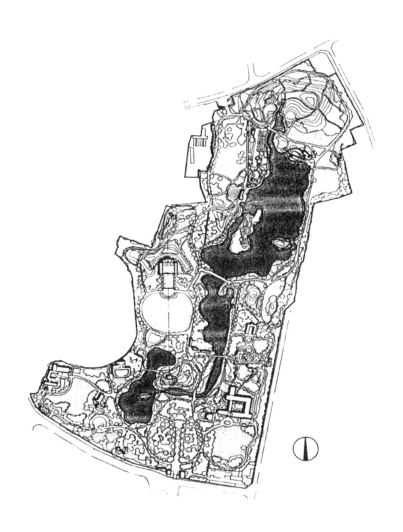

图 10.2-3　鲁迅公园 1985 年平面图

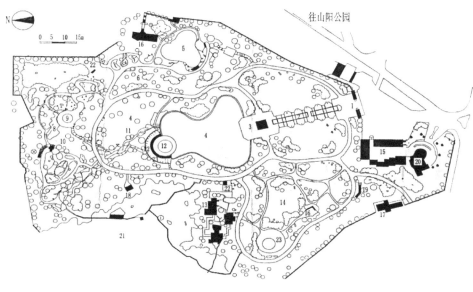

1.大门	2.飞瀑流彩	3.喷泉广场	4.滟湖	5.玻璃温室	6.玫瑰园
7.岩石园	8.林中小憩	9.花钟	10.装饰花坛	11.花溪涧香	12.荧光湖
13.醉花苑	14.谊园	15.风情街	16.文物点	17.管理室	18.厕所
19.休息廊	20.白云酒家	21.山林	22.小卖部	23.主题塑	

图 10.2-4　广州云台花园

10.2.2 斜轴构图法（混合式构图法）

上海襄阳公园规划采用单一斜轴做主轴。当年法国设计师规划设计襄阳公园时，大胆采用斜轴构图，公园入口选在十字路口上，做出约倾斜 60°角的斜轴，公园大部分为自然式布局，取得良好的布局效果。

园内既有规则式的布局，也有自然式布局，有小中见大的效果。园内有法式梧桐林荫道、对称的花坛，园内通道宽阔、曲径回旋。"歪门斜道"与精巧的绿化布局构筑了一座别具特色的法国式公园（图 10.2-5）。

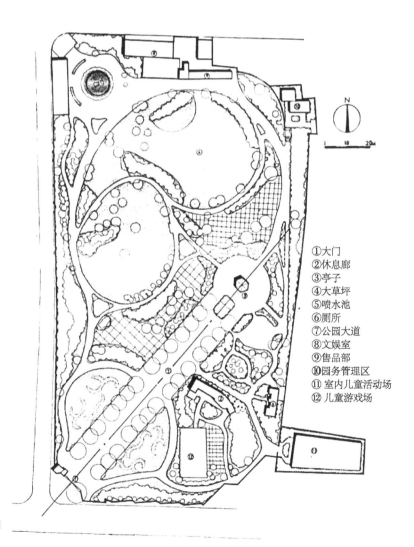

①大门
②休息廊
③亭子
④大草坪
⑤喷水池
⑥厕所
⑦公园大道
⑧文娱室
⑨售品部
⑩园务管理区
⑪室内儿童活动场
⑫儿童游戏场

图 10.2-5　上海襄阳公园平面图

10.2.3 弯轴构图法

上海辰山植物园、郑州植物园等园林均采用了弯轴构图法（图 10.2-6~图 10.2-10）。

10.2.4 多轴构图法（自然式混合构图法）

上海安亭汽车公园是一个以汽车娱乐、汽车展览、汽车文化为主题的综合性公园，公园具有自然山水园的景观外貌（图 10.2-11）。"南湖北山"的传统山水格局形成了"山相湖而造势，水行山而生灵"的空间环境。公园分为会展博览区和游览休闲区两大相对独立的部分。西部会展博览区形成一块建筑相对集中的园林式会展博览公共区域；东部游览休闲区既是游赏的主要空间，也是汽车主题文化的集中体现地。其中包括自然山水园、各国风情园、汽车文化主题园。各国风情园通过对中国、美国、英国、法国、德国、日本、意大利等国不同的建筑风格及迥异的传统造园方法与造景元素的表达，寓意性地展示了各汽车大国独特的园林景观特色。风情各异、多姿多彩的景观与各国的汽车展示相结合，使汽车文化与园林景观文化珠联璧合，相得益彰，给人们以丰富的体验。

景观轴线演变如图 10.2-12 所示。

图 10.2-6 上海辰山植物园规划方案

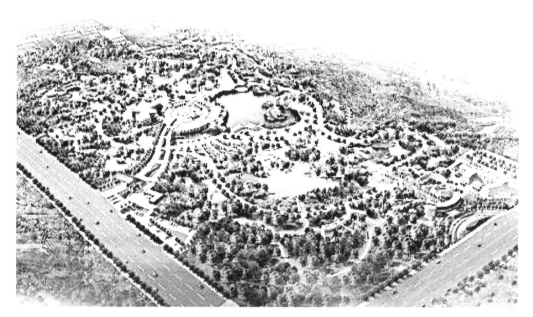

图 10.2-7　郑州植物园——弯轴构图法

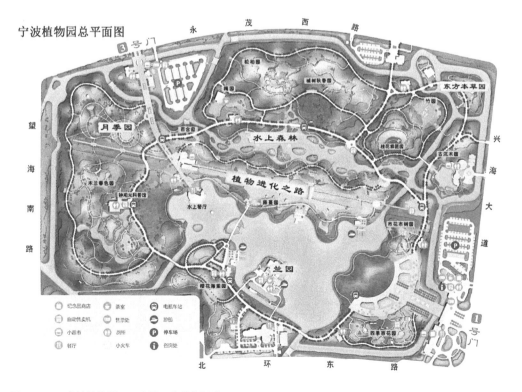

图 10.2-8　宁波植物园——弯轴、多轴构图法

中 篇

园林设计技法

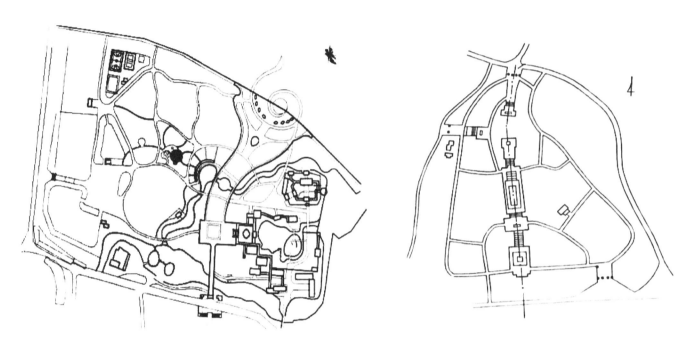

图 10.2-9 随州白云湖公园——弯轴混合构图法   图 10.2-10 南京雨花台陵园——弯轴混合构图法

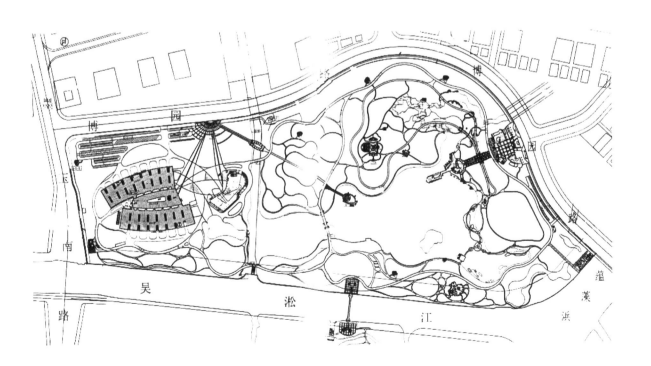

图 10.2-11 上海安亭汽车公园——自然式多轴混合构图法

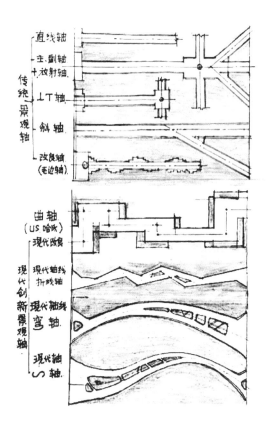

图 10.2-12　景观轴线演变图示

10.3

规则式构图法

规则式几何构图法是西方园林——古希腊园林、意大利园林、法国园林和伊斯兰园林的基本构图法。

几何轴线构图法有单轴、双轴、多轴、曲轴、斜轴、弯轴等轴线构图法、网格构图法和几何中心构图法。

10.3.1　单轴构图法

1. 单轴构图法

英国汉普顿宫（Hampton Court Palace），前英国皇室官邸，素有"英国的凡尔赛宫"之称，如今汉普顿宫向世人展示着截然不同的两面，西面可以领略到亨利时代红色都铎式王宫精华荟萃的魅力以及文艺复兴时期园林艺术的辉煌特色；而古老的后院为克里斯托弗·莱恩设计的巴洛克风格壮丽的对称性。汉普顿宫的秘园为单轴构图法（图 10.3-1）。

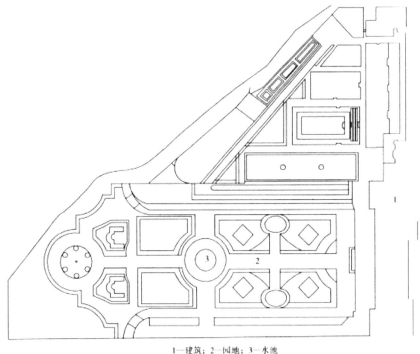

1—建筑；2—园地；3—水池

图 10.3-1　英国汉普顿宫中的秘园

上海鲁迅墓（图 10.3-2）和德国柏林苏军烈士墓（图 10.3-3）也采用单轴构图法。

2. 中轴线（一字轴）构图法

中轴线造景是古埃及、古西亚、古希腊、古罗马、波斯、阿拉伯国家以及西方古典主义建筑与园林最主要的造景手法（图 10.3-4）。中国传统建筑也常用中轴线造景，但中国传统园林却很少使用直线中轴造景，现代园林则反之，也常用中轴造景（图 10.3-5）。用中轴线规划布局是中外园林最古老的规划手法。中轴线呈刚直、强硬、阳刚的属性。

10.3.2　双轴构图法

1. 十字轴构图法

十字轴体现了天国四河四园的布局形式（图 10.3-6、图 10.3-7）。

随州炎帝故里采用十字轴构图法（图 10.3-8、图 10.3-9）。

上海世纪广场呈对称式分布，背依水秀林青的世纪公园，犹如一颗明珠镶嵌在世纪大道末端。广场的入口是以日晷为原型设计的大型景观雕塑"东方之光"。面对世纪大道，以突出跨世纪的时间主题，是

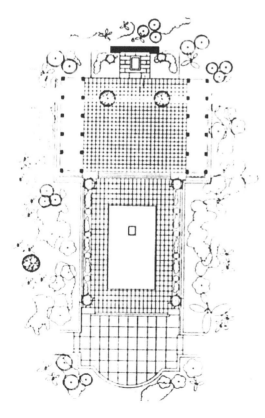

图 10.3-2　上海鲁迅墓——单轴构图法

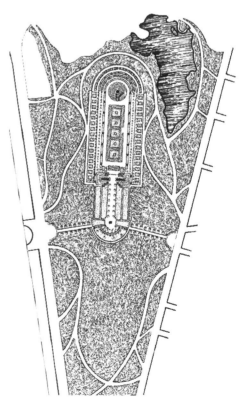

图 10.3-3　德国柏林苏军烈士墓——单轴构图法

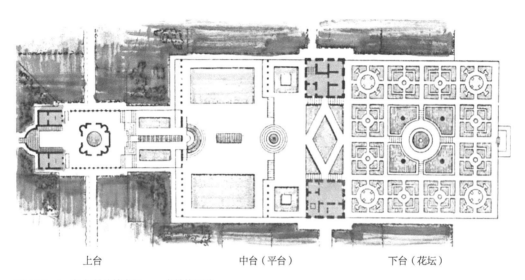

上台　　　　　　　中台（平台）　　　　　下台（花坛）

图 10.3-4　意大利兰特庄园——中轴构图法

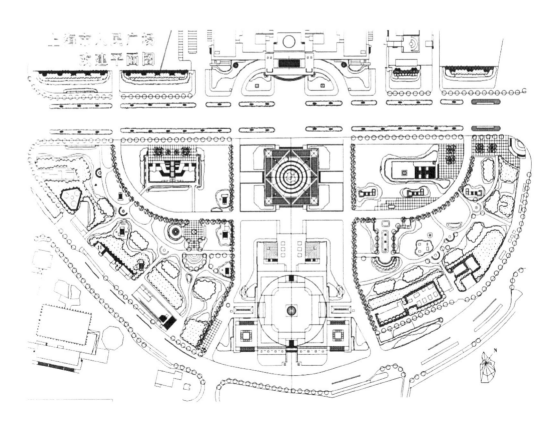

图 10.3-5　上海人民广场——中轴构图法

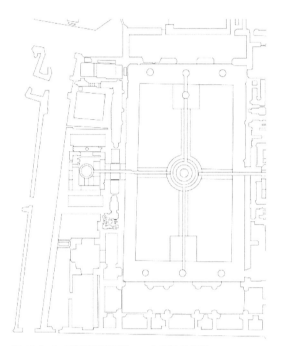

图 10.3-6 西班牙狮子院——十字轴构图法

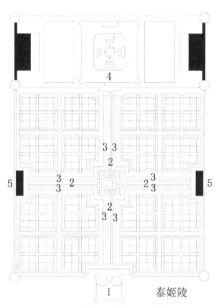

1. 主入口 2. 十字形水渠 3. 花床 4. 泰姬陵 5. 亭

图 10.3-7 印度泰姬陵——十字轴构图法

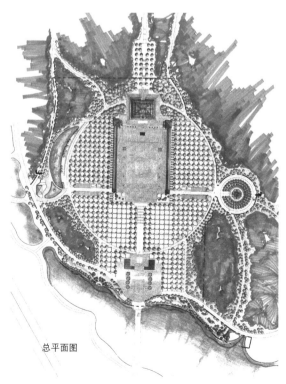

总平面图

图 10.3-8 随州炎帝故里总平面图

图 10.3-9 随州炎帝故里——十字轴构图法

雕塑艺术语言与现代高科技建筑语言的完美结合（图10.3-10、图10.3-11）。

广州起义烈士陵园采用十字轴构图（图10.3-12）。

上海龙华烈士陵园采用十字轴构图法（图10.3-13）。龙华烈士陵园于1995年7月1日建成开放，是一座集纪念、瞻仰、旅游、文化为一体的园林名胜，并有"上海雨花台"之称。公园主题、主轴线、主体建筑相交融；昨天、今天、明天相交接，建筑、园林小品、雕塑艺术相辉映。突出

地把园林建筑、纪念碑、纪念馆三组特定纪念建筑群与植物配置结合起来，以相应的植物风姿来烘托景区的主题内涵，园内有大草坪，以及大片的松柏、香樟、红枫、桃花、桂花、杜鹃，使陵园呈现"春日桃花溢园，秋日红叶满地，四季松柏常青"的景色。

2. T轴构图法

宋庆龄陵园占地约12hm²，由宋庆龄纪念墓区、名人墓园和外籍人墓园以及少儿活动区4个部分组成。整个园区由甬道、

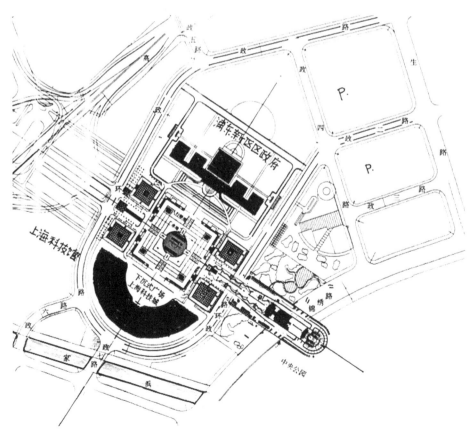

图10.3-10　上海世纪广场平面图——十字轴构图法

图 10.3-11　上海世纪广场大型
城市雕塑——东方之光

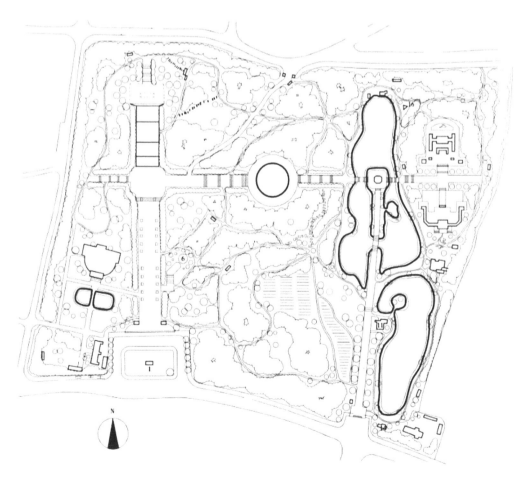

图 10.3-12　广州起义烈士陵园总平面图

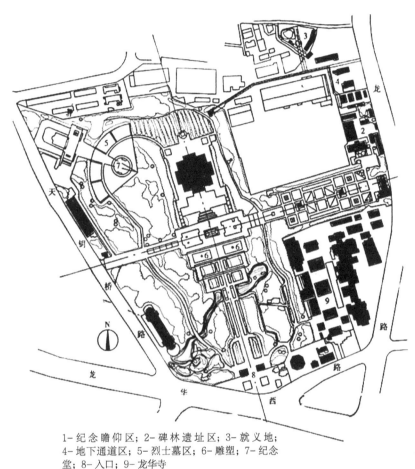

1- 纪念瞻仰区；2- 碑林遗址区；3- 就义地；
4- 地下通道区；5- 烈士墓区；6- 雕塑；7- 纪念
堂；8- 入口；9- 龙华寺

图 10.3-13　上海龙
华烈士陵园——十
字轴构图法

纪念碑、纪念广场、宋庆龄雕像、墓地、陈列馆等部分组成（图 10.3-14）。

10.3.3　曲轴构图法

美国现代园林设计大师劳伦斯·哈普林设计的罗斯福纪念公园创造性地采用了曲轴构图，连续四个直角弯曲的轴线体现了罗斯福总统一生四个历史时期的功绩（图 10.3-15）。

设计师摆脱了传统的纪念碑模式，以石墙、瀑布和浮雕为主，叙事式的空间、曲轴式的平面布局体现了罗斯福的民主思想。哈普林设计的罗斯福纪念公园与身为建筑师的派得生或布列尔的设计过分强调纪念性与耸立性不同，是一种水平展开的，由一系列叙事般的、亲切的空间组成的纪念场地。他的设计没有喧哗与炫耀，没有噱头，以一种近乎平凡的手法给人们留下了一个值得纪念的难忘空间（图 10.3-16）。

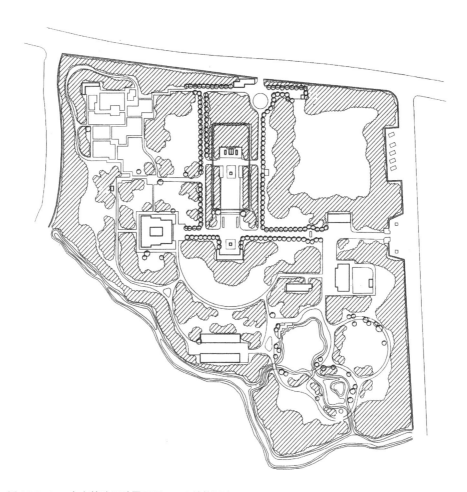

图 10.3-14　宋庆龄陵园总平面图——T 轴构图法

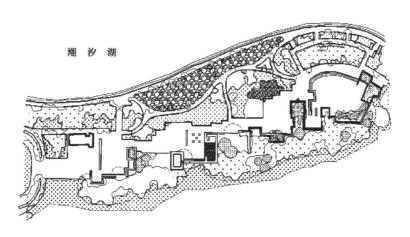

图 10.3-15　罗斯福纪念公园——曲轴构图法

图 10.3-16 罗斯福纪念公园里的石墙、瀑布

10.3.4 多轴规则式综合构图法

印度新德里莫卧儿花园采用多轴规则式综合构图法（图 10.3-17）。

莫卧儿花园为印度最知名的花园之一，为伊斯兰风格，设计灵感源于清真寺，采用自然式与规则式庭院设计相结合的设计方式。花园由三部分组成：第一部分为紧贴着建筑的方形花园，花园的骨架由四条水渠组成，水渠的四个交叉点上是独特的喷泉，以四条水渠为主体，再分出一些小的水渠，延伸到其他区域，外侧是小块的草坪和方格状布置的小花床，形成美丽的园林景观。第二部分是长条形的花园，这是整个花园中唯一没有水渠的花园。第三部分是圆形花园。

法国凡尔赛官苑采用多轴、十字轴、米字轴、放射轴综合构图法（图 10.3-18）。

凡尔赛官苑是安德烈·勒诺特名垂千古的作品，它规模宏大，风格突出，内容丰富，手法多变，完美地体现着古典主义的造园原则。凡尔赛官苑占地面积巨大，规划面积 1600hm²，如果包括外围大林园的话，占地面积达到 6000 多公顷，围墙长 4km，设有 22 个入口，官苑主要的东西向主轴长约 3km，如包括伸向外围及城市的部分，则有 14km 之长。园林建造历时 26 年之久。

官殿坐东朝西，建造在人工堆起的台地上，它的中轴向东、西两边延伸，形成贯穿并统领全局的轴。园林布局在官殿的西面，近有花园、远有林园是凡尔赛官苑最具鲜明特色的部分。凡尔赛官苑是作为绿色官殿和娱乐场来建造的，展示了高超的开创广阔空间的艺术处理手法。

上海植物园改建区规划方案采用多轴构图（图 10.3-19）。

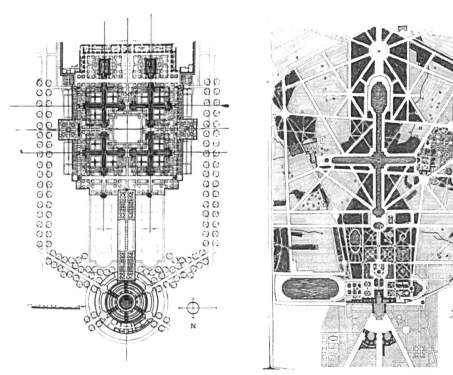

图 10.3-17　印度新德里莫卧儿花园　　　　　图 10.3-18　法国凡尔赛宫苑

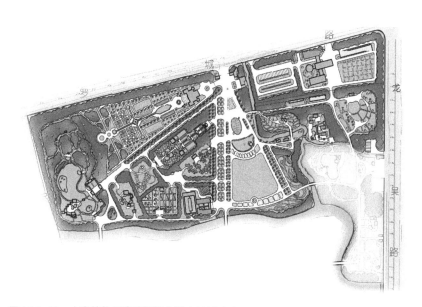

图 10.3-19　上海植物园改建规划方案（2006 年）

10.3.5　网格构图法（结构主义，构成主义规则式）

美国达拉斯喷泉水景园采用网格结构（构成主义）构图法（图10.3-20）。设计师玛莎·施沃兹在色彩上使用了强烈、夺目的红、蓝、黄、绿和黑色。在形式上设计了一个具有高度视觉刺激和动感的空间。她采用了非和谐的几何关系以展现景观要素之间的冲突，例如互相错位与衔接的铺地、草坪、平桥等，这些冲突又以一个略带神秘色彩的黑色条形分隔水池和绿白相间的草坪碎石带为底面。庭院虽然不大，但是玛莎·施沃兹那种带有波普艺术风格的设计，除了一眼望去感到醒目、喧闹与新奇外，多少还有些滑稽与幽默。

美国坦帕北卡罗来纳国家银行广场（图10.3-21）的设计者丹·凯利（Dan Kiley）在现代主义手法基础上吸收了极简主义手法，在严谨的几何关系中创造优美的景观。设计建立在两套网格体系上，一个网格交叉点上是树池，另一个网格交叉点上是加气喷泉，设计使形式与功能完美结合。景观表现出偶然性和主观性，通过叠加创造出更丰富的空间效果。从总体上看，凯利的设计仍然是传统的、理性的，他希望在严格的几何关系和秩序中创造优美的景观。林木浓郁，山泉欢腾，跌水倾泻，好似一处"城市山林"。喷泉水景园的设计完美地解决了形式、功能与使用之间的矛盾。

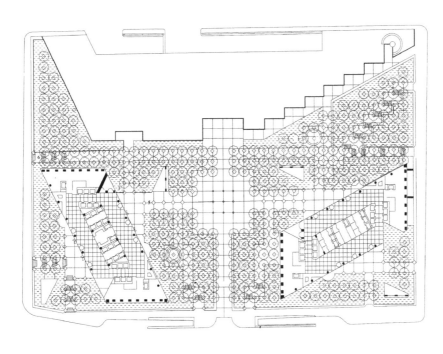

图 10.3-20　美国达拉斯喷泉水景园

美国亚特兰大瑞欧购物中心（图10.3-22）的设计者丹·凯利在严谨的几何形控制的平面上，将植物以自然式的方式布置，水景采用伊斯兰传统园林片段，反映了对传统的借鉴。广场与建筑比例协调、尺度适宜、空间明确。

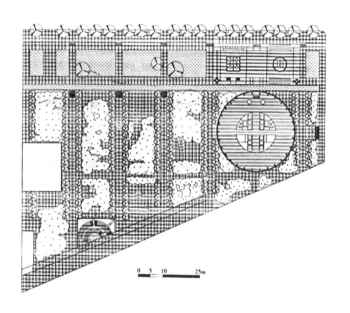

图 10.3-21　美国坦帕北卡罗来纳国家银行广场

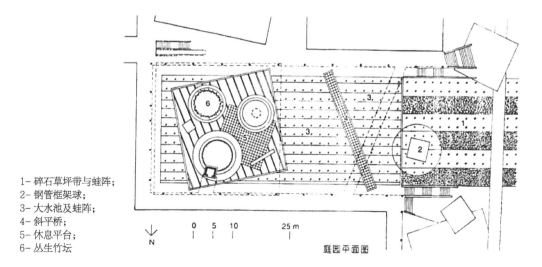

1- 碎石草坪带与蛙阵；
2- 钢管框架球；
3- 大水池及蛙阵；
4- 斜平桥；
5- 休息平台；
6- 丛生竹坛

庭园平面图

图 10.3-22　美国亚特兰大瑞欧购物中心——网格 + 序列构图

10.4

浪漫构图法

由于受现代艺术思潮的影响，园林艺术构图追求标新立异，打破传统园林手法，甚至反传统、反规划，追求视觉感观刺激，增加趣味性或赋以特定隐喻情趣，形成了浪漫构图法。

浪漫构图法可概括为下列形式：母题构图法、无轴构图——流动空间构图法、解构主义构图法、拼合混合构图法、仿生隐喻象征构图法、抽象构图法等。

10.4.1 母题构图法

运用几何图形或自然图形作为母题，反复、连续组织园林构图。

丹麦音乐花园的设计者索伦生用不同高度的绿墙创造了一系列几何形空间——花园房间，每个空间的功能不同（图 10.4-1）。

加拿大加瑞奥林匹克广场以大水面为中心，结合折线台阶、种植坛、跌水、汀步等创造层次丰富的公共空间。空间划分有主有次、隔而不断，满足多种使用功能要求（图10.4-2、图 10.4-3）。

昆明世博园明珠苑采用圆形母题构图法（图 10.4-4）。

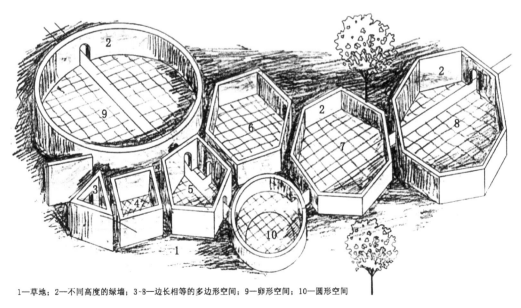

1—草地；2—不同高度的绿墙；3-8—边长相等的多边形空间；9—卵形空间；10—圆形空间

图 10.4-1 丹麦音乐花园

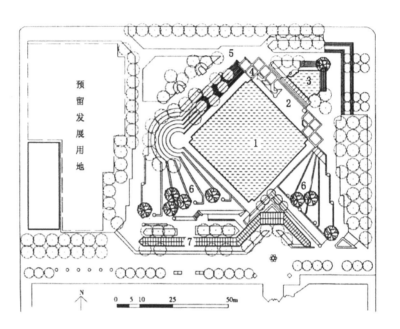

图 10.4-2　加拿大加瑞
奥林匹克广场平面图

1—大水面及喷泉；2—水帘；3—小水面；4—双柱廊架；
5—大台阶；6—草坪台地；7—花架长廊

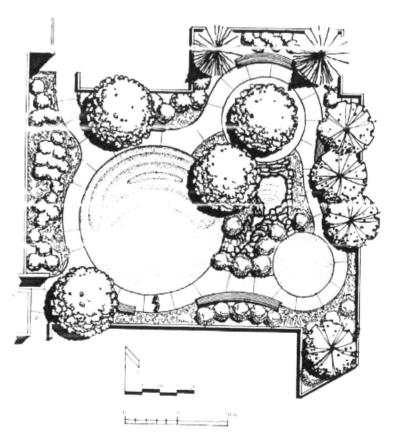

图 10.4-3　加拿大加瑞
奥林匹克广场的圆形主
题庭院

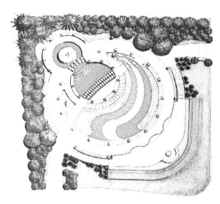

图 10.4-4　昆明世博园明珠苑——圆形母题构图法

10.4.2　无轴构图——流动空间构图法

这是将整个空间切割、分解为若干小空间，重新组合，相互衬托、呼应、连接、流动，变成流动空间、线性空间，构成新型的园林空间——规则式流动空间。20世纪60—70年代，流动空间构图法曾在广州园林得到广泛而充分的运用，使得广州园林布局和园林建筑呈现出岭南园林的清新景象，取得良好效果。我曾专程前去研究学习，绘制图集。

密斯·凡·德·罗设计的西班牙巴塞罗那世界博览会德国馆就是流动空间的典范（图 10.4-5）。

10.4.3　解构主义构图法

解构主义建筑艺术作品——柏林犹太人博物馆，象征着大批犹太人被流放迁移以及被收留与滋养的土地，49根空心混凝土柱斜立着指向天空。建筑和场地都采用无序、无轴、无心的随意、自由折线构图（图 10.4-6）。

德国港口岛公园面积约 9hm²，地点近市中心。第二次世界大战时期，这里的煤炭运输码头遭到了破坏，除了一些装载设备保留下来，码头几乎变成一片废墟瓦砾。拉茨采取了对场地最小干预的设计方法。他考虑了码头废墟、城市结构、基地上的植被等因素，首先对区域进行了景观结构设计，目的是重建和保持区域特征，并且通过对港口环境的整治，再塑这里的

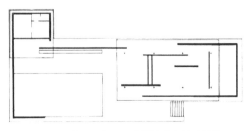

图 10.4-5　西班牙巴塞罗那世界博览会德国馆平面图

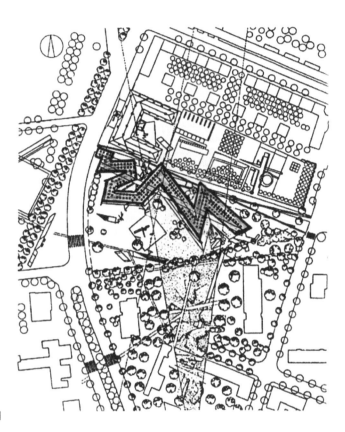

图 10.4-6　柏林犹太人博物馆平面图

历史遗迹和工业辉煌。在解释自己的规划意图时，拉茨写道："在城市中心区将建立一种新的结构，它将重构破碎的城市片段，联系它的各个部分，并且力求揭示被瓦砾所掩盖的历史，结果是城市开放空间的结构设计。"拉茨用废墟中的碎石在公园中构建了一个方格网，作为公园的骨架。他认为这样可以唤起人们对 19 世纪城市历史面貌片段的回忆。这些方格网又把废墟分割成一块块小花园，展现不同的景观构成（图 10.4-7）。

著名景观设计师卢茨为阿尔布拉中学设计的环境与建筑风格一致，具有裂解、错位、拆散、拼接等解构的特征。

曾协助格茨梅克（Gunther Grzimek）完成 1972 年慕尼黑奥林匹克公园环境设计的德国景观设计师马克的设计也常表现出解构的特征，如德国哈勒市的城市广场和建筑庭院设计，将环境分成不同的层，叠加后产生互相冲突、裂变的结构（图 10.4-8）。

10.4.4　拼合混合构图法

拼合混合构图法把规则式路网与自然式水系相叠加或阴阳拼合构成园林总体。

美国得克萨斯州的 IBM 研究中心设

258

中　篇

园林设计技法

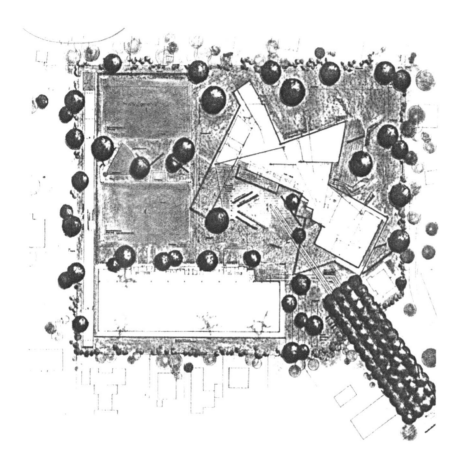

图 10.4-7　德国港口岛公园中废弃碎石构成的方格

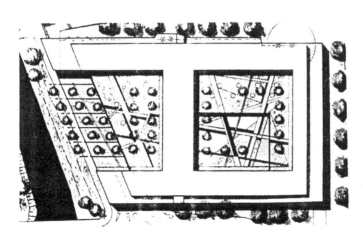

图 10.4-8　德国哈勒市某建筑
庭院景观

计是彼得·沃克（Peter Walker）的代表作之一。沃克注重由色彩、模式、层次和空间所构成的视觉景观，从而把景观规划设计的艺术提高到一个新的高度（图 10.4-9）。

日本某庭院采用法式园与日本园拼合构图（图 10.4-10）。

日本筑波科学城中心广场采用了规则网格＋意大利古典主义＋自然主义拼合构图，如图 10.4-11 所示。

筑波科学城中心广场实际上是地下商场的屋顶，广场外围地面是不同尺度与色彩的重错格网铺装，中心部分是一个巨大的椭圆形下沉广场，与地下商场地面相平。椭圆形广场中心是一凹陷的孔洞，东北角是一组跌落水石景，北侧为一曲弧形露天剧场式大台阶，台阶下侧为平台。与台阶相对的是一片由众多小喷头组成的水墙。

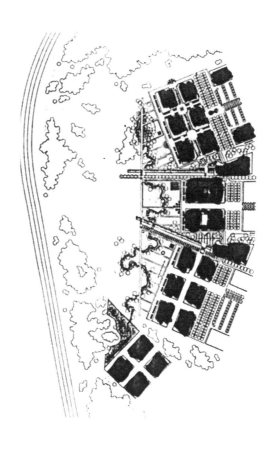

图 10.4-9　美国得克萨斯州索拉那 IBM 研究中心办公区平面图

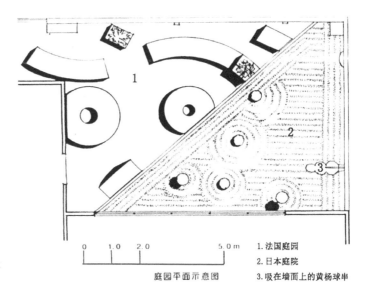

图 10.4-10　日本某庭院——法式园与日本园拼合构图

0　　1.0　2.0　　　　5.0 m

庭园平面示意图

1. 法国庭园

2. 日本庭院

3. 吸在墙面上的黄杨球串

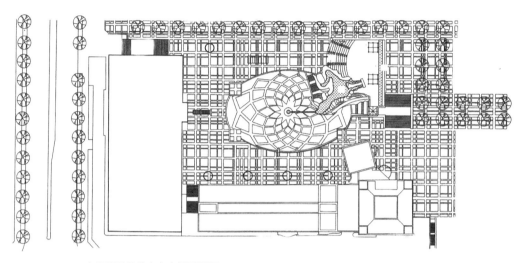

图 10.4-11 日本筑波科学城中心广场平面图

水墙两侧各设一凉亭，亭柱由灰色片石叠成，亭顶为金属框架。水墙与椭圆广场之间是一组叠石和跌水，石组顶部水池溢下形成跌水，并与大台阶平台一侧的溪流汇合一处，层层跌落后涌入很狭窄的水道，最后流入椭圆形广场中心的孔洞之中。矶崎新在设计中有意地"抄"了一些著名设计师作品中的部分。例如椭圆形广场及其图案是米开朗琪罗的罗马卡比多广场的翻版，不过在图案上他反转了原作的色彩关系；水池顶部缠着黄飘带的金属树形雕塑是英国当代建筑师汉斯·霍因在维也纳旅行社中的复制品；而层层跌水明显受到美国园林大师劳伦斯·哈普林水景设计手法的影响。尽管广场及其周围带有一种明显的拼贴与手法主义倾向，呈现了一个十分典型的后现代主义自我意识的表达。但是，在设计师这种自我表达的背后，人们看到了设计师耳濡目染的传统文化的一种潜意识反应，例如广场中心并没有设置欧洲传统的雕塑或日本的塔一类的突出物，而是令其反转，成为凹陷，用来隐喻日本城市缺乏中心和场所精神。西北部跌水环境中干垒的块石在整组很洋气的环境中显现了日本传统的手法。

巴塞罗那市的城市火车北站废弃后规划为公园用地。该公园是一个雕塑型空间。两个结合现状地形设计的景点"落下的天空"和"树木螺旋线"占据了公园空阔的中央地带，分别成为南北两个空间的中心（图 10.4-12）。两组景物在地形形体上形成一凹、一凸，呈现了一种互补与关联。这一雕塑般的公园空间已成为巴塞罗那市自 20 世纪 80 年代以来最有个性与影响力的公共场所之一。

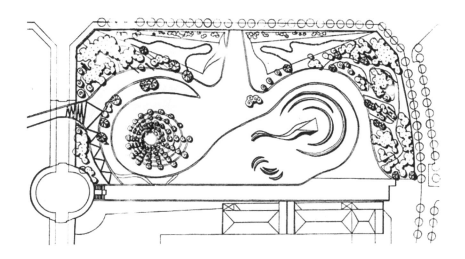

图 10.4-12　巴塞罗那城市火车北站公园

10.4.5　仿生、隐喻、象征构图法

　　仿生构图是赋予隐喻、象征含义的构图。

　　南京中山陵墓区平面采用隐喻构图法，以钟形平面寓意"警钟"，隐示孙中山先生"革命尚未成功，同志仍须努力"的警句（图 10.4-13）。

　　北京奥林匹克公园总图中以抽象的"东方巨龙"图形，隐喻中国人已经站起来，"龙的传人"已成长、壮大、发展成为"东方巨龙"的寓意（图 10.4-14）。

　　西安 2011 年世界园艺博览会，由英国女设计师伊娃·卡斯特罗（Eva Castro）规划。公园入口区模仿天然河口冲积滩的自然形式。这是单纯仿生，无隐喻、象征含义的案例（图 10.4-15）。公园入口内外广场均以大片尖头楔形花坛组成花坛群，形成长安花谷，产生巨大的艺术张力和视觉冲击效果。

10.4.6　抽象构图法

　　画家出身的巴西设计师罗伯特·布雷·马克斯（Roberto Burle Marx）受到立体主义等现代艺术的影响，以花草植物代替油画颜料，以大量自由曲线构成抽象画形式为主调，形成自由、浪漫的抽象式园林布局（图 10.4-16）。

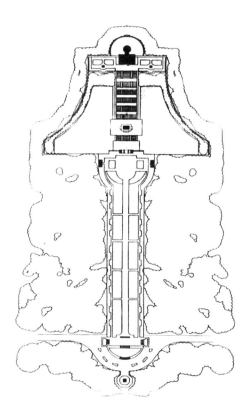

图 10.4-13　南京中山陵墓区平面

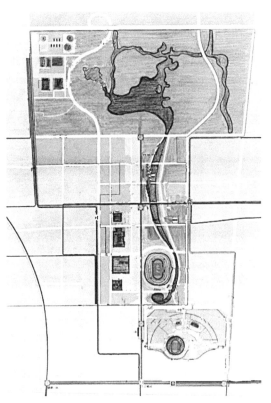

图 10.4-14　北京奥林匹克公园平面图

图 10.4-15　西安 2011 年世界
园艺博览会园区

图 10.4-16　巴西奥德特·芒太罗花园平面图

10.5

综合构图法

根据需要选用网格（结构主义）、解构主义、十字轴、自然式、几何式等多种手法混合构图，已成为普遍采用的园林构图法。

1. 巴黎拉·维莱特公园

巴黎拉·维莱特公园曾被人们称为解构主义构图的典型代表。

公园总图以构成主义网格法（40m×40m 大方格网点设计红色建筑）为骨架，以规则几何构图为主体，综合运用解构法、十字轴、仿生法、叠加法、自然式构图等多种构图法做成公园总体构图。

尽管人们称它为解构主义园林构图的代表，但依我看并非如此。实际上它是以结构主义网格法为主体，综合运用多种园林构图手法，主要采用规则式、综合构图法（图 10.5-1）。

公园是斜坡面向塞纳河的巨大广场型公园绿地。公园以规则式道路、水树阵、水渠、十个系列花园、"景观盒子"、大型玻璃温室、大草坪等元素构成强烈的规则式平面结构形式，既继承了法国规则式园林格局，又充满现代气息，大胆保留一条斜穿大草坪的老路，保留和印证了雪铁龙工厂甚至更早的历史痕迹，同时也是园内的主要步行道。这条斜路打破了规则式园林的僵局，添加了日本园林与自然式花园，使规则与自然相融合。这些以植物种植为主的花园各有主题，比如黑与白、岩石与苔藓、废墟、变形等。并通过不同植物种类和小品、地面材质的对比突出个性与特征；通过技术手段，使水元素得到淋漓尽致的运用；广场中央的柱状喷泉，以及围绕大草坪的运河、跌水、瀑布丰富了公园的视觉、听觉效果。

2. 巴黎雪铁龙公园

将不同传统、不同风格的园林用现代设计语言加以综合，体现了典型的后现代主义思想。雪铁龙公园的设计体现了严谨与变化、几何与自然的结合。公园以三组建筑来组织空间，这三组建筑相互间有严谨的几何对位关系。这是法国园林运用综合构图手法，继承传统与改革创新相结合，由古典主义园林走向现代园林的一个成功案例（图 10.5-2）。

3. 上海徐家汇公园

徐家汇公园是一座开放式公园绿地，保留了橡胶厂烟囱、唱片厂办公楼以传承历史记忆。园林设计布局采用综合构图法呈现老上海版的花园，模拟黄浦江、高架桥等城市景物。以植物种植构成主题花园，比如黑与白、岩石与苔藓、废墟、变形等。由约 200m 长的天桥贯通，采用轴线、曲线及规则、自然综合构图（图 10.5-3）。

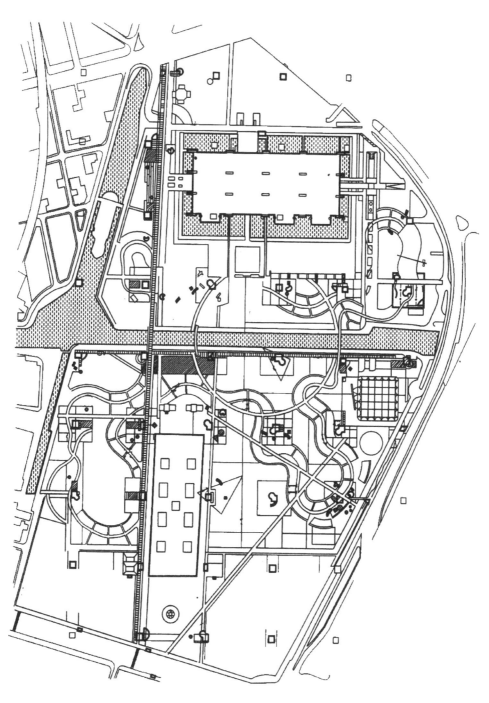

图 10.5-1　巴黎拉·维莱特公园平面图

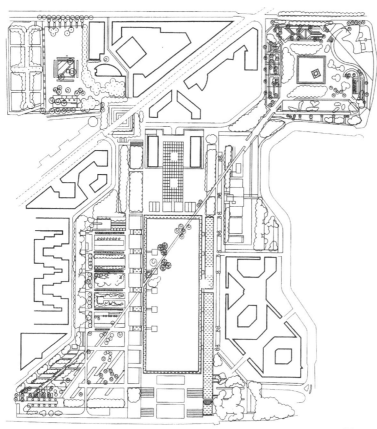

图 10.5-2 巴黎雪铁龙公园平面图

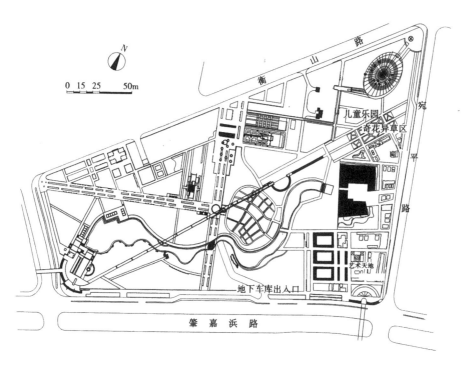

图 10.5-3 上海徐家汇公园平面图

4. 随州文化公园

随州文化公园整体布局为"一核、两轴、一环、两园、六区、八门"。采用传统的自然山水格局与现代轴线景观结构的完美结合，构成具有传统韵味的现代自然山水园林，自然婉约中不失简洁大气，使中国传统园林在现代城市公园中得以传承

（图 10.5-4）。

随州文化公园的景观设计以随州历史文化、历史名人、民俗文化为三条文化展示主线，注重挖掘随州厚重的地域文化，文化蕴涵丰富。整个园区既是一个生态景观园，又是随州文化的一个索引，也是文化旅游品牌的一大亮点。

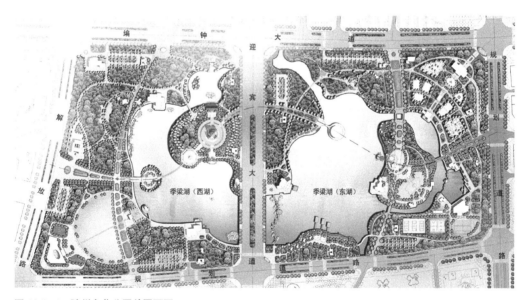

图 10.5-4　随州文化公园总平面图

第 11 章

园林设计造景法

园林造景法是园林局部景观设计创作方法，即园林设计艺术造景法。

1. 传统造景法

（1）景区造景法——景观区（主景区、辅景区）、功能区、园林空间、流动空间。景深、视距。

（2）景线造景法——轴线（主轴线、副轴线）：一字轴、十字轴、T字轴、斜轴、曲轴、弯轴、虚轴；天际线、林冠线、林缘线、路形线、导游线、透视线、对景线、水岸线。

（3）景点造景法——主景、配景（辅景）、衬景、景深；对景、借景、夹景、框景、障景、透景、漏景。

我在长期园林设计实践中不断学习、探索、总结，形成以下园林景观造景方法。

2. 哲理造景法

（1）主题造景法（总统山、大观园）。

（2）中心造景法。

（3）象征、隐喻、比拟、联想造景法。

（4）禅意造景法——枯山水。

（5）节律（节奏、韵律）造景法。

（6）均衡造景法——三角形均衡造景。

（7）对比造景法——阴阳拼合造景。

（8）反景造景法1——倒影造景。

（9）反景造景法2——镜面造景。

（10）反景造景法3——阴影、画影造景。

（11）反景造景法4——反质反色造景。

3. 数理造景法

（1）网络造景法。

（2）模数造景法。

（3）母题造景法——方形、圆形、六角形母题造景。

4. 浪漫造景法

（1）仿生造景法——自然、生物、生活仿生造景。

（2）解构造景法。

（3）残缺造景法。

（4）趣味造景法。

以上条目可见演变出了 30 多种造景方法。我以为只要掌握了基本原理，造景方法可以无穷无尽。近年来，园林造景方法日新月异，层出不穷。"不要唯新，只要唯实"，实就是指注重内容和实效，比注重形式更为重要，更有意义。

11.1

传统造景法

11.1.1 传统景区造景法

　　每座园林通常都由若干景区（景观分区或功能分区）构成一个整体，正如每座建筑都由若干个房间构成一样。园林规划设计最先要做的就是园林总体规划，由园林分区规划、景区和景点规划构成园林总体规划。

　　园林总体规划——景区规划，包括景观分区、功能分区、园林空间规划，通常用泡泡图表示。每个景区内再由一个或多个景点构成。如圆明园由 36 个景区扩大到 72 个景区，每个景区内都有许多大小景点，众多景区中还有主景区，设计中突出主景区或中心景区（图 11.1-1）。

　　每座园林都由若干景区构成总体。然后运用建筑、山、水、花、木、石、动植物构成一个或多个景点。每个景点常有一种或多种元素组成。当由多个元素组成景点时，常确定

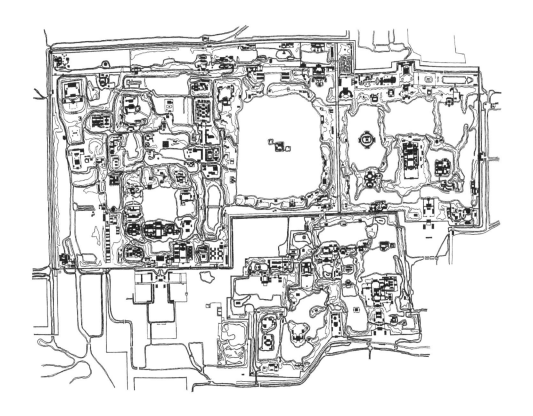

图 11.1-1　乾嘉时期圆明三园平面图

图 11.1-2　主景（A）、配景（B）和衬景（C、D）
的关系

主景、配景、衬景，以突出主景和主景区
（图 11.1-2）。

　　如上海植物园景区的组织。全园分盆
景园、展览温室区、兰花园、药用植物园、
绿化示范区、植物进化区、引种驯化试验
区、盆景花卉生产区等景区，以及园务管
理区。其中植物进化区为植物园主体园区，
包含 10 个观赏植物专类园（蕨类园、松柏
园、木兰园、牡丹园、槭树园、蔷薇园、
桂花园、竹园、棕榈园和水生园）。全园形
成园中园的布局。

11.1.2　传统景线造景法

　　景线包括：轴线、透景线、导游线、路
形线、水岸线、天际线、林冠线、林缘线等。

　　1. 轴线造景法

　　轴线是建筑、园林尤其是规则式园林
设计最常用、最基本的造景线。轴线有中
轴（主轴）、侧轴（副轴）、纵轴、横轴、
曲轴、弯轴、斜轴等。

　　2. 透景线（透视线）造景法

　　通过近处景点（视点），透过其中的

空隙或空间，可看到最远处景点，形成一
条透景线（透视线）。如伦敦邱园，以中
国塔为视线焦点，园内设置三条透视线，
其中两条透视线对准中国塔，以草坪为地
面（代替路面），两侧众多孤植、散植大乔
木，形成夹景，最终视线聚焦在远处的中
国塔上，形成非常优美的两条透景线（透
视线），如图 11.1-3 所示。

　　3. 导游线造景法

　　导游线是引导游人游园的路线。导游
线要简单明了，直接连通园林出入口、各
主要景区，以及各景点。必要时可设计两
条或多条导游线，分主游线和次游线，或
快游线和慢游线。游览时间可长可短，供
游人选择。通常，园林主环线即是主导游
线。主导游线连通各主景区，但不一定能
连通所有景点。每个景区还可以有次级导
游线，大园可有数条次级导游线。导游线
常用指示标牌或者特色路面、路面装饰地
标等形式显示，方便游人识别。

　　4. 路形线、景观轴线造景法

　　园林路形线因园林布局形式而异——

图 11.1-3　英国皇家植物园邱园——自然式透景线

自然式或规则式。

园林道路的路形线是道路平面走向的轨迹，园林道路路形线有：规则式（直线、折线）、自然式（弧形、S形）、混合式路形线（图 11.1-4）。园林道路宜有道路平曲线和竖曲线，园路常随地形变化而设计成平曲线的路形线，既可减慢车速，又可使游人不断转移视线而产生"步移景异"的效果。自然式园林和现代园林大多采用自由弯曲的、舒缓的自然曲线，这也是最常用的园路线形。

园林景观轴的线形对园林布局有重要作用。传统园林景观主轴常用直线主轴线形。现代园林的景观轴线发生了很大变化，演变出新型的景观轴线：曲轴（美国"哈氏曲轴"）、折线轴、弧形（弯轴）、S形轴等活泼生动、优美宜人的景观轴线。

5. 水岸线造景法

水岸线是河岸、海岸、湖岸、池岸、溪岸等水面与陆地相交的界线，天然水面的水岸线曲折多变。传统园林水岸多模仿自然水岸造成曲折多变的曲线；人工建造的规则式水面的岸线呈几何规则式；自然式园林、现代式园林的水岸线、生态水岸

图 11.1-4　园林道路路形线

大多追求自然、曲折、优美的弧形、S形曲线，形成生态岸线（图 11.1-5）。水岸线形是创造园林水面收放、开合的最佳手段，也是创造园林景深的主要手段。

高直重力式驳岸线和老河道裁弯取直的做法，既不优美也不利于水体生态。

6. 天际线、林冠线造景法

天际线、林冠线是空中的景观线，是大地与天空的交界线，包括城市天际线、自然天际线、园林天际线（图 11.1-6～图 11.1-9）。大海与天空相交的天际线是一条海平线；大草原与天空相交的天际线是一条地平线；大森林与天空的交界线即林冠线，基本上是一条波形线；层数相同的住宅小区的天际线也是一条直线，这些天际线常显得单调、乏味。园林绿地的林冠线，不是单纯森林的林冠线，而是指由山水地形、树林群落、建筑群落与天空交接形成的异常丰富的天际线。园林绿地设

中国传统园林自然式水岸线　　　规则式水岸线　　　　　现代园林自然式水岸线

图 11.1-5　园林中常见的水岸线形式

图 11.1-6　上海浦东陆家嘴天际线

图 11.1-7　北京颐和园的天际线

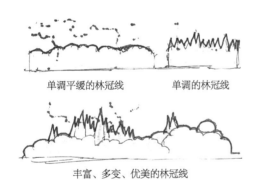

单调平缓的林冠线　　　　单调的林冠线

丰富、多变、优美的林冠线

图 11.1-8　林冠线

优美天际线

图 11.1-9　不同的林冠线和优美的天际线

由乔木和灌木构成的单一林缘线

图 11.1-10　林缘线造景

计的任务就是充分运用山水地形、各种不同植物群落（不同树种、树龄、树形、树高）和高低错落的建筑群，共同创造富有韵律变化、形态优美的林冠线。大至园林总体林冠线、局部景观的林冠线，小到假山、盆景、插花的轮廓线，均是如此。园林设计中经常考虑的是园林总体的林冠线。

7. 林缘（沿）线造景法

林缘（沿）线是地面的景观线，即树林（树丛、花境）根部边缘与地面、草坪、路面相连接的界线，可以是单线也可以是复线：当树林为单一的乔木（或灌木，或花境）时，是单一的林缘线；当乔木树林、灌木花境的林缘线分离时，则成为复线的林缘线。林缘线追求自然优美的弧线、波浪线、蛇形线、不平行的复线（宽窄不一，弯曲自如）（图 11.1-10）。

11.1.3　传统景点造景法

以往园林教科书教给我们对景、夹景、框景、漏景、透景、障景、借景七种造景法。

1. 对景

对景是最重要、最常用的园林造景法，

乔木树林＋花灌木、宿根草本花带（花境），构成丰富多彩的林缘线（双重林缘线）

是指景物与景物两者面面相对，互成对景。

中轴线上的交叉点常作为主要对景点——景观聚焦点。园林空间中心景点常形成中心对景。园林空间至高点、至低点也常作为园林或城市的主要对景点、景观焦点。园林中常用"以湖为中心环湖造景"的手法，环湖各建筑都互成对景。有如圆桌会议上你与对面的人对话，互成对景。对景是园林设计中应用最广、效果最好的造景手法。如颐和园佛香阁与昆明湖中的龙王庙互为对景。谐趣园湖边的建筑也互为对景。

延安宝塔、颐和园佛香阁、武汉黄鹤楼、上海东方明珠塔、纽约自由女神像、巴黎埃菲尔铁塔等都是城市公共对景和城市景观聚焦点。英国邱园以中国塔为对景，以草坪为道路，设计成两条自然、美丽的园林景观廊道（景观透视线、透景线），中国塔成为邱园精彩的对景（参见图11.1-3）。

2. 夹景

两排物体（墙体、山石、树木、雕塑等）围合形成线形空间，把景物夹在中间，形成夹景。具有控制和引导视线、突出对景的作用，令人向往前方的景点——对景。"狭巷借天"说的就是在狭巷尽头突显对景，通过夹景形成对景。夹景是突显对景的最好办法（图11.1-11）。

3. 框景

以窗框、门框、框架等框围远处的景观，形成"无心画"的景观效果，可增景深、强景观（图11.1-12）。

4. 漏景

透过墙洞、窗洞、门洞、石洞可视远处的景物，形成漏景效果（图11.1-13）。

5. 透景

透过树木、竹林、柱廊等半透空间可视远处的景物，成透景效果（图11.1-14）。

6. 障景

以建筑、土石、树丛、景墙等阻隔来屏障景物，创造"欲扬先抑"的景观效果（图11.1-15）。

7. 借景

"巧于因借，精在体宜"。借景是《园冶》的精髓，"因者，随基势高下"，"借

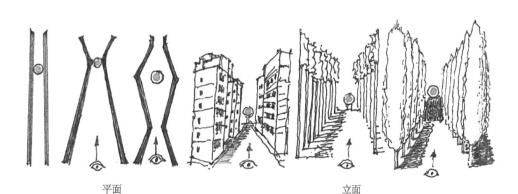

平面　　　　　　　　　　　　立面

图 11.1-11　夹景

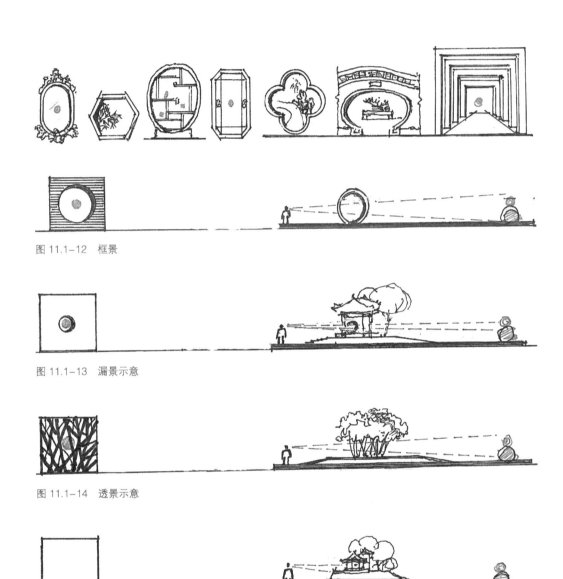

图 11.1-12　框景

图 11.1-13　漏景示意

图 11.1-14　透景示意

图 11.1-15　障景示意

者，园虽别内外，得景则无拘远近"，"极目所至，俗则屏之，佳则收之"，斯所谓"巧而得体"者也。"互相资借，景到随机，纳千顷之汪洋，收四时之烂漫"，达到"虽由人作，宛自天开"的境地。"借景偏宜，相地合宜，构园得体"，这是计成的经验之谈、实践心得。

借景，不单指借园外之景，还可借内景、借天时、借地利、借山水、借竹石、借花鸟鱼虫、借人文、借古今、借鬼神等。总之，借园林场地内外有用的人、事、物，乃至社会、经济、历史、文化、市政、风土人情等一切有用之事物，均可作为借景。无锡寄畅园借景锡山塔已成传统园林借景之经

图 11.1-16　无锡寄畅园借景锡山塔

典（图 11.1-16）。借景，因地制宜，因时制宜，外借，内借，借题发挥，借景入园，均可因借，为我造园所用。甚至外国之景也可借用，英国邱园借景中国塔，中国圆明园借景法国"西洋楼"，都是成功的借景。

11.2

哲理造景法

哲理是宇宙观、人生观的原理，是做人做事的道理，让人聪明、智慧。这里所说的哲理是指前文所述园林构图原理中的统一与变化、对比与相似、均衡与平衡、节奏与韵律、比拟与联想等艺术构图规律、原理，运用到园林艺术造景创作活动中，创作出更多、更美好的园林景观。

11.2.1 主题造景法

诸多主题公园、专题公园都是主题造景的案例。体育、音乐、雕塑、建筑、游乐是大主题。还有更多小主题，如松、竹、梅、牡丹、山茶、盆景等植物专题；桥、亭、水景、石景、砂石等园林小品构筑物，都常作为园林造景的题材，构建主题园林。

重大政治题材是严肃的主题，不易造景，不容轻率。美国总统山纪念公园就是一个好案例。美国南达科他州，在拉什莫尔山的山崖顶上雕刻华盛顿、杰斐逊、林肯和罗斯福四位总统头像，采用 3+1 构图，画面构图活泼生动、形象逼真、神采奕奕，雕塑与自然山体完美结合，环境和谐，浑然一体（图 11.2-1）。虽采用了严肃的领袖人物题材，但因设计巧妙、手法得当，取得了情趣横生而令人叹为观止的实际效果，成为一处世界著名景观。这是一个大胆且取得巨大成功的主题造景案例。

上海大观园以中国著名小说《红楼梦》为主题和蓝本创作怡红院、潇湘馆、衡芜院、梨香院、大观楼、沁芳湖等景点，构成大观园风景区（图 11.2-2）。

图 11.2-1 美国总统山纪念公园

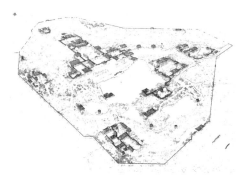

图 11.2-2 上海大观园

11.2.2　中心造景法

中心造景是普遍、常用的造景方法，常把构图中心放在场地中央，易产生对称、整齐的中心构图（图 11.2-3）。中国传统园林常以水池为中心，沿水池周边布置建筑，互为对景。西方园林也常用中心雕塑喷泉水池构筑中心园景。

图 11.2-3　上海人民广场是以旱地喷泉广场为中心的中心造景案例

11.2.3　象征、隐喻、比拟、联想造景法

中国园林是诗园、画园、哲理园，将哲学理论、历史典故、宗教神话传说、文字语言运用于园林中，借以隐喻、象征、联想，表现某种传统文脉、理想情操，如蓬莱三岛、仙山琼阁、龙凤呈祥、九五至尊、梵天乐土、禅宗净土、哲人君子、天圆地方、太极两仪、青龙白虎等。西方园林用"十字河"（蜜、乳、酒、水四河）隐喻天国花园。中西传统园林中有许多象征、隐喻造景的案例，通过比拟、联想产生美好的园林意境。但须运用得当，避免庸俗、牵强。

天坛是为皇帝祭拜天神而建的祭祀广场。按"天南地北"的传统宇宙观，天坛设在北京的南面，地坛设在北京的北面。天坛中体现隐喻造景的有：

圜丘祭坛——采用外方内圆平面，象征"天圆地方"的传统宇宙观；

圆形祭坛——中心为一整块圆形石板"天心板"，意为"一统天下"；

天心祭台——以 9 圈环形石板环绕天心板，每圈石板块数为 9 的倍数；

三层平台——每层均为 9 圈石板，每圈石板块数亦均为 9 的倍数；

三层台阶——均为三层 9 级台阶；整个祭台共有五层，均用九、五模数。

皇帝在天坛祭天，顶礼膜拜，天为至高无上，"九五之尊"的皇帝为天之骄子，隐喻"皇权天授"，以及"皇权至上"的宇宙观和封建统治思想观念。天坛可算是中国传统园林运用隐喻、联想手法的典型案例（图 11.2-4）。

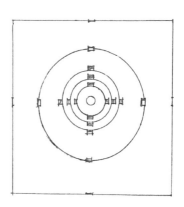

图 11.2-4　北京天坛——隐喻造景

拟、象征手法，以少胜多，以简胜繁，模仿自然山水，构成简洁、深沉而有趣的枯山水形式。静态构图，静中见动，让人静观、冥思，产生"禅意"联想。这是禅宗造景的典型案例。

图 11.2-5　中国盆景的"壶中天地"比拟造景

圆明园的"九州清晏"同样隐喻"四海之内，莫非王土，皇权至上"的王权思想。

中国园林艺术精品盆景常采用"壶中天地，咫尺山水""缩龙成寸，掌中天地"的理念，用比拟、象征手法创造景观（图 11.2-5）。

11.2.4　禅意造景法

日本传承中国禅宗净土佛教理念，形成以枯山水形式为代表的禅宗园林，成为日本园林的代表（图 11.2-6），在欧美有深远影响。运用砂、石为主要材料，用模

图 11.2-6　枯山水

11.2.5　节律（节奏、韵律）造景法

节奏与韵律是园林艺术构图原理之一，常用于建筑、园林设计中，创造艺术景观。尤其是在园林植物设计中更被广泛采用，创造优美、生动的植物景观。

例如，植物排列韵律单调，节奏过快，效果不佳（图 11.2-7）；而慢节奏、大韵律，则景观可大为改善（图 11.2-8）。

园林岸线、路线、飘带花坛常用自由波浪曲线构成渐变的、富有节奏韵律的、和谐优美的园林景观（图 11.2-9）。

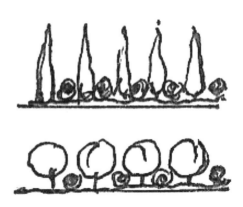

图 11.2-7　快节奏

图 11.2-8　慢节奏

图 11.2-9　自由波浪曲线

图 11.2-11　插花常用三角形构图

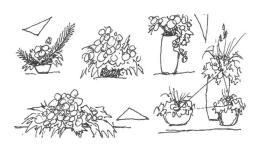

图 11.2-12　绿化种植设计用三角形构图组成平面、立面示意图

11.2.6　均衡造景法

采用均衡而非平衡手法创作生动、活泼的园林景观，是运用最多、效果最好的造景手法。其中，最突出、最普遍的是三角形造景法。

园林假山、盆景、插花、绿化设计都经常运用不等边三角形这一均衡构图形式来创造景观，取得良好的艺术效果（图 11.2-10～图 11.2-12）。

孙筱祥先生在《园林艺术》（高校教材）中详细讲述了不等边三角形园林植物设计的多种形式。用 3、4、5、7、9……株树木，按照不等边三角形的构图形式组织树丛均衡构图的植物景观。这种造景手法一直沿用至今。

可以说，三角形构图是一切艺术的永恒构图。

11.2.7　对比造景法——阴阳（太极）、拼合造景法

运用景物的高低、大小、长短、方圆、明暗、黑白的对比产生强烈艺术效果是常用的对比造景手法（图 11.2-13～图 11.2-15）。运用黑白对比手法创造"阴阳太极图"是华夏先民的伟大杰作，极简、极明、极美！深奥莫测，极具深刻哲理。可以说，这是最典型的"极简主义"。以最少的笔墨取得最佳效果，简洁无比，事半功倍，可谓空前绝后，无与伦比。这是巧用对比手法的典范，也是园林设计造景的榜样。

巴黎拉·维莱特公园混用直线方格、弧线与曲线三种线形造景。德国法兰克福国家花展主题花园左半部展示了宜人

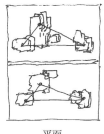

平面　　　　　立面

图 11.2-10　假山盆景三角形构图

图 11.2-13　植物高与低、长与圆、点与线的对比；横向水面与竖向树木的对比

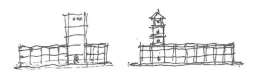

图 11.2-14　建筑横竖体块对比、建筑塔楼与横向主楼对比，创造活泼生动的建筑造型

图 11.2-15　圆与长、圆与方、椭圆与细长小路，两种不同形态的结合形成生动的对比效果

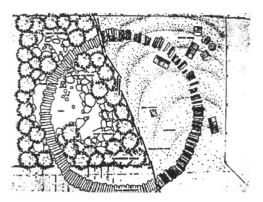

图 11.2-16　1989 年德国法兰克福国家花展主题花园——阴阳拼合造景法

图 11.2-17　上海松江方塔园

的繁茂绿地，右半部却是一副毁灭景象（图 11.2-16）。该景观传递了某种社会学信息，与阴阳太极、反向造景颇为相似。它吸引人吗？不。实用吗？不。它会引起争议吗？的确如此！

11.2.8　反景造景法 1——倒影造景

反景是指与正向相反（上下、前后、内外）的景观，即三维反向景观。

反景，包括倒影、镜面、阴影、画影、反形、反质景观。

倒影是一种反向景观，前后、左右反向景观即镜面景观或实影。水中倒影是园

林造景常用的反景技法，通常采用园桥为倒影景观。上海松江方塔园之方塔倒影塔、榭等园林建筑与树木共同组合，构成美丽倒影（图 11.2-17）。

11.2.9　反景造景法 2——镜面造景

园林中用镜面（玻璃、不锈钢、黑石镜面）做墙面、门面、崖面，使园林景观和空间骤然倍增，产生奇效。中国江南园林、皇家园林都采用过此镜面景观技法

图 11.2-18　上海豫园鱼乐榭镜面景观

图 11.2-19　梅影坡

（图 11.2-18）。巴黎凡尔赛宫苑通过巨大镜廊把室外园景纳入园内，是巨大的镜面景观。

11.2.10　反景造景法 3——阴影、画影造景

依靠光的照射把景物的阴影投到地面或墙面上，构成光影景观、阴影景观。

有在地面或墙面上采用工程技术措施创造景物影像，固定在地面或墙面上，形成特别的假影景观与人造画影景观。

孙筱祥先生在杭州花港观鱼牡丹园曾创作过梅影坡的景观，在梅桩下用鹅卵石镶嵌梅桩影像，与活的梅桩构成富有情趣的园林景观（图 11.2-19）。

11.2.11　反景造景法 4——反质、反色造景

两种有明显差异的质地、肌理，或者有强烈反差的物体相结合、拼合、镶嵌，光面与毛面、坚硬与柔软、深色与浅色等对比组合构成景观。中国的太极图就是反形、反色对比的极佳典范。

利用黑白、冷暖以及软硬、粗细　　（图11.2-20）、石墙与地毯等（图11.2-21）。
材质等反质、反色对比造景，如太极图

图 11.2-20　太极图　　　　图 11.2-21　墙与地毯

11.3

数理造景法

11.3.1 模数造景法

勒·柯布西耶以数字关系和人体尺度为基础创立模数制，以确定内在统一和谐关系，成为建筑设计模式。现代建筑设计常用 30 模数，30、60、90、120、180、210、270……基本模数控制设计以适应工业化生产、安装，统筹协调。

中国古人在北京天坛圜丘以天数 9（九天揽月、天长地久）为模数，设计祭坛全部场地：上层圆形平台为圆形天心石，外围平铺 9 环青石板，第一环 9 块，第二环 18 块，第三环 27 块……到第九环为 81 块；第二层圆形平台设 9 级台阶，地面亦为 9 环青石板；第三层平台亦为 9 级台阶和 9 环青石板；平台周边石栏亦为 9、18、27 块等 9 的倍数，以象征"天圆地方""九五至尊""普天之下，莫非王土"的寓意。祭坛三级平台均按 9（"天数"）的倍数设计地坪（图 11.3-1）。天坛设计是古代园林运用模数的典型案例。

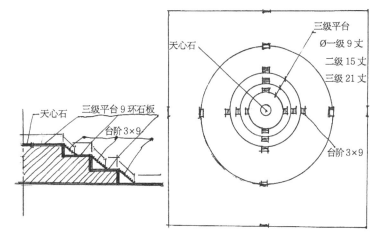

图 11.3-1　天坛祭坛平面（天圆地方）

11.3.2 网格造景法

结构主义网格造景法是中外建筑传统设计方法，柱网常利用网格的增减、旋转、中断、交替、混合、自由划分等变化创造无穷变化的建筑空间。常用方格网、六角网、米格网、放射网等网格（图 11.3-2）。

九宫格是中国传统的网格法。中西园林运用网格法不多，但依然可以见到，如树阵、柱阵、石阵等。巴黎拉·维莱特公园运用 40m 网格为基础规划全园（结构主义），插入解构主义手法和直线、弧线、曲线解剖雕塑等，创造出丰富多彩的景观。

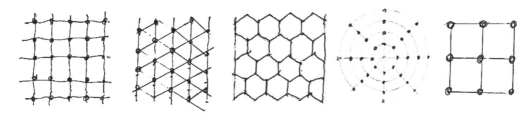

图 11.3-2　常用网格构图

纽约格林埃克小公园是著名的口袋公园，即规模很小的城市开放空间，常呈斑块状散落或隐藏在城市结构中，为当地居民服务。巧妙的园林树木和植物，结合水景地形，形成丰富多层次的休闲空间。露天的咖啡馆，以及价格合理且美味的食品、可移动的桌椅，都使人们能够舒适可控地坐在适当位置。25英尺（约7.6m）高的瀑布层叠幕墙不断吸引着游客，灵动的水声营造出一种静谧隐蔽的氛围。乔木成荫，树叶间隙有美丽斑驳的光线洒落（图11.3-3）。

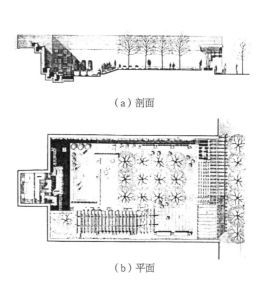

（a）剖面

（b）平面

图 11.3-3　纽约格林埃克小公园

11.3.3　母题造景法

采用一两种基本图形，如△、□、○等为母题要素进行排列组合、缩放，以形成既有整体感和统一感，又富有变化和节奏的景观（图11.3-4）。

园林设计中常用方形、六角形、圆形、风车、万字、工字、回纹等形状作为母题，进行组合演变，造成丰富多样的图案和美好的园林景观（图11.3-5）。

美国剑桥中心屋顶花园（图11.3-6）采用简单的几何形，有明显的统一整体性。

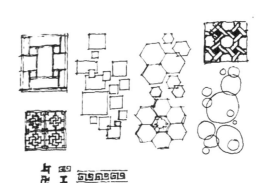

图 11.3-4　基本图形

图 11.3-5 图案设计

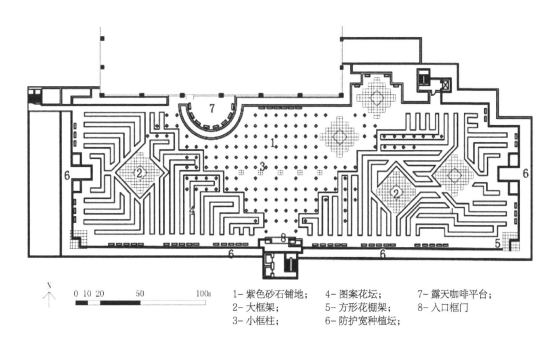

1- 紫色砂石铺地；　4- 图案花坛；　　7- 露天咖啡平台；
2- 大框架；　　　　5- 方形花棚架；　　8- 入口框门
3- 小框柱；　　　　6- 防护宽种植坛；

图 11.3-6 美国马萨诸塞州剑桥中心屋顶花园

11.4

浪漫造景法

好玩、有趣，是园林景观优劣的最通俗评价标准之一。好玩就是园林有情趣，让人喜悦、欢快或出其不意。园林设计必须努力创造能适应不同人群、富有情趣的，令人欢心喜悦、喜出望外，甚至流连忘返的景观。趣味景观是设计追求的目标之一。景观区域、大小景点，甚至大景区，不论重大题材或微小题材都可以用浪漫手法创造趣味景观。

仿生造景、解构主义造景、残缺造景、趣味造景都是常用的浪漫造景手法。

11.4.1 仿生造景法

由于受超现实主义立体派绘画（毕加索、康定斯基等）的影响，园林景观设计也常运用仿生主义的造景手法，模仿天空云朵、海水浪花、龙凤等动物、植物、生活器具、自然现象和生活现象创造景观，形成生物形态有机语汇（图 11.4-1、图 11.4-2）。中外园林都有许多仿生造景案例。

中国园林以模仿大自然山水为特色，盆景艺术就是自然山水的缩影。中国园林中的龙墙、龙柱、龙门、龙床等都是仿生微型小景。

西班牙"怪才建筑师"高迪就是仿生高手，他曾创作过许多摩尔式仿生建筑与园林，深受欢迎。美国西雅图某花园仿效仿生造景法建造了变色龙（图 11.4-3）。彩色碎石、碎瓷片和五颜六色的玻璃是这座花园的基本镶饰材料（图 11.4-4～图 11.4-6）。

图 11.4-1 仿生图案

图 11.4-2 龙凤图案

受立体主义、超现实主义绘画影响，把绘画语言运用到园林设计中，模仿人体、物体形态，把园林水池、花坛、坐凳等设计成锯齿形、心形、肾形、钢琴形、阿米巴细菌形、飞标形等形状。用锯齿线、曲线、飞镖、阿米巴、钢琴、肾形线等构成简洁流动的平面，并创造与功能相适应的形式，形成"加州花园"流派——一种具有独特趣味的加利福尼亚州特色园林风格（图 11.4-7）。

图 11.4-3　西雅图某花园的仿生造景变色龙

图 11.4-4　西雅图某花园的仿生造景（一）

图 11.4-5　西雅图某花园的仿生造景（二）

图 11.4-6　西雅图某花园的仿生造景（三）

美国旧金山唐纳花园庭院由入口庭院、游泳池、餐饮处和大面积的平台所组成。平台的一部分是美国杉木铺装地面，另一部分是混凝土地面。庭院轮廓以锯齿线和曲线相连，形成肾形泳池流畅的线条以及池中雕塑的曲线（图 11.4-8）。

美国著名风景园林师劳伦斯·哈普林也是模仿自然山水造景的大师，他设计的波特兰依拉·凯特广场是根据对自然的体验设计的，把自然要素人工化（图 11.4-9）。

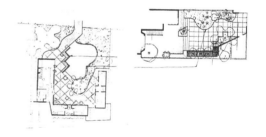

图 11.4-7　美国阿普斯花园——仿生造景

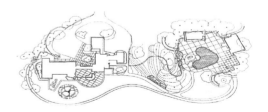

图 11.4-8　美国旧金山唐纳花园——仿生造景
设计者：托马斯·丘奇（加利福尼亚州学派）

11.4.2　解构主义造景法

解构主义是一种非常特别、具有争议的艺术思潮，它以反传统、反和谐、反规划为主旨，追求扭曲变形、破碎分离、肢解重组、感官刺激，实属艺术界的异类。建筑、工艺美术、雕塑、包括园林都受其影响，产生了解构主义造景法。

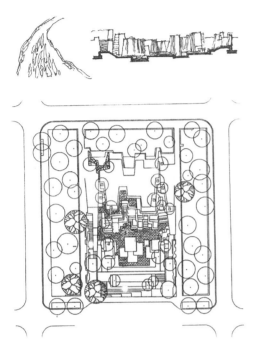

图 11.4-9 美国波特兰依拉·凯特广场——自然、仿生造景（模仿大自然山水法）

图 11.4-11 产生错觉的建筑

图 11.4-10、图 11.4-11 是几处采用空间错觉手法装饰的古老建筑。

扭曲变形、肢解重组、颠倒错位，就是在应用熟悉的物体时改变它们正常的方式、位置或彼此联系。图 11.4-12 中这座人体模型花园可能会冒犯很多人，或使他们反感、作呕。这些错乱的建筑立面、肢解的人体，都让人惊诧、不安，并无功能

图 11.4-12 人体模型花园

图 11.4-10 街景雕塑——残缺、解构造景

可言，只能使观察者对这一连串违背常规
的做法惊异不已。

11.4.3 残缺造景法

残缺主义是表现一种残缺美。如残花
败柳、"留得残荷听雨声"、弯月、无臂维
纳斯、被咬一口的苹果、缺角亭、缺口圆
环等，都是表现残缺美。

美国华盛顿特区肯尼迪纪念堂前侧的
越南战争纪念碑，项目很小，也很低调，
但影响巨大。我认为这就是"残缺造景"
的成功杰作。这是由耶鲁大学建筑系 21 岁
的大三华裔女学生林璎（林徽因侄女）设
计的，她的设计方案经两轮评选从 1421 个
方案中脱颖而出，1982 年建成，被评为
20 世纪美国最受欢迎的十大著名建筑之一
（图 11.4-13）。

纪念碑是在国家林荫道一侧的大草坪
往地下挖一条长 500 英尺，最深处 10 英
尺，平面呈倒 V 形的陷坑，是一条两头平、
中间低的斜坑，设一条宽约 4m 的观众瞻
仰坡道（坡度 1/25）通向 -3m 的坑底。
斜坑一侧为草坡，另一侧为立面呈 V 形的
挡土墙。这面 V 形的纪念墙就是越南战争
纪念碑，在黑色镜面花岗石墙面上镌刻了
57000 多名阵亡将士名单，犹如"地球被
撕开的裂缝"，这是"战争在地球上砍下的
永不愈合的伤口"。纪念碑没有任何正面或
负面的评语，只有地下泛光灯，路旁有可
供人们翻阅的烈士名册，让人们自己去沉

图 11.4-13　越南战争纪念碑——下沉深坑式构图

思、默念，纪念碑被评为"美国人的哭墙"
（旁边三组人体雕塑并非原作，是后加的）。
以一个倒写的 V 形纪念碑纪念 1959—
1975 年美国发动的一场没有打赢的战争，
记录下"美国历史黑暗的一页"。这一深刻
的寓意获得巨大成功，美国总统奥巴马亲
自授予设计师林璎美国最高荣誉奖——"总
统自由勋章"。越南战争纪念碑利用残缺法
造景，是寓有创意、深含意境、令人回味
的美国纪念性园林的典范。

上海南翔古漪园缺角亭的亭顶缺东
北角，以纪念东三省沦陷，表达不忘国耻
（图 11.4-14）。

广州矿泉旅舍宾馆的敞厅平面刻意缺
边，建筑地坪与水面边线犬齿咬合、单柱
入水，使建筑与园林山水花木紧密结合，
呈现自然美、残缺美（图 11.4-15）。

中国园林的道路、地坪、水池、水岸常
用山石咬边、咬碎，造成缺刻，打破几何形

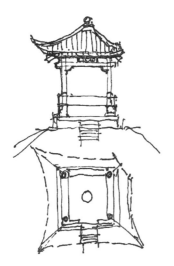

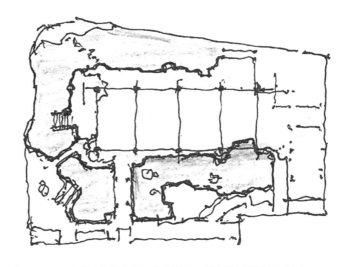

图 11.4-14　上海古漪园缺角亭　　图 11.4-15　广州矿泉旅舍宾馆客舍楼底层架空层与园林密切结合

态，追求自然野趣，产生残缺美。咬合构成残缺、曲折、破碎而自然、有趣的园林平面布局，如中国诗词名句"留得残荷听雨声"中描绘的残花败柳的特殊景观。

设计构图中特意创造残缺之美，有如伤痕文学、悲剧之美。如苹果公司商标，采用被咬过一口的苹果，是残缺美的典型范例，富有情趣，令人难忘（图 11.4-16）。

11.4.4　趣味造景法

运用花鸟鱼虫、鸳鸯蝴蝶、小桥流水、镶嵌图案、雕塑喷泉等小品创造微小景观，常给人带来情趣、欢快、喜悦（图 11.4-17）。

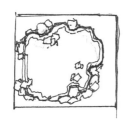

图 11.4-16　残缺美

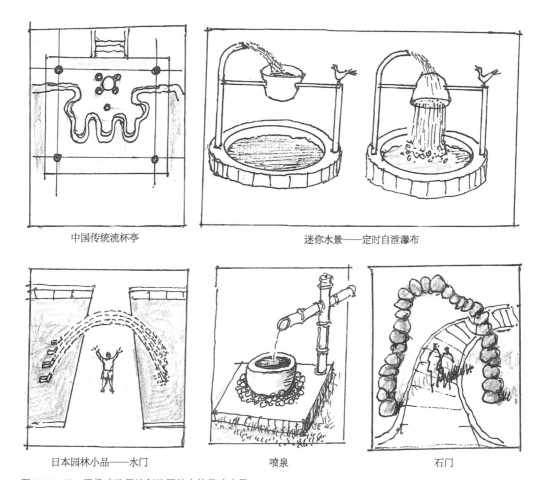

中国传统流杯亭　　　　　　　　迷你水景——定时自泄瀑布

日本园林小品——水门　　　　喷泉　　　　石门

图 11.4-17　用趣味造景法创造园林中的趣味小景

中外园林设计主要流派见表 11.4-1。

中外园林设计主要流派　　　　　　　　　　表 11.4-1

名称	国家年代	代表人物	代表作品	主要特点
（一） 自然式园林 （中国园林） Chinese Garden Nature style	中国自然 山水园、 中国古典 园林	计成 （明）	私家园林： 留园、网师园 皇家园林： 圆明园、避暑山 庄、颐和园	1.崇尚自然，道法自然，模拟自然山水，再造自然，巧夺天工。 2.诗情画意，寓情于景，匾联点景，情景交融。 3.布局曲折幽深，内向含蓄，步移景异，引人入胜。 4.建筑形式优美独特，丰富多样，空间多变，以水池为中心，以建筑为主体。 5.植物自然配置，花木扶疏，注重植物造景和艺术配置。 6.园林小品丰富多样：盆景、石灯、石雕、洞门、漏窗、假山、瀑布

中　篇

园林设计技法

名称	国家年代	代表人物	代表作品	主要特点
（一） 自然式园林 （中国园林） Chinese Garden Nature style	日本园林 （5世纪以来）		桂离宫、 银阁、 龙安寺方丈庭院	1. 受中国文化影响，采用自然式庭院，融入日本文化，形成独特园林体系。 2. 追求园林意匠（禅宗），形成写意风格，枯山水成为日本园林精华。 3. 植物少而精致，细腻，雅静，纯真，以片植灌木、球形树桩点景。 4. 特色小品——石灯、水钵、鸟居、逐鹿
	英国风景园 （自然风景园） （18世纪以来）	威廉·肯特 （William Kent） 朗塞洛特·布朗 （Lancelot Brown） 胡弗莱·雷普顿 （Humphry Repton）	邱园 （Kew Garden） 布伦海姆宫 （Blenheim Palace） 摄政公园 （Regent's Park）	1. 自然式布局：自然湖面，弧形岸线，蛇形园路，缓坡地形，形成浪漫的自然风格。 2. 哈哈边界，园内外自然分隔（无围墙）。 3. 亭廊点景。 4. 注重植物配置，采用散点种植、缓坡草坪，孤植或疏林，混合丛林。 5. 多年生草本丛状配置花丛。花境精致优美，自然生态为其特色，闻名于世
（二） 西方古典主义园林 规则式园林 Western Classicism	西班牙伊斯兰园林 （14世纪）	摩尔人 （Moors）	西班牙 阿尔罕布拉宫 （Alhambra Palace） 印度泰姬陵	1. 庭院小而封闭，常以棕榈形柱、拱券门廊围合成中庭花园。 2. 以十字河或十字路为中心，庭院一分为四，简洁明快。 3. 建筑装饰纹样精美，常用蓝绿色马赛克装饰墙面、地面或坐凳，典雅、幽静，有异域情调。 4. 印度常以金刚座建筑（一主四金刚）为主体，以十字河为中心
	希腊、罗马、意大利园林 （15~17世纪）	吉阿柯莫·维尼奥拉 （Giacomo da Vignola）	埃斯特庄院 （Villa d'Este） 兰特别墅 （Villa Lante）	1. 以希腊建筑为典范，以建筑为主体，采用规则式园林布局，中轴对称，呈几何图形，多层台地，以凉亭、廊架点景。 2. 承传西亚园林，以十字河、十字路或水池为中心，将花园分成方格子，首创矮绿篱编织花坛或迷宫。 3. 依台地创造各种喷泉、跌水、百泉、壁泉等水景，独具特色。 4. 以大理石神话雕塑、石栏、石瓶饰、石水盆、植雕等巴洛克式精美小品装点园景
	法国园林 （17世纪）	安德烈·勒诺特 （Andre Le Notre） 雅克·布瓦索 （Jacques Boyceau） 法国园林开拓者	沃勒·维贡特花园 （Vaux-Le-Vicomte） 凡尔赛宫苑 （Le Jardin du Chateau de Versailles） 卢森堡花园 （Le Jardin de Luxembourg） 维兰德里庄园 （Le Jardin du Chaleau de Villandry）	1. 继承和发扬意大利园林艺术，以建筑为主体，以十字河、水池、十字路为中轴线，以射线路、几何图形、格子花坛规则对称构成严谨的规则式园林布局（排斥自然式布局），体现完美古典主义，成为西方规则式园林的代表。 2. 借鉴伊斯兰绣花图案，首创刺绣花坛，花境和行道树、林荫道、大花坛、大草坪、系列喷泉形成开阔、壮丽的园景，气势非凡。 3. 大量采用大理石雕塑、花瓶、水盆等巴洛克风格园林小品，大理石亭廊点缀园景，清新、优雅、精美。 4. 园周用壕沟取代围墙，园内用砂石园路和大片森林，有良好的生态环境

续表

名称	国家年代	代表人物	代表作品	主要特点
（三） 现代主义 Modernism	美国 （20世纪） 巴西	托马斯·丘奇 （Thomas Church） 劳伦斯·哈普林 （Lawrens Halprin） 佐佐木莫夫 （Hideo Sasaki） 玛莎·施瓦茨 （Martha Schwartz） 丹·凯利 （Dan Kiley） 布雷·马尔克斯 （Roberto Burle Marx）	加州花园 罗斯福公园 芒太罗花园	1.现代艺术为现代建筑和现代园林的根源，为现代园林提供了形式语言。 2.摒弃古典主义、中轴对称，反对模仿传统，借鉴创新，发展传统园林内涵，探索新的构图形式和原则。把对空间的追求摆在首位，运用无轴线、非对称平衡、自由的平面和空间布局，建筑与环境景观融为一体，形成简洁、明快的流动空间，不对称布局是现代主义的标志。 3.追求构图多样化，运用现代艺术的抽象画、几何构图，强烈而简洁的几何线条和造型，流畅的有机曲线，仿生曲线（钢琴线、锯齿线、肾形线、阿米巴线等），丰富多样的设计手法。 4.以功能主义为目标，提倡功能至上，以人为本，人人参与，功能与设计形式创新相结合
（四） 后现代主义 Postmo- dernism	英、美、 法、西 （20世纪 60年代后）	查尔斯·詹克斯 （Charles Jencks） 罗伯特·文丘里 （Robert Venturs） 摩尔 （Charles Moors） 维加小组 伯奇小组 高迪（Gaudi）	詹克斯花园 新奥尔良广场 玲珑公园 高迪公园	1.后现代主义是现代主义的继承和超越。主张现代与传统交融，传统园林得到尊重，古典风格也可接受（历史主义、直接复古主义、新地方风格、隐喻、玄学、后现代空间）。 2.功能至上受到质疑，园林具有多元化、包容性，批判"国际式建筑"。 3.艺术、装饰、形式受到重视。雪铁龙公园——严谨+变化，几何+自然。 4.富有包容性，艺术多元化，接受其他学科介入园林（詹克斯：生态+艺术+大地艺术；高迪：建筑+雕塑+自然三者融合）
（五） 极简主义 Minimalism	美国 日本京都 （20世纪）	彼特·沃克 （Peter Walker） 丹·凯利	剑桥中心屋顶花园 哈佛大学唐纳喷泉 得克萨斯州索拉纳IBM中心花园 禅宗 枯山水 达拉斯联合银行喷泉广场	1.追求形式极度简化、纯净、秩序，以少胜多，以抽象手法和很少元素控制大尺度空间，多用简单重复的几何形（网格、矩阵、重量、母题重复），有明显统一整体性，有纪念风格。强调整体重复序列化。 2.追求冷峻、神秘，平淡无奇无特色，无表情，有冲击力。表现的只是物体而非精神，摒弃具体内容和联想，非人格化。如禅宗艺术，有简洁的外形，有丰富、深邃的内涵。 3.使用工业材料，体现工业结构、工业文明和时代感。颜色单纯，一般只用一两种颜色或黑白灰三色，冷峻雕塑无框架、无基座。 4.极简主义是继承传统的典范，古典精粹与时代精神结合，兼收并蓄，实现超越
（六） 解构主义 Decon- structivism	法国 （20世纪）	伯纳德·屈米 （Bernard Tschumi）	拉·维莱特公园 德国阿尔布拉中学庭院 柏林犹太人博物馆 霍夫曼花园	1.质疑古典主义、现代主义、后现代主义。 2.颠倒一切规律，反传统、反统一、反和谐，追求矛盾、刺激和不安感。 3.反对形式结构，功能与经济之间有机联系，不考虑文脉及周边环境。 4.提倡分解、分裂、裂解、拆解、错位网格、叠加、拼接等解构手法，追求无中心，不完整的构图形式，甚至折线形建筑

续表

名称	国家年代	代表人物	代表作品	主要特点
（七） 生态主义 Ecologism	美国 （20世纪） 中国 （20世纪 80年代）	乔治·哈格里夫斯 （George Hargreves） 程绪珂	伊安·麦克哈格 《设计结合自然》 景观生态学 Napa山谷 《生态园林》	1. 生态科学＋艺术＋社会理想的统一。 2. 生态主义是当代景观设计的普遍原则。 3. 园林是生态、艺术和功能的结合。 4. 按照自然特征来创造人类生存环境，人类依存于自然，批判以人为中心的思想，把园林景观提高到科学地位高度，把景观作为生态系统，人和自然协调，认识自然系统的一部分。 5. 运用生态学建立土地利用规划模式和准则。 6. 进行生态设计——后工业遗址公园（哈克），湿地水园、公园中的自然保护地
（八） 大地艺术 Land Art	美国 （20世纪 60-70年代）	玛莎·施瓦茨	美国越南战争纪念碑 法国文化部 禅宗枯山水 詹克斯花园 Haha巨龙桥 波动地形 波浪母线	1. 继承了极简艺术的抽象、简约和秩序。大地艺术由雕塑而来。 2. 追求无精神，却有其内在浪漫。 3. 用土地、木、石、水、草等材料与自然力塑造景观，与环境融为一体。 4. 哈格克夫斯在生态过程分析的基础上，采用大地艺术手段形成生态＋艺术的综合体
（九） 构成主义 结构主义 Structuralism	俄罗斯 美国 法国	弗拉基米尔·塔特林 （Vladimir Tatlin） 丹·凯利	第三国际纪念塔 北卡国家银行广场 得克萨斯州达拉斯 喷泉水景园 拉·德芳斯中心花园	1. 西方形式主义艺术流派之一，源于立方主义。 2. 标榜、排斥艺术的思想性、形象性和民族传统。 3. 以长方形、圆形、直线构成抽象造型、绘画、雕塑等。 4. 常用网格、矩阵式布局（树阵）
（十） 景观都市 主义 Landscape Urbanism	英国 （21世纪最 新流派）	伊娃·卡斯特罗 （Eva Castro）	西安世界园艺博览园入口区内外：广运门、长安花谷、创意馆、自然馆	1. 反传统，无轴线，不规则，不对称。 2. 折线构成园林道路、花坛和建筑，完全自由、随意，有如洪水冲刷般的平面和立面。 3. 图面活泼流畅，富有视觉冲击力和清新感，但实用性和美感不足

第 12 章

园林植物设计技法（植物造景法）

园林植物设计，俗称绿化设计，又称植物配置、种植设计。园林植物设计包含：

（1）园林总体空间规划。运用植物组织园林空间（景观分区、功能分区）序列。

（2）组织园林生态体系。以植物为主，发挥植物生态保护功能，协同园林建筑和山水地形创建良好生态环境，形成园林整体生态体系。

（3）创建园林植物景观体系。运用植物营造特色植物景观，创建园林主景区、主景点、次景点，形成园林景观体系。

（4）树种选择。选定主调树种、基调树种、主景树种。

（5）确定植物多样性、乡土树种、植物物种指标。

（6）植物空间及平面设计。选用乔、灌、草物种，进行科学和艺术配植，按植物形态高度上、中、下三段 8 层进行立体设计，再作平面设计，最后完成园林细部植物配置设计图。

以往教科书仅讲植物平面设计，忽略植物空间设计，造成园林空间以及园林景观许多不良效果，应该纠正这些偏差。

以下是本人六十年来在植物设计中总结的一些经验体会、植物空间设计和平面设计技术手法，与读者讨论、分享。

12.1

植物空间结构
设计技法

园林植物基本构成分为上、中、下三段8层。根据不同的园林功能选取不同的植物构成园林植物立体结构，如图12.1-1~图12.1-5及表12.1-1所示。

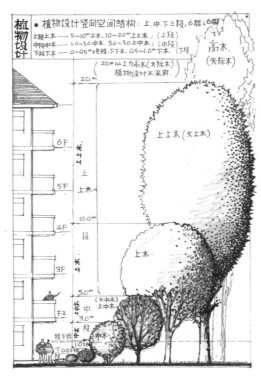

图 12.1-1 三段6层植物设计竖向（空间结构）示意（一）

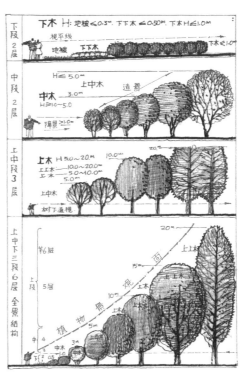

图 12.1-2 三段6层植物设计竖向（空间结构）示意（二）

植物设计空间结构（三段8层）　　　　　表 12.1-1

上段 （仰视）	1层	高木（天际木）（>20m）	天际
	2层	上上木（10~20m）	顶层
	3层	上木（5~10m）	顶部
中段 （平视）	4层	上中木（3~5m）	景观层或障景层
	5层	中木（1~3m）	景观层或障景层
		平均视平线（1.5m）	
下段 （俯视）	6层	下木（0.5~1m）	地上灌木层
	7层	下下木（0.3~0.5m）	地表灌木层
	8层	地被草皮层（0.0~0.3m）	地被层

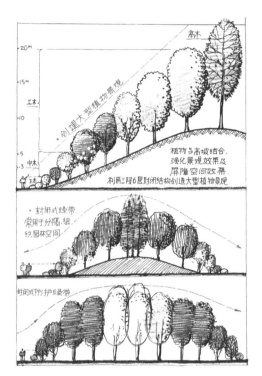

图 12.1-3　封闭式植物空间结构形式

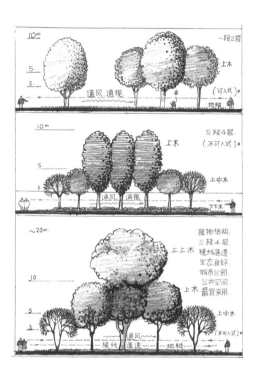

图 12.1-5　通透式植物空间结构形式

图 12.1-4　植物设计空间结构（3 段 6 层 +
地被 + 天际）全景立面图

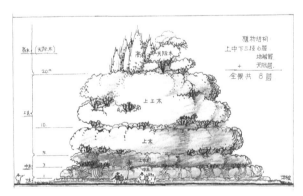

12.2

植物平面设计

植物种植设计平面形式包括以下15种：

①孤植；②对植；③散植；④丛植；⑤合植；
⑥群植；⑦行植；⑧列植；⑨配植；⑩建筑配
植；⑪盆景配植；⑫插花配植；⑬贴植；⑭模植；
⑮花带。

1. 孤植

形态优美、形象独特的古树、大树、神树，常作
孤植形式，园林孤植树的位置很有讲究，应尽可能确保园林空间完整（图12.2-1）。

2. 对植

树木种类、形态和位置均呈对称布局，给人庄重、严肃的感觉（图12.2-2）。

3. 散植

树木呈不规则、不对称、不均匀、不成直线的自由布局，如疏林草地，使人感觉自
由、活泼、轻松（图12.2-3）。

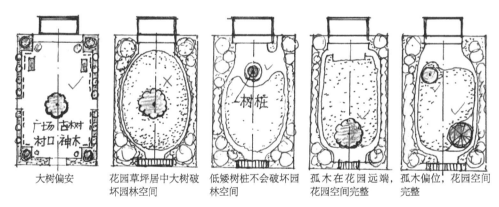

大树偏安　花园草坪居中大树破　低矮树桩不会破坏园　孤木在花园远端，　孤木偏位，花园空间
　　　　　坏园林空间　　　　林空间　　　　　　　花园空间完整　　　完整

图 12.2-1　孤植

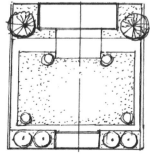
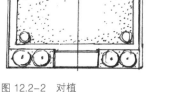
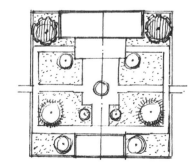

图 12.2-2　对植

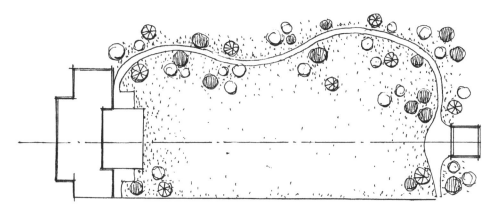

图 12.2-3　散植

4. 丛植

以一种树木为主，两三种树木为辅，三五成丛、七八成团，组成自然式树丛，给人轻松、活泼、欢快之感（图 12.2-4）。

5. 合植

利用数株残次树木在同一穴内种植，创造奇妙景观。巧建奇景！低价优景，事半功倍（图 12.2-5）。

合植是我于 2002 年在上海佘山月湖山庄与吴连根先生一起创造的创新形式。

利用 3~5 株偏冠废弃苗木合成种植形成一丛，变废为宝，取得良好效果。

6. 群植

纯种或混种树木成片成群种植形成树林，营造大景观、大背景、大气势（图 12.2-6）。

7. 行植

树木呈线形成行种植为行植，使人感觉规则、整齐、有序（图 12.2-7）。

8. 列植

树木排成阵列式（或序列式），称为列

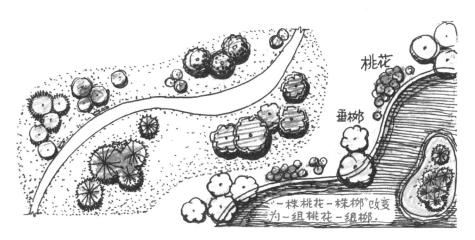

图 12.2-4　丛植

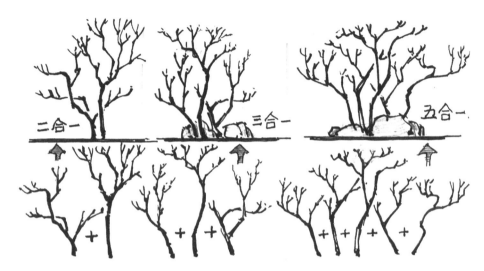

图 12.2-5　合植

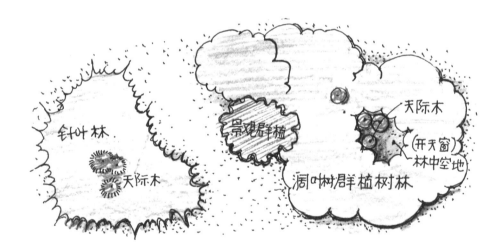

图 12.2-6　群植

植。与文化结合时颇有趣，常称为树阵。给人感觉多变、有趣、有气势（图 12.2-8）。

9. 配植

三角形配植法是传统教科书中最经典的方法，用以创造不对称、不规则、三角形构图的自然式植物景观（图 12.2-9）。

10. 特殊配植 1——建筑配植

前三角、后三角创造最佳人居环境（图 12.2-10）。

11. 特殊配植 2——盆景配植

三角形构图（图 12.2-11）。

12. 特殊配植 3——插花配植

三角形构图（图 12.2-12）。

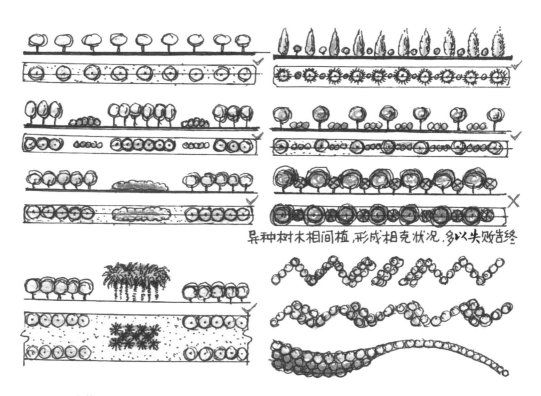

图 12.2-7　行植

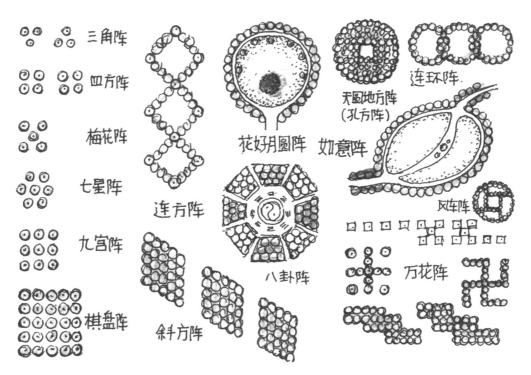

图 12.2-8　列植

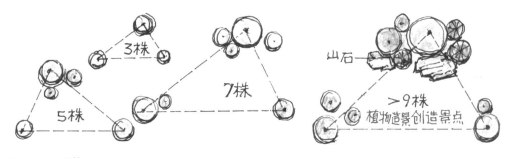

图 12.2-9　配植

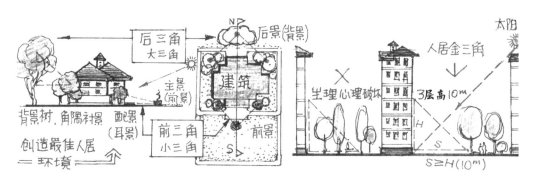

图 12.2-10　特殊配植 1——建筑配植

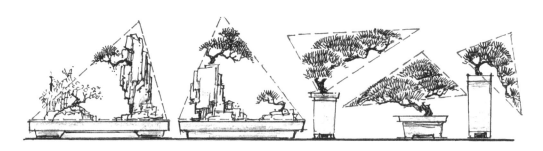

图 12.2-11　特殊配植 2——盆景配植

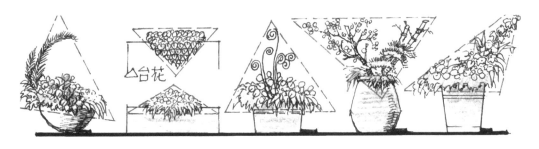

图 12.2-12　特殊配植 3——插花配植

13. 贴植

植物紧贴建筑墙面种植、生长，或在墙面上加设人工设施和介质形成墙面绿化（图 12.2-13）。

14. 模植

按照设计图案模纹种植植物，形成模纹花坛；或按设定的模型容器种植，形成组合景观（图 12.2-14）。

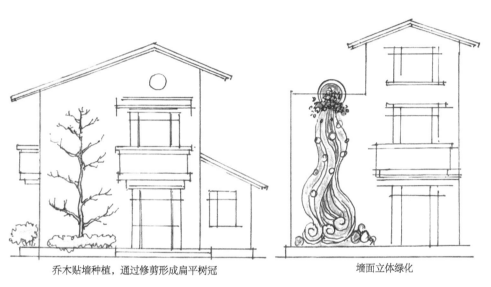

乔木贴墙种植，通过修剪形成扁平树冠　　　　　　墙面立体绿化

图 12.2-13　贴植

图 12.2-14　模植

15. 花带、花境、飘带

花境、花带是现代园林越来越广泛应用的种植形式。在路边、墙边、林边、河边等处，以斑块、带状、流线状形式种植宿根草本植物和灌木，形成富有季相变化、群落稳定、自然活泼的花境或花带。英国园林应用花境有悠久历史和丰富经验。

上述植物设计模式中的建筑绿化配置，在植物设计中尤为重要，但通常不被重视，现实中出现许多严重问题，非常有必要进行深入讨论、研究。建筑绿化本是应用园林植物生态设计手段在建筑周边种植绿化，其目的是创造最佳人居生态环境。但是现实中许多地方因乱植树造成反生态的效果，好心做坏事，实在叫人哭笑不得。

上海某大医院病房大楼坐北朝南，朝向大花园。大楼与花园连成一体，完美结合，本是非常合理的布局。但是园林设计时却在大楼前设计小土山种植大雪松、大香樟，高20多米的高大浓密树林硬生生把花园与大楼隔开，犹如在楼前砌筑一睹高墙把大楼完全屏蔽了，使得一层至七层楼终年缺阳光、不通风，看不见花园。原来大楼与花园连成一体的非常完美的人居生态环境被错误设计的"四季常青"的密林破坏得一干二净。生态环境变成了反生态、负生态环境，实在令人痛心（图12.2-15、图12.2-16）。

常见的街道行道树和住区绿化的严重问题也是盲目种树、盲目追求"四季常青"造成的恶果。许多单位在东西向街道上种植香樟等常绿乔木，导致街道北侧的建筑——办公楼或住宅楼、小别墅终年不见阳光、不通风，原来方向朝南、良好的人

图 12.2-15 上海某大医院病房大楼被楼前大树林遮挡

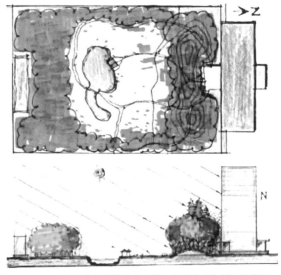

图 12.2-16 上海某大医院病房大楼与花园南北向剖面示意图

居生态环境被破坏了。种树绿化原本是为了改善生态环境，反而变成破坏生态、反生态、负生态了。

我认为建筑绿化构成分为基础绿化（栽植）、门景绿化、角隅绿化、背景绿化、山头（山墙）绿化、屋顶绿化、前花园、后庭院等部分。不同部位有不同的要求，采用不同树种和不同种植形式。

建筑绿化最关键的问题就是确保建筑南面有完整的阳光金三角（图 12.2-17~图 12.2-19）。在建筑绿化中，建筑是主体，绿化是配角，是陪衬，绿化要为建筑服务，要衬托建筑，为建筑创造良好的人居生态环境和良好的建筑艺术效果，而不能破坏

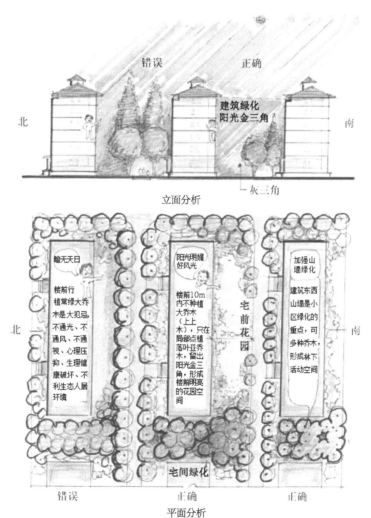

生活建筑（办公、居住）楼前绿化必留出楼前阳光金三角，楼前 10m 范围内不种大乔木（上上木，高为 10~20m），只可在局部点植亚乔木（上木，高为 5~10m），努力创建良好宜居生态环境。

图 12.2-17　建筑绿化分析 1

建筑生态环境。真正的生态设计并非单纯地增加树木、绿量，而是确保建筑绿化要讲生态、讲科学、讲艺术，追求创造良好人居环境。最简单的办法就是：

在建筑前（南）10m 内不种大乔木（高10～20m 的上上木），只可点植小冠亚乔木（5～10m 的上木）；在窗间墙处种小冠上木（如棕榈、竹子）；在楼前 10m 内只种灌木、草本植物。

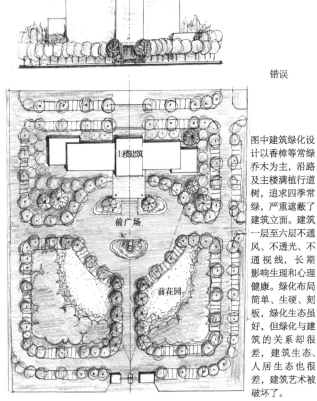

图 12.2-18　建筑绿化分析 2

图中建筑绿化设计以香樟等常绿乔木为主，沿路及主楼满植行道树，追求四季常绿，严重遮蔽了建筑立面。建筑一层至六层不通风、不透光、不通视线，长期影响生理和心理健康。绿化布局简单、生硬、刻板，绿化生态虽好，但绿化与建筑的关系却很差，建筑生态、人居生态也很差，建筑艺术被破坏了。

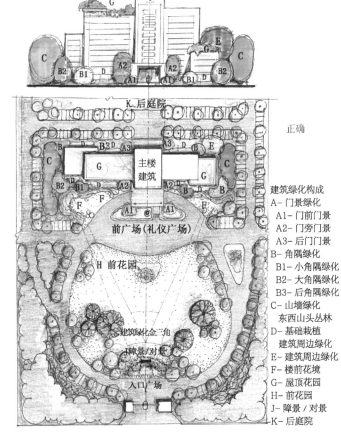

图 12.2-19　建筑绿化及园林构成分析

建筑绿化构成
A- 门景绿化
A1- 门前门景
A2- 门旁门景
A3- 后门门景
B- 角隅绿化
B1- 小角隅绿化
B2- 大角隅绿化
B3- 后角隅绿化
C- 山墙绿化
　东西山头丛林
D- 基础栽植
　建筑周边绿化
E- 建筑周边绿化
F- 楼前花境
G- 屋顶花园
H- 前花园
J- 障景 / 对景
K- 后庭院

第 13 章

园林掇山理水艺术与技法

13.1

传统园林掇石假山艺术与技法

13.1.1 "瘦、透、漏、皱"绝非掇山叠石的审美标准

拜石、玩石成痴的石癫米芾首创"瘦、透、漏"赏石标准，后人又发展为"瘦、透、漏、皱"，甚至还加上"丑"。千余年来，这已成为玩家玩石、赏石、品石的公认标准。我认为这本是玩赏、收藏室内摆石、庭院置石、案几赏石的评价评判标准。后来不知从何人开始把"瘦、透、漏、皱"的赏石标准推广运用到园林叠石掇山上，并按这个标准来叠石掇山。于是出现了一些奇怪丑陋的奇峰林立、刀山剑树等假山。最不可理解的是按"瘦、透、漏"标准来掇叠块石（黄石、青石）假山，掇成琐碎零乱、妖形怪状、不堪入目的假山。

我认为"瘦、透、漏、皱"的标准只能针对湖石、英石、灵璧石一类有漩涡和孔洞的赏石。被业内推为黄石假山典范的豫园大假山，丝毫看不到瘦、透、漏的痕迹。现在人们能看到的大部分赏石，已不能按"瘦、透、漏"标准来判断。其实"瘦、透、漏"标准与黄石、青石（绿辉石）、花岗石掇成的园林假山毫不相干，而且正相反，应改用浑圆庄重、沉稳厚实的标准。所以"瘦、透、漏"作为赏石标准，从现代审美思想、结构安全等方面考虑都已经显得片面与偏差，不能作为园林假山的评价标准。再说，"瘦、透、漏、皱、丑"标准本身就充斥着封建旧文人酸腐、朽败的气味，以及不健康、不秀美的审美情趣，与当今时代格格不入。即使有"瘦、透、漏"的假山，也必然隐藏着诸多安全隐患，现存极少数"瘦、透、漏"的立峰必须做好安全防范。所以"瘦、透、漏、皱、丑"不应该成为园林叠石掇山的审美和评价标准。

13.1.2 园林叠石掇山的审美、品评标准

既然"瘦、透、漏、皱"不是园林叠石掇山的审美、品评标准，那么什么才是呢？那就是《园冶》提出的"道法自然""外师造化，内得心源""山林意味，假山真意""虽由人作，宛自天开"的标准。

张南阳、计成、张南垣、戈裕良都是这样做的。无论是张南阳的大山缩影的"全景山水"，还是张南垣的大山一角的"小景山水"，都是师法自然，追求自然山水的形态和神韵。

美国哈氏山水、贝式山水也是师法自然，不求形似，但求神韵，追求山水气势的抽象美。中西假山，两种形式，都是道法自然、追求自然的审美思想所产生的结果，都是"道

法自然、天人合一"的共同品评标准所产生的结果。在"道法自然"的标准下，所产生的具象山水美、抽象山水美、自然美、人工美、传统山水美、现代山水美，都是美，都被人们接受和欣赏。

13.1.3　园林叠石掇山技法

自宋、元、明、清以来，中国传统园林叠石掇山积累了许多经验和技法，但始终没有系统总结。20 世纪 50 年代后期，我在大学一年级与高年级学长结成互帮对子，学长带学弟（妹），与我结对子的是一位美男子王志诚大哥，他正在做中国假山艺术毕业论文，曾在孟兆祯先生（时任助教）的带领下专程拜访"山子张"（张南垣、张然的后代），求教假山施工技艺，共同总结出假山叠石"十字诀"——安、连、斗、剑、挎、拼、接、悬、垂、卡。后经孟先生加工、绘图，又添加"挑、撑、券"三法，发展成假山"十三字诀"，首次系统总结了古人叠石假山施工技法。

多年来，经由孟院士对中国传统假山的深入发掘研究，该技法已发展成为我国第一部全国高校园林工程教材的重要内容之一，对传统叠石掇山技艺作出了重要贡献。近年来还有后人继续努力，发展出叠石掇山三十字诀……无论是十字诀、十三字诀还是三十字诀，都是假山技法，是一种文化遗产，对中国叠石掇山都作出了贡献，值得尊重和珍惜。随着时代的进步，这些传统技法中

除"拼、接、悬、垂"之外，其他技法在现代掇石假山中已基本少用。假山技法亦与时俱进，有待针对现代塑石、喷浆假山等新材料、新结构、新技术、新工艺进行研究、开发和从实践中总结，编写假山工程的企业工法、地方工法，甚至国家工法。

到底什么是做好叠石假山的关键技术呢？刘敦祯教授通过主持南京瞻园的湖石假山设计施工，深有体会地谈到堆好假山要"三有"：有好的假山设计图、有好的假山石料、有好的假山师傅。这太精辟了！掇山要有三好：好设计、好石料、好工匠，关键是要有好的设计图。时至今日，现代掇山的成败关键在于假山的总体设计构思和假山造型构图，即假山设计是假山成败的第一要素，是成败的关键。

什么是好的设计呢？

计成所著《园冶》提出了"掇山要领"：

（1）深意画图，余有丘壑，高低观之多致，举头自有深情。

（2）池上理山，园中第一胜地，若大若小，更有妙境，山林意味深求，多方胜景，咫尺山林。

（3）主峰端庄，劈峰辅弼，宾主趋承，有真为假，作假成真。

前两条，就是说假山设计师要深得山林意境，胸有丘壑。这两句话看起来似乎很简单，要真正做到却非易事。设计师要热爱自然山水，胸怀山水，师法自然，经常不断地从自然山水中汲取营养，概括提炼，上升到山水艺术美，做到源于自然，高于自然，要

"胸有成竹",要有"心中山水",才能做出"画中山水"——好的假山设计。

"主峰端庄,劈峰辅弼,宾主趋承"是假山设计构图的关键要领,是假山设计施工的重要技法。

计成概括了掇山的 6 条要领:主石中坚,侧峰辅弼,主宾趋承,峭壁直立,中横条石,悬崖后坚(图 13.1-1、图 13.1-2)。

计成还进一步提出掇山叠石的 15 条忌讳,都是常见掇山弊病。这些都是从以往的失败教训中总结出来的,从反面提出的掇山叠石技法,非常值得我们做现代掇山时学习吸取(图 13.1-3)。

假山必须做详细设计。好的假山设计要做到"四有":

(1)山有形——有形态,有气势,有构图形象,有三维尺度,有平面、立面、剖面设计图。

(2)山有骨——有骨架,山骨要符合地质学岩石管柱结构、岩层节理。

(3)山有脸——有脸面,正面必须有大体块(大块面,有体面)的良好容貌。

(4)山有趣——有情趣,有灵气,细部有趣味,有神韵,耐看。

没有见过传统园林假山的设计图,但假山工程都必由一位有绘画功底,又有假山施工经验的假山匠师从设计、选石到施工一手到底,胸有成竹,确保成功。而现代假山工程的设计、选材、施工是彻底分离的。更糟的是,由于不合理的工程招投标制度常造成不讲施工资质,只要"最低价中标",导致二、三流公司中标,假山工程没有设计图,或只有一张假山平面位置图或假山轮廓图,最后只得由三流工匠带几个小工胡乱堆砌,堆成极为丑陋、令人哭笑不得的"假山"。这样绝不可能造出好的假山,必然推倒重来。

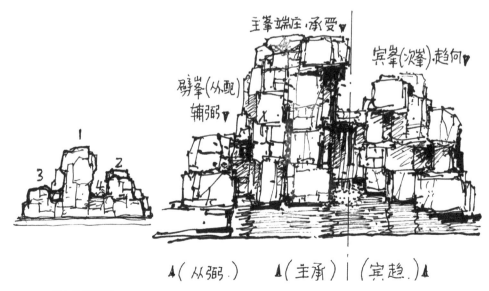

图 13.1-1　假山构图要领

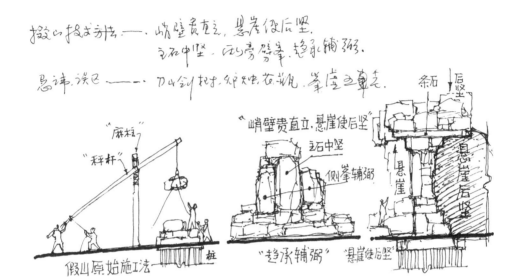

图 13.1-2 假山施工

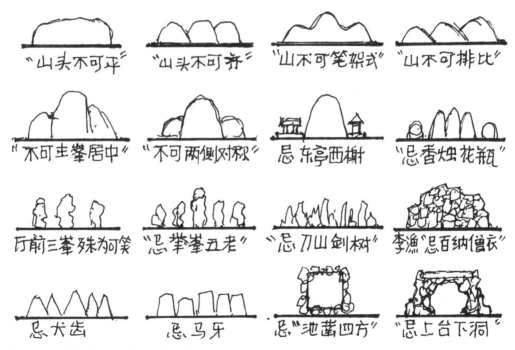

图 13.1-3 "假山十六忌讳"图解（计成 15 个，李渔 1 个）

13.2

传统园林掇石假山
案例分析

因浮躁、虚伪、泛滥致使社会腐败、行风败坏，中国园林曾一时失去了纯净和应有的学术研究，失去了园林评论的良好风气，失去了正确的引导，迷失方向，在十字路口徘徊。俗话说"迷途知返"，只有不断反思才能进步。对传统园林进行深入的学术研究，必定有益于中国园林的传承和发展。于此，我仅以个人眼力、能力、水平，对传统园林的几座假山进行纯学术研究，略表学术见解、个人感悟和心得体会，与从业者研讨，吸取经验和教训。在此特别声明这纯属学术研究，是为了中国传统园林的传承、发展、进步，而绝无恶意攻击、伤害某个传统园林之意，敬请谅解。

13.2.1 苏州环秀山庄湖石假山分析

中国传统园林中湖石假山的数量和质量都以苏州为全国之最。环秀山庄、网师园、拙政园、留园、狮子林、耦园、退思园、沧浪亭、艺圃共9座苏州园林被列入世界文化遗产。当年刘敦桢教授首推环秀山庄的湖石假山，这一论断获得业内公认，把环秀山庄的湖石假山视为中国园林湖石假山的代表作。然而，我一直未见刘先生对环秀山庄假山艺术的详细分析。近年来，虽有园林界、建筑界、美术界的诸位专业研究人员发表过有关环秀山庄假山的论文，但研究的角度、广度、深度各不相同，仍感不足。这促使我对环秀山庄湖石假山作一粗略探究。

1. 园林总体布局

先看园林的平面构成。园内山水构图犹如"阴阳太极图"。园中假山坐东，水坐西；东阳，西阴；山阳，水阴；山水构成阴阳太极图，阳中有阴（山中有水），阴中有阳（水中有亭，有石）。湖石假山成为建筑庭院空间的主体，也是整个花园的主体，即环秀山庄园林以假山为主，以水体为辅，假山是整个花园的核心。假山坐北朝南，负阴抱阳，山水相依，山环水抱，山形秀美，故名环秀山庄。

人们欣赏和研究环秀山庄的湖石假山，不能仅从花园，或从补秋山房的角度来观看和思考。而必须从环秀山庄园林总体布局，特别是要从环秀山庄四面厅来看这座假山。从环秀山庄的平面图中可以看到：除了北部花园之外，更重要的是把四面厅作为整个园林的主体建筑，四面厅主建筑与主体假山共同构成主体庭院、主体园林空间。假山的正立面正对环秀山庄四面厅，而背向花园和补秋山房。

2. 假山景观高距比

假山高约 7m，宽 20 余米，假山主峰与四面厅距离约 20m。四面厅北门视点与假山的视距 W 为 20m，即假山高度与视距之比 $H:W \approx 1:3$。这个景观高距比就是园林景观最佳高距比。在四面厅北门可看到假山的全景，产生最佳景观效果。"东方雄狮"侧身正对四面厅，成为环秀山庄园林的主体景观，假山和四面厅互成对景。

3. 假山形态

山形浑厚、凝重、简洁、秀美，掇山技艺超群。环秀山庄总面积 2179m²，约 3 亩，假山约占地半亩。山高约 7m，山体东西长约 20m。假山西高东低。山形简洁，宛如一头来自东方的坐狮，首西尾东，坐卧水旁，昂首环视四周。

假山亮点在于悬崖峭壁。假山虽小，但小而精，小而丰富。一是山形丰满，体型矮而长，显得丰满肥硕，沉稳；二是精，一座小小假山，却集中呈现了山峰、山峦、山脊、平台、山亭、山洞、蹬道、山间小溪、峡谷、悬崖峭壁等，另外还有一座立峰，涵盖了几乎所有假山形态。小小假山，可观、可游、可歇、可望，异常小巧、紧凑、生动、有趣。

环秀山庄园林平面图及假山分析图见图 13.2-1。

4. 掇山技术手法

戈裕良（1764—1830 年）从小随父叠山、造园、学画，累积了丰富的掇山经验，是清中期著名山石匠师，传承了前辈掇山大师计成、张南垣、张然的掇山技艺。环秀山庄假山传承了张南垣"大山之麓"的"小景山水"手法，还独创了"钩带法"，堆叠山洞。最关键的是戈裕良极其用心选石，挑选出一大批上佳的大块湖石：表面平顺柔和，光滑少皱，旋涡孔洞少而大，色彩淡雅，块面巨大。他采用"横拼、竖接"的手法，化零为整，积小成大，堆成悬崖峭壁正立面：一片高 2～3m，宽 7～8m，山体山面统一、造型完整、浑然一体的峭壁，简直天衣无缝，宛自天成。而山顶则反之，选用石面破碎、皱纹多的湖石堆成横向扁平的压顶，悬挑出下部峭壁之外，形成悬崖，如同层层巨浪、风起云涌、雪冠压顶，构成一片悬崖峭壁，蔚为壮观（图 13.2-2）。

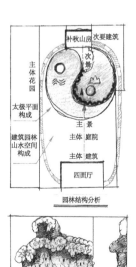

图 13.2-1 环秀山庄园林平面图及假山分析图

景观高距比 $H:W(1:3)$

图 13.2-2　环秀山庄庭园纵剖面

5. 湖石假山对比分析

俗话说"不怕不识货，就怕货比货"。欲知环秀山庄假山优胜在何处，不妨与狮子林假山进行比较，即可一目了然。

狮子林为元代园林（1342 年），比戈裕良掇筑的环秀山庄假山早 400 多年，狮子林为苏州四大名园之一，也是世界文化遗产。狮子林假山占地约 2 亩，假山多且高大，素有"假山王国""迷宫园林"之称，共有 21 个假山洞穴，到处可见奇峰怪石，形同狮虎龙猴，千奇百怪，石峰林立。从图 13.2-3、图 13.2-4 两张实景照片可看出两个园林虽同为湖石假山，但两种假山的形态截然不同，差异显著：狮子林假山石峰林立、刀山剑树、万象杂处、玲珑满目，"瘦、透、漏、皱、丑"齐备，且有不

稳定、不安全感。狮子林假山中有许多地方犯了忌，即是 400 年后计成所著《园冶》中列举的掇山十五忌讳。狮子林假山"石峰林立、刀山剑树"的形象，以及形似狮熊虎豹、猪羊牛马，似为媚俗，无美可言，且存在安全隐患，令人不安。不值得学习推广。环秀山庄的假山虽仅有一组，但湖石拼接天衣无缝，造型极其简洁稳重、浑然一体，形成天然悬崖峭壁，形象生动逼真，颇有"大山一麓"的缩影山水整体形象，而绝无"狮虎龙猴"、石峰林立、刀山剑树等媚俗造型，取得模仿自然、再造自然、返璞归真、宛自天成、自然雅致的艺术效果。

所以环秀山庄湖石假山无愧于中国园林湖石假山的杰出代表的称号。如果要说环秀山庄的假山还有不足之处，那就是：假山前面的水池太小，形如小水沟；庭院平地则过大；石凳岸线过于僵硬、刚直。这些大大削弱了从环秀山庄主厅正面观赏假山的效果。后因世界文化遗产不容修改、变更，只能为后人学习研究，吸取经验罢了。

图 13.2-3　环秀山庄假山"浑然一体"形象

图 13.2-4　狮子林"刀山剑树"假山形象

13.2.2 湖石立峰——"玉玲珑"景观分析

大体来说，园林石峰精品不多，配置良好者更少。

我以为园林山石立峰不宜多用，而应少用、慎用，宜少而精。

山石独峰宜"独善其身"，石峰体形优美才可用，否则宁少毋滥。

石峰须慎用、巧用，重在环境：石峰宜孤赏，须"清君侧"，使石峰的背景干净如纸。用于陪衬的石峰——陪峰宜矮小，应宾主分明，切忌喧宾夺主。

石峰宜近赏，不宜远观。

说到太湖石立峰（独峰），人们定会想到"花石纲"遗物——上海豫园的镇园之宝"玉玲珑"。若用"瘦、透、漏、皱"的赏石标准来品评，此峰一定是全国独一无二、美轮美奂的极品太湖石独峰，已成为豫园最亮丽的名片。可惜的是"玉玲珑"立峰的环境布局不佳，可谓是"上品立峰，下等布局"，未能取得应有的良好景观效果。

（1）立峰正面本应朝南向阳。在阳光照射下湖石光面与洞穴产生强烈的明暗光影，更能体现其玲珑剔透的艺术效果。但该立峰正面却朝北背阴，处于阴暗面，没能产生最佳光影效果。

（2）石峰表面布满漩涡孔洞，非常细腻精美，宜近赏，不宜远观。"玉玲珑"

放在玉华堂的对面，意在让它成为玉华堂的对景。但从玉华堂至"玉玲珑"的视距为 15m 以上，峰高约 3m，石峰精美，本该营造 1:1~1:3 的视距环境，以便临近仔细欣赏。但实地景观高距比约为 1:5~1:6，视距过远，只能隔水相望。人们只得"望洋兴叹"，不能走近仔细品赏石峰的细部，未能取得最佳观赏效果。

（3）"玉玲珑"本是最精美独峰，宜宾主分明，突出石峰。但现在石峰两侧增设了两个配峰，形成"三老峰"（"三老争风"）的布局，正犯了计成所著《园冶》中"厅前三峰，殊为可笑"的掇山忌讳。若要设配峰，本应设一处低矮配峰，与"玉玲珑"形成主体突出、宾主相敬的迎宾构图，而不宜采用三峰排比并立的构图，喧宾夺主（图 13.2-5）。

（4）石峰背景应简洁。石峰表面布满漩涡孔洞，这样丰富、复杂、细腻的形象应配以非常单纯、简洁、统一的背景，以

图 13.2-5　上海豫园"玉玲珑"（2017 年）

"玉玲珑"现状：环境繁杂，境界低俗，"上品立峰，下品布局"。犯计成掇山之大忌，"厅前三峰，殊为可笑"，三峰配置低俗不堪。半墙背景拦腰划断，色调明暗多，墙高不够，配景、背景复杂，严重影响立峰效果

"玉玲珑"瘦、透、漏，孔洞、明暗、纹理丰富繁杂。其配景、背景必须简洁——"以简衬繁"。增高粉墙，减除配峰，突出主峰，主从呼应，调整绿化，形成简洁大气的构图；墙中亦可开窗洞，引入阳光，墙后亦可近观立峰，大大改善立峰景观效果

图 13.2-6　豫园"玉玲珑"立峰、物境分析

简衬繁；背景色彩亦应与石峰灰色成对比色（如黑灰色、蓝绿色），创造一幅完整而简洁的白墙，或深色绿墙，与石峰形成清晰、完美构图，定能产生主景突出、色彩和谐的良好效果。一张白纸才能画出最美的图画，一张旧报纸或广告纸怎能画出一幅好图画？"玉玲珑"现有背景墙、配峰、树木绿化的形态、色彩都非常复杂、烦琐，凌乱不堪：半高的黑脊白墙横加于玉玲珑半腰处，白粉墙与玉峰的颜色相近，破坏了"玉玲珑"的景观效果。如此杂乱环境实在糟蹋了"玉玲珑"的形象（图13.2-6）。

我以为"玉玲珑"独峰应正面向阳，不宜背光；应近观，不宜远眺；背景宜简洁、干净，以免杂乱无序，喧宾夺主。

13.2.3　上海豫园黄石大假山分析

豫园园主为曾任四川布政使的潘允端，他为"豫悦老亲"而建豫园，面积70多亩。按潘允端的要求，建三穗堂（原乐寿堂）、仰山堂（上层为卷雨楼）作为主体建筑，其北侧建山水园林，构成以"豫悦父老，寿比南山"为主题的主体庭院，体现"福如东海，寿比南山"的福寿意境，为父亲颐养天年。仰山堂正对大假山，以大假山为对景，与大假山隔水相望。大假山偏安于豫园西北角，坐北朝南，背风向阳，北高南低，北山南水，山水相依，山环水抱，抱阳负阴，颇有中国自然山水之气势，也

完美体现了中国传统园林的山水理念。假山东西横宽约 25m，南北纵深 22m，山高约 12m，占地约 550m²；用 2000 吨浙江武康黄石堆成。

豫园黄石大假山是张南阳的杰作。张南阳（1517—1596 年），上海人，又名卧石山人、张山人。张南阳比计成、张南垣分别年长 65 和 70 岁，年龄相隔几代。张南阳从小随父学画，后从事职业造园，按"外师造化，中得心源"的绘画理论叠石掇山，缩影自然，创造了"全景山水"的掇山手法。他擅用大小黄石组成浑然一体、具有真山真水气势的假山景观，后人称为"全景山水"法。

豫园建于明嘉靖年间，经历 20 年（1559—1579 年）建成，豫园假山是他晚年（40~60 岁）的著名杰作。张南阳在大假山的总体布局和细微处都巧妙运筹，做到极致。以三穗堂、仰山堂、卷雨楼为祝寿主体建筑，以仰山堂、卷雨楼为主要观景点。仰山堂与主山距离约 30m，隔水相望，隔水观山。其观景高视距比恰好是 1：3，是观赏全景山水的最佳距离。在仰山堂能完整观赏大假山的全景山水景观（图 13.2-7）。

多年来，园林界公认上海豫园大假山是中国传统园林黄石假山的代表作，曾获"奇秀甲东南"之美誉。此外，还有苏州耦园和常熟燕园，但未曾见过翔实的研究资料。本着"他山之石，可以攻玉"的原则，2017 年春我对豫园大假山作了一

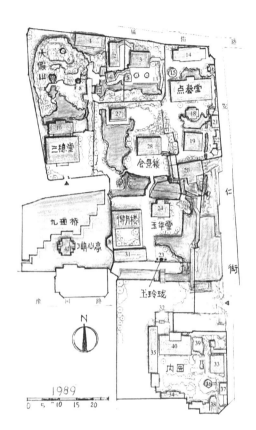

图 13.2-7　豫园平面图

次较深入的观察和分析研究（图 13.2-8~图 13.2-10）。

张南阳秉承"师法自然"理念，挖湖取土，聚土堆山，模仿自然山石的纵横节理结构，以石包土，用武康黄石堆叠出 12m 高土山。山顶构建观光平台望江台、望江亭；山后西北两侧为陡峭绝壁；山前为高深的悬崖峭壁、飞泉瀑布、深涧幽谷、盘山蹬道、小桥流水；山上种植榆、榉、桐、松等乡土树木，乔木参天，山形雄浑、壮丽。主客登高眺远，瞭望浦江，成为五百年前上海滩最高、最著名的城市山林和著名景点。其中有深壑幽谷、山泉飞瀑、

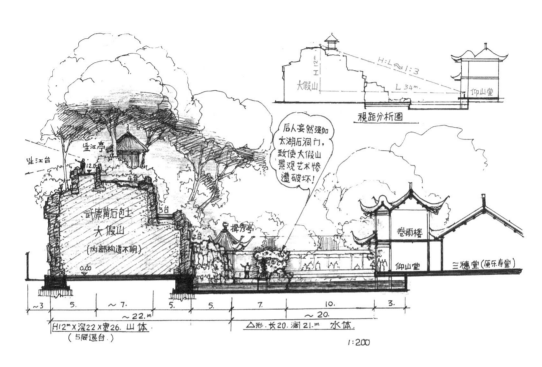

图 13.2-8　豫园大假山山涧深谷、山泉瀑布纵剖面图

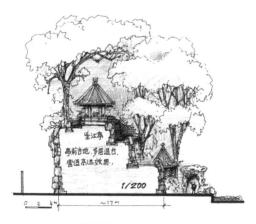

图 13.2-9　亭前台地剖面

小桥流水，还有望江亭、揖秀亭等诸多景点，深受赞誉。

　　张南阳师法自然，深入学习自然界黄石砂岩的自然形态和结构，模仿天然岩体结构——管柱＋裂隙的主要特征，创造"横拼、竖接"技法，以小黄石横拼成大块黄石，化

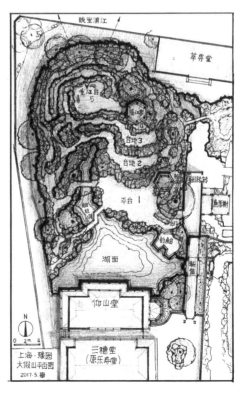

图 13.2-10　上海豫园黄石大假山平面图

零为整，拼砌出石柱、石缝、石洞、石穴、石矶、石台、悬崖、峭壁、山涧、蹬道，竖接成石柱（管柱），结构安全，形态自然，纹理优美，符合自然之形和自然之理，构成"城市山林"的完美自然景观（图 13.2-11、图 13.2-12）。张南阳造就了一座既雄伟庄重，又深邃高雅的城市山林，避免了掇山常见的"百纳僧衣"弊病，体现了张山人在运用传统文化、风水格局、绘画理论和岩石节理结构等方面的高深造诣，创造了"盘龙磴道升顶峰，高林山亭浦江风，悬崖飞瀑三十尺，深谷幽涧藏山中"的壮丽景观，无愧于中国园林黄石假山典范的殊荣。

豫园大假山现状分析：

豫园除了黄石大假山、九狮轩水池黄石驳石外，其余园区都用湖石假山：九龙池、打唱台、快楼"高山流水"等几处湖石假山、驳岸都拼接连贯，整体和谐，做得很完美，没有出现刀山剑树、群峰林立、犬牙交错的庸俗景观。

 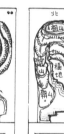  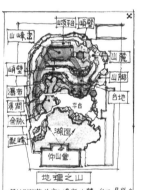

图 13.2-11 豫园黄石大假山图解（一）

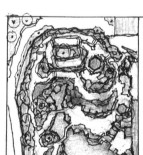

图 13.2-12 豫园黄石大假山图解（二）

图 13.2-13　20 多年前的大假山冬景

图 13.2-14　大假山夏景（2017 年 4 月）

然而从图 13.2-13、图 13.2-14 新老照片看到的大假山现状，却令人遗憾。

首先，不知何人、何时在黄石大假山前右侧莫名其妙地强加了一组太湖石门洞（见照片右侧白色石门）。这绝非张南阳所为。当看到如此奇怪景象时，我简直惊呆了！在这样一座世界著名的古典园林里居然还有如此丑陋景象存在？这座雪白且丑陋的湖石门洞抢占了黄石大假山的前景地位，喧宾夺主，尤其是灰白色的太湖石在阳光的照耀下发出刺眼的刀光，刺穿了游人的眼底和心灵，刺破黄石大假山美丽和谐的脸面，犯了堆假山"混用石材"的大忌！在假山形态、明暗、色彩、构图上都使这座中国最著名的黄石大假山遭受严重的破坏！真可谓文化人破坏传统文化，文化人破坏国家重点文物，成了中国园林艺术的反面教材，实在是令人目不忍睹。这种可悲的状况不知何时能改变，还豫园真面目。

其次，从新老照片中不难发现大假山正面已被过多、过密的绿化灌丛遮掩，几乎看不见黄石假山，严重影响假山景观效果。所以必须对假山正面绿化加以人工干预，控制绿化生长，使其不影响假山的艺术效果。

13.2.4　水绘园——"悬溜峰"掇石技法分析

水绘园，是江苏省南通市所辖如皋市的一座江南古典名园。占地 30 多公顷，建于明万历年间。原为冒氏祖辈的私园，后成为明末才子冒辟疆与金陵名妓董小宛的家园，经不断修缮而成。水绘园以水为主，以倒影为胜，以洗钵池为中心，环池设景。北园以静雅的碧宛湖为中心，湖东部孤岛山堆筑黄石假山悬溜峰、悬溜山房、湖中阁；湖西有湖心亭"镜阁"；沿湖岸还有山石小景、琴台、小桥，共同构成水绘园的核心景观。

原有水绘园久已荒废。现有水绘园是 1989—1991 年在陈从周先生指导下按原址修复。悬溜峰是园内主景。陈从周所著

《说园记》中写道："悬溜峰本是湖南衡岳七十二峰之一。冒辟疆省亲途中绘图考记，日后请一代著名造山师张南垣以其考记巧堆假山"。张南垣（1587—1671 年），名涟，明末清初著名叠石造园大师。其作品众多，以寄畅园、耦园最为著名。张南垣超越了 70 年前的张南阳，成为中国叠石掇山第一人。水绘园也是他的杰作，但人们知之甚少。

可惜当年由张南垣堆掇的悬溜峰早已被战火毁灭。现有悬溜峰是 1990 年由常熟古建队（张建华领衔）在原址重建。

悬溜峰采用黄石堆成，高 7~8m，宽 20 多米，假山临湖而建，山顶为观景平台，假山石与悬溜山房、湘中阁（二层山亭）紧密咬合。此假山最精彩、最成功之处在于临湖的悬崖峭壁传承了张涟"以小拼大"的掇山方法，用小块黄石按"横拼、竖接"的方法拼接出天然岩石的岩层、岩柱、裂隙、石洞、石梁等节理，做到节理清晰、结构安全，而又不生硬呆板，大小

有序，自然巧妙，野趣横生，生动细腻，手法娴熟（图 13.2-15）。

从湖对岸远观假山，总体形象完整、完美。现有的悬溜峰是继承张南垣创造的"截取大山一角"的手法而做成的"小景山水"，成为现代黄石假山不可多得的成功佳作。

假山正立面总体形象既符合自然山石结构肌理，有洞穴、折皱、裂隙，有完好的总体构图，而又灵活自然，不拘束，不呆板（图 13.2-16~图 13.2-18）。

但该园有一憾事：在湖的西南角有一座黄石秃山，真是丑陋之极，不堪入目！举目望去，山无形，石无脸，只见石不见山，没有构图，没有结构，没有岩石节理，是有如"百纳僧衣"般的一堆乱石（图 13.2-19、图 13.2-20），无论假山形态或假山与建筑的关系都一无是处，可谓丑态百出，与悬溜峰成为鲜明对照，建议尽早拆除。

图 13.2-15　如皋水绘园悬溜峰黄石假山全景照片

图 13.2-16　如皋水绘园黄石假山立面图

图 13.2-17　如皋水绘园黄石假山细部 1

图 13.2-18　如皋水绘园黄石假山细部 2

图 13.2-19　如皋水绘园悬溜峰黄石假山

图 13.2-20　如皋水绘园黄石假山

13.3

现代掇石假山技法

中国传统园林独有的掇山艺术，在近半个世纪以来备受中国和日本园林界重视，得到传承，传播。此间，日本同行一直坚守用天然山石掇山。中国园林界一直在探索掇山的新材料，力求形式创新。美国的同行也加入了掇山技术的应用、创新和发展工作，推动了传统掇山转向现代掇山，进入现代塑石掇山新阶段。

传统掇山一直以太湖石为主要材料。自宋"花石纲"起，经元、明、清千余年的开发、采掘，太湖石矿源已枯竭、物稀价高，无法满足需求。这促使人们改用黄石、青石等其他天然块石，甚至不限石种、石色、石纹，灵活运用花岗石、绿辉石、砂岩、砂结石、玄武石、层积石、龟纹石、千层石、斧劈石、片麻石、太行石、河滩石（河卵石、溪坑石、冲积石）、石灰石、泰山石、大理石等。因地制宜，就地取材，石材丰富，源路宽广，价格低廉。然而自然山石毕竟亦有限，而且开山取石又严重破坏环境，破坏自然生态，于是近数十年来不断开发新材料、新技术。采用水泥、高分子树脂、玻璃纤维、钢筋网、钢丝网、尼龙网等现代材料替代天然山石，创造了水泥塑石、玻璃纤维加树脂 GRC 塑石、脱模山石、喷浆山石，以钢筋混凝土创作几何形抽象山石、剪影山石，传统掇山进入现代塑石掇山新阶段。现代掇山变得更加形式多样、种类繁多：

（1）山石假山；

（2）山崖假山；

（3）塑石假山；

（4）混凝土掇石假山；

（5）脱模假山；

（6）抽象假山（三角形剪影假山——贝氏山水）；

（7）几何形假山（钢筋混凝土假山——哈氏山水）；

（8）喷塑假山；

（9）未来假山（数字 3D 假山）。

半个世纪以来，我经历了传统掇山到现代掇山的转变过程，亲身参与了现代掇山的创新、发展和实践。1959—1961 年，我在大学期间恰逢三年经济困难时期，因实习经费困难，未能去南方园林参观实习，只能参观颐和园、北海公园的北太湖石、房山石假山，对中国传统园林的假山有了初步认识。毕业分配到上海工作后，才有机会看到苏州、杭州和扬州园林及上海豫园正宗的湖石假山和黄石假山，开始认真学习，并有机会进行创作实践。

13.3.1 现代立峰假山创新设计及技法

1. 上海龙华烈士陵园"巨峰"假山

龙华公园原为 1928 年为纪念第一次国内革命战争死难烈士而建的"血华公园"。公园东邻龙华古寺，北邻伪"淞沪警备司令部"、上海龙华监狱。这里曾是国民党反动派关押、迫害、残杀共产党人的一座人间地狱，是共产党早期领导人彭湃、罗亦农、赵世炎、陈延年、林育南等以及著名民主进步人士"左联五烈士""龙华二十四烈士"等数以千计的革命先烈的就义地。牢房墙壁上还留有革命先烈悲壮的诗抄："龙华千载仰高风，壮士身亡志未终，墙外桃花墙里血，一般鲜艳一般红。"为纪念和发扬革命先烈坚强不屈、英勇无畏、抛头颅、洒热血为共产主义奋斗到底的革命英雄主义精神，在国家经济困难时期，周恩来总理特批于龙华公园"血花园"基地辟建上海龙华烈士纪念公园。

1964 年，龙华烈士陵园成了我设计生涯的处女作。为了尊重历史、保存"血花园"，我以"初生牛犊"的精神大胆打破中外传统陵园规则式甬道的布局，改用自然式环路园林布局；还在公园入口内广场尽端取"龙华千载仰高风"之诗意，特以"坚强不屈、昂首挺立"英雄主义构图规划设置一座"巨峰"假山为入口对景（也是障景）。"巨峰"假山方案得到建设单位上海

市民政局、合作设计单位上海民用建筑设计院陈植院长，以及上海市园林管理处程绪珂处长、设计科长吴振千等诸领导的赞许和支持。

显然，因传统太湖石假山特有的妖娆、柔弱的性格和瘦、透、漏的形象与革命英雄的精神品格格格不入，黄石假山就成为"巨峰"的不二选择。最后决定采用上海佘山——天马山采石场特大黄石（长 2～3m）。先后做了橡皮泥模型小样稿（1：100）、中稿（1：50）；又绘制了"巨峰"施工图（平面、立面、侧面、剖面图）；在建筑结构设计师虞颂华高级工程师指导下绘制基础设计图；邀请苏州著名叠山师傅韩良元承担假山施工，先后用煤渣、黄石制作假山大模型（1：10）。我驻工地实习、配合施工。韩师傅基本按图和模型施工，还在山石拼接、钩带工艺、造型掌控等处充分发挥创造性，造就了一座形象优美的"巨峰"假山。"巨峰"左右原设计还有次峰配石，因故未建。"巨峰"模仿自然山岩的管柱、裂隙节理、结构，颇有自然之理气，也显现了一定的气势，隐含了革命英雄主义文化内涵和正能量，取得了自然美和人文美的结合。"巨峰"既传承了传统湖石立峰假山的形式，又从传统立峰脱胎而出，其形式、内涵、格调完全变了，变成与"玉玲珑"有天壤之别的新型立峰、现代立峰（图 13.3-1～图 13.3-3）。这是传统立峰假山的一个大胆创新。"巨峰"成了我假山设计探索的处女作。作品虽不完

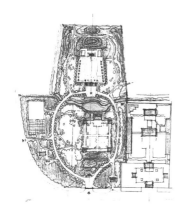

图 13.3-1　龙华烈士陵园平面示意图　　图 13.3-2　巨峰假山设计图

图 13.3-3　巨峰假山实景　　　　　　　图 13.3-4　北京双秀公园立峰假山

美，但在 20 世纪 80 年代烈士陵园改扩建中，"巨峰"成了唯一保留的前期遗物。

2. 北京双秀公园假山

20 世纪 80 年代初，北京双秀公园建有一座假山，掇山师傅采用大块山石完全按自然山石岩体、结构规律，把管柱、节理、裂隙做得非常真实、具体，真有"虽由人作，宛自天开"之意（图 13.3-4）。这是一座造型简洁、手法老练、难得一见、颇为成功的立峰山石假山。

13.3.2　山崖叠石假山

山崖叠石假山，是以土山为背景和依托，采用块状自然山石在土山旁掇筑悬崖峭壁，建成瀑布假山、水池、石矶、汀步。瀑布或内凹或外凸，关键是瀑布旁应挑选最佳面相、最大块面的块石，构筑最佳山面——"山脸"（假山的脸面，上加压顶石，下加石平台、石矶），构成假山瀑布完整景观画面（图 13.3-5、图 13.3-6）。

图 13.3-5　上海植物园黄石假山瀑布

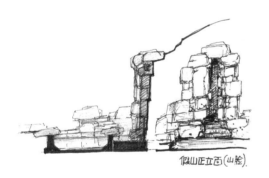

图 13.3-6　上海植物园黄石假山设计示意图

图 13.3-7　盆景园至朴亭架空叠石假山示意图

13.3.3　混凝土构架叠石假山

在钢筋混凝土构架二层山亭的一侧
掇叠黄石假山瀑布。上海植物园盆景园
的至朴亭是由原木"茅草"（竹梢代草）
而建，亭下构筑山洞通道，洞外植古木
老桩，构建古朴、野趣、返璞归真的景
观，以衬托盆景的自然环境（图 13.3-7、

图 13.3-8）。

1. 鼎邦俪池假山瀑布

上海西郊西班牙式别墅区鼎邦俪池花
园中心景观假山瀑布，是以水泵房建筑为
依托，在房顶和外墙叠石（大青石、黄石）
构成假山瀑布，成为花园最突出的园林主
景（图 13.3-9、图 13.3-10）。前景是湖
面、小拱桥和棕榈岛。假山的背景是巧借

图 13.3-8　盆景园至朴亭（原木草亭）假山

图 13.3-9　上海鼎邦俪池假山

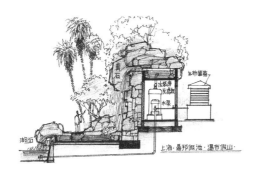

图 13.3-10　上海鼎邦俪池假山剖面构造设计示意图

远景——远在百米开外的西郊宾馆一片大树林的景观。这是我第三座假山设计实践，获上海 2005 年经典别墅奖。

2. 上海炮台湾公园假山瀑布水帘洞设计

这是一座在土坡前构筑钢筋混凝土架空水池，在框架结构上下及周边堆叠大块石构筑水榭平台，构成上有天池，下有瀑池，外有山崖、石洞口，内有水帘洞，颇有气势和情趣的瀑布水帘洞景观（图 13.3-11～图 13.3-13）。

还有矿坑花园，那是因地制宜、利用原地下废弃的钢渣堆场开挖成矿坑（深6m，宽 20m，长约 80m），四周改造成防渗岩壁，裸岩，在池底（在海平面下2～3m 深）做防反渗透结构（图 13.3-14、图 13.3-15）。

13.3.4　大型综合摩崖假石（塑石+叠石+土钉加固岩土）

昆明世博园后续工程名花艺石园大型塑石假山，是一处山体滑坡灾后抢险、生态修复工程。原红土山坡滑坡形成高20m、长约 300m 的断崖。采用"土钉"加固岩土，用钢筋网与土钉联网浇灌混凝土（2m×2m 网格，深 10 多米钢管灌混凝土浆）全面覆盖断崖，形成牢固峭壁（图 13.3-16～图 13.3-19）。然后在峭壁下部堆叠天然山石，峭壁上部塑石，并仿制古代岩画及摩崖书法，形成以"人与自然和谐"为主题的摩崖石刻群，配以瀑布、

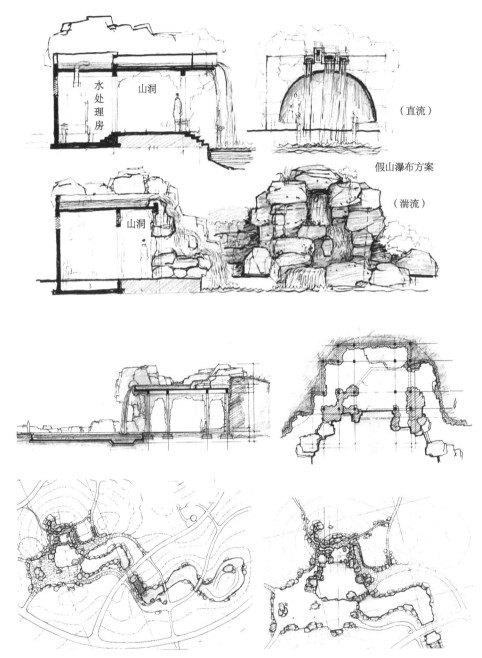

水处理房　山洞

（直流）

假山瀑布方案

（湍流）

山洞

图 13.3-11　上海炮台湾公园假山瀑布水帘洞设计图

图 13.3-12　上海炮台湾公园假山设计施工图

图 13.3-13　上海炮台湾公园假山实景

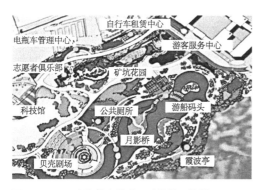

图 13.3-14　上海炮台湾公园矿坑花园总平面图

图 13.3-15　上海炮台湾公园矿坑花园实景

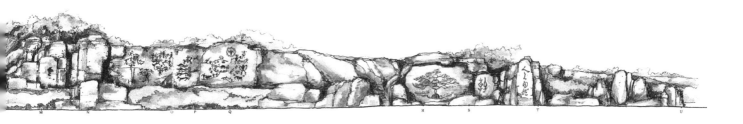

图 13.3-16　3 小时完成的昆明世博园名花艺石园假山快速创意长卷设计草图（展开立面）

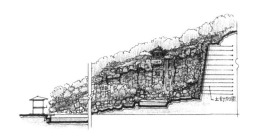

图 13.3-17　昆明世博园名花艺石园摩崖山谷纵剖面

（a）上部

（b）下部

图 13.3-18　昆明世博园名花艺石园人工摩崖（上部）与自然山石（下部）相结合的假山

流水、溪涧、鱼池、花木、水草、山间磴道，形成一处摩崖文化与自然山水融为一体，文化气息浓郁，富有自然情趣的山水景观。名花艺石园还设置 50 多组全国各地采集来的大型自然山石景观。

13.3.5　花岗石、龟纹石、千层石、灵璧石等掇石假山

日本常用花岗石堆叠假山，但在中国不多见。

上海东锦江大酒店下沉式中国花园初次尝试花岗石假山瀑布，用花岗岩条石、料石、石板做成假山瀑布景观（图 13.3-20）。

现代园林常用龟纹石、斧劈石、千层石、大青石、河滩石等，尤其是用龟纹石、河滩石、大青石等自然山石掇山，能取得好的效果。

13.3.6　剔山

剔山，是计成提出的一种假山形式，是在原有石山上剔除不需要的山石，再加

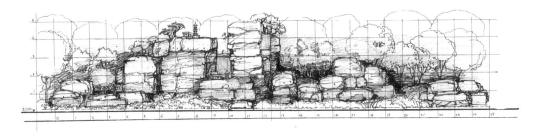

图 13.3-19　昆明世博园名花艺石园假山立面设计

图 13.3-20　上海东锦江大酒店假山瀑布景观

工成假山。绍兴柯岩山石景观、加拿大布察特花园、美国总统山塑像都是剔山的典范。对自然山体进行改造，剔除不安全、不美观的岩石，保留良好的、有用的岩石，加工改造成美好景观、良好生态。

徐州珠山（原"猪山"）采石场矿坑改造生态修复工程，是我任徐州市市长园林顾问期间建设的。上海某公司在该项目设计施工中采纳我的建议，大幅度修改方案，抢救性保留了部分裸岩和老堤桥洞，改原电梯为钢木天梯，添加瀑布，增加水岸游道景观，连通矿坑湖面与金龙湖，免除人工抽水等，取得了良好的生态修复和景观效果。

13.3.7　GRC 脱模假山

玻璃纤维增强混凝土（Glass fiber Reinforced Concrete，GRC）是采用合成树脂（环氧树脂，或聚酯树脂，或酚醛树脂）与玻璃纤维或碳素纤维等结合，在天然山石上成膜，再翻制脱模而成轻质、逼真的仿天然山石，组合成仿真假山（脱模假山），效果极佳，广泛应用。上海迪士尼乐园诸多景点大量采用此种假山。

13.3.8　现代几何写意抽象山水

此类假山的典型代表是苏州博物馆贝式剪影山水（三角形抽象山水）（图 13.3-21）。

图 13.3-21　苏州博物馆贝式剪影山水

13.3.9　钢筋混凝土抽象写意山水

美国现代园林设计大师劳·哈普林细心观察美国西部席拉尔山自然山水，写生、

图 13.3-22 波特兰悦爱广场的"哈氏山水"

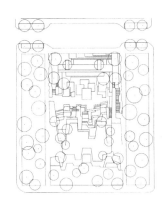

图 13.3-23 波特兰悦爱广场平面图

临摹。他也踏上中国古人提出的"师法自然"的道路，创造了波特兰市悦爱广场的山水景观，一种与中国传统山水完全不同的异样山水。他用夸张和变形的手法，运用钢筋混凝土"光模浇筑"而成几何形（横竖方板）山水布局（图 13.3-22、图 13.3-23）：高墙板（高 6m）、大平台、大水池、大瀑布，用大流量的水造成瀑布轰鸣、气势磅礴的山水广场，令人震撼、欢快，颇具新意和特色。而且让游人进入山水之间，参与山水活动，特别受到年轻人的喜爱，被人们称为"哈氏山水"。这是他"师法自然"创造的现代抽象山水、几何山水。

13.3.10 整形山石创作半规则式写意山水

华盛顿罗斯福纪念公园，是哈普林又一座富有创意的半自然山水，这是一座与文化内涵密切结合的纪念公园，用整形花岗岩条石、块石（近似花岗石"荒料"石）为主要材料做成多种形式的瀑布、跌水，庄重而又欢快，自然轻松，一反中轴规则对称常态，以规则不对称的曲轴式布局新面孔出现，广受关注和赞许（图 13.3-24、图 13.3-25）。这是一处几何形的现代山水景观，是另外一种"哈氏山水"。

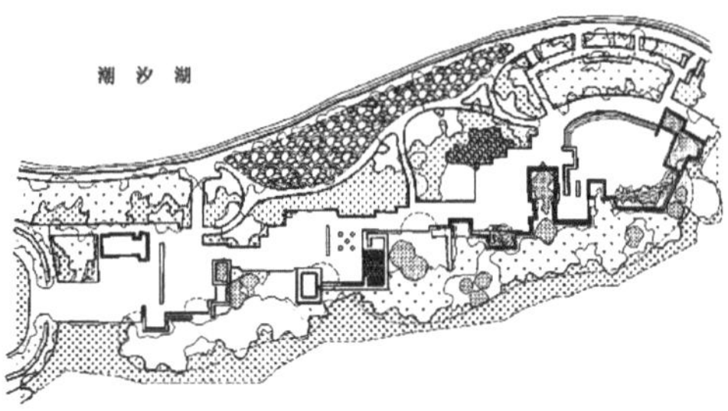

图 13.3-24 华盛顿罗斯福纪念公园平面图

图 13.3-25 华盛顿罗斯福纪念公园实景

13.3.11　喷浆塑石

上海迪士尼城堡池边假山是采用钢筋混凝土骨架、网片表面喷浆塑石新工艺的成功作品，做出巨岩、石缝、石皮、石筋等十分自然、逼真的山石纹理、色彩和质感（图 13.3-26、图 13.3-27）。

图 13.3-26　上海迪士尼乐园喷浆塑石假山 1

13.3.12　未来塑石假山

运用数字技术、BIM 和 3D 打印等现代科技设计制作塑石假山更加便捷，也能取得更逼真的效果。可以预见，现代科技必将把中外掇山技术和艺术推向新阶段，取得更好的效果，达到更高的境界。

图 13.3-27　上海迪士尼乐园喷浆塑石假山 2

13.4

现代园林堆山技法

掇山，是叠石掇山、塑石掇山（图 13.4-1）。堆山，是聚土为山，堆土成山，俗称堆土山。

叠石掇山因石材稀缺、技艺复杂、工匠难觅、造价昂贵，且难成佳景，不能广泛应用，通常只作局部点缀，作为点睛之笔。在众多园林工程中能广泛应用的掇山理水就是改造地形，梳理破碎的地形，营造 1~5m 高程微坡地形；在个别重点园林中，也有

堆土为山，聚土成山——高 6~60m 土山，即堆土山。古代之铜雀台、姑苏台、艮岳寿山、颐和园万寿山（高 58.59m）均为挖沼筑台，挖湖堆山，聚土成山。

堆土成山虽非高深难事，但亦非信手拈来、一蹴即就之易事，需要有堆土山的目的、艺术、技术和方法。

图 13.4-1　叠石掇山结构

13.4.1　堆土成山的目的

为何堆土？堆土应有明确的目的：

（1）通过挖湖堆山改造地形，创造高低起伏、富有艺术情趣的自然山水园林景观，营造绿水青山，创造生态良好、景观优美的人居环境，造福人类；

（2）营造自然高低起伏地形，满足园林自然排水，减少地下管道，并营造具有蓄洪、排涝、收集雨水、园林浇灌等功能的场地；

（3）创造避风向阳、隔声防噪、冬暖夏凉的微小地形，改善小气候；

（4）通过堆土山造地形分隔园林空间、组织庭院，用土山微地形与建筑物、构筑物、园林绿色植物相结合，共同构筑空间序列，创造庭院深深、小中见大的艺术效果；

（5）创造园林植物种植条件，尤其是低海拔、地下水位高的滨海地区，改善洼地园林，抬高种植高度，降低地下水位，以利于种植乔木；

（6）运用等高线艺术，创造微妙的山头和趣味的山脚艺术（图 13.4-2）。

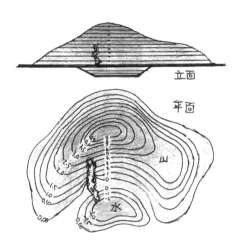

图 13.4-2 等高线平面、立面示意图

13.4.2 等高线艺术

等高线是园林设计（地形设计）最常用、最好用的手段。它比方格网法更形象、直观、简便、实用。等高线是园林设计（竖向、平面）的重要手段，也是创造园林山水艺术的主要方法。

等高线可简明地表现出山体峰峦沟谷的山水龙脉的平面布置，也直接表明了山峦谷地的高度和坡度，还可计算地形的坡度和土方量。等高线具有较高的技术含量，但人们对运用等高线表现山峦谷地的空间关系，创造园林山水空间艺术，特别是如何巧用山脚等高线创造艺术效果，尚未引起关注，也就是人们对等高线的艺术依然淡漠。陈从周先生有句名言"建筑看顶，假山看脚"，说的是中国建筑的屋顶形式多样，丰富多彩，是建筑艺术的欣赏重点；而园林假山的欣赏重点则在山脚。他的原

意是讲中国园林传统叠石假山，而并非指堆土山。但我觉得此话拿来鉴赏等高线堆土山也同样适用，因为堆土山的山脚线和山脚等高线都富含艺术魅力，值得探究。

天然山头大多为圆形山头，各山头的等高线变化不多，相差无几。但天然山脚的等高线则变化多端，千差万别。而且山脚等高线变化韵律非常生动活泼，极富艺术魅力。我们从自然山水的等高线中可以学到很多有用的东西。山头等高线的艺术是显而易见的，无论在传统自然式园林，或以自然生态为主流的现代园林中，规则式的等高线所造就的山形都令人生厌和忌讳，从山头到山脚除了单调、呆板、生硬之外，不能产生艺术美。而不规则的、自由的、自然舒缓的山头，就是"横看成岭侧成峰"的自然群山，才能产生自然美和艺术美，令人愉悦喜爱，山脚等高线则更是如此。

图 13.4-3 所示的几种土山的山脚线中，上层 2 排是规则几何僵硬等高线。山脚是与人最接近的园区，是人们经常看到、走到的地方。通过变换山脚等高线的方向、弯曲度和坡度，可以使山脚各个方位形成不同平面形态、不同形体、不同方向的空间，围绕山脚空间可进一步营造不同特色、不同功能的景点，产生丰富多样的环境效果和景观效果。

图 13.4-4 所示的山脚各方位等高线疏密有致、进退自如，形成 S、W、C、M 等形态不同的平面和空间，变幻无穷，颇有

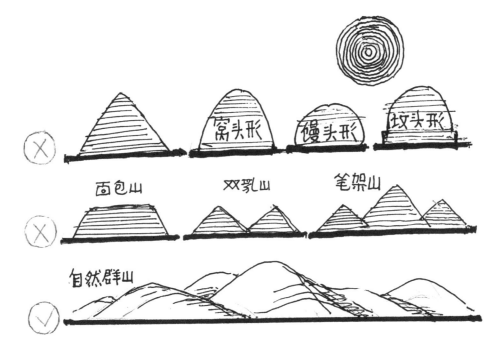

图 13.4-3　几种土山的山脚线

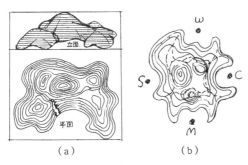

（a）　　　　　　（b）

图 13.4-4　疏密有致的等高线

情趣，因而创造了微妙的山脚艺术、山脚的等高线艺术。

13.4.3　等高线技术——堆土山技术

　　中国幅员广大，许多地方都有绿水青山，城市在山水中，或山水在城市中，这些绿水青山就是金山银山，是最宝贵的财富，都应该珍惜、保护和完善。钱学森先生曾提倡中国要建设"山水城市"。对于许多像上海一样的平原城市、河口冲积平原的城市，水网纵横，有水无山，人们都盼望山水，追求山水，希望在城市中可以人造山水，在家园中建造自然山水。也因此，四百多年前官僚潘允端就在上海老城中建造豫园，建 12m 高的黄石大假山，以示"寿比南山"的寓意。

　　中国传统园林曾建有"三座大山"——宋代艮岳、明代豫园、清代万寿山。有土山，亦有石包土山，均为人工堆山——聚土为山。

　　20 世纪 30 年代，在上海郊区嘉定南翔镇的一片农田中，一位富商曾挖湖堆山，建造了一座非常别致、生态的私人花园——黄家花园（参见本书第 3 章）。并在周边挖沟，筑堤造林，以山水林带代替围墙，吊桥入园；在园中挖湖堆筑南山（高 5~6m），营造山林胜景。黄家花园为我们提供了一个平原造园的典范。

中华人民共和国成立初期，在陈毅市长的领导下，上海人民把英国殖民主义者的"跑马厅"改建为人民广场和人民公园。程世抚先生指导吴振千先生主持设计，在人民公园内利用建筑垃圾堆造两座小山（高 8~9m），其中西山至今尚在。

1958 年，上海改造苏州河，利用老河套清淤挖湖堆山，建造长风公园。发动群众义务劳动，靠"人海战术"肩挑手提挖出人工湖（200 多亩），堆起高大土山（高约 32m），取名银锄湖、铁臂山（柳绿华设计），成为深受上海人民欢迎的城市山林、城中山水。

与此同时还在虹口公园、和平公园、西郊宾馆挖湖堆山（吴振千先生设计），分别堆置高约 12~16m 的土山。

20 世纪 80 年代，上海植物园、大观园风景区、共青森林公园堆叠 12~16m 土山。

20 世纪 90 年代，上海世纪公园、东郊宾馆堆出 16m 高土山。

20 世纪末，上海大宁灵石公园堆出几座 10~28m 高土山。

多年来，上海市区公园绿地中堆筑了十多座土山，高度从 8m 到 30 多米不等。

我曾设计过其中 4 座土山。后来，上海还曾有过"堆百米高山"的狂想，最终没能实现。

堆土山是一门建立在岩土工程学基础上的园林工程技术，是园林工程学中的重要内容。堆土山涉及地基强度、土山高度、土山坡度、土壤饱和度、土壤安息角、施工速度等诸多技术问题，必须科学对待、认真解决。

1. 地基承载力

堆土山最关键的技术是地基承载力。地基能承受多少重量的土就只能堆多高的土山。中国传统建筑、宝塔楼阁，以及传统园林中的土石堆山，在科学技术知识缺乏的情况下，建造前无法进行地基基础结构计算，全凭实践经验，最多加设木桩基础或木石基础加固地基。上海的地基为冲积砂、黏土、淤泥软地基，是中国最软、最差的地基。以前称"老八吨"（80kN），就是说地基承载力只有 8t，几乎接近淤泥的承载力 60~80kN。而其他省区的地基承载力（地耐力）都高得多，在 15~25t（250kN），甚至更高。

上海园林中的十几座土山，除东郊宾馆土山经过岩土地基计算，采用搅拌桩、沙桩基外，其余全凭经验进行，在不同时期采用不同的技术措施。在上海软地基上堆 8~10m 高土山未曾出过问题，而堆 16m 高土山就曾发生过两次"滑坡"事故。

2. 施工速度

堆土施工速度对土山高度有明显影

响。1958 年的长风公园是在苏州河河套淤泥地基上堆 36m 高的土山，没有采取地基加固措施，也没发生过工程质量问题。那是为什么呢？虽然地基很差，但因人工堆土速度慢，堆土期很长，堆土逐步稳定、自然沉降，未发生滑坡。但在完工后很长时间内土山缓慢沉降，加之雨水冲刷，50 多年后山高由原来的 32m 降至现今的 26m。

3. 土壤自然安息角和土壤饱和度

不同的土壤有不同的自然安息角。土壤安息角的大小密切影响土山堆置高度，角度越大土山越高，反之亦然。

土壤饱和度，即土壤含水率，影响着土壤安息角。土壤含水多，松软，安息角变小，即土山坡度变小，影响土山的高度。土方施工最好避开雨季，以避免土壤含水多，影响施工质量和土山高度。

不同土壤有不同的自然安息角（图 13.4-5）。园林堆土山，常用最佳坡度为 1:2.5~1:4.0，即 15°~25°。西安霍去病墓体土坡斜角约 20°，坡度约 1:2.8。现代园林堆土山坡度与之基本一致，均符合土壤安息角。

掇石假山、堆叠土山是园林工程设计的重要内容。设计师不可轻描淡写、放任自流，任由胡乱堆砌、滥竽充数，酿成祸害。设计师必须认真对待，做出假山详细设计施工图（平面、立面、剖面、基础）。

关键要做到：

（1）结构安全（地基、基础、山体、压顶要安全）。

（2）山形优美。山体正面、侧面构图均衡活泼，高低错落，层次分明，"主承宾趋"，有天然之势。

"山脸"（山体正立面）肌理有自然情趣。山面有自然山石、岩层、断层、管柱、裂隙、石筋、石皮等天然肌理，配置的植被、小品自然生动，定成佳景（图 13.4-6、图 13.4-7）。

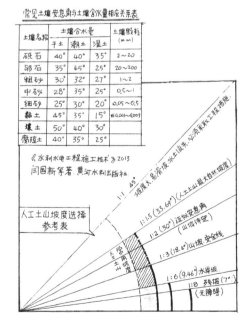

图 13.4-5　土壤安息角

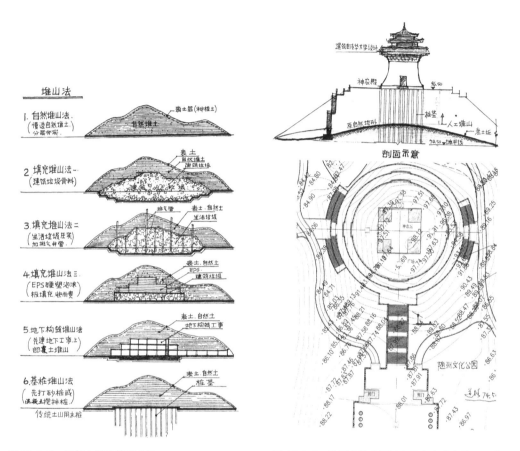

图 13.4-6　混凝土灌注桩堆山法　　　图 13.4-7　随州文化公园神农坛土山（高约 19m）

13.5
园林理水技法

13.5.1　水形态

1. 天然江湖水形

水，有江、河、湖、海、洋，也有小河、小溪、池、塘、水洼、小涧、沟渠、温泉、瀑布、喷泉、跌水、湿地、滩地等多种形式，变化无穷（图13.5-1）。

2. 人工水形（图13.5-2）

3. 西方园林人工水形及其他水形（图13.5-3）

13.5.2　水形的感悟——山水相依，河湖相连

通过观察自然，师法自然，对自然江湖水体形态进行研究和分析，可发现天然江湖水体形态有如下自然规律：

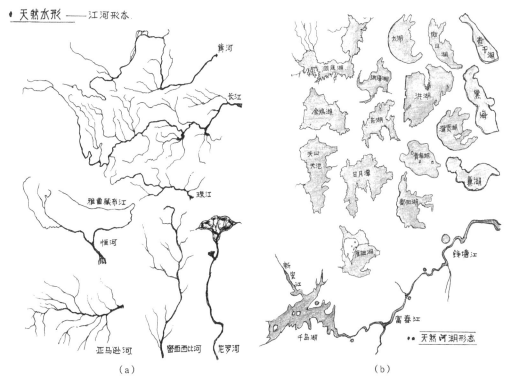

(a)　　　　　　　　　　　　　　　(b)

图 13.5-1　天然河湖形态

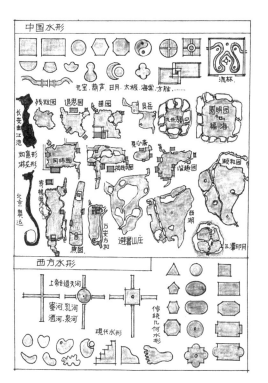

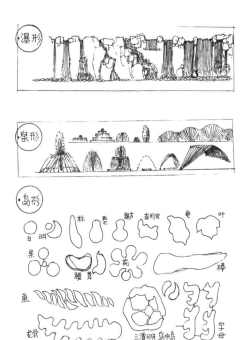

图 13.5-2　中西园林有不同的人工水形　　　　　图 13.5-3　西方园林人工水形及其他水形

1. 山水相依，龙脉相连

河湖的形态是因地壳运动和天然之风力、水力长久作用，而形成河湖水面。河湖并非单独孤立存在，而是山水相依，有山脉（龙脉）相连，山水相互制约，相互促成、消长。山脉、水脉均呈树枝形，有分枝、干枝、主枝，百川归海。山脉、水脉、山形、水形都呈曲线，弯曲自如，"大自然不喜欢直线"。自然山水常形成山水相依、山环水抱、山中有水、水中有山的形态，构成青山绿水、锦绣河山的天然美景。

2. 天然水体的基本形态有河（江）、湖（泊）二形

天然水体有海、洋、湖、池，有小湖、水库、鱼塘，还有大江、大河、小河、小溪、小涧、水渠等，形式多样，变化无穷。归根结底，天然水体可概括为两种形态，前一类是块面状的，是湖形；后一类是线条状的，是河形。即天然水体可归纳为河、湖两种代表类型。

3. 河湖相通，有分有合

自然界少数湖泊是单独存在的，大多数河湖是相连互通的。

河湖连接方式有串联和并联两种方式（图 13.5-4）。如富春江—千岛湖—新安江是江湖串联；长江与洞庭湖、鄱阳湖都是并联。

河湖有分有合。园林水体设计最宜学习自然河湖的联通形式，尤其是以"大湖 +

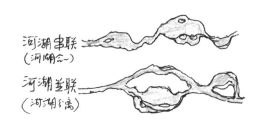

图 13.5-4　河湖的串联与并联

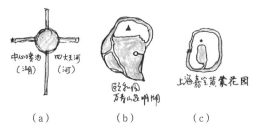

（a）　　　　（b）　　　　（c）

图 13.5-5　水面设计

长河"为最佳形式。颐和园、圆明园、西湖、长风公园银锄湖的形态均是学习自然的结果。

4. 水形是人类师法自然的结果

中国园林的人工水形是师法自然、模仿自然、再造自然的结果，是自然式水形；西方园林的人工水形是以人类为中心，以几何学为标准，改造自然的结果，是几何式水形。

5. 水体形态与水质密切相关

水体的大小、深浅、动静与水质密切相关。水体越大越深，流动越快，则水质越好，反之亦然。流水不腐，死水易坏。

13.5.3　园林理水艺术

理水，这里是指园林理水，而并非国土整治、沙漠改造、大气治理等涉及农林、水利等需要多政府部门协同作战的大型水利工程。虽然两者工程规模相差悬殊，但都必须按照安全、适用、经济、美观的原则进行。园林理水一般都是规模较小的理水，是在小范围内研究理水的艺术形式。

1. 园林水面应散聚结合，以聚为主

园林水面要以聚为主，有散有聚，散聚结合（图 13.5-5）。水面有散有聚就是有河有湖。河道是细长的、分散的或者潆洄的；湖面则是聚合的、集中的大水面。园林水面常常采用河湖结合，以湖为主，中西园林均是如此。《圣经·旧约》中的天国花园里有四条天河（水河、蜜河、乳河、酒河）和中央喷水池（湖），是河湖结合的。巴黎凡尔赛宫苑是如此，伊斯兰教的阿尔罕布拉宫也是如此。中国圆明园的福海、后海，颐和园的昆明湖，以及杭州西湖、上海长风公园银锄湖，乃至上海嘉定南翔黄家花园均是如此，河湖兼有，前湖后河，以湖为主，河湖连通，或者河湖环通，形成一个统一的完整水系，以更好发挥水体自净能力，改善水生态环境。

2. 园林布局常以湖为中心，环湖构景

以湖为中心（地理中心或构图中心），环湖设景，是中西园林最常用的构图手法和布局形式。圆明园九州清晏就是最典型的范例：以后湖为中心，沿后湖周边设 9 个小岛，每个岛各自成一景区，设置诸多景观建筑，共同构成九州清晏中心大景区。因"水能聚气"，以湖为中心，环湖设景的经典理水造景手法在古今中外园林中已被广泛运用。传统园林中有诸多范例，其中以圆明园、颐和园谐趣园、网师园、退思园为典型。但九州清晏、福海和谐趣园湖边建筑过多，布局又显得规整、拘谨和呆板，欠活泼自然；网师园、退思园的湖边建筑景点数量适中，布局自由，疏密有致，更趋自然雅致。中心湖面面积较大，水面开阔、通透、明亮。沿湖各景点都相互通视，互为对景，有如几位朋友围坐在一张大圆桌边，把酒言欢，谈笑风生，彼此呼应。各个景点还增添倒影，景色倍增。颐和园的谐趣园和苏州园林均普遍采用此法（图 13.5-6）。

3. 山水相依，山环水抱

园林山水作为一个整体，统一设计布局，常山水相依，建筑依山傍水，负阴抱阳，坐北朝南，构成山环水抱，阴阳合一，呈太极态势，藏风聚气。北京颐和园谐趣园、苏州环秀山庄均为如此构建山水（图 13.5-7）。颐和园的昆明湖和万寿山，山水龙脉，自成一体，水有源头，有泄尾，有来龙去脉，常常用"群龙见首不见尾"的形式。

4. 园林水形艺术构图研究

水面形式有盘形、槽形两种类型，各有艺术特色和性格，各有优劣，应因地制宜，因需选择，加以文化创意、变形，创新园林水形艺术（图 13.5-8）。

1）盘形湖面（团形，长宽相似）

（1）水面集中，有构图中心。

（2）二轴长短相似或相等。

（3）湖岸对景显露，一目了然。

（4）构图简单明了，空间开阔。

（5）盘、槽不拘，空间自由。

（6）传统寓意，现代形式。

（7）图形优美，情趣生动。

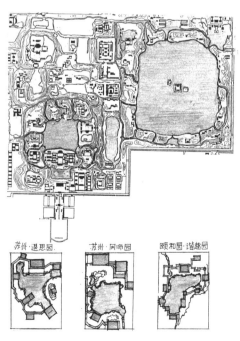

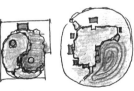

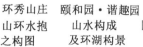

环秀山庄　颐和园·谐趣园
山环水抱　山水构成
之构图　及环湖构景　圆明园·九州清晏
（a）　　（b）　　（c）

图 13.5-6　传统园林以湖为中心

图 13.5-7　山水相依

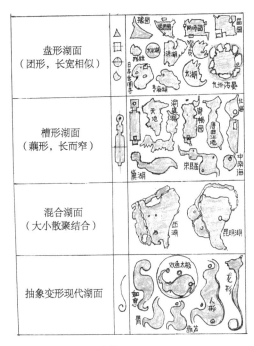

图 13.5-8　湖面形态构图

（8）气势宏大，景色壮丽。

2）槽形湖（河）面，（藕形，长而窄）

（1）有重心而无中心。

（2）业内以寄畅园湖形为楷模。

（3）二轴长短悬殊，长轴为主。

（4）水面收放自如，形态多变。

（5）景点有藏有露，旷奥深浅各异。

（6）空间多变，壮丽、秀丽，或兼有之。

3）混合湖面（大小散聚结合）

（1）大型湖面，槽、盘结合；

（2）空间收放，旷奥多变；

（3）秀丽、壮丽兼有。

4）现代变形湖面

（1）线形元素，抽象变形；

（2）盘、槽不拘，空间自由；

（3）传统寓意，现代形式；

（4）图形优美，情趣生动。

13.5.4　理水技术与方法

1．创建生态水岸

生态水岸，是在生态时代的发展过程中，对传统驳岸的觉醒、突破和创新（图 13.5-9 ~ 图 13.5-11）。

2．水体生态综合治理方法

1）基本原则

以生态学为指导，对水体污染源实行“控源截流，正本清源，标本兼治”，净化水体，依净化、生态、景观三原则，建设水生态文明，创造美丽水生态人居环境。

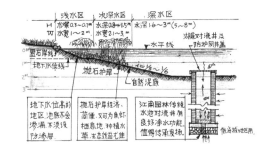

图 13.5-9　近自然式生态水岸

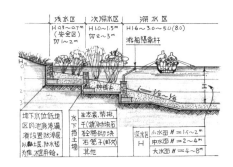

图 13.5-10　规则式人工生态水岸

图 13.5-11 现代多功能生态水岸

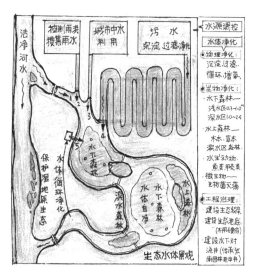

图 13.5-12 水体综合治理生态净化系统

2）技术路线

控源截流，水质净化，动力循环，生态修复，清水补给，水草生态监控，水生态养管维护。综合调控、利用五种水源：河水、雨水、中水、污水、地下水（图13.5-12）。

水体治理"三必须"：

（1）必须实行水源调控，多渠道综合治理（排除化学治理）：

物理治理——流动、循环、沉淀、过滤、增氧、加深加大水体；

生物治理——水生动物、水生植物、水生微生物，水体自净；

工程治理——生态水底、生态驳岸、南方园林水下对流井。

（2）必须因地制宜，顺应自然，东西南北地域各异，不可千篇一律。

（3）必须持之以恒，长期坚持，持续发展。

下 篇

园林设计实践

第 14 章

园林设计实践

我儿时启蒙于山村私塾，两年间接受过中国传统文化的熏陶。中华人民共和国成立后接受现代教育，对中华文化有了进一步了解。我热爱中华文化，热爱祖国。

在近六十年的园林设计生涯中，我始终要求自己不断学习中华文化，要融会贯通，弘扬中华文化。谨记"忘记过去，就意味着背叛"；谨记我是中国人，不能忘记祖宗，不能抛弃中华文化。当然，我也喜欢去新地方、新国家，接触新生事物；愿意了解西方传统文化、科技文化、异国文化，学习西方新文化和现代美学思潮。要求自己知悉新潮、莫忘传统、温故知新。在设计工作中，注意西学中用、中学新用，中西文化为我所用，传承传统文化，努力创新，把中华文化运用到园林设计中，坚持走传承创新之路，不断创造既有中国韵味，又有现代气息的新园林。

岁月悠悠，道路漫漫，上下求索，一步一印。

在近六十年的园林设计生涯中，我做过上千个类型各异、规模不等的风景园林规划设计项目，走过传承、创新、探索的漫长道路。

下面仅选取部分实践案例作简单叙述。

14.1

城市园林广场设计

园林文化创意就是在园林规划设计中，努力给园林赋予思想、感情、理想、灵感、愿望等文化内涵，创造诗情画意的园林意境，使园林具有灵魂、感染力和生命力，引人入胜，触景生情，产生联想、共鸣，使园林富有意境和精神境界。

1. 上海人民广场——城市广场创新设计

上海人民广场坐落于上海市中心，原是殖民主义者的乐园——"跑马厅"的旧址。中华人民共和国成立后，改成人民公园和人民广场。上海人民广场原来是绿化稀少，以大面积硬地为主（水泥地和沥青混凝土地面占 80% 以上）的大型集会广场、交通广场（约 18hm²）。1993 年改建为现代观光游览、生态休闲型市民广场。要求设计师在规划设计中采用传承传统文化与大胆创新相结合的理念，千方百计把中国和上海的历史文化内涵融入广场中，将现代功能与历史文化相结合，在百日内用最快速度，用大手笔建成"庄重、简洁、大气"的，具有生态、游览、观光、休闲功能，有上海特色的大型园林化市民广场、绿色市政广场，成为上海的新地标。

要在现代城市广场中融入文化、创造意境绝非易事，但我们在改革、创新思想的激励下，在紧迫的时间内艰难而成功地建成富有中国精神、上海特色的大型现代化、生态型城市广场。

（1）创立上海的城市中轴线。在上海市政大厦和上海博物馆两座建筑之间加入人民广场中心旱地喷泉广场，三者连成一线，再向北延伸至国际饭店，构成上海的中轴线，成为上海城市的核心和主心骨，强化上海市中心构图规划形态。

（2）创建上海市中心大型生态园林广场，绿化率大于 80%，形成市中心绿肺。融入中国传统文化和上海历史文化元素，体现中国精神和上海特色，具有独特性；妥善处理了众多杂乱的地下工程构筑物，使得地上地下互相协调；并取得了多项设计技术创新突破，达到"20 年不落后"的要求，为国庆四十四周年献礼。

（3）首创中国第一个大型音乐旱地喷泉广场景观。方形中心广场设计一反常态，不用常见的露天喷水池，大胆首创中国第一座大型灯光音乐旱地喷泉广场：以彩色（红、黄、蓝）发光玻璃台阶环绕上海版图为中心，创建"浦江之光"音乐喷泉，形成人民广场最亮丽、最吸引人的灯光喷泉景观，供市民休闲、漫步、观光、健身、歌舞（除因时间和资金关系未能安装水体净化这一缺陷外，整体达到了"20 年不落后"的要求）。

（4）首创"四合一"特色豆形装饰紫铜雕塑。在广场中特意设计创作了 4 座新型装饰雕塑。以传统青铜器"豆、瓿"形为原型进行放大，并用灯光、扩音器、花盆、装饰雕塑创作灯箱、音箱、花钵、雕塑四合一的紫铜装饰雕塑"铜豆"，充满传统纹样，富有传统韵味，具有多种现代功能。

（5）创造一系列实用而美观的新型园林小品，如石灯与坐凳合一的石灯笼、声光合一防爆型广场灯、防爆庭院灯、防爆草坪灯、庭院半环形座椅等。

（6）中心广场的东部和西部分别规划设置休闲花园"旭日广场"和"明月广场"，喻示广场与日月同辉，也为市民提供休闲场所。

（7）设计预留雕塑位置。广场绿地中预留9座城市雕塑位置，为日后放置城市序列雕塑——历史雕塑、现代雕塑和未来雕塑，穿透时空，让过去、现代和未来对话（但至今尚未实现）。

（8）笼养放飞广场鸽。改革开放后，上海在全国广场设计中首先设计放养广场鸽，给广场带来和平安宁、生动活泼的祥和气氛。

（9）简洁、有序的广场绿化。广场绿化由外围绿化防护带和内部半圆形景观休闲花园两大部分构成。内部景观花园休闲绿地中创设东西两个小广场，配以环形座凳小花园，创造了良好的休闲、散步、聚会等功能场所。

外围环形防护林带以常绿乔木为主。绿地与地下商业街连通，地上地下相呼应，协调、组织各种地面功能构筑物100多个（地下商场、地下车库、地下变电站、地铁口、地下通道、公交站、公共厕所、绿化管理、养鸽场等），将零星建（构）筑物组织、隐蔽在外围弧形绿带中，避免了繁杂凌乱，保持广场绿地完整、整洁、美观，发挥了良好的生态防护、隔离、隐蔽功能。

运用上述诸多文化元素大大增强了上海人民广场的独特性、时代性、艺术性和文化性，使现代城市广场蕴含了浓厚的传统文化韵味和强烈的现代时尚艺术（图14.1-1～图14.1-11）。

2. 江苏徐州贾旺区行政中心及市政广场

贾旺区行政中心环境规划首先创建了行政中心绿地（旗杆花台、大草坪），妥善安排院内交通绿地，形成功能完善、布局协调、和谐统一的总体环境。行政中心前广场以水为中心，河道环绕周边取代围墙，使得环境更生态、舒适。行政中心与南部市民广场隔水相望，广场呈扇形，是一座现代生态型城市广场和市民广场，整齐有序、活泼清新、简洁大气（图14.1-12、图14.1-13）。

3. 浙江宁波北仑中心广场调整方案（图14.1-14）

4. 湖南长沙五一广场规划设计（图14.1-15）

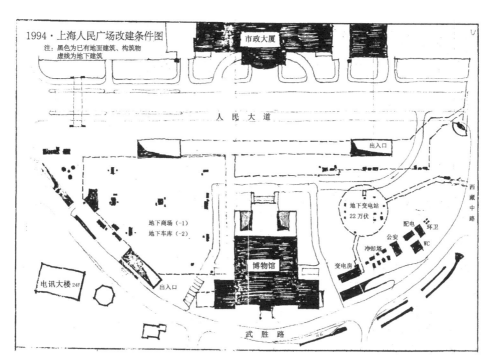

图 14.1-1　1993 年上海人民广场改建前场地条件
（广场地下满布 70 余个工程构筑物，给规划设计带来了巨大困难和挑战）

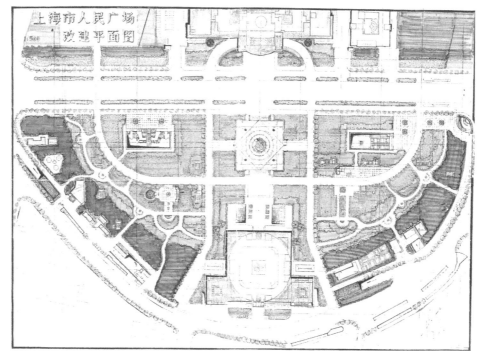

图 14.1-2　上海人民广场改建规划草图

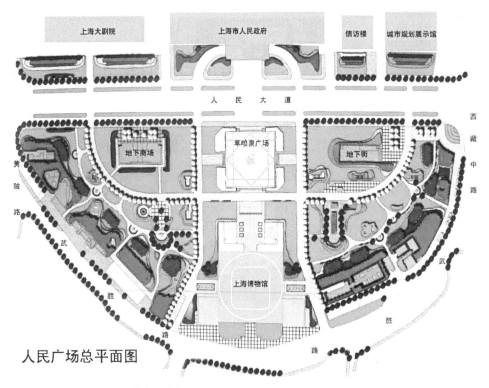

图 14.1-3　上海人民广场改建规划总平面图

图 14.1-4　上海人民广场改建鸟瞰实景

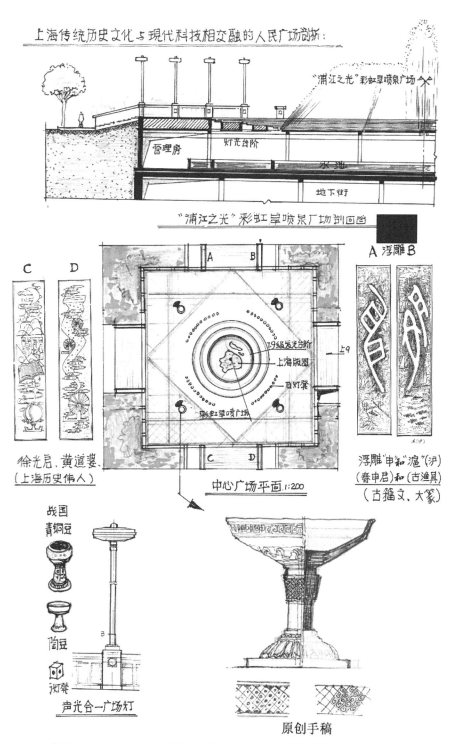

图 14.1-5 上海人民广场改建设计中历史文化小品设计详图（手稿）

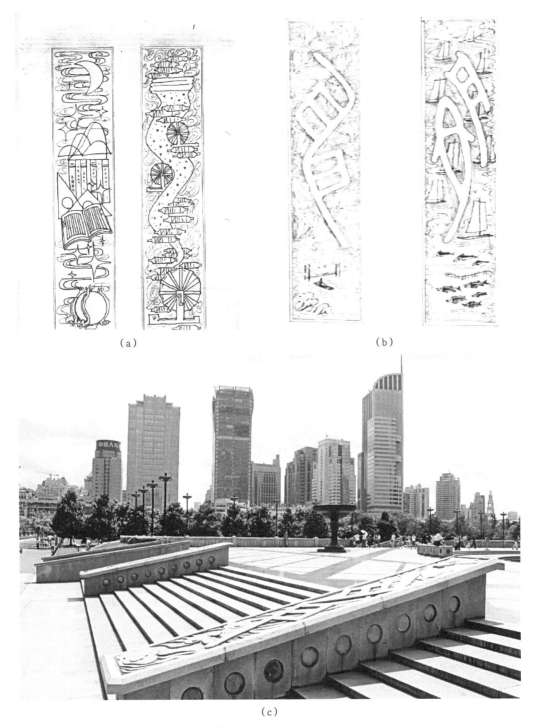

（a）

（b）

（c）

图 14.1-6　上海历史文化"申""瀛"小品设计图

图 14.1-7　上海人民广场中心广场实景

图 14.1-8　上海人民广场绿化景观（背景为上海博物馆）

下 篇

园林设计实践

图 14.1-9　上海市政大厦及人民广场实景

图 14.1-10　上海人民广场中心广场旱喷泉夜景灯光

图 14.1-11　上海人民广场旱喷泉地面"上海版图"（1994 年）

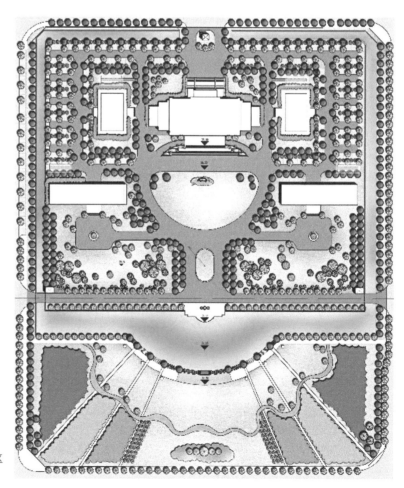

图 14.1-12　徐州贾汪区
行政中心及广场平面图

下 篇

园林设计实践

图 14.1-13　徐州贾旺区行政办公区绿化景观总体鸟瞰图

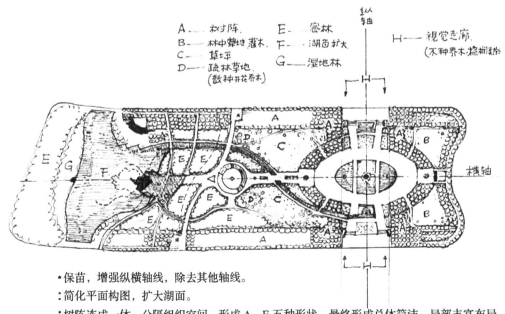

• 保苗，增强纵横轴线，除去其他轴线。

: 简化平面构图，扩大湖面。

: 树阵连成一体，分隔组织空间，形成 A～E 五种形状，最终形成总体简洁、局部丰富布局。

图 14.1-14　宁波北仑中心广场规划设计

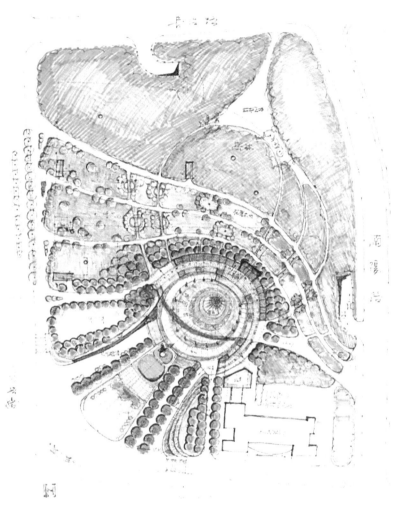

图 14.1-15　长沙五一广场规划设计

14.2

城市专类公园设计

14.2.1 纪念园林规划设计

1. 上海龙华烈士陵园

1964年，全国经历了三年经济困难时期后，周恩来总理特批建设上海龙华烈士陵园，以纪念在龙华牺牲的左联五烈士、二十四烈士、彭湃等中国共产党早期领导人，以及为解放上海、建设上海而牺牲的革命先烈。这是当年在全国独一无二的园林建设项目，成了我的园林设计处女作。

龙华烈士陵园选址在龙华寺、龙华公园、原国民党淞沪警备司令部旧址（龙华监狱、水牢、刑场）的西侧。龙华寺传说是孙权为孝母而建的上海著名古刹。寺西侧是原龙华公园，园内原有一座纪念抗日战争阵亡将士的小型纪念公园，名叫"血花园"（民国17年以桃花园改建为"血华园"），花园由长方形道路环绕一块中心草坪、中央花坛以及纪念物。草坪四角有亭榭及望乡台；北侧中间为一座竹厅。园南端有一座江南传统民居式的园门。

陵园规划：继承传统，突破传统，传承创新。

1) 打破惯例，布局创新。

中外陵园惯用中轴对称规则式神道（甬道）布局。如果按传统陵园设计布局，就必然要在场地中央规划一条笔直的中央大道——"甬道"（神道）穿过"血花园"，这就必须拆除"血花园"。"血花园"尽管很小，但也是一个老烈士陵园，不能为建新陵园而拆毁老陵园！这是毁灭历史，是对革命先烈的不敬！为保全"血花园"，陵园规划中摒弃传统陵园中轴对称的神道（甬道）布局形式，大胆改用环形道路连接纪念广场，把"血花园"也作为龙华烈士陵园的一部分，因地制宜、机动灵活地形成呈半自然式布局的新型烈士陵园布局形式。陵园环道与方形"血花园"构成方圆构图，融入"天圆地方"的传统寓意（图14.2-1）。

2) 陵园入口布局规划将传承与创新相结合。

陵园入口继承传统园林"欲扬先抑"的手法，采用传统园林"障景"——"立峰假山"的形式。采用现代理念、现代手法、现代技术对传统园林障景形式进行创新设计，放弃传统太湖石假山"瘦、透、漏、皱"的形式，以及传统黄石假山的松散构图，把传统立峰假山变成新型的"红岩"巨石假山（高约11m）。因传统假山的形象不符合烈士陵园的需求，而改用与"瘦、透、漏、皱"相反的"粗壮、坚硬"的形象。"红岩"假山方案曾征得建筑专家陈植先生支持、指导，并通过多次大小模型研讨而确定方案。

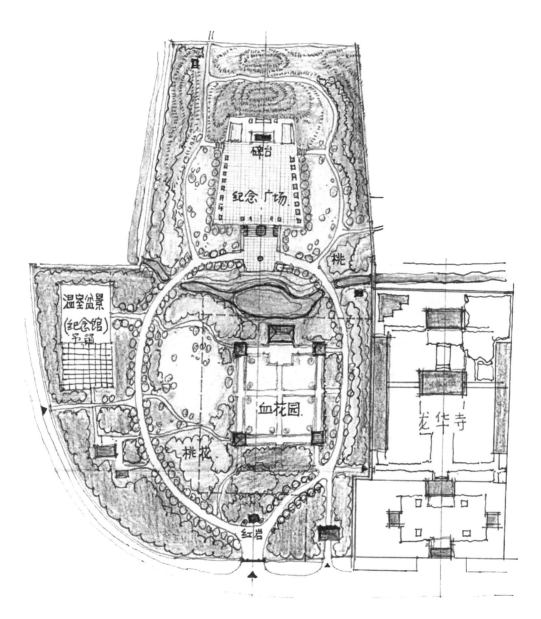

图 14.2-1 上海龙华烈士陵园总平面图

立峰材料采用上海佘山坚硬、粗壮的大块黄石（1~3m）组成一座形象完整、造型简洁、坚强有力的现代新型立峰假山，隐喻革命先烈坚强不屈、英勇牺牲的革命英雄主义精神（图 14.2-2）。

假山原有配峰，因经费不足而未建，"红岩"巨峰就成了我假山创新设计的处女作（图 14.2-2）。

陵园绿化种植以松柏为基调树，以桃花为主调树。因龙华监狱墙上曾留有著名的烈

图 14.2-2　上海龙华烈士陵园 "红岩" 巨日峰

士诗抄："龙华千载仰高风，壮士身亡志未终。墙外桃花墙里血，一般鲜艳一般红。"绿化设计以桃花的红艳血色象征革命先烈坚强不屈、流血牺牲、永垂不朽、像烈火一般的革命精神！可惜的是在 20 世纪 80 年代末的龙华烈士陵园改、扩建中，在新潮思想影响下，原有 "血花园" 及原龙华烈士陵园布局全部被拆除，仅留下唯一孤独的 "红岩"巨峰。

顺便提及：我认为新建陵园以玻璃金字塔为烈士纪念碑形象欠佳。依我一孔之见，玻璃碑体形象虽新潮，但质地轻薄，过于脆弱，坚硬、刚强不足，不够庄严、稳重，不利于表现坚强不屈的革命精神。

2. 上海宋庆龄陵园

宋庆龄陵园是由原万国公墓改建而成，总面积 152 亩。

1983 年，遵照宋庆龄先生遗愿，将其骨灰安葬在她父母的墓旁。

规划保留原有名人墓区（西北区）、外籍墓地（东北区）、原有入口、建筑及道路。

采用倒 T 字形主副轴线的布局，把宋墓纪念碑、纪念馆、休息廊和两个入口组织成一个整体。矩形墓区背景及两旁种植青松翠柏，使得宋墓与墓区分隔；宋墓前区种植宋庆龄喜爱的香樟、红枫、丁香、杜鹃、月季等花木，既亲切、自然、温馨，又不失简洁、大气、庄重、肃穆。墓区南部设置少年儿童活动中心、科技乐园，体现她生前关爱儿童，永远和孩子们在一起的愿望。陵园总体规划体现了宋庆龄爱祖国、爱人民、爱和平、爱孩子的高尚情操（图 14.2-3～图 14.2-5）。

3. 湖北随州炎帝故里风景区

湖北省随州市随县厉山镇旁的青山绿水间，原有一处山洞及九井遗址，传说为炎帝出生的神农洞，是炎黄子孙的先祖炎帝的出生地。1988—1993 年在厉山镇建炎帝展览馆、功德堂等纪念场馆。2006—2008 年规划建设炎帝故里风景区，成为海内外炎黄子孙寻根谒祖的祭祀场所，每年举行世界华人寻根节，成为湖北省一张 4A 级旅游名片。

风景区处于厉山镇西北角九龙山、姜水

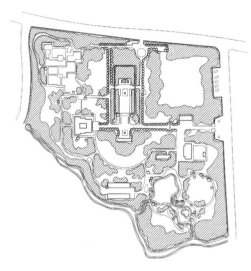

图 14.2-3　宋庆龄陵园总平面图

图 14.2-4　宋庆龄雕像手绘图

图 14.2-5　宋庆龄汉白玉雕像实景照片

河与炎帝大道之间。炎帝故里坐落在九龙山和烈山湖之间，四面环山、背山面水、坐北朝南的坡地上，占地 171hm²。

炎帝故里风景区核心区规划编制，及神农大殿、华夏始祖门建筑设计由重庆大学于 2006 年完成。原核心区（华人寻根谒祖朝圣区）总体规划是以神农大殿、神农广场、华夏始祖门、神农塑像纪念主轴为主，以东西两侧农耕文化生态展示为辅。

2007 年我受随州市政府邀请领衔承担炎帝故里风景区总体规划编制及深化设计，包括神农广场周边的交通路网、管理、接待、服务、园林小品、水电配套、建筑设施、总体绿化；以及主轴向南延伸——烈山湖、九孔桥、照壁广场、游客服务中心、入口广场、停车场等。

规划以神农殿、神农广场为朝圣祭祀核心，设置一个直径百米的大环路环绕祭祀核心区，与东西两片半圆形绿地构成"外圆内方"，内涵中国传统"天圆地方"寓意，形如一个大"中"字的绿色生态园区，成为全球华人寻根谒祖的朝圣祭祀园区（图 14.2-6）。

"天圆地方"祭祀园区由"树阵""石阵""柱阵""花阵"组成"四阵"，以烘托神农广场和大殿祭祀环境，营造出简约、古朴、庄重、神圣，有中国传统文化深刻内涵的祭祀氛围。"树阵"是由百余株间距 9m×9m 的大规格银杏树组成的大树方阵，银杏树是公孙树——公公种树儿孙享福，隐喻炎帝福荫子孙万代。"石阵"是在草地上用 56 块花岗石排成的石头方阵。每块 1m³ 石灯笼的顶面

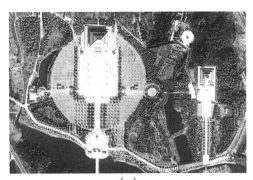

(a)

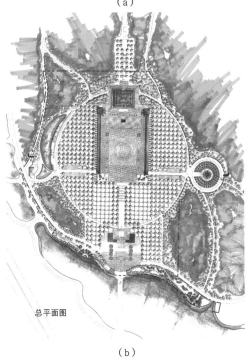

总平面图

(b)

图 14.2-6 湖北随州炎帝故里核心区总体规划图

在"天圆地方"的圆形祭祀园区东西两侧规划设置"旭日园""弯月湖"两个小花园，喻示炎帝功德与"天地共存、日月同辉"。朝圣祭祀区东侧的小型休闲花园——旭日园内含太极、八卦、四季、二十四节气等中华传统农耕文化元素，由此园可通达东侧农耕展示区、炎帝雕像广场。在朝圣祭祀区西侧，是利用原有洼地构成的具有集水、排洪功能的弯月湖，湖边设置神农茶舍花园供接待、管理和休闲。就近设置厕所、应急车位，满足管理、服务、应急等功能需求。

由始祖门、圣火台、七级天台与民族石阵共同形成朝圣祭祀园区入口。

在天圆地方祭祀中心外围保留佛寺，规划道观，以及农耕文化园（本草园、百果园、五谷园、原始部落村、陶艺坊、农圃、禽苑、兽圃等），形成农耕文化展示区及配套服务设施。

朝圣祭祀园区总入口在祭祀区南端，濒临烈山湖，由九孔桥穿过湖面，与耕牛雕塑广场、照壁广场形成笔直、庄重的中央甬道，到照壁广场再转向东侧浮雕引道、风景区大门、游客服务中心、公共停车场，这些构成了炎帝故里风景区南大门入口配套服务区。

4. 湖北随州文化公园

随州是炎帝神农氏、楚国随侯大夫季梁和明玉珍的诞生地，也是古乐器编钟的出土地，历史悠久，文化积淀深厚。

季梁是春秋初期随国大夫，开创儒家学说先河，是我国南方第一位文化名人。他在辅佐随侯时提出"夫民，神之主也"的"民为神主"唯物主义思想，以及"修政而亲兄弟之国"

篆刻一个民族名称的古篆体汉字，以"石头阵"隐喻中华56个民族都是炎黄子孙，组成一个伟大的华夏大家庭，民族团结一家亲。"柱阵"是在神农广场中树立的两排高大的花岗石纪功柱，以纪念炎帝功德。在神农广场内设置两排以仿古青铜礼器"簋"为原型，设计放大的优美、古朴的巨型花岗石"簋"形花钵，形成"花阵"。

的政治主张和"避实就虚"的军事策略，形成"民本、和贵、大道、嘉德"四大先进思想。李白称之为"神农之后，随之大贤"。

随州文化公园是由原季梁公园规划用地与火车站前城市中央公园合并而成，面积53.10hm^2。公园被迎宾大道分为东西两园，东园27.84hm^2，西园25.26hm^2。按照生态优先、文化传承、以人为本、因地制宜的规划原则，利用原有鱼塘、藕塘挖湖堆丘（季梁湖约14hm^2），保留并联通城市天然水系，环湖设景，规划建成综合性的随州文化公园（图14.2-7~图14.2-10）。

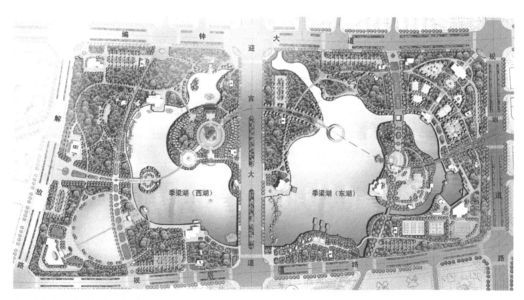

图 14.2-7 随州文化公园总平面图

图 14.2-8 随州文化公园季梁阁和阙门建筑（建筑方案设计：梁友松）

下 篇

园林设计实践

图 14.2-9 随州文化公园鸟瞰图（梁友松设计方案）

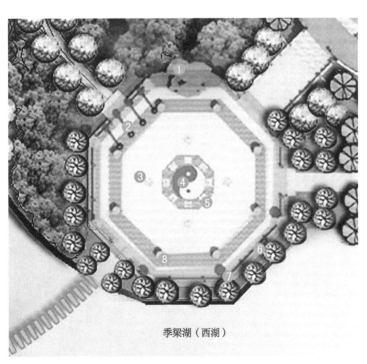

北

图 例:

① 假山人物雕塑（季梁）
② 纪功柱
③ 四象（浮雕）
④ 太极（浮雕）
⑤ 八卦（浮雕）
⑥ 石栏杆
⑦ 声光柱
⑧ 花 钵

季梁湖（西湖）

图 14.2-10 随州文化公园局部平面图

公园布局为一山两湖，以一条纪念性主轴（直轴）、两条新型景观轴线——弧形副轴和一条曲轴（含虚轴、地道）联通东西两园。东园为以生态、健身、休闲为主题的市民公园；西园则是以文化展示为主题的生态文化公园：集中展示、纪念随州历史名人（炎帝、季梁、杨坚）和编钟等古代文明。因在随县厉山已建炎帝故里 4A 级风景旅游区，故在此园最高处仅修建象征性的纪念建筑——神农坛。同时，把季梁、编钟等古代文化熔于一炉，集中于西园，形成人文纪念主轴。

随州文化公园于 2015 年建成，为随州市最大的城市公园，极大地发挥了社会、经济和生态效益。受到随州人民的喜爱和赞扬。

5. 广州福山公墓生态墓园入口区总平面规划草图

福山公墓分为公众墓区、先烈墓区、服务管理区、停车场（图 14.2-11、图 14.2-12）。

6. 当阳关公文化园忠义广场规划设计

关公是集忠、义、仁、勇、智、信于一身的道德楷模和英雄，是忠义的代表，是中国人和全世界华人最崇敬的护国佑民的神祇。武财神、武圣、关帝是古今奇人，已成为中国社会上至帝、王、将、相，下至仕、农、工、商、兵求平安、求幸福、求生财、求进步而顶礼膜拜的神圣偶像。

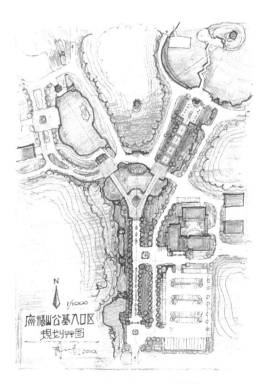

图 14.2-11 广州福山公墓入口区规划草图

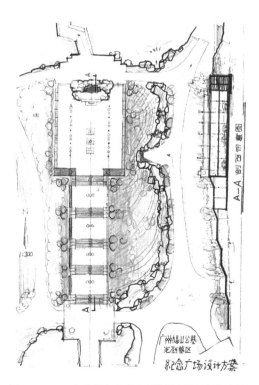

图 14.2-12 广州福山公墓主轴祭祀大道及纪念广场（服务楼及车库）

　　湖北当阳是关陵所在地。当阳城区曾规划建设关公文化园（镇），但半途停滞多年。2018 年我受邀承担总体环境和忠义广场规划设计。

　　本规划在大殿前设置祭祀广场（约3000m²）；在已建"六义"（忠义仁勇智信）建筑之间设置关公塑像、忠义广场（约6000m²），弘扬关公忠义品德，为民祈福。

　　广场中规划设置新型纪念柱，恢复中国古代以石灯笼作为"长明灯"的传统形式，弘扬并发展石灯笼传统艺术，摒弃常见的纪念柱和现代灯柱，将纪念柱和灯柱合二为一，创造新型的石灯柱、大型石灯笼和"簋"形石花钵，装点整个广场，创造庄重、朴实、坚固、雄壮的纪念氛围，展现关公的性格和精神（图 14.2-13~图 14.2-17）。

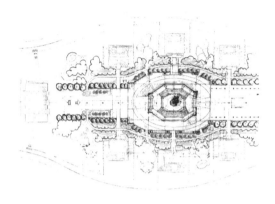

图 14.2-13　当阳关公文化园忠义广场方案

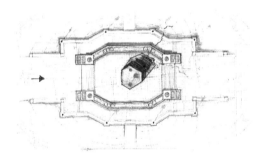

图 14.2-14　当阳关公文化园忠义广场关公塑像平台设计图

图 14.2-15　当阳关公文化园关公塑像

图 14.2-16　当阳关公文化园忠义广场立面图

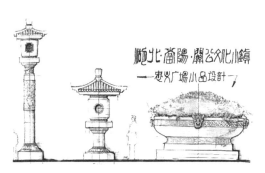

图 14.2-17　当阳关公文化园忠义广场小品

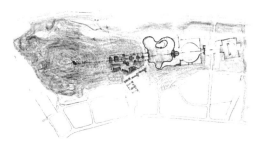

图 14.2-18　宜兴蜀山显圣禅寺总体规划图

14.2.2　寺庙园林规划设计

1. 江苏宜兴蜀山显圣寺总体规划
（1998 年）（图 14.2-18）

2. 江苏宜兴龙池山澄光禅寺总体规划
（图 14.2-19~ 图 14.2-20）

3. 江西庐山铁佛寺总体规划草图
（1999 年）（图 14.2-21）

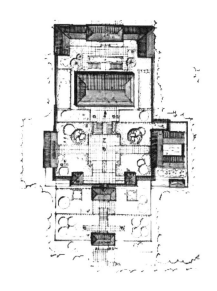

图 14.2-19　宜兴龙池山澄光禅寺平面图

图 14.2-20　宜兴龙池山澄光禅寺纵剖面示意图

图 14.2-21　庐山铁佛寺总体规划

14.2.3　植物园、动物园规划设计

从 1973 年起，我首先做了上海植物园规划，10 年后建成。40 年来做过十多个植物园（上海植物园、郑州植物园、潍坊植物园、宁波植物园、泉州植物园、勐仑植物园民族植物园区等），以及烟台、温州、上海动物园改建等 7 个动物园规划设计。我深知动物园、植物园是所有园林项目中要求最高、最复杂、最困难，而且是责任重大的设计项目，因为动植物种类繁多，千变万化，生命脆弱，与人类关系密切，对社会环境影响巨大。设计师既要熟悉动植物，了解动植物的分类系统、动植物的生态习性，以及动植物对周围环境的需求、物种间的种群关系、相生相克关系，给它们安排好合适的位置，让它们安全、健康生长发育，开花结果，传宗接代；还要考虑动植物对游人和管理人员的安全，以及动植物园对社会环境的安全；妥善处理动植物产生的排泄物，做好人与动植物的生态安全体系。此外，还要处理好比一般园林要求更高的景观、游憩、休闲、避灾等需求……真是千头万绪，纷繁复杂，有时甚至令人眼花缭乱。我深感动植物园设计对设计师的要求极高，动植物园规划设计难度超大，要真正做好动植物园规划设计不是一件容易的事。

1. 动植物园的性质和任务

我国的动植物园规划、建设曾有过许多实践，但缺少探讨理论和总结经验的专著。北京植物园原主任俞德俊写过一本植物园规划设计的小册子，我曾拥有过，可惜后来遗失了。动植物园是有许多特殊要求的特种园林（专类园林），要做好其规划设计，首先要明白动植物园的性质、任务。

1）真正的动植物园都是科研机构，有很强的科学性，要有科研团队，以及经费、场地、设施、设备，才能承担繁重的动植物科研任务。通常是动植物园与动植物科研所合二为一，也可园所分离，各自独立。

动植物园的主要科研任务：

（1）引种驯化。长期收集本地和外地的动植物物种，进行引种驯化：由野生变成家生，由原始种变成栽培种，直至能够开花结果、传宗接代。从种子（野生植物）到种子（栽培植物），即为引种驯化成功。物种不灭，永续发展。

（2）保存动植物种质。建立动植物标本库（动植物标本数量也是衡量动植物园水平的标志之一）、档案资料库、种子库、基因库保存物种。

（3）调研和保护动植物资源。开展本地动植物资源调查、采样；就地保护或异地保护本地物种、种群、群落。

（4）尽可能多地保存活的植物物种数量（按照国际标准，大型植物园应达到 2 万～3 万种；中等植物园应达到 1 万～2 万种，小型植物园达到 3000～1 万种）。这是衡量植物园水平的重要标志。植物园规划应有近期、远期目标，分期实施。

（5）抢救、保存珍稀、濒危动植物物种。

（6）开展动植物遗传育种研究。选种、杂交育种、繁殖、培养、扩繁。

（7）开展动植物资源利用研究。利用动植物资源研究、实验和生产医药、卫生、食品、衣食住行、环保、工业原料等，为国家建设、社会民生服务。

（8）承担地区植物生态保护科研、疫情预报、生态防治、科学栽培技术。

如果动植物园无科研系统，不承担科研任务，不开展科研工作，那就不是真正的动植物园，只能是动（植）物公园，与一般公园没有本质区别。

2）动植物园要有丰富的科学内涵，动植物园的规划设计有很强的科学性。

（1）动植物种类繁多，而且都有进化关系，有许多分类方法、分类系统，几百种动物、几万种植物都要按照家族关系（门、纲、目、科、属、种、亚种、品种），按照"物以类聚"原则进行分区、分园、分类、分块，合理定位和布局。

（2）植物园比动物园更加复杂、繁琐。植物的不同生态习性对照度、湿度、温度、土壤酸碱度有不同的需求，还有相生相克关系……都必须妥善设计安排。

3）动植物园要承担科学普及任务。最主要的任务就是对市民、学生、公众开展动植物知识科普宣传、科普展示、科普教育。

（1）要有动植物资源馆、演示场馆、国际交流展示园区；开展动植物资源利用、科普教育展览。

（2）要有专门针对青少年学生进行科学普及教育的设施、园地，如儿童动物园、儿童趣味植物园等，开展参与性科学体验活动。

（3）每一种动植物都要挂展示说明牌、园区说明牌或图文显示牌。

4）动植物园不仅要有科学内涵，还要有比一般公园更好、更优美的四季景观外貌。一般公园都可以免费开放，但动植物园一定要收费。因此，动植物园的科学性和艺术性要求远高于一般公园。

（1）要有举办区域性或全市性，甚至国际性大型花卉展览、园林艺术展览、评比、竞赛活动的场所。

（2）可以有选择性地建设国内外不同风格的园林艺术展示园区、纪念园、友谊园、友谊树、纪念区等。

5）动植物园应有生态保护、游览休憩、健身娱乐设施和具备防灾避险功能的设施。

6）动植物园还应有特种动植物的生产任务，以及科技人才的培养任务。

7）世界各国动植物园的规划内容、规划模式、规划方法都有一些传统习惯，要学习和了解，因地制宜地传承、突破和创新。

2. 植物园的规划设计要点

（1）植物园应有准确的定性和定位。根据植物园所在地区的气候带（热带、亚热带、温带、寒带）、当地植被类型、气候水文地质等环境条件，以及业主的需求，确定植物园的规模、性质、功能、特色和任务。

（2）选定植物分类系统。常用的植物分类系统有德国恩格勒系统、英国哈钦松系统、边沁 – 虎克系统、俄罗斯塔赫他间系统、美国克朗奎斯特系统、中国郑万钧裸子植物分类系统……按选定的分类系统确定植物园总体规划分区。与此同时由专人编制植物引种名录，与总体规划同步进行。

（3）植物分类系统区的植物配置。要首先确定是以科为单位，还是以目为单位。确定重点科、目，以及重点植物物种及其规模、数量。

（4）植物园规划构图编制，即立基、立

景。立基：编制总体规划布局，具体包括规划分区、空间结构、山水系统、道路系统、建筑系统、植物系统、安保系统；立景：景观形象规划，即制定山水景观、建筑景观、植物景观、核心区总体景观等方案。

3. 植物园规划分区

确定植物园的规划分区，最重要的是根据当地自然条件与地方需求选择确定主要植物展示区和特色植物展示区，这是规划成败的关键。植物园常见基本分区有：植物分类区、观赏植物区、经济植物区、温室区、植物展览馆、引种驯化区、科研试验区、办公管理区和游客服务（中心）区。

1）植物展示园区（露天展区）。

（1）植物分类区：现代植物园已少用植物分类系统区、标本园，有的改为植物资源收集区、本地植物收集区、专类植物收集区，或植物进化区（包含植物分类内容）。

（2）珍稀濒危植物园区。

（3）经济植物展示园区：油料、淀粉、纤维、香料、乳胶、糖等若干植物展示区；人工生态区（云南勐仑植物园橡胶林 – 砂仁 – 罗夫木人工生态植物区）。

（4）自然生态保护区或树木园。

（5）植物引种驯化区（通常不对外开放）。

（6）植物专类园：

A. 观赏植物专类园：牡丹园（牡丹芍药园）、月季园、梅园、兰花园、菊花园、荷花园、桃花园、樱花园、海棠园、郁金香鸢尾园、球根园、宿根园、丁香园、茶花园、杜鹃园、紫藤园、石榴园、柿子园、柑橘园、葡萄园、竹园，以及水生园、湿地园、棕榈园等。

B. 综合植物专类园：槭树杜鹃园、木兰红枫园、木兰山茶园、杉树鸢尾园、柿子红枫园、蔷薇园（蔷薇科）、松柏园、桂花园、观赏草园、木樨园、红枫园、秋叶园、金叶园、迎春园、香料植物园、整形植物园、绿篱园、植物迷宫、儿童植物园、盲人植物园、环保植物区、热带植物园、热带花园、热带果园、寒带植物园等。

C. 园林艺术特色园区（室内外观赏、游览、综合展示）：盆景园 、本草园（中草药）、植物保健养生园、外国友谊园、婚庆园、纪念园、儿童植物园、盲人植物园、民族植物园、松竹梅三友园、四季山水园、岩石园、沙漠园、特色主题园、植物文化展示园，及绿化示范区等。

2）科普展示馆、标本馆、科技交流馆。

3）展览温室（常与核心景观区结合）。

4）核心景观、休闲、游览、观光园区。

5）科研实验区（科研实验室、实验苗圃）、引种驯化试验区、实验温室、育苗温室、温床、生产温室、苗圃、特色植物生产区。

6）园务管理区（办公区、员工食堂、宿舍生活区，保养、保安、保洁、机务区）。

7）园林生态综合治理区（土、肥、水、枝叶废物、生物药剂、污水处理）。

8）游客服务区。公众出入口、植物礼品店、园艺超市、游客餐厅、公众停车场、非机动车停车场、员工出入口、员工停车场等。

4. 动物园的规划设计要点

动物园分城市动物园和野生动物园。一般公园内的动物角、园中园、动物展示区都不属于动物园。野生动物园通常和野生动物资源保护中心相结合。

《世界动物园和水族馆保护策略（2005）》将现代动物园的功能任务定为综合保护和保护教育、饲养管理、疾病防治、繁殖方法的科学研究。目的是用环境保护的思想和观念教育、帮助人们改变不良生活方式和行为，创造符合环保理念的、新的生活方式，人人都参与保护动物、保护生态平衡。

动物园兼有城市公园休闲、观光、健身、康乐、生态保护、避险减灾的功能。

动物园规划设计关键是生态安全。必须规划设计、建设充分有效的安全设施，确保人、兽安全，包含游人安全、管理人员安全和社会公共卫生安全（卫生防疫）；防止动物逃脱、伤害、患病。

动物园与城市居民区应有足够的防护距离。动物园选址应尽可能设在城市的下风向，并设置绿化防护隔离带，防止人与动物相互传染疾病。

动物园规划必须建设完善的污水处理、焚烧炉消毒处理设施。

设置单独的动物饲养通道便捷通达兽舍，饲养员与游客应分道通行。

动物笼舍设计必须设置完善的动物审笼设施、安全锁具和便利的转运通道。

1）动物展示方式

动物园的动物种类比植物园的植物种类

少许多。通常有几十种、上百种，大型动物园有五六百种以上。

动物展示方式有：笼养、圈养、散养、放养、混养。现代动物园规划常打破界限，灵活选用多种展示方式相结合，根据具体条件采用现代技术、现代设备，创造更加生动活泼、更受游客欢迎的新型展示方式，以求取得更好的展示效果。

（1）设置壕沟、河道、绿墙、电网，或以玻璃代替围墙，突出展示效果；

（2）设置架空电车低空游览参观；

（3）设置专用游览车辆，游客直接进入园区近观动物；

（4）架设天桥、天台，从空中或地道多方位观看动物，增加游览趣味性。

2）动物园规划分区

动物园规划分区通常按：水族类、鱼类、爬虫类、鸟类（水禽、地禽、鸣禽、猛禽）、小兽类、食草类、食肉类、猛兽类、灵长类等大类分区，还有珍稀名贵动物区（熊猫、猩猩、长颈鹿、大象等）、亲子动物园、趣味动物园、动物表演区、夜行动物园，以及动物医院、动物繁殖隔离区、饲料库房、动物厨房、焚烧炉和污水处理场等。

动物园还应有生态良好、景观优美的休闲、游憩空间以及完善的游客服务场所和设施。

3）建设自然生态型动物园

现代动物园都把建设自然生态型动物园作为建设目标。动物园拥有良好的绿色生态环境；努力建设自然生态式笼舍，让动物生活在自然山水环境中，以动物为友，让人与动物和谐共存。

（1）规划设计坐北朝南（南半球反之）的笼舍，确保灵长类动物、珍贵动物和重点保护动物的笼舍正面朝阳，能有充足阳光和良好通风。

（2）适当放大动物室内外生活空间，创建自然生态式、近自然式的人工生态饲养环境，改善动物福利，有利于动物生长、繁育，也有利于改善园林环境和展示效果。

现代兴起建设动植物园的思潮。动物、植物放在一起，可使环境更接近自然、更生态，景观更美丽和谐，更有利于建设自然生态型动植物园。

5. 植物园规划创新实践

1）上海植物园创新规划设计

上海植物园规划是一个非常艰难的过程。当年全世界有1000多个植物园、美国有300多个植物园。中国只有8个植物园（北京、南京、庐山3个老植物园，以及中华人民共和国成立初期建的华南、云南、西双版纳、武汉、杭州5个植物园）。1972年，"文化大革命"尚未结束，没有参考资料，没有经验，完全靠我们自己研究、摸索和创新。

（1）上海植物园规划大胆创新，破除传统植物园的植物分类区，创造了"三个结合"的规划原则，创立独特、新型的植物进化区。

● 野生植物与家生植物（栽培植物品种）相结合，自然进化与人工进化相结合。既种植野生物种也种植家生植物品种，打破传统植物园只种野生植物（种），不种家生植物（品种）的惯例，即自然进化与人工进化相结合。

● 植物分类系统区与观赏植物专类区相结合,在植物进化区中加入 11 个观赏植物专类园,作为园中园,即进化与观赏相结合,科学与艺术相结合。

● 室内与室外相结合展示植物进化。设立植物展示馆(含植物资源馆、植物进化馆),室内室外配合展示植物进化系统。

(2)规划创新,采用当代最新、国际上未曾采用过的被子植物分类系统——美国哈佛大学阿诺德树木园长克朗奎斯特(A. Cronquist)的被子植物分类系统(将被子植物分为 11 个亚纲)和中国学者郑万钧的裸子植物分类系统。在世界上首次采用中外两个植物进化系统相结合的形式展示植物进化分类关系。

(3)在世界植物园史上首创盆景园。保护了"文化大革命"中被批判为"封、资、修"典型代表的大批盆景,建成精美的盆景园,引起欧美植物园的称赞并相继效仿,让中国园林艺术精品之一的盆景艺术得以发扬光大。园内还首次展出中国盆景史料,揭示了盆景起源于中国后传至日本的历史真面目;创造并发展了海派盆景艺术,推动海派盆景艺术走向世界、传播海外。

(4)设置环保植物区、绿化示范区等新型植物展示区,为城市绿化服务。

(5)上海植物园在 2006 年扩建规划(方案)中,规划设置大型花卉园艺展示区,以及中、日、法、西等世界特色园林景观展示区和友谊园、纪念林等文化园区(图 14.2-22)。

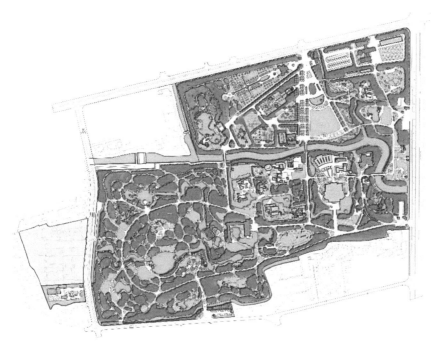

图 14.2-22　2006 年上海植物园改建规划方案

上海植物园盆景园规划设计及 2016 年改建设计详见本书第 9 章。

2）西双版纳热带植物园

20 世纪 80 年代初，我应邀为中科院云南西双版纳热带植物园核心区编制改建规划。我紧紧抓住民族植物学这个最新科研成果，"因地制宜，因时制宜"，把傣族的傣医、傣药、竹楼、泼水节、象脚鼓、傣族服装等傣族风俗、文化元素引入园内，传承傣族传统文化，与核心区的花坛、喷泉、展览温室相结合，加以发挥创新，创建世界上首个民族植物园（详见本书第 8 章）。

3）上海辰山植物园

辰山植物园于 2004 年和 2005 年先后两次进行了概念性规划方案国际招标。

在 2004 年辰山植物园概念规划第一次国际招投标中，五国 8 个设计单位投标。本次招标由国际植物园协会主席、南京植物园园长贺善安先生担任评审组长，由国内专家评审组评审，我主持的规划方案拔得头筹。

根据场地特点，我大胆创新，围绕植物园这一主题创设了几个国内外植物园从未有过、辰山植物园特有的新型植物展示区：

（1）锦绣景观主轴。因地制宜，充分利用辰山原有两个矿坑之间的山梁（犹如鼻梁）地形，规划创建一条由众多地被植物构成的新型景观弯轴，这是国内外植物园从未有过的规划创新展区——"七彩锦绣地被"景观主轴，把辰山山体与山前园区连成一体，成为辰山植物园一大设计创新亮点和特色景观。

（2）半山生态大型展览温室。利用辰山东侧矿坑悬崖（高 70m）构建一座独具特色、依山而建的大型展览温室，与辰山连成一体，展出热带雨林、花果、热带花园等景观。

（3）矿坑花园。利用辰山西侧矿坑悬崖及深 30m 的矿坑，创建富有特色的矿坑花园。

（4）三彩植物专类展示区。在山前植物展示园区设置以植物花果叶色构成的植物区：红色植物区、金色植物区、蓝白色植物区，形成庞大、新型的三色花海植物景观展区。三色植物区与大山、大水、大草坪共同形成辰山植物园气势磅礴、景色优美的中心园区。

辰山植物园规划初衷就是突出植物特色，从植物园规划内容实质上寻找创新、突破，从而创造辰山植物园规划布局特色分区，创造与众不同的园林特色。

一年后因投资主体变化，决定举行辰山植物园概念方案第二次国际招标。上海市绿化局两位局长先后找我谈话，并以合同形式郑重聘请我担任植物园筹建高级技术顾问，由我协助编写辰山植物园规划设计任务书。第二次国际招投标由上海国际招投标公司主办，上海公证处监督。有中、荷、日、德、英共五国 8 家（7 家有效）参加投标。由英国邱园植物园园长克兰（Peter Crane）担任组长，贺善安先生任副组长，还有新加坡植物园园长，北京、深圳等植物园园长，上海市园林管理局原局长、园林专家程绪珂等国内外顶级植物园专家组成专家小组进行认真的评审、打分。由上海市公证处、招投标公司和业主共同计算评标结果。

评审结果是：上海市园林设计院的方案

获得最高分，再次获国际招标第一名。荷兰 NITA 第二，北林苑第三，德国方案第四，日本方案第五，北林地景、上海现代院列后。后来第四名的德国"绿环"方案被内定为中标实施方案。

在方案深化讨论会上，我提出"绿环"方案有许多缺陷，对招标的公平性提出疑义。然后我这个高级顾问就此靠边了。后来，上海园林集团高薪聘请我担任辰山植物园建设工程总工程师，我断然拒绝了。我不愿仰人鼻息，被人愚弄。

实际上，采纳"绿环"概念的最终结果就是：花费上亿资金修筑一圈高 10m、顶宽 10m、底宽 70～90m、长约 2km 的土围堤（图 14.2-23）。这个"绿环"围堤除哗众取宠之外，对于植物园规划设计、建设毫无实质意义和学术意义，反而带来了一系列严重缺点和问题：

（1）违背了"巧于因借""因地制宜""景因境出""虽由人作，宛自天开""天人合一"等中国传统园林设计基本原则。

图 14.2-23　辰山植物园总平面图（第二次国际招标第四名"绿环"实施方案）

（2）违背了当今世界园林"自然、生态"的大潮流。用西方"人类主宰世界"的过时理念，莫名其妙地给场地强加一圈高高的"围堤"，硬生生制造了"天人分离"的布局。

（3）浪费工程造价。多花一个多亿建造人工围堤，严重破坏了辰山的自然山水环境，破坏了整个地区泄洪、排水的生态环境；增加了排灌水工程造价；在施工中还造成了局部塌方事故，造成巨大浪费。

（4）浪费大量土地。"绿环"围堤占用了大片土地（45hm²，约占总面积的 22%）；被围堤圈到绿环外面的许多边角料土地难以有效利用，在绿环内除去山地以外的核心区仅剩下约 1/3 的有效规划用地。

（5）核心区规划内容平淡，与上海植物园多有重复。

辰山植物园规划违背了规划任务书明确规定的设计初衷和规划原则——"辰山植物园应与上海植物园错位规划、互补发展"（这是我当初编写辰山植物园规划设计任务书中特别强调的一条重要规划原则）。

在这可怜的核心区剩余土地上规划了与上海植物园完全重复的月季园、儿童园、水生园、药用植物园等国内外常见植物园，也是与上海植物园相同的植物展区；辰山植物园总体规划除了绿环之外毫无植物园规划实质性创新，没有明显个性特色，没有规划创意。绿环内坡规划"五大洲植物展示区"实际上是一个虚设。大凡做过植物园规划的人都知道：德国大莱植物园是世界上最早规划"地理植物区"，也就是五大洲植物区的，但没有成功，至今世界上从没有建造成功过五大洲地理植物园区。所以，辰山植物园再走大莱植物园的老路，那是注定会失败的。普通百姓都知道：北美（寒带）、中美、南美（热带）的植物如何能够种植在一个园区内一起展示？除非种植在人工气候室（温室／冷室）内。事实上"五大洲植物区"就是一个自欺欺人的规划狂想！

"绿环"上做五大洲植物展区实在是错上加错。辰山植物园除了矿坑花园和大温室具有特色外，规划并没有创建任何植物园特色展区，30多个很一般的规划分区对游人也没有明显的吸引力，对于植物园的科研、科普没能发挥多大作用。这个绿环就是一个普通的公园绿带而已，对植物园规划没有任何学术意义，

不但不能成为辰山植物园的规划亮点，反而给辰山植物园带来无穷后患，是一个严重的规划败笔（图14.2-24、图14.2-25）。

以上仅仅是我以实事求是态度进行科学分析，实话实说，绝无恶意。采用绿环方案的最终结果被一位专业权威人士一语道破："一块宝地被糟蹋了"。

我曾经先后主持规划过十多个动植物园：上海植物园、辰山植物园、宁波植物园、泉州植物园、郑州植物园、潍坊植物园、铜陵植物园规划方案、盐城植物园规划方案、西双版纳植物园民族植物园规划方案、温州动物园规划方案、烟台动物园改建规划设计、阜宁动物园规划方案等。图14.2-26～图14.2-30是其中几个植物园的规划图。

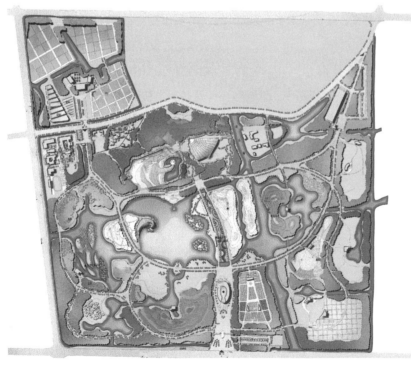

图14.2-24　辰山植物园第一次规划方案国际招标（2004年）

图 14.2-25　辰山植物园第二次规划方案国际招标（2005 年）

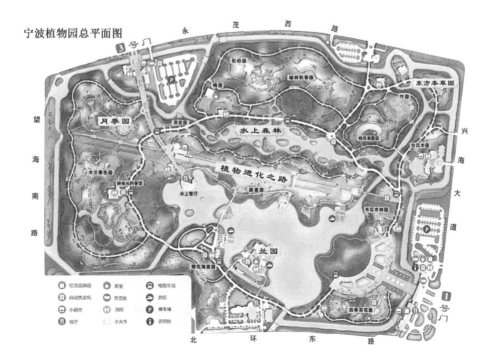

图 14.2-26　宁波植物园总体规划

图 14.2-27 泉州植物园规划总平面图

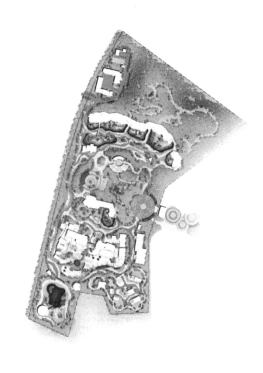

图 14.2-28 烟台动物园改建总体规划设计　　　　　图 14.2-29 阜宁动物园总体规划设计

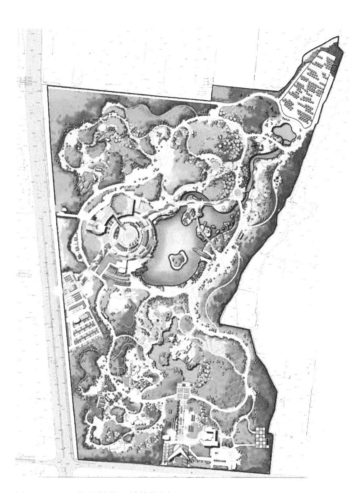

图 14.2-30　郑州植物园总体规划

14.3

城市综合性公园规划设计

1. 上海东安公园规划设计

东安公园分为 1980 年和 1984 年两期进行设计与建设。我在学习、继承中西传统园林手法并吸取江南民居建筑风格的基础上，海纳百川，中西合璧，大胆改革创新，创建既富有中国传统园林韵味，又有西方现代园林形式，以老人、儿童为主要服务对象的现代社区公园。公园在园林空间序列，运用竹、木、石等天然材料建造江南民居风格的园林建筑，运用园林雕塑创造现代园林空间，运用具有趣味雕塑造型的儿童玩具等方面进行创新。这是将传统与现代园林艺术相结合，创作现代城市社区公园的一次大胆尝试，也是一次传承创新的成功尝试（详见本书第 9 章）。

2. 云南昆明世博园上海明珠苑规划设计

在 1997 年昆明世博会上，上海明珠苑以上海地标建筑东方明珠塔为主题，以"大珠小珠落玉盘"为设计创意，以圆形为设计母题，以喷泉水池、流水花坛、覆土生态建筑等现代设计元素，建成具有上海特色和现代气息的简洁明快的城市生态花园（图 14.3-1），荣获世

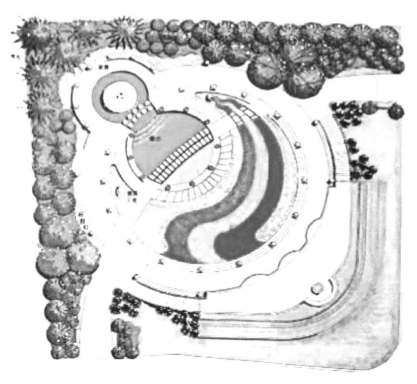

图 14.3-1　昆明世博园上海明珠苑（1300m²）

博会设计大奖、金奖。

3. 云南昆明世博园名花艺石园

名花艺石园是世博园续建山崖生态修复工程，位于世博园后部上方，占地360多亩，于2000年设计和建设。

名花艺石园的核心区是红土断崖（高18~20m，长300m），首先采用土钉铆固法进行山坡断崖加固和生态修复。人工塑制仿石山崖＋天然山石落脚，营造大型假山摩崖，塑制以"人和自然和谐"为主题的摩崖、大篆及仿古崖画，构成丰富的文化人文景观内涵。

再赋予瀑布、流水、山亭、石矶、石台、石灯笼等景观小品。弘扬中国传统石灯笼艺术，对传统石灯笼进行创新设计，在主馆前创设4种中国式石灯笼系列，改变当时国内市场被日本式石灯笼一统天下的局面。

全园构筑了50多组大型、异型名山、名石、景点、奇石，与名花相映成趣，并对传统假山进行突破和创新设计，营造出生动而诱人的优美景观（图14.3-2～图14.3-6）。

4. 上海渔人码头

黄浦江北岸 1hm² 滨江绿地原由境外公司设计，多年未定案。2013年，相关领导好言相劝让我帮忙设计，盛情难却，出手相助。首先把这一绿地确定为"上海渔人码头"的规划定位，融入上海历史文化内涵（图14.3-7、图14.3-8）。

上海起源于古代东海边一个小渔村。规划融入上海渔家小屋、上海独特渔具"簖"

图 14.3-2　昆明世博园名花艺石园

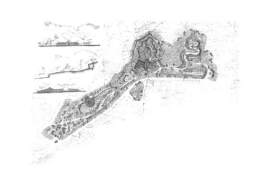

图 14.3-3　昆明世博园名花艺石园总体规划

图 14.3-4　昆明世博园名花艺石园实景

（竹子编制的古老渔具，图14.3-9）、渔家傲雕塑等特定历史人文元素，设计成鱼形广场，与地下广场联通，将江边临水旧码头库房建筑改建为渔人码头休闲服务建筑，与新建的"立鱼""卧鱼"两座大型现代商业建筑相呼应。渔人码头与三座新旧滨水建筑融为一体。

上海渔人码头将文化与绿化相结合，使传统与现代对话，成为一个富有现代气息和文化特色，颇有情趣，观光、休闲功能完

（a）

（b）

（c）

（d）

图 14.3-5　昆明世博园名花艺石园中的人与自然景观

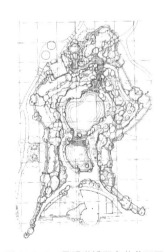

图 14.3-6　昆明世博园名花艺石园　图 14.3-7　上海渔人码头设计方案
生态修复——摩崖文化园区平面图

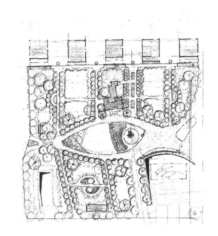

图 14.3-8　上海渔人码头渔家花园设计方案

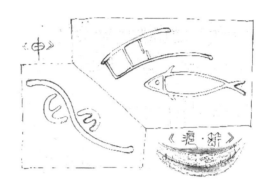

图 14.3-9　上海独特渔具"簖"

善，又能满足相关专业指标的现代滨水小广场。

5. 上海宝山炮台湾湿地公园（二期）

上海黄浦江与长江交汇处左侧的炮台山是清朝时保卫上海的老炮台基地，其左侧为已建湿地公园（一期）的延伸。炮台湾二期基地原为江边湿地，长期填埋钢渣，二期建设时清除部分钢渣，复土改建为矿坑花园（图 14.3-10）。矿坑花园的坑深 6m 多，利用坑壁矿渣改建成假山、绿墙，还有鱼骨花坛、坑口茶室等新型景点（图 14.3-11）。江边设置一座大型露天剧场——贝壳剧场，成为一处优美而独特的滨江景观（图 14.3-12、图 14.3-13）。

6. 上海古城公园规划方案

古城公园是在上海城隍庙豫园旁边的老城墙旧址上建设的公园绿地。

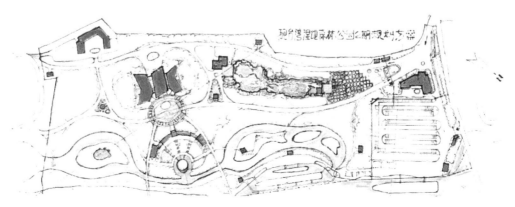

图 14.3-10　上海宝山炮台湾湿地公园二期规划总平面图

下 篇

园林设计实践

图 14.3-11　上海宝山
炮台湾湿地公园矿坑
花园

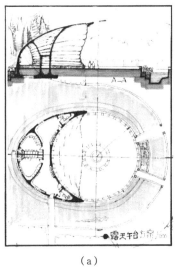

（a）

（b）

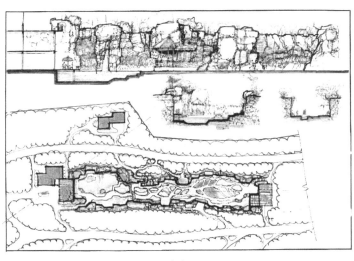

（c）

图 14.3-12　上海宝山炮台湾
湿地公园贝壳剧场设计图

图 14.3-13　贝壳剧场鸟瞰

图 14.3-14　上海古城公园修改方案

　　规划迁建上海传统建筑老钱业会馆；设置上海古代砂船；纳入上海古代名人的珍贵史料——"上海史上三杰"（上海首任地方官春申君黄歇、元代纺织革新家黄道婆、明代科学家徐光启）；上海名宅石库门；上海"老八品"、蓝印土布；以及上海美食五香豆、小笼包、梨膏糖、大白兔奶糖、兰花笋，乃至受全国人民喜爱的著名上海轻工业品——上海牌手表、自行车、缝纫机、收音机、照相机等，以充分体现浓厚的上海地方特色（图 14.3-14 ~ 图 14.3-16）。

图 14.3-15　上海史上三杰

　　本来非常有特色的方案，由于种种原因被改为"人造古城墙地下遗址"方案，变成人造假古董，令人颇为遗憾。

　　7. 湖北随州白云湖公园改建规划（图 14.3-17）

　　8. 山东烟台凤凰湖公园规划（图 14.3-18、图 14.3-19）

　　9. 上海崇明智慧岛社区公园（地下车库）规划方案（图 14.3-20）

图 14.3-16　上海"老八品"设计创意草图

　　10. 湖北随州㵐水河口绿地规划（图 14.3-21）

　　11. 江苏常州黄天荡湿地公园规划（图 14.3-22）

下 篇

园林设计实践

图 14.3-17　湖北随州白云湖公园总平面图

图 14.3-18　山东烟台凤凰湖公园凤凰台示意图

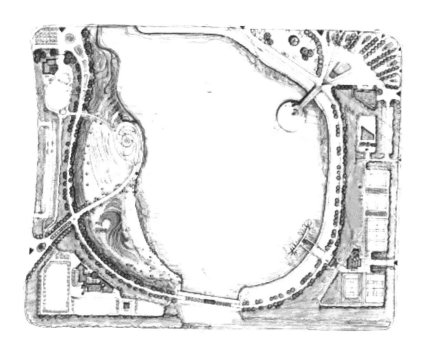

图 14.3-19　山东烟台凤凰湖公园规划

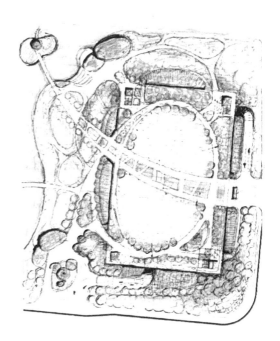

图 14.3-20　上海崇明智慧岛社区公园平面图

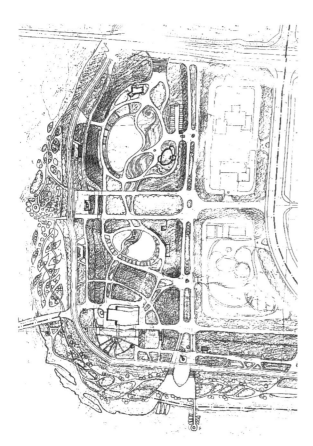

图 14.3-21　湖北随州溧水河口绿地规划

图 14.3-22　江苏常州黄天荡湿地公园规划

14.4

专属园林绿地设计

1. 上海东郊宾馆

上海东郊宾馆占地 500 多亩，1996 年规划设计，于 2006 年 7 月建成。东郊宾馆是一个能体现时代特征和上海特色的花园式国宾馆（图 14.4-1～图 14.4-3）。宾馆建设先园林后建筑，园林景物主要是由多种植物、园林建筑、园林小品、湖泊溪流等要素构成。宾馆庭园景观优美，生态良好，大树林立，草坪青翠，恢宏大气。园区湖光山色，宁静中拾野趣，优美的城市生态美景引来了野生动物到园内"落户"。

2. 上海西郊宾馆玉棠园（婚庆园）（图 14.4-4～图 14.4-6）

3. 上海广元路某水箱花园

原址有上海租界时期遗留的废旧水箱（半地下式，约 60m×60m），设计方案将水箱顶板大部拆除，局部保留，巧妙改造成为颇有特色、精美、半下沉式的封闭式花园（图 14.4-7）。

4. 某会所园林规划方案（图 14.4-8）

5. 某特警训练基地规划方案（图 14.4-9）

6. 某商业中心水花园方案（图 14.4-10）

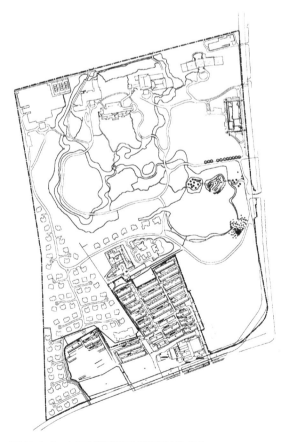

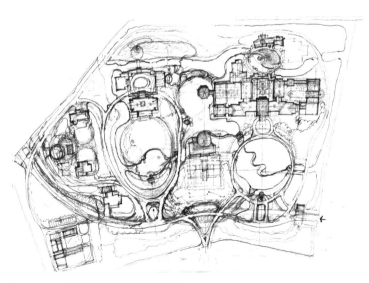

图 14.4-1　上海东郊宾馆总体规划方案　　　　　　　　　　　图 14.4-2　上海东郊宾馆总平面图（实施）

图 14.4-3　上海东郊宾馆实景

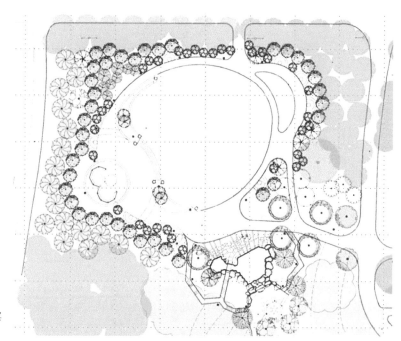

图 14.4-4　上海西郊宾
馆玉棠园平面图

图 14.4-5　上海西郊宾馆玉棠园入口　　　　图 14.4-6　上海西郊宾馆玉棠园双亭

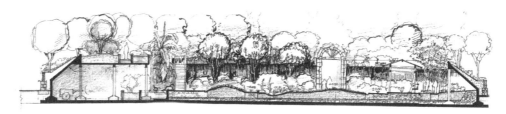

图 14.4-7　上海广元路某水箱花园设计图

7. 上海健康城规划方案（图 14.4-11）

8. 江苏南京溧水三叶梦华苑规划（图 14.4-12~图 14.4-14）

9. 江苏沭阳西郊森林公园规划（图 14.4-15）

10. 江苏徐州铜山吕梁会所规划（图 14.4-16）

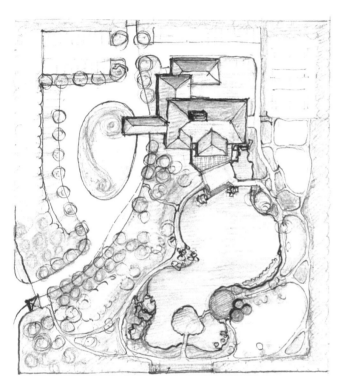

图 14.4-8　某会所园林规划方案

图 14.4-9　某特警训练基地规划方案

图 14.4-10　某商业中心水花园方案

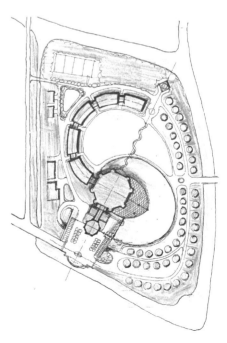

图 14.4-11　上海健康城规划方案

下 篇

园林设计实践

图 14.4-12　南京溧水三叶梦花苑花海总体规划

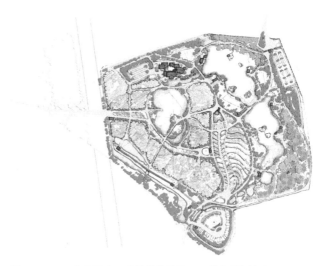

图 14.4-13　南京溧水三叶梦花苑北园——花海规划方案

图 14.4-14　南京溧水三叶梦华苑南园规划

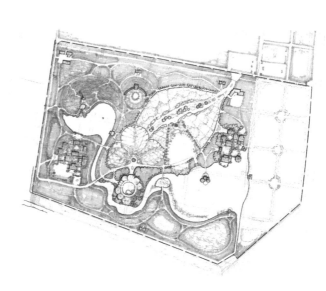

图 14.4-15　沭阳西郊森林公园规划

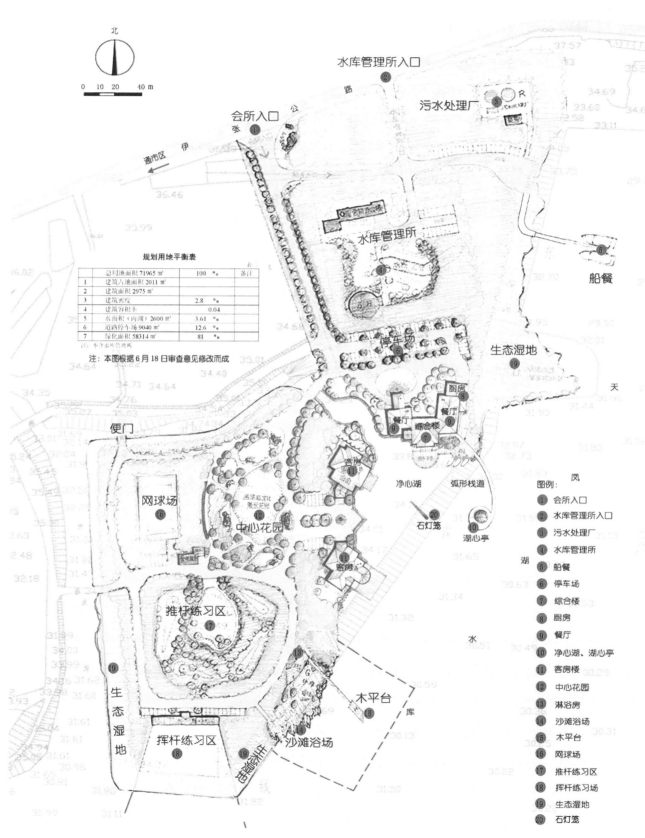

北

0 10 20   40 m

水库管理所入口 ②

会所入口 ①

污水处理厂 ③

水库管理所

船餐

④

⑤

停车场 ⑥

生态湿地 ⑲

规划用地平衡表

	总用地面积 71965 ㎡	100	%	备注
1	建筑占地面积 2011 ㎡			
2	建筑面积 2975 ㎡			
3	建筑密度	2.8	%	
4	建筑容积率		0.04	
5	水面积（内湖）2600 ㎡	3.61	%	
6	道路停车场 9040 ㎡	12.6	%	
7	绿化面积 58314 ㎡	81	%	

注：不含水坝管理所

注：本图根据 6 月 18 日审查意见修改而成

便门

厨房 ⑧

餐厅 ⑨

综合楼 ⑦

餐厅 ⑨

净心湖 弧形栈道

网球场 ⑯

中心花园 ⑫

客房 ⑪

客房A ⑪

石灯笼 ⑳

湖心亭 ⑩

推杆练习区 ⑰

淋浴房 ⑬

生态湿地 ⑲

木平台 ⑮

挥杆练习区 ⑱

沙滩浴场 ⑭

图例：

① 会所入口
② 水库管理所入口
③ 污水处理厂
④ 水库管理所
⑤ 船餐
⑥ 停车场
⑦ 综合楼
⑧ 厨房
⑨ 餐厅
⑩ 净心湖、湖心亭
⑪ 客房楼
⑫ 中心花园
⑬ 淋浴房
⑭ 沙滩浴场
⑮ 木平台
⑯ 网球场
⑰ 推杆练习区
⑱ 挥杆练习场
⑲ 生态湿地
⑳ 石灯笼

图 14.4-16 徐州铜山吕梁会所规划

14.5

海外中国园林规划设计

1. 日本上海横滨友谊园规划设计

上海横滨友谊园是一座具有上海特色的中国江南传统园林，为纪念上海与横滨缔结友好城市 15 周年，由上海市政府赠送给横滨市。1987 年设计，于 1989 年初进行了连续 3 个月的紧张施工，于樱花盛开季节竣工。时任上海市市长朱镕基专程前往参加竣工与赠送仪式。

友谊园建在横滨市本牧市民公园的湖滨小岛上，湖的北面是日本名园——三溪园。友谊园内建有玉兰厅、曲桥、湖心亭、砖雕门楼、中国式石灯笼、柴门、太湖石立峰等景物，种植有上海市花白玉兰、松竹梅（岁寒三友）、红枫等特色植物（图 14.5-1 ~ 图 14.5-4）。

2. 埃及开罗国际会议中心秀华园

开罗国际会议中心是 20 世纪中国最大的援外项目，地处开罗无名英雄纪念碑旁边的沙漠中，是一座高标准、现代化，具有伊斯兰建筑风格的大型国际会议中心。由好友魏敦山院士设计（图 14.5-5、图 14.5-6）。

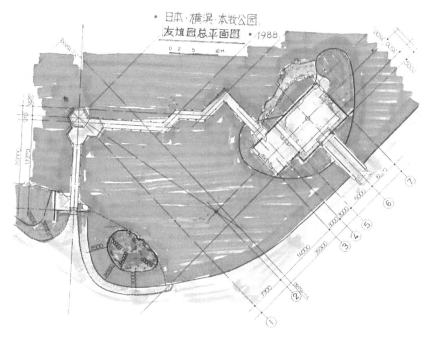

图 14.5-1　上海横滨友谊园总体方案平面图

图 14.5-2　上海横滨友谊园效果图（姜志斌　绘）

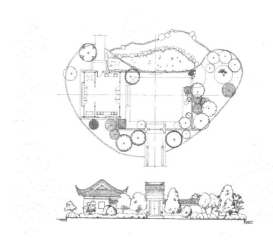

图 14.5-3　上海横滨友谊园植物配置设计图（秦启宪　绘）

图 14.5-4　上海横滨友谊园湖心亭与九曲桥

图 14.5-5　埃及开罗国际会议中心秀华园

　　国际会议中心环境工程由埃及政府出资，由中建公司上海分公司设计施工。会议中心绿化以大片草坪及椰枣等热带植物为主，在沙漠的低洼处设计建造一座颇具上海江南园林风格的中国庭园——秀华园（Grace Garden）。花园以水池为中心，设置湖心厅堂、亲水平台、砖雕门楼、入口半亭院落、中国式石灯笼、太湖石假山瀑布等景点。在人类历史上，一座典型的中国园林第一次走进埃及，登陆非洲，受到埃及

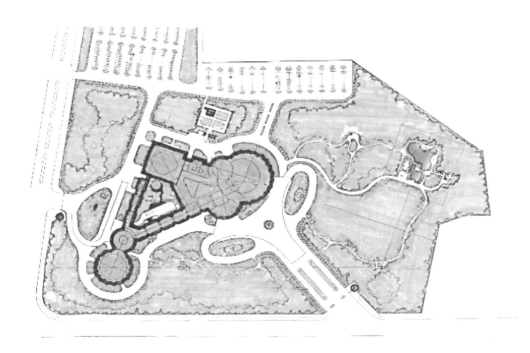

图 14.5-6　开罗国际会议中心总平面图

图 14.5-7　秀华园庭院效果图（梁友松　绘）

政府和百姓的欢迎与赞赏，为增进中埃文化交流和中埃友谊画下了一幅美好的图画（图 14.5-7）。

3. 日本大阪世界博览会中国园——同乐园

同乐园，是上海友好城市日本大阪 1990 年花与绿世界博览会中的中国园。

上海市园林局受建设部委托负责设计建造。由王泰副局长带领我等赴现场考察、选址、洽谈，由我完成规划方案，乐卫忠、朱祥明等完成详细设计。

园址选在老旧垃圾山（经过生态安全处理）山麓湖滨，设置了入口庭院、亭廊、滨水厅堂、亲水平台，将原有湖心亭改造为中国特色建筑石舫。同乐园与世界博览会主园区隔湖相望，地位突出，效果良好，景观优美（图 14.5-8）。

4. 美国纽约上州华苑度假区发展规划

纽约上州华苑度假区（New York Upstate Garden Cathay）是一位华商收购的西班牙裔避暑胜地，靠近著名的西点军校，距离纽约市 60 英里（约 96km），占地 61

同乐园平面图

同乐园是应上海的友好城市——日本大阪市的邀请，并由上海市代表中国去参加"大阪 1990 年花与绿世界博览会"而建造的中国园林。同乐园园址背山面水、地势优越。设计中巧于因借，一方面以围墙（中间缀以砖雕花窗）将庭园与外边的道路隔开；另一方面则敞开南边，利用傍水的自然条件，设置石舫、四面厅、曲廊，借助中央的大水池形成了一个半开半合的大空间，借用水池四周的风光，与大水池的景色浑然一体。在同乐园的设计中，利用高 3m 的地形落差筑湖、堆石假山，并砌了花坛，看上去高低曲折、自然有致，半埋半露，若断若续，增加了庭园的进深感。

图 14.5-8　同乐园平面图、鸟瞰图

英亩（约 25hm^2）。1989 年规划。规划在保护水源、湿地的前提下，充分利用原地形高差，突出中国传统文化，布置既有浓厚中国特色又有适用功能的中国建筑、中国园林：华光阁、中山堂（同乐堂）、养心斋、健身房、怡心园、积善寺、山地别墅、草地蒙古包、湖滨亭台楼阁、牌坊、小桥流水等景观，成为特色鲜明、功能完善、内容丰富、景观优美，可接待 400~500 人的休闲度假胜地（图 14.5-9~图 14.5-12）。

图 14.5-9　纽约华苑度假区发展规划平面图

下 篇

园林设计实践

图 14.5-10　纽约华苑度假区华光阁设计方案

图 14.5-11　纽约华苑度假区发展规划

（a）

（b）

图 14.5-12　毛木亭和鸟舍（图 b 中为作者与英语老师）

14.6

住区园林规划设计

1. 上海鼎邦俪池别墅区

鼎邦俪池是西班牙著名建筑师梅尔文·比利亚罗埃尔（Melvin Villarroel）设计的西班牙式特色别墅小区（面积 2.5hm²）。以入口会所为主体建筑，以 1hm² 公共庭园为中心，周边布置 10 座 4 层双联排别墅建筑（共 60 多户）。花园以自然水池（2500m²）为中心，以西郊宾馆大片香樟树林为背景，巧妙借景。花园建有室内外泳池、景观湖、休闲岛、草亭、小桥流水、网球场等现代园林景观，成为富有地中海风情和西班牙风格特色的著名社区（图 14.6-1、图 14.6-2）。

该项目的园林设计创新要点：

社区交通规划科学、合理、适用、完善。车道设置在社区外围，地下停车位直达每家电梯口，地面有公共停车位，巧妙、妥善地解决了停车难问题，做到人车分流，确保花园完整、美丽，不受干扰，没有汽车尾气污染。

社区绿化率高达 50%，且富有特色。打破常规，采用以美丽、潇洒的棕榈科植物为主体树种，打破上海社区忌用柏树的常规，以龙柏、蜀桧柏为辅助树种，植物配置与建筑紧密结合，形成西班牙风情特色别墅区，受到购房者青睐与赞赏。

开发商吴先生对棕榈科植物情有独钟，自建苗圃大量收集、研究、培育加那列海枣、中东海枣、布迪椰子等南方棕榈和本地棕榈。这是设计师配合开发商大胆创新，营造西班牙景观特色别墅区的一次勇敢尝试，且取得成功。

社区绿化布局合理，花园美丽、舒适。设计做到人性化、均质化、精细化。绿化设计将乔木种植紧靠建筑边角，避开客厅阳台，确保每

图 14.6-1　上海鼎邦俪池别墅区总平面图

下 篇

园林设计实践

（a）

（b）

（c）

（d）

（e）

图 14.6-2　上海鼎邦俪池别墅区实景

户的客厅、主阳台都有良好的景观视线和良好的通风、采光效果。

实现社区生态水体设计创新。除了设置地下蓄水池收集雨水外，还采用 7 种综合生态技术措施净化水体：假山瀑布、喷泉充氧、循环流水、收集雨水、种植水生植物、放养水生动物（鳅、螺、鱼、鸳鸯），特别是连续培养、投放多种生物菌等综合治理、净化水体，实现生态水体，消灭蚊虫子了。

小区的景观水体长期保持二类优良水质，实属罕见。

该住宅社区项目被评为 2005 年上海 1 号经典别墅。

2. 上海佘山月湖山庄总体规划与环境设计

上海佘山国家旅游度假区月湖山庄别墅区，面积 600 亩。2000 年，由我完成总体规划及环境设计。该规划充分利用天然河道和多种建筑布局形式，并建成高档自然生态

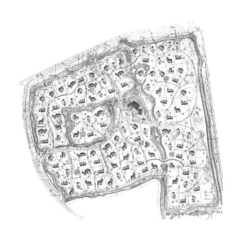

图 14.6-3　上海月湖山庄别墅区总平面图

图 14.6-4　无患子树合植一穴景观效果

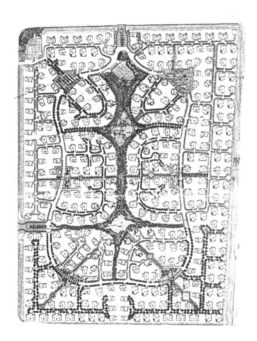

图 14.6-5　上海天籁园别墅区平面图

图 14.6-6　舟山龙虎山庄别墅区总体规划设计图

别墅区（图 14.6-3）。

　　入口处创造五合一的"合植"新型种植形式，用 5 株偏冠、残次苗木——无患子树合植一穴，取得良好景观效果（图 14.6-4）。

　　3.　上海天籁园别墅区园林环境设计（图 14.6-5）

　　4.　浙江舟山龙虎山庄别墅区总体规划设计

　　2006—2008 年，利用自然山头和天然水库之间坐北朝南、背风向阳的山坡，规划建设自然山水型豪华生态别墅区龙虎山庄（图 14.6-6）。

　　5.　浙江舟山某别墅区 12～16 号庭园设计（图 14.6-7～图 14.6-10）

　　6.　上海浦东锦华小区中心花园规划（图 14.6-11）

　　7.　浙江台州某别墅庭园设计（图 14.6-12～图 14.6-14）

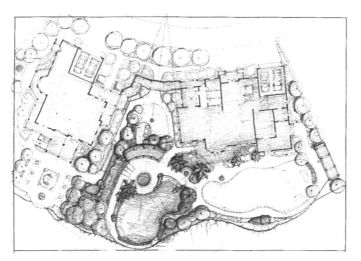

图 14.6-7 舟山某别墅区 12~16 号庭园平面图

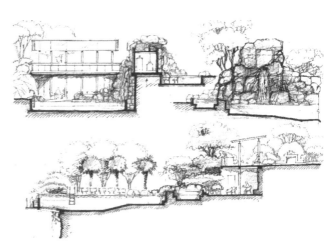

图 14.6-8 舟山某别墅区方案 1 剖面图

图 14.6-9 舟山某别墅区环境设计方案

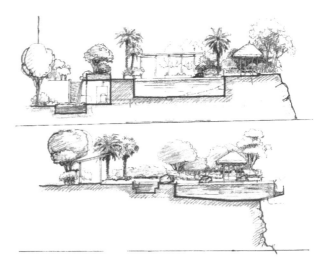

图 14.6-10 舟山某别墅区方案 2 剖面图

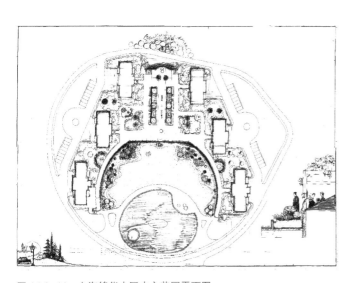

图 14.6-11 上海锦华小区中心花园平面图

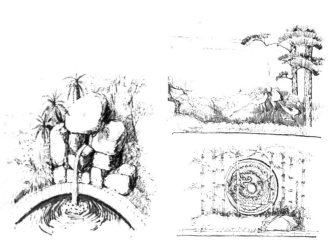

图 14.6-12 台州某别墅庭园设计 1

图 14.6-13　台州某别墅庭园设计 2

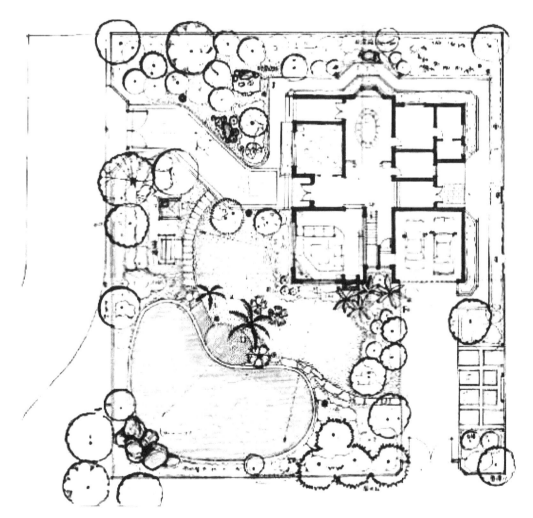

图 14.6-14　台州某别墅庭园设计 3

14.7

园林建筑、小品设计

1. 上海长风公园湖心亭

1972年完成了我的园林建筑设计处女作——上海长风公园青枫岛湖心亭。

湖心亭采用白色建筑、绿色琉璃瓦，与绿色湖水、绿树背景相协调，轮廓清晰，总体环境和谐，景观优雅美丽（图14.7-1）。

当年因木材短缺，大胆创新试用混凝土预制装配式屋面，施工方便，且取得良好效果。

2. 湖北广水印台山生态文化公园——2016年丹凤阁建筑创新探索设计（图14.7-2、图14.7-3）

3. 上海宝山炮台湾湿地公园贝壳剧场创新设计（图14.7-4）

4. 江苏如皋明月楼建筑及园林规划设计（图14.7-5~图14.7-8）

5. 上海奉贤海墅别墅欧式会所建筑设计方案（图14.7-9、图14.7-10）

6. 上海植物园黄道婆纪念馆规划、建筑设计

黄道婆，是中国元朝著名女纺织革新家，出生在植物园旁边的乌泥泾。她发明、改良纺织技术和机具，生产土布、蓝花布，衣被天下，造福人类，功德无量。植物园原有黄道婆庙，中华人民共和国成立后定为市级文物保护单位。黄道婆庙实为一间矮小、破烂的农房，年久失修，是仅剩秃墙的危房。1982年规划重建。有黄母祠、纺织展览馆、上智舫、桑麻园、浮雕墙、长廊等（图14.7-11、图14.7-12）。

图14.7-1 上海长风公园湖心亭

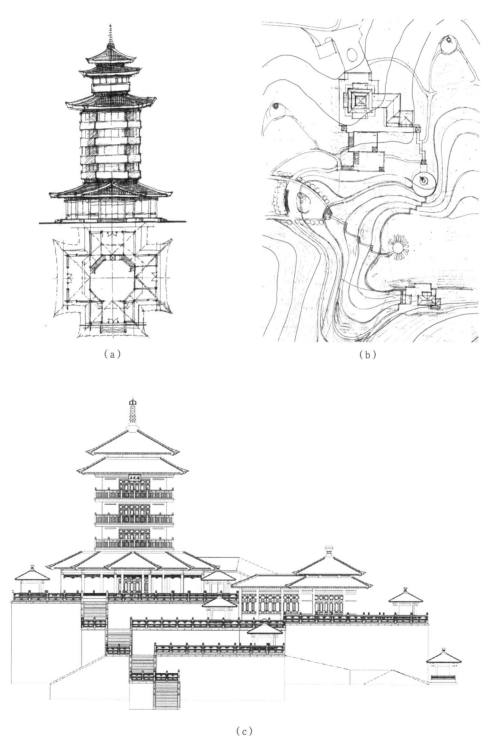

（a）

（b）

（c）

图 14.7-2　广水印台山公园丹凤阁设计总平面草图

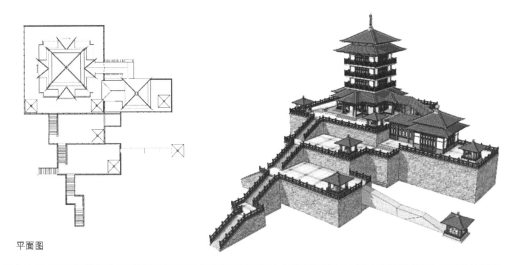

平面图

图 14.7-3　广水印台山公园丹凤阁

图 14.7-4　上海炮台湾
湿地公园贝壳剧场实景

图 14.7-5　江苏如皋明月楼会所建筑设计（新中式
会所，2018 建成）

图 14.7-6　江苏如皋明月楼实景

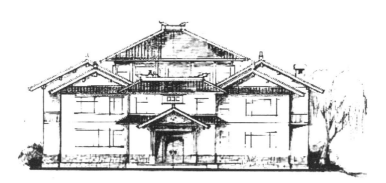

图 14.7-7　江苏如皋明月楼正立面图

图 14.7-8　江苏如皋明月楼效果图

下 篇

园林设计实践

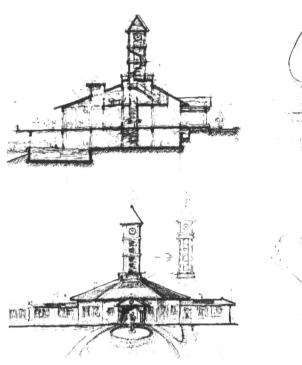

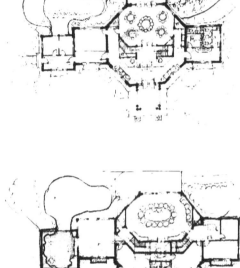

图 14.7-9　上海奉贤海墅别墅欧式会所设计草图

图 14.7-10　上海奉贤海墅别墅欧式会所设计图（于上海仁济医院病床上作草图，已建成）

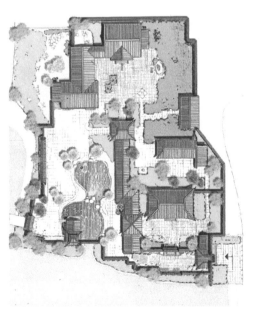

图 14.7-11　上海植物园黄道婆纪念馆平面图

图 14.7-12　上海植物园黄道婆纪念馆正门、上智舫实景

7. 上海植物园竹园竹楼建筑设计（图 14.7-13）

8. 绍兴某庭园规划、建筑设计方案（图 14.7-14～图 14.7-16）

9. 休闲度假茅屋（Motel）（2015 年）设计，内设 20 间客房（图 14.7-17）

10. 茅草休闲屋

生态度假休闲屋（Motel），草顶生态建筑，木结构，木装修，2 层，直径 20m 的内庭园，有 40 间客房（图 14.7-18）。

11. 广东某农村住宅建筑设计方案（图 14.7-19～图 14.7-22）

12. 昆明世博园直径 21m 大花钟（上海市政府赠礼）设计（1999 年）（图 14.7-23、图 14.7-24）

13. 休闲村野木寮、草寮（图 14.7-25、图 14.7-26）

14. 草亭（竹枝亭）（图 14.7-27）

15. 桥亭（图 14.7-28）

16. 木亭（图 14.7-29、图 14.7-30）

17. 其他园林小品设计（图 14.7-31～图 14.7-34）

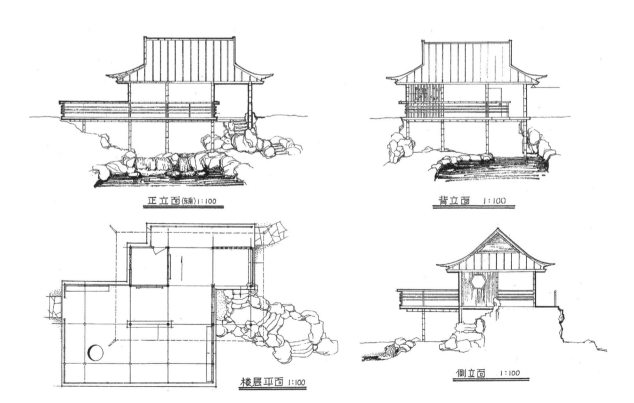

图 14.7-13　上海植物园竹园竹楼平面、立面、剖面图

下 篇

园林设计实践

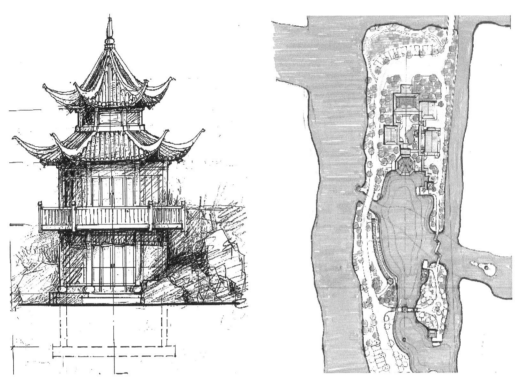

图 14.7-14　绍兴某庭园设计方案

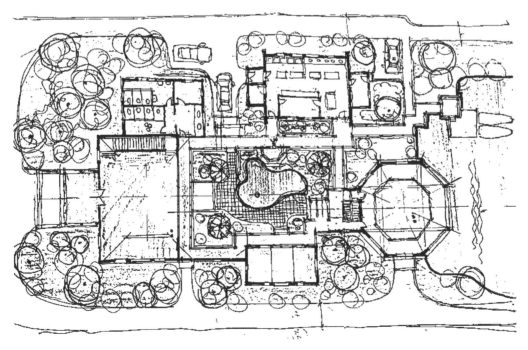

图 14.7-15　绍兴某庭园设计平面图

图 14.7-16　绍兴某庭园中轴剖面图

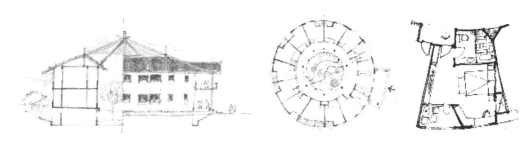

图 14.7-17　休闲度假茅屋设计图

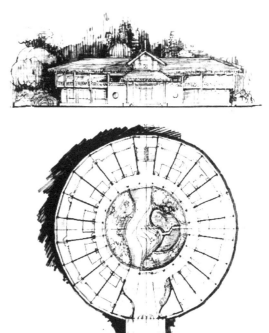

图 14.7-18　茅草休闲屋设计图

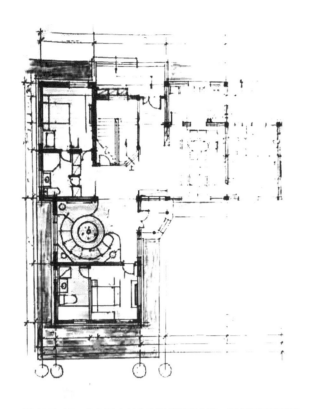

图 14.7-19　广东某农村住宅建筑设计方案一层与三层平面图

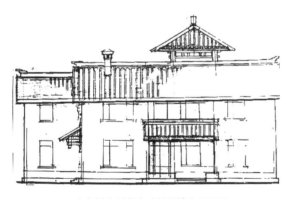

图 14.7-20　广东某农村住宅建筑设计北立面图

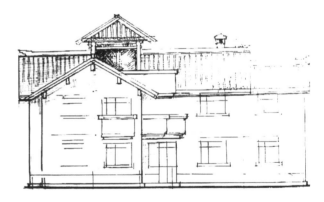

图 14.7-21　广东某农村住宅建筑设计南立面图

图 14.7-22　广东某农村住宅建筑设计东立面图

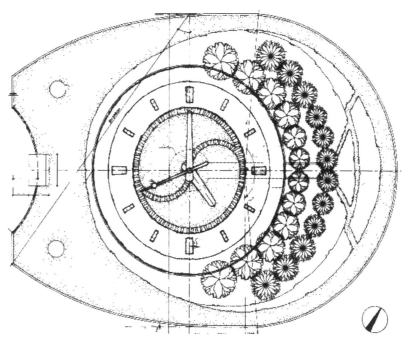

图 14.7-23　昆明世博园大花钟平面

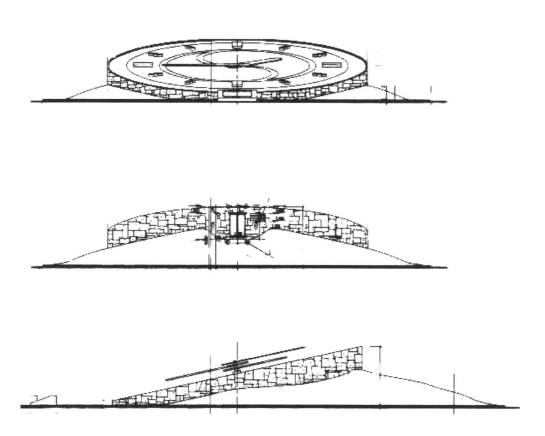

图 14.7-24　昆明世博园大花钟立面

下　篇

园林设计实践

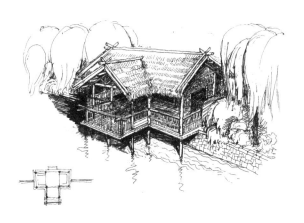

图 14.7-25　休闲村野木寮

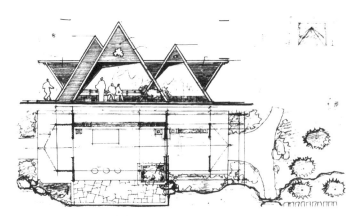

图 14.7-26　休闲村野草寮

图 14.7-27　草亭

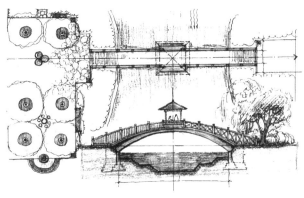

图 14.7-28　桥亭

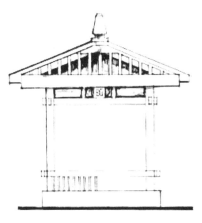

图 14.7-29　木亭 1

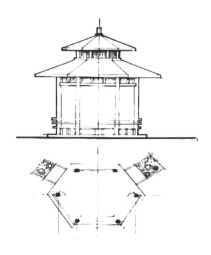

图 14.7-30　木亭 2

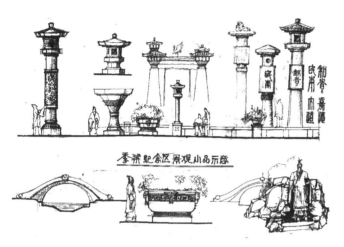

图 14.7-31　季梁纪念区景观小品设计

图 14.7-32　跌水景观设计草图

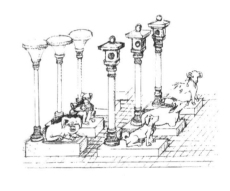

图 14.7-33　各种小品设计

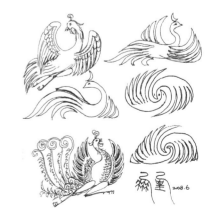

图 14.7-34　凤凰图案纹样

附录 1

中西园林演进历程

回顾中国园林和西方园林的历史发展进程，系统
了解中西园林在三千年历史长河中发生、发展、演变
的过程，以及其中的重大事件，进而排列出中西园林
演变历程脉络对照表和中西园林差异对比表。

中西园林演变历程脉络对照表 附表 1-1

年代	中国园林	年代	西方园林
	夏		埃及园林（法老园林）
夏朝 公元前 2070 年—前 1600 年（约 400 年）	伏羲创建"八卦"（先天八卦）流传于世。 夏禹始用勾股原理治水。以松为神木，有囿、苑萌芽。 无遗存及记载	古埃及中王国 公元前 1650 年	古埃及中王国将几何知识运用于土木工程，建造阿蒙（Ammon）神庙、宫殿、陵园、方尖碑（obelisk）、牌楼塔门（pylon）、神苑、狮身人面像、圣林、神祇石雕等，有法老花园以及大臣贵族花园。 法老花园呈长方形，中有下沉式矩形水池，池中有太阳船把法老木乃伊送往天堂。花园有牌楼门、高围墙、凉亭、廊架。池中种植埃及睡莲、纸草。园墙边、池边种椰枣、榕树、无花果、石榴等果树。除主神阿蒙外，还有月神、虫神、鹰、狼、猫等多神崇拜。古埃及文明是欧洲文明的摇篮，可惜埃及文字、古文明已消失殆尽
商（殷商） 公元前 1600 年—前 1046 年（约 600 年） 青铜器时代	中国园林萌芽期 起源于台、囿、圃 公元前 1100 年，建台、囿，圈养禽兽，帝王狩猎，台上建榭以观天、通神、祭天，种植果蔬。以柏为神木，以日、月、鱼、兽、龙、凤为图腾。 商高发明勾股定理（商高定理）	旧约时代 公元前 1265 年	伊甸园 犹太人摩西学习了埃及人的一切学问，出埃及后，创立犹太教，编写《希伯来圣经》（《圣经·旧约》）。 上帝造人、造物、造园——伊甸园，种生命树、知善恶树，让亚当、夏娃居住园中。伊甸园，又称天主乐园（paradise）、东方乐园。园中有中央喷泉水池，有水、乳、酒、蜜四条河，形成十字。虽无遗存实证，但有残留想象图。《伊斯兰的兰园》一书也称天国花园，是与伊甸园相似的乐园
西周 公元前 1046 年—前 771 年（276 年） 龙凤四灵图腾	西周囿、台 奴隶制社会，周文王、周武王建西周，定都镐京。创立风水、八卦、周易理论。崇拜天地山川，设神木（社木）——栗树；建灵囿（户县），筑灵台、灵沼，观天察地，祭祀通神。帝王贵族均建囿，"天子百里，诸侯七十里"，饲养鹿、鹤、鱼，种植果蔬。 囿、台、观为中国园林的起源，原始雏形	所罗门 公元前 971 年—前 932 年 旧约时代	所罗门庭院 公元前 445 年，《圣经·旧约》，犹太教被奉为正统宗教。以色列君王所罗门受埃及影响，热衷造宫室、庭院。挖池，筑凉亭，植香花、香柏，建神庙、圆柱大厅

续表

年代	中国园林	年代	西方园林
东周春秋 公元前 770年—公元前 476 年（294 年） 战国 公元前 475年—公元前 221 年（254 年）	中国园林萌芽期 台、囿、圃 封建社会初期，建都洛邑。老子创道教，孔子创儒学，百家争鸣。"仁者乐山，智者乐水"，"君子比德"，"天人合一"。"道法自然"，崇尚自然，天地万物之根在于道。囿、台结合，贵族建离宫别苑 50 多处，包括楚国章华台、吴国姑苏台。观天察地，祭祀通神，游观。 由自然崇拜发展到确立山水审美观念。 战国时发明指南针	旧约时代 公元前1265 年	古巴比伦空中花园 美索不达米亚新巴比伦王国国王尼布甲尼撒二世，公元前586 年征服犹太国，建造空中花园——悬空园（Hanging Garden），被后人称为世界七大奇观之一。运用数学知识建造数层露台花园（金字塔形）上种花木，高约 50m。 人工抽水灌溉
秦朝 公元前221 年—公元前 207 年（15 年）	中国园林第一次转折： 从囿圃转至宫苑 秦宫苑皇家园林 公元前 350 年，秦孝公建都咸阳。建上林苑、离宫。秦始皇灭六国统一中国，筑阿房宫、宜春苑、观台、扩建上林苑。按星座布局宫苑，开始建设真正意义的皇家园林。南山筑阙，显示"天人合一"哲理，东海求仙，祭天，求长生不老仙丹，挖湖堆山，模拟海上仙山，湖中筑蓬莱岛；修驰道，"三丈而树，树以青松"（行道树模式）。这是中国园林生成期，中国园林第一次转折，由囿、圃转到宫苑园林	古希腊 公元前500 年—公元前 300 年	古希腊园林（中庭） 公元前 530 年毕达哥拉斯发明勾股定理、黄金比例，认定"水是万物之源""美的源泉"，并创立古希腊建筑三柱式，建造阿波罗神庙、神坛、圣休体育场、林地、哲学家讲堂、文人园林和贵族庭院。多为矩形列柱中庭、廊柱宅园，规则式造园蓬勃发展，产生绿篱、行道树和树阵，园中设置神像雕塑、凉亭、廊架、水盆、花钵、陶瓷等小品，成为欧洲园林的雏形和源泉。 伊壁鸠鲁是雅典第一造园人
西汉 公元前 202年—公元 8 年（210 年）	西汉宫苑 公元前 126 年，张天师创立道教，提倡崇尚自然、天人合一的道家思想。儒学与五行论融合成汉儒、道儒互补。 皇家园林空前兴盛。扩建上林苑，苑中建 12 宫 36 苑，占地 300 余亩，周长 40 里，养百兽。 汉武帝仿秦始皇赴东海求仙，筑台观，挖昆明池，筑山，形成一池三山仙苑模式（太液池筑蓬莱、瀛洲、方丈三仙山）。种植 3000 多种花果木。 张骞通西域，引进西域物种，实为世上最早的动、植物园雏形	古罗马 公元前509 年—公元 476 年（约 1000 年）	古罗马园林（庭院） 公元前 508 年罗马实行民主共和制政体。公元前 146 年，征服希腊，吸收希腊文化。公元前 27 年奥古斯都称帝，建成罗马帝国，横跨欧亚非，开始城市规划，建造希腊模式建筑，形成罗马五柱式。 建筑师维特鲁威写成《建筑十书》，大量兴建神庙宫苑、公共广场、寺院庭院、公共园林、城市别墅和田园别墅，内有果园、菜园、花园、屋顶花园、剧场庭院、动物园、谜园、亭廊花架、温室、喷泉、雕塑、造型树、插花、壁龛、露台、大理石亭、瓶栏等多种形式
东汉 25—220年（195 年）	东汉宫苑 东汉建都洛阳，宦官、贵族、富商兴建私家园林成风。开始筑山理水，模仿真山，人造假山，新建别墅，构筑洛阳名园。 东汉时佛教传入中国，建白马寺，建寺院，成汉地佛教。信仰"因果报应，轮回转世"。道教追求长生不老，养生之道，选山林处建寺观。 儒、道、佛三教结合，汇成玄学。 东汉蔡伦革新造纸术；张衡制指南车	古罗马 27—426 年	古罗马庭院 公元 30 年，耶稣到巴勒斯坦布道，被罗马帝王处死，复活后创立基督教。公元 249 年完成《圣经·新约》。罗马帝国全面迫害基督教。公元 313 年罗马帝国宽恕、承认基督教，323 年基督教成为罗马国教。 基督教文化与希腊文化结合，罗马庭院在希腊庭院的基础上有了很大发展，公元 476 年，罗马帝国灭亡

附录 1

中西园林演进历程

年代	中国园林	年代	西方园林
	中国园林第二次转折： 从宫苑转向山水园		修道院园林（庭院）
魏晋 南北朝 220— 589 年 （369 年）	社会动乱，崇尚隐逸，思想活跃，玄学兴起，返璞归真，避世养生，形成自然山水审美观，进而把自然环境引入人居环境，即自然美与生活美结合，兴起山水诗、山水画和山水园。 由宫苑美向环境美转化，这是人类审美观念的一个伟大转折（欧洲文艺复兴时才出现，比中国晚 1000 年）。绘画追求"畅神""移情"的最高境界。寄情山水、雅好自然成为社会风尚，文人雅士营造第二自然。 有园林、宅院、皇园（洛阳华林苑、建康华林苑）、寺园，形成私园、皇园、寺园三大类型。 皇园转为以游赏为主，宫苑均为中轴序列；私园异军突起，争奇斗富，多为田园山居，为后世别墅的先驱；寺园走向世俗化，拓展外部环境，成为风景名胜，开启公共园林先河。 运用绘画写意手法，掇山理水造园，从写实向写意与写实结合转化，园林规划由粗放向细致转化，中国园林上升至风景式园林的艺术创作境界。 木构建筑形成斗栱、梁架式，悬山、歇山、举折等技术	中世纪 500— 1400 年 黑暗时期	前期：修道院庭院。 中世纪基督教统治 1000 年，俗称黑暗时期，造园也深受影响。从 5 世纪起形成封闭式寺院庭园，包括前庭（装饰性园林）；中庭（回廊中庭）；后院（菜园、果园、药草园、禽畜场、实用性庭院）；均为十字路规划式布局，庭园被分为 4 个小园区，中心设喷泉、水盘或水井，后院亦称植物园
	中国古典园林开始进入全盛期		伊斯兰园林
隋朝 581— 618 年 （37 年）	隋文帝统一中国，建洛阳、扬州双都，皇家兴建洛阳西苑（神都苑 16 院），北海三山仅次于上林苑，比洛阳市大 2 倍。 隋朝发明火药。 人工造园开始进入全盛期	中世纪 610 年	公元 610 年，穆罕默德创立伊斯兰教，建立阿拉伯国家，征服波斯、埃及、叙利亚、非洲、西班牙……宣扬伊斯兰教理想的天国花园。园中有水、乳、蜜、酒四条天河和四分花园（类似伊甸园）。禁神像，精图案
	唐代全盛期园林		波斯 伊斯兰园林
唐朝 618— 907 年 （289 年）	唐建都长安、洛阳。贞观、开元昌盛时代，文学艺术发达，诗歌、绘画、雕塑、音乐、舞蹈兴盛。 有山水诗、山水画、写实画、写意画，确立了中国山水画"外师造化，内得心源"的创作准则，影响了山水园。 ·开创皇家园林气派，规范为大内御苑、行宫、离宫三类。有西苑、禁苑（三苑）、兴庆宫、华清池、曲江池、大明宫、仙游宫、九成宫等。 ·私家园林艺术进步，把诗画艺术融入园林，讲求风水格局，一池三山，追求天人和谐、宜居环境。	中世纪 610 年	公元 3 世纪独立建立波斯帝国。波斯伊斯兰庭园是在气候、宗教、民族三大因素影响下产生的。伊斯兰教与拜火教有共同的天国花园。 小而封闭式的矩形庭园中由十字路、4 股流水和水渠分成四分花园。有八角形中央喷水池、花坛、蔷薇园等。 公元 7 世纪，波斯被阿拉伯所灭，产生"波斯阿拉伯式"建筑、庭园，都深受波斯影响。 "波斯园林"是西班牙园林和印度园林的源泉，可视为西欧庭园的原型

年代	中国园林	年代	西方园林
唐朝 618— 907 年 （290 年）	·园林建筑木构技术成熟，形成制度，形成宫台、殿堂、外廊、楼阁、佛塔、亭榭等多样形式，石窟、石雕、石灯笼、石幢等石艺小品盛行。 ·花木驯化、嫁接、催花等园艺技术大有进步，形成赏花品花风尚，花木观赏园艺丰富多样。 ·文人造园成风：柳宗元永州八愚、白居易四园、西湖白堤、王维辋川别业（20 景）、杜甫草堂等，均为山水诗、山水画、山水园合一，诗情融入园景。白居易被认为史上第一园林理论家、文人造园家。形成人文园林、士流园林。 ·建曲江池公共园林，开创官民同乐先河。 ·佛道契合，建寺观园林。密、禅、净三派并尊。形成佛教名山胜地、道教洞天福地。 ·中国建筑文化、园林、石灯、茶艺、花艺、宗教等传入朝鲜、日本		
宋朝 北宋 960— 1127 年 （167 年） 南宋 1127— 1279 年 （152 年）	中国园林的成熟顶峰时期 ·中国资本主义萌芽，宋朝建开封、洛阳二都。重文轻武。 中国文化科技世界领先（毕昇发明印刷术）。 ·园林建筑技术发达，园林蓬勃发展。中国园林发展，并进入成熟期。自然山水园林定型，园林艺术、技术达到顶峰，园林追求人工造园巧夺天工的理想境界，重视园林意境创造。 山水木石，琴棋书画，茶艺，花艺，花鸟，人工杂交培育金鱼。古玩，叠石，植物配置，琴台、墨池、笔溪成为园林雅趣景点。咏梅、爱莲、墨竹、墨梅、花鸟画已达精美。 园林建筑技术成熟，宋画中建筑、桥梁样式多样，建筑与山石结合。 ·禅宗哲理，文人写意成为最高境界。私家园林多为文人园林风格，陶冶情操；皇家园林、寺院园林也文人化。宋帝提倡清雅和淡洁，韵高致静，为茶艺的精神境界。 ·公共园林更为普及，苏东坡建西湖苏堤，白居易修西湖白堤，北宋东京汴梁城（今开封）的金明池、琼林苑也定时向公众开放。北宋米芾（米万钟，1051—1107 年），人称"石痴"，遇石称兄，拜石为师，诗、书、画三绝，在京自建勺园、湛园和漫园三园，成为人文造园家	中世纪 7—14 世纪 黑暗时期	欧洲中世纪城堡园林 中世纪后期（700—1400 年） 英法德等国均建独立封闭防御性城堡。 13 世纪后，城堡庭院扩大，有方形或长方形中庭。 15 世纪后，庭园扩大至城堡外山坡上。 植物以实用为主，亦有盆栽、整形植物装饰庭园、凉亭、绿廊、迷园、浴地、石头、喷泉圆池、花台等形式广为运用。

附录 1

中西园林演进历程

年代	中国园林	年代	西方园林
南宋 1127—1279 年 （152 年）	·大型人工叠石假山显示出高超技艺，形成"山匠""花园子"等园林职业（行业）。洛阳名园天下第一。 ·宋徽宗亲自规划设计建造百景艮岳（华阳宫），讲求山环水抱、风水格局和画理——大写意山水园，诗情画意，怡情悦性，具"可望、可游、可行、可居"的人工自然山水园，具有划时代意义。徽宗《艮岳记》："真天造地设，神谋化力，非人力所为"。 ·政府编纂《太平御览》，其中 30 卷记花木 400 多种；李诫《营造法式》建筑专著；众多艺人编写牡丹记、牡丹谱、梅谱、石谱、兰谱、菊谱、芍药谱、洛阳花木记等。 ·日本藤原时代（894—1185 年）桔俊岗（1028—1094 年）据园事日记编成《作庭记》（比《园冶》早 500 年），是世界上最早的造园专著，多记述造园禁忌，被视为日本国宝	中世纪 7—14 世纪 黑暗时期	**西班牙伊斯兰园林** 公元 716 年，阿拉伯人从北非入侵西班牙，统治约 700 年。移植波斯园林文化，创建西班牙阿拉伯式建筑及富于东方情调的摩尔式园林。 公元 14—15 世纪建阿尔伯拉罕宫，这是摩尔式园林艺术的顶峰之作。以水为柱廊庭园中心，狮子圆形喷水池，十字水渠四分庭园，水渠端头接莲花形盘水池。有棕榈柱廊和尖拱门。墙面的精美花草或几何图形图案装饰。以蓝、绿色马赛克装饰水池、地面和座凳
元朝 1271—1368 年 （97 年）	**中国园林成熟期** 蒙古人入主中原，督建北京元大都。战乱不断，全力建造太液池，沿袭历代"一池三山"的仙山琼阁格局，建西苑。此外，园林建设停滞，私园衰落。 现仅留存苏州狮子林		**意大利文艺复兴园林** 意大利开启了西方古典主义园林时代
明朝 1368—1644 年 （276 年）	明朝建都南京，53 年后迁都北京。以元大都为基础建三海四苑（西苑、东苑、南苑、上林苑）、御花苑。 资本主义因素产生，人本主义思潮发展，享乐生活的市民文化兴盛；文人画成熟，以沈周、文徵明为代表的吴门派成为主流画派；文人画理论融入造园中。 ·计成（字无否，1582—1642 年） 从小师从关同、荆浩习画，游历四方，中年从事造园职业，为中国古代造园家代表人物，纂写园林专著《园冶》，被誉为世界造园名著之一。书中论及造园理论和大量建筑细部图式；提出园林评价标准和设计原则，"巧于因借，精在体宜""景到随机""虽由人作，宛自天开"。 ·李渔（号笠翁，1611—1680 年） 擅长园林词曲、戏剧，多才多艺，云游四方。自建芥子园等三座园林。为他人设计多个园林。著有画册《芥子园》《一家言》《闲情偶寄》论述房屋窗栏、山石、匾联等理论。倡导"模仿自然，土石结合，以土为主的假山法"。反对百衲僧衣的人工假山，创造无心窗、尺幅窗的框景手法，疾呼造园"宁雅毋俗，贵在自然"，不可矫揉造作。	文艺复兴 15—17 世纪	**早期：** 冲破千年的黑暗时期，佛罗伦萨成为文艺复兴的中心，提倡人文主义，主张把人从神的绝对权威的束缚中解放出来，获得自由，尊重人性，还发现了自然美，获得新的审美观念和方法，唤起人们对田园和园艺的情趣，人们纷纷在郊外兴建别墅。 15 世纪，文人、艺术家、建筑师阿尔伯蒂《论建筑》，论述理想庭院（10 条）和造园方针，被视为庭院理论的先驱。还涌现出达·芬奇、拉斐尔、米开朗琪罗等著名艺术大家 **中期：** 16 世纪，文艺复兴以罗马为中心，以往封闭的城堡庭园改为开放式，布拉曼特创造了平台式园林（露台式），即意大利台地园林中轴对称规则式布局，以建筑为主体，分成几层台地，以水景为中心，有大理石喷泉、青铜雕塑、喷水剧场、贝壳喷泉、露天剧场、迷宫、卡西诺（代表性庭院——兰特别墅。著名画家拉斐尔设计玛丹别墅）。

续表

年代	中国园林	年代	西方园林
明朝 1368— 1644 年 （276 年）	·文震亨（字其美，1585—1645 年） 能诗善画，多才多艺，可视为文人园林的代表人物。著《长物志》，论及室庐、花木、水石、禽鱼等。提出"石令人古，水令人远，园林水石，最不可无"，"水石为骨"，"一峰则太华千寻，一勺则江湖万里"。植物配置"必以虬枝古干，异种奇名"，"四时不断，皆入图画"。 明清著名 叠山工匠： ·张南阳（上海人，1517—1596 年） 人称卧石山人，自幼习画，以画法、叠石造园而著名，代表作有上海豫园、日涉园。创造"全景山水"。 ·张南垣（张涟，1587—1671 年） 名涟，字南垣，师从董其昌学画。将画理融入造园，明末清初造园家，列入清史稿。创造大山一角的叠山技法，成为假山主流派，称"截景山水"或"小景山水"，令人产生"山外有山，如大山之麓"。代表作有无锡寄畅园、嘉兴烟雨楼、苏州耦园东山、如皋水绘园假山（已毁，现代重建）。四子继承父业，次子张然造诣最高，父子受聘于清皇家造园（畅春园、静明园、清漪园），成叠山世家"山子张"。 ·江南名园（明清）：苏州拙政园、艺圃、留园，扬州郑氏四园、影园（计成作），无锡寄畅园，上海豫园、古漪园等。 ·明园林特色：布局自然，无轴线，以水为心；曲岸弯路，曲桥流水；建筑繁多；山水相依，注重园林山水意境，诗情画意	文艺 复兴 15—17 世纪	**晚期：** 因受建筑雕塑巴洛克风格的影响，16 世纪末至 17 世纪末，园林也走向巴洛克风格。一反明快均衡之美，喜用曲线制造骚动不安的效果，用杂乱无序且繁琐累赘的细部、镀金器具、泥灰雕刻、彩色大理石造出惊人的豪华感，水魔法，模纹花坛，水钵花瓶。洞窟庭园也是巴洛克庭院的特征之一。16—18 世纪建造 70 多座别墅庭园，有法尔·奈斯埃斯特和兰特庄园，1544 年建造比萨植物园，1580 年法国建造一个公共植物园（莱比锡）。1620 年建汉堡大学植物园，1627 年建柏林大莱植物园，1635 年建法国巴黎植物园。 意大利文艺复兴时期的古典主义园林影响欧洲一百年。 ·16 世纪法国受文艺复兴理性主义的影响，模仿意大利园林，中轴对称，规则式布局。法国园林的开拓者和奠基人为雅克·布瓦索。 ·17 世纪受巴洛克风格影响。能绘画、会建筑、才华横溢的勒诺特吸收意大利园林精华，创造了勒诺特式法国园林，开创发展了水剧场、水花园、高绿墙、4 种丛林、6 种花坛、十字河、大水渠等要素。继承前辈园林师兄克洛德·莫莱开创的刺绣花坛（摩尔式艺术），还创造了一系列独树一帜的花园。创造了"庄重、典雅、广袤、雄伟"的园林风格。还编著《造园的理论与实践》一书，被誉为"造园艺术的圣经"，显示出高超的才华。勒诺特被誉为"王之造园师，造园师之王"。 勒诺特式园林影响了欧洲 100 年（18 世纪），英、法、荷、俄都纷纷建造法式园林。 代表园林：维贡特花园，凡尔赛宫花园是法国古典园林的杰出代表作
	中国园林全盛期		**英国古典园林**
清朝 1636— 1912 年 （296 年）	清王朝建都北京，沿用明朝宫殿、庙坛、园林。康熙中叶后开始皇家园林离宫建设高潮。乾嘉年间达到全盛期。 ·康熙帝南巡时深受精美江南园林影响，聘请江南造园家进京建畅春园，改建三海四苑，在承德经 10 年建成避暑山庄（36 景，564hm²）。 ·雍正帝建圆明园（200hm²），均利用天然山水，因地就水，依"负阴抱阳，背山面水"的风水格局，人工叠山理水，首次把江南园林艺术揉入皇家园林，比历代皇家园林都有重大创新，更加宏伟、精美、秀丽。	英国 16—17 世纪	·16 世纪都铎王朝仿造意大利、法国的中轴对称规则式园林，建汉普顿宫、十字路、格子花坛、王徽喷水池、果园、药园，四周高墙，为庄园式园林。 1544 年，政府颁布禁伐橡树等 12 种树木保护令。天然疏林草原、丘陵牧场自然环境受到保护。 17 世纪中叶，英国资产阶级革命，建立资本主义国家，1785 年瓦特发明蒸汽机，兴起第一次工业革命。庄园式园林被认为违背自然，受到批判。

附录 1

中西园林演进历程

年代	中国园林	年代	西方园林
清朝 1636—1912 年 （296 年）	·乾隆皇帝六下江南，游历江南名园，且绘图参考。亲自主持 30 年改、扩建皇家园林上千公顷，创历史最高园林水平。扩建圆明园成圆明三园（长春园、绮春园）；历时 11 年兴建清漪园（颐和园）、香山静宜园、玉泉山静明园，形成北京西郊"三山五园"，成为中国历史上罕见的皇家园林集群。园林规模、技术、艺术水平都达到顶峰，是中国古典园林的鼎盛时期。 圆明园、承德避暑山庄、清漪园（颐和园）为中国皇家园林的三个代表作。 ·圆明园、静明园、静宜园、颐和园均遭英法殖民主义者洗劫掠夺，焚烧摧残，从此中国古典园林日渐衰败没落，而园林细部逐渐走上浓艳、繁琐的庸俗风格。 ·圆明园内含百余座标题小园林。引用江南造园手法再现江南园林主题，仿造江南名园景点；借用诗画意境构景，再现道家仙境；用象征手法寓意儒家哲理，以植物造景手法、西洋巴洛克建筑、雕刻、水法营造 120 个景点。 ·乾隆历经 39 年改扩建避暑山庄，由康熙 36 景扩至 72 景。清漪园（295hm²）历时 13 年建成，以杭州西湖为蓝本，体现"背山面水仿浙西"湖山真意。以万寿山为主体，前山筑阁为中心，有阁、寺、坊、堂、馆、廊、亭 60 余处，几何对称，构图严谨，精雕细琢，尽显端庄典雅的皇家气派，成为中国皇家园林的典范。 ·皇家园林的主要成就： ①总体规划依山就势，气势雄伟； ②以丰富多彩的中国传统建筑为重点，创造园林景观； ③全面引进江南园林之精致高超的造园技艺； ④引用传统文化意味深长的寓意象征，创造特色意境	英国 16—17世纪	·17 世纪兴起风景画、田园文学和尊重自然的社会风尚，为风景园林打下基础。在政治、经济、文化和经验主义艺术思潮的影响下，产生了英国风景园独特形式，一反欧洲规则式园林统治 1000 年的常态，引起欧洲园林的一场革命，进入英国近代风景式园林，影响欧洲 100 年（19 世纪）
	中国古典园林全盛期		英国古典园林转向近代园林——风景式园林
清朝 19 世纪	清中叶，中国私家园林空前繁盛。至晚清，繁盛后期的私家园林因受社会风尚、时代艺术思潮的影响，又因地区、形象、用材和技法不同，而形成江南园林、北方园林和岭南园林三个地方流派风格。 江南园林是指长江两岸苏、浙、皖、沪、赣地区的园林，其特点是：	英国 18—19世纪	汉弗莱·雷普顿（Humphry Repton，1752—1818 年）主张园林首先要满足人的实用需求，而不仅是艺术欣赏。还创造了改造前后效果图对比法，著有《造园理论和实践的考察》。 此外，威廉·钱伯斯（William Chambers，1722—1796 年）也起了重要作用。他著有《东方庭园论》，把中国园林经验介绍到英国，并在邱园植物园设计建造了中国塔等。他反对过于平淡的自然，主张要对自然进行艺术加工；认为造园要体现出渊源的文化素养和艺术情操才是中国园林的特点。

续表

年代	中国园林	年代	西方园林
清朝 19世纪	·园林由单纯游憩功能转变为住宅庭院与园林结合的可居、可游、可赏的多功能园林。园林布局"以定厅堂为主","先乎取景,妙在朝南",为适应多功能的需求,大量运用建筑构图技巧,游廊、花墙、漏窗、洞门和山石花木相结合,创造不同功能空间,形成曲折、幽深、变化无穷的园林空间序列,标志着"小中见大""咫尺山林"的审美情趣进一步升华,追求"壶中天地"。但这种变化的结果也导致园林空间过多,建筑过密,削弱了自然天成的意趣,而增强了再造自然的人工造作。 ·叠石筑山空前发展,技艺高超,达到顶峰,涌现了一批山石优秀作品。但亦有园主争奇斗富的风气,园林出现了形式主义、程式化的偏向。 ·文学艺术与造园结合,用匾额、楹联、题字点题抒情。赋园林以标题,注重植物造景,创造诗情画意、步移景异的意境。形成园景序列标题,这是文人园林的最高成就。但亦有空洞不实、哗众取宠、曲高和寡、无病呻吟、矫揉造作的形式主义倾向。 ·赋植物以人格化、感情化,以传统花木造景,建筑与花木竹石相结合组织园林空间,创造意境,含情脉脉,意味深长。如玉堂富贵(玉兰、海棠、芙蓉、桂花)、松柏常青、梅花傲雪等,讲究花木情调,追求树木苍劲古朴的姿态,创作画意构图,创造了中国园林一大特色。 ·中国野生植物资源丰富,园林观赏植物丰富多样,中国十大花卉驰名中外,被誉为"世界园林之母"。园林植物栽培应用历史悠久,但忽视植物资源的保护利用,尤其忽视植物引种驯化、杂交育种的科学研究。出现了侧重园林植物配置艺术而偏废科学的失误。故步自封,阻碍了园林的科学发展,中国园林陷入巴洛克、洛可可式的泥潭不能自拔。 ·寺观园林。清政府倡导选自然山水环境,于名山大川兴建寺观园林。如避暑山庄外八庙,庙宇多建附属园林,甚至成为名园。多植松柏、银杏、七叶树、桂花、苏铁、杪椤等体现"禅房花木深""自然而然",诱发游人清心寡欲、古朴雅静的观赏趣味,甚至形成风景名胜、旅游胜地	英国 18—19世纪	1620年,建立爱丁堡植物园;1759年建邱园,大量引进中国及世界各地植物。开展植物引种驯化、开发利用科学研究,取得影响世界经济的重大成果。英国植物园成为世界园林的榜样,对植物园学科产生深远影响。 1818年立法,皇家花园向公众开放。 16世纪庄园式→17世纪风景式(绘画式)→18世纪风景集成浪漫风景园→19世纪折中主义。 1851年在邱园植物园举办国际博览会,对世界产生巨大影响。 英国风景园于18—19世纪影响欧洲100年
	中国近代园林(第三次转折)		欧洲古典园林转向近现代园林
清朝晚期至 中华民国 1840—1948年 (108年)	自1840年英国殖民主义者发动鸦片战争起,列强入侵,中国战乱不断,内忧外患,时势动荡,百年沧桑。封建王朝灭亡,皇家园林已成过去。随着西方文化入侵带来民主思想和科学潮流,中国园林掀起一次革命。	19世纪	1840年,英国完成工业革命后掀起工艺美术运动。反对繁琐、哗众取宠的维多利亚风格,追求简洁功能化的设计,使规则式结构与自然式植物相结合,影响到欧洲各国,开启了英国近代园林时代。

附录 1

中西园林演进历程

年代	中国园林	年代	西方园林
	中国园林第三次转折： 由古典园林进入近现代园林	19 世纪	
清朝晚期 至中华民国 1840— 1948 年 （108 年）	英、法、美殖民者从 1844 年起在广州建立公园，1868 年建上海黄浦公园。 殖民者在中国 5 个通商口岸城市建 33 座公园（租界园林）；兴起别墅园林的建设高潮。形成庐山、莫干山、北戴河、青岛八大关、鸡公山等地众多别墅群。 清代肃州分巡道台黄文炜修建酒泉王府，1879 年左宗棠整治酒泉名胜，挖湖，保留一水三山，筑堤三里，植柳筑亭，1878 年向公众开放，1946 年更名为泉湖公园，成为中国人建设的第一个公园。 ·1905 年程德全（黑龙江巡抚）在齐齐哈尔创建仓西公园。他以爱国之情大胆向帝俄追索被占领的领地（2hm²），由张朝墉吸取"西学中用"的思想，注入民主与科学的元素，顺应时代潮流，设计仓西公园。初创时就具有功能分区的理念，体现出早期公园建设的科学性。此后国人陆续建设 11 座公园。 ·孙中山领导辛亥革命，推翻两千多年的封建王朝，建立民主共和，推行民主、民权、民生三民主义。在政纲和民生计划中屡屡谈及园林绿化的重要意义，并亲自指导园林建设，把园林绿化提到建国方略高度。提出港口花园城市理念，创造良好城市生态环境，满足民众的"康、寿"需求，纳入国家山川规划蓝图。 孙中山先生逝世后，中国掀起空前的"中山公园建设运动"。全国新建了一百余座新型纪念性公园——中山公园。我国香港、台湾地区，以及新加坡、加拿大也建有中山公园，各地还有诸多陵园		19 世纪末，欧洲产生新艺术运动（比、奥、德、法、西），形成自然曲线形和直线几何形两种布局形式，但都追求新的装饰风格。曲线风格以西班牙高迪为代表，采用摩尔图案、花卉图案相互缠绕流动，表达对自然和自由的向往。 ·格拉斯哥派放弃模仿自然曲线，改用直线、方形等抽象几何形和以黑白为主的简明色彩。 ·19 世纪末，印象派绘画反写实趋抽象，极力创新，探求艺术新风格，成为欧洲现代园林的前奏。 ·20 世纪初，野兽派、立体派、抽象派、超现实主义（仿生主义）、表现主义的绘画艺术结合工业创新，影响了建筑装饰和园林。这些艺术流派以巴黎为中心，直接推动了法国现代主义园林的产生，影响到法国、奥地利和俄罗斯
	华侨兴建开平碉楼花园洋房。 各地新兴城市公园——人民公园。 ·建立森林公园、学校园林、游乐园、商家园林、侨商园林、郊野公园、天然公园、特色庄园，中西合璧园林。 ·南京中央大学陈植编写《造园学概论》《中国造园史》《中国历代名园记选注》，在园艺系开设造园学课。在他的倡议下，1928 年成立"中华造园学会"，但尚未形成园林学科。 童寯（1900—1983 年）编著《江南园林志》，是近代中国古典园林理论研究的开拓者。《江南园林志》是我国近代最早一部运用科学方法论述中国造园理论的专著，也是学术界公认的继明朝计成所著《园冶》之后，近代园林研究最有影响的著作之一。书中包括园林历史沿革、		美国近现代园林
			·17 世纪，美国园林为英国殖民地样式前庭花园，基础栽植、栅栏、果园、菜园、药物园。 ·19 世纪美国园林创始人道宁（Andrew Jackson Downing，1815—1852 年）出版《造园论》（Landscape Gardening），欣赏自然风光、乡土风光，提倡人人都有美化周边环境的义务。此前为美国近代园林。 ·哈佛三杰之一的奥姆斯特德，美国园林之父（F. L. Olmsted，1822—1903 年），继承道宁的事业和理论，学习、推崇英国风景式园林，创立了 Landscape Architecture（风景园林学科），取代英国 Landscape Garden，开创园林设计职业，开启了美国现代园林时代。 ·19 世纪第二次工业革命时期，城市膨胀，环境恶化，美联邦政府按法国建筑师皮埃尔·朗方（Pierre L'Enfant）的规划建造华盛顿广场。

续表

年代	中国园林	年代	西方园林
清朝晚期 至中华民国 1840— 1948 年 （108 年）	境界，中国诗、文、书、画与园林创作的关系，以及中国假山发展等众多内容。 童寯先生通过对"圃"字非常精辟的解析，诠释了中国园林的实质内涵："口"代表围墙；"土"代表屋宇的平面，也可代表亭榭；"口"字居中代表池塘；"衣"字在前既可表示为石，也可表示为树。同时童寯先生提出了造园的三种境界：①疏密得宜；②曲折尽致；③眼前有景。在总结古人造园经验的基础上，童寯先生也为这门传统的建筑、园林技艺纳入了现代科学的方法。在《江南园林志》书中的许多园林今日早已荡然无存，其测绘图纸和照片都格外珍贵。近代研究中国园林的著述甚少，以英文介绍中国园林艺术的专著则更属阙如，致使国外得出东方园林以日本为代表的错误观点。童寯先生不仅对西方学术界针对中国园林的认识和理解产生了重大影响，而且奠定了他对中国园林、中西建筑比较学和当代中国建筑学术研究的基础	19 世纪	·1854 年奥姆斯特德设计建设纽约中央公园、国会广场，展现了英国风景式园林。19 世纪中下叶掀起美国城市公园运动，形成公园、国家公园和公园系统。1872 年建立第一个国家公园——黄石公园。 ·促使联邦政府重视保护自然生态，建立城市公园系统、城市绿地系统及国家公园系统。因地制宜，尊重现状，尽可能避免规则式布局，采用自然式布局，保持公园中心草坪，促进园林景观教育
中华人民 共和国 1949— 2015 年 （66 年）	由近代园林转向现代园林，由单体园林转向城市园林、城乡园林，园林转向城乡绿地生态系统。 ·1949 年建立中华人民共和国。1953 年结束抗美援朝战争，开始建设新中国。1953 年由汪菊渊、梁思成、吴良镛三位教授倡议，经国务院批准，创建园林专业学科，设在北京林业大学（原北京林学院），引进苏联城市绿化理论体系，定名城市及居民区绿化系，简称绿化系。设置中外园林史、园林艺术、园林规划设计、园林建筑、园林工程、园林植物等专业课程，首创中国园林学科。 中国接受苏联城市绿化理论体系，以"对人的关怀"为宗旨，建设文化教育、体育锻炼、娱乐休闲相结合的城市公园体系、防护林带和城市绿地系统。苏联城市绿化理论影响中国数十年。	20 世纪	英国近代园林转向现代园林 20 世纪 20—30 年代，抽象艺术与古典规则式或风景式园林相结合，创造出现代园林。 英国现代园林代表人物： ·克里斯多夫·唐纳德（Christopher Tunnard，1910—1979 年），著《现代景观中的园林》（Gardens in the Modern Landscape），提出现代景观三要素——功能、移情和艺术；提倡把精神感情融入园林（如禅意）。 ·杰弗里·杰里科（G. Jellicoe，1900—1996 年），英国园林设计代表人物，也是国际风景园林师联合会（IFLA）的首任主席。在 70 年职业生涯中继承古典园林的视景线、绿篱、链式瀑布、雕塑、花坛、草地、水池等要素，始终追求创新。从现代绘画艺术中吸取灵感，创造了有中国山水阴阳理念、带古典神秘色彩、力图赋予园林隐喻内涵、富有人情味、有深厚历史文化底蕴的鱼形水池、小岛、飘带花坛，有强烈现代气息，强调以场地为核心，建筑与景观融为一体，景观超越建筑成为艺术的中心。使古典园林走向现代主义/后现代主义艺术园林。杰里科在 20 世纪世界园林行业享有崇高声誉，他的顶峰作品有莎顿庄园（Sutton Place Garden）、穆迪历史花园（Moody History Garden）。

续表

年代	中国园林	年代	西方园林
中华人民共和国 1949—2015年 （66年）	·1956年我国发出"绿化祖国""实行大地园林化"的号召，把绿化祖国作为国家发展战略。全国多地普遍建设人民公园、烈士陵园、文化公园、儿童公园等，古代皇家花园、江南私家花园都在经修复后向公众开放，开展"普遍绿化"运动，大力发展道路绿化、宅旁绿化、厂区绿化、军营绿化		·英国著名园林设计师伊恩·麦克哈格（Ian McHarg，1920—2001年），1969年首先扛起生态主义大旗，著有《拯救地球》一书。挑起后工业时代园林设计的历史重任，编著《设计结合自然》（Design with Nature），为现代生态园林奠定了基础，还创造了规划图叠加规划法（千层饼模式），把园林规划提高到一个新的高度，成为20世纪规划史的革命，被誉为生态主义园林先驱。 ·英国现代园林已引领欧洲100年，尤其突出了以植物造景为主，及精细而丰富的花境、花带设计，后工业的生态设计正在引领世界园林
1949—2019年	·20世纪60—70年代"文化大革命"，十年浩劫，传统园林文化遗产惨遭破坏，园林绿化建设全面停滞。 ·20世纪80年代至20世纪末，中国实行改革开放，以经济建设为中心，经济蓬勃发展，城市建设掀起高潮，中国园林绿化进入第五个发展高潮。 在中国大百科全书中，园林学科创始人汪菊渊给园林下定义，并确立中国园林三层次——传统园林、城市绿地系统和大地景物。国家把绿化作为环境保护的国策，颁布环境保护法、森林法、城市绿化条例，编制公园设计规范，城市绿地系统规划条例等法规、规范，成立中国风景园林学会、园林设计协会、公园协会等全国园林机构；全国有200多所大专院校创办园林专业，设硕士点、博士点。 中国园林首次涌现三位中国工程院院士（汪菊渊、陈俊愉、孟兆祯）；全国建立数百个园林设计院所、数以千计的园林建设公司；全国建成大批公园绿地、现代化住区；出版了《中国古典园林史》《中国古代园林史》《生态园林理论和实践》等植物园学、园林规划设计、园林建筑等园林专著和教科书。 中国第一次举办世界园艺博览会，此后连年举办国际级、国家级及省市地方级的园林博览会、花卉博览会、绿化博览会。 住房城乡建设部组织各大中城市举办国家园林城市考核评定，各省市也相应举办省市级园林城市考核评定。国家把生态园林城市和生态城市作为城市建设的长远目标。	20世纪	欧洲近代园林转向现代园林 ·德国包豪斯（Bauhaus）强调功能、自由创作，反对墨守成规，倡导没有轴线，没有人工要素，不对称，形式简洁、高雅的现代主义风格。 ·勒·柯布西耶设计架空建筑、屋顶花园，自由平立面与环境合一。 ·巴西巴尔克斯运用抽象绘画艺术创造抽象园林。 ·西班牙多才多艺的怪才建筑师高迪继承摩尔艺术，创造了自由而富有装饰性，又有人情趣味的独特园林风格。 ·20世纪中，第二次世界大战打破了一切传统，战后进入现代主义阶段

年代	中国园林	年代	西方园林
1949—2019年	21世纪世界工业进入4.0时代，即第四次工业革命时代，即绿色工业革命，低碳节能循环经济，智能化，互联网，生态时代。 进入21世纪，中国园林进入发展新高潮，西方美术新思潮、园林新流派滚滚而来，面临着继承传统、改革创新，主流引领、多元发展的挑战，承担着建设生态文明、建设具有中国特色的现代园林，实现美丽中国梦的新使命	20世纪	俄国古典园林转向苏联现代园林——苏联城市绿化建设
			·俄国十月革命后，建立苏联社会主义国家。苏共中央于1931年决议创立世界新型园林——文化休息公园，把政治、文化、教育、体育、儿童游戏、娱乐、游憩等活动设施有机结合在一起，成为一种具有国家机构性质的文化综合体。建设规模庞大的文化休息公园，莫斯科高尔基文化休息公园为其代表。 明确绿化具有改善环境、保护健康、卫生防护、生态功能，把绿化纳入城市公共卫生学。强调以城市绿地分布均衡、规定人均绿地定额指标，体现以绿化"对人的关怀"的根本宗旨。 创立由城市公园体系、城市林荫道、卫生防护森林、农田防护林体系等绿地构成完整的城市绿化体系。建立由50多个植物园构成全国植物园系统。建立了苏联城市绿化学科（有专业院校、全国协会，科研、设计、建设、管理机构，刊物）。 在20世纪30年代苏联全面进入现代园林建设。苏联独创的园林理论和实践均具有世界独特性和先进性
			法国近代园林转向现代园林
			20世纪末，法国进入现代园林阶段： ·巴黎雪铁龙公园、拉·维莱特公园是法国现代园林的代表作。后者说是解构主义园林，但总体是结构主义、规则式与自然式混合，结构主义与解构主义结合的园林
			美国现代园林
			·美国组建国家公园管理局。1916年公布《国家公园基本法》《黄石公园法》《原野法》《原生自然与风景河流法》，形成公园法律体系。 ·美国现代园林教育家和设计师代表人物佐佐木英夫（H. Sasaki，1919—2000年），提出园林是多学科交叉的综合学科；园林教育要培养学生具有研究分析和综合能力；规划师、建筑师与园林景观师应三师合作，园林景观师在其中具引领作用，有时还是领导者，这是对世界园林景观行业的重要贡献。他继承田园风光的思想，强调建筑与景观和谐互补，园林是现代建筑和雕塑的平静而高贵的背景，两者可相辅相成，绿化自然又软化建筑，园林设计要发挥集体创造力。他与沃克（Peter Walker）共同组建的SWA公司是20世纪现代主义园林设计机构的代表。 ·美国现代主义建筑大师赖特（Frank L. Wright），强调以几何形为母题的建筑与自然环境协调，构成有机建筑园林。

附录 1

中西园林演进历程

续表

年代	中国园林	年代	西方园林
		20 世纪	· 20 世纪中后期，石油危机和环境污染推动了人类社会对自然生存环境恶化的反思，产生了现代艺术思潮，园林设计涌现出波普艺术、大地艺术、后现代主义、结构主义、解构主义、极简主义、生态主义思潮。 · 美国现代园林设计师劳伦斯·哈普林"师法自然"，用几何手法创造"哈氏山水"，取得巨大成功，成为一代宗师。 · 华裔女设计师林璎用现代设计新理念设计"越南战争纪念碑"，富有创新精神，深含人文意境，广受赞誉，获得殊荣。 · 20 世纪末计算机的运用推动了园林设计数字化、自动化、立体化、网络化，推动了世界园林设计革命，对世界园林产生巨大影响。 世界园林艺术思潮多元化、多变化，但世界园林主流仍是自然生态

附表 1-2

中西园林差异对比表

对比内容	中西古典园林对比		中西现代园林对比		两个特例	
	中国古典园林	西方古典园林	中国现代园林	西方现代园林	英国	日本
宗教、历史、文化、哲理、世界观、思想观念	道、佛、儒文化哲理，崇尚自然，师法自然，天人合一。以天人和谐观为核心思想基础。以中国绘画理论为理论基础，追求人间天堂——自然山水园，源于自然，高于自然，巧夺天工	以基督教文化、伊斯兰文化、西方传统文化和哲学为思想基础。以人为中心，统治自然。以数学、几何学为理论基础，建筑艺术为高标，追求建立天国花园——十字天河的伊甸园	以自然为主，生态为主，天人合一，以人为本，环境、社会，经济三大效益平衡。生态绿化，园林文化与现代化（生活、审美）相结合	以自然生态为时代潮流，国际潮流，以景观生态学为基础理论，加之现代艺术思潮，加之现代化，园林更自由化，多样化，呈现百花齐放局面	以英国传统梳妆风景、风景、油画为主，加上受中国自然水园的影响，重视植物	受中国传统文化尤其是禅宗的影响，崇尚自然，进而模式化
园林审美意识、审美情趣、民族性格习惯	崇尚美，自然美，追求意境美，即自然美＋人工美＝园林美。美源于自然和中国绘画，诗情画意，以文化（诗词，绘画）造园为主流。文化内涵丰富的意蕴美为最高标准。性格内向，园林空间曲折，幽深，含蓄，内秀	崇尚人工美（几何、造型美，装饰美），以科学（几何，建筑美，以美源于几何、建筑学为主流。园林美源于几何，建筑美，以希腊建筑为典范，以几何学为规范，人工创造天河花园，园林空间外向，开放，明亮，张扬	追求自然，道法自然，再现自然，生态平衡。效益均衡，现代审美意识促使园林形式多样样化，多元化	以现代艺术思潮为主宰，将现代艺术形式注入园林，装饰趣味，现代审美趋向简约，形式多样，自由发挥，有反传统倾向	崇尚自然风景美和欣赏植物优美姿色	崇尚自然山水，模拟自然，加以人工，创造的多种模式
园林布局形式、风格	自然式——自然山水园，局部为建筑庭院，常以自然形水池为中心，以建筑为主体，园林无轴，空间内向，封闭，曲折，幽深，形成园林空间序列，复杂多变，步移景异，引人入胜	规则式——几何图形为范本，以十字天河或几何形水池为中心，依中轴对称展开，以雕塑，水池（渠），园林空间外向，开朗，明快，一目了然	多用混合式园林布局，大多为规则式园林布局，空间流动，开敞，线形流畅，局部吸纳现代式现代化山水园，局部规则式布局，中西合璧形式	流派纷呈，形式多样，布局自由。有古典与现代相结合，更多的是现代式新潮形式，追求视觉冲击，追求形式，式多样于内涵	自然风景式，局部规则式，风格自然清新	自然山水园，平庭、山庭，水庭、茶庭
园林营造（建筑构筑）	以《营造法式》《营造法原》为范本，建筑形式丰富多样，砖木构造，建筑群体及空间多变化，形成庭院序列，常以厅堂为主体控制全园。建筑与园林融合，以假山，瀑布，洞门，景窗，石灯笼，石雕等小品点缀园景	以希腊建筑为典范，以柱廊，亭架为主，园林建筑少而精致，柱式经典，纹样精美，装饰繁多。空间简洁，明快。但空间变化少，层次少。常以喷泉，水池，石雕（雕塑，花钵，瓶栏）点缀园景	建筑限量，但主控全局。形式多样，或现代式或传统式相结合，或现代式注入传统改良式（传统与革新相结合，文化内涵），追求传统韵味，功能完善和形式美观	以新理念、新技术、新材料创建现代新建筑，将现代艺术形式注入园林，求新，求特（奇特造型），或生态建筑（绿色建筑）	建筑少而精，个别仿中国式小品	建筑多为中国式坡顶建筑，小而精，但又有日本特色，多用竹木

附录 2

中外园林理论片段实录

1　中国古典园林理论片段

中国古典园林与中国绘画有着千丝万缕的联系，真是"斩不断，理还乱"。中国自然山水园、文人园与山水画、文人画，同根同源。正如"书画同源"一样，可以说是"园画同源"。中国古代园林与中国画一脉相承。从审美思想到创作方法，都是以自然山水为蓝本，以画论为指导，进行作画、造园。

1.1　古代绘画理论著作

1. 老子

《道德经》从哲学高度论述绘画，重玄，黑色深奥玄虚，确立了中国人的色彩审美观和绘画思想，去五色，见素朴，知白守黑，追自然，求情景。

2. 孔子

强调色彩的道德内涵，重内容与形式的统一，重绘画的教化功能和艺术的移情功能。强调绘画审美的社会标准和艺术标准统一，善与美统一。"仁者乐山，智者乐水"。

3. 魏晋南北朝时绘画理论已达到登峰造极的地步，唐宋随之

● 顾恺之是中国画论的开拓者。他是画家、绘画理论家、诗人，著有《魏晋胜流画赞》《论画》《画云台山记》等画论专著，提出以形写神、迁想妙得、传神写照。不抛弃形，强调写"骨"和"神"。

● 宗炳著《画山水序》，提出"畅神论"，意象透视、多点透视，提出绘画含道映物是基本点，求真——自然山水的真实感，求心——畅神论，追求绘画抒发画家情感等。

● 谢赫著《古典品录》，创造绘画"六法"——气韵生动、骨法用笔、应物象形（造型）、随类赋彩、经营位置（构图）、传移模写。

● 姚最著《续画品》，倡导创新（质品古意，文变今情），胸怀万象（创作手法），"心师造化"。

● 张璪提出"外师造化，内得心源"，以大自然为师，以内心感悟创作绘画。

● 荆浩著《笔法记》《山水节要》，创造山水画六要——气、韵、思、景、笔、墨。

● 郭熙著《林泉高致》，提出画论"山有三远"（高远、深远、平远）。

4. 在古代中国，文人、画家不仅写诗作画，还亲自造园

● 唐代王维被称为"诗书画三绝"，亲自建造辋川别业大型私家园林；

● 大诗人白居易亲作醉白草堂；

● 明代计成善画、能诗，诗画家兼造园家，从事职业造园。

● 天津大学彭一刚教授写道："中国古代虽无造园理论专著，但绘画理论著作十分浩瀚"。

1.2　中国古代园林著作

1. 宋代

李格非（李清照之父）《洛阳名园记》。

2. 明代

● 刘侗、奕正《帝京景物略》。

● 杜绾《云林石谱》。

● 文震亨《长物志》。

● 李渔《笠翁一家言文集》《闲情偶寄》。

● 计成《园冶》。

● 徐霞客《徐霞客游记》。

● 王象晋《群芳谱》。

● 姚承祖《营造法原》。

3. 清代

● 沈复（沈三白，名复）《浮生六记》。

● 陈继儒《岩栖幽事》《太平清话》。

● 屠隆《山斋清供笺》《考槃余事》。

● 陈淏子《花境》。

● 林有麟《素园石谱》。

● 汪灏《广群芳谱》。

● 曹雪芹《红楼梦》。

以上书目，看似不少，但大多数均为叙景、写物，内容涉及旅游观光、居家休闲、花鸟鱼虫、玩物赏景。众多学者一致认为涉及园林理论的著作首推三本代表作：《园冶》《一家言》《长物志》。但称得上园林专著的只有《园冶》一书。且看三本代表作论述的园林理论。

1）《一家言》

李渔（1611—1680 年），字谪凡，号笠翁，钱塘人，是一位兼擅绘画、小说、戏剧、造园的多才多艺的文人，生平游历四方胜景，写成《一家言》，又称《闲情偶寄》，共分九卷。其中八卷写词曲、戏剧、声容、器玩。唯独第四卷"居室部"是有关建筑和造园的内容。分为房舍、窗栏、墙壁、联匾和山石五节。李渔认为"幽斋磊石，原非得已。不能致身岩下，与木石居，故以一卷代山，一勺代水，所谓无聊之极思也"。主张模拟大自然营造园林居室的审美情趣，视"雅"为文人士大夫生活情趣的核心和审美的最高境界；造园艺术的标准是"宁雅勿俗"。

提倡勇于创新，反对"事事皆仿名园"；他创造了"尺幅窗""无心画"（即"梅窗"）。

他主张叠山"贵自然"，不可矫揉造作；提倡以土代石，外石内土的叠山方法，反对"百衲僧衣"的碎石假山；首推假山"瘦、透、漏"三概念；推崇以质胜文、以少胜多的文人叠山传统。

他自建宅园 3 处。芥子园虽仅 3 亩，却处处体现他"有石不可无水，有水不可无

山"的造园思想和诗情画意。园中还出现他本人的雕像，体现了他"创造园亭，因地制宜，不拘成见……颇饶别致"的造园理论。

2)《长物志》

文震亨（1585—1645年），字启美，长州（今苏州）人。《长物志》共十二卷，其中与造园有直接关系的为室庐、花木、水石、禽鱼四卷。他认为园林的选址"居山水间者为上，村居次之，郊居又次之"；提出室庐设计和评价的标准——雅、古，"宁古无时，宁朴无巧，宁俭无俗"；"园林水石，最不可无"，"石令人古，水令人远"；提出叠山理水的原则："要须回环峭拔，安插得宜。一峰则太华千寻，一勺则江湖万里"。他把人文的雅逸作为园林的最高原则。

3)《园冶》

计成（1582—1642年），字无否，号否道人，苏州吴江人。能诗善画，多才多艺，漫游四方，传食朱门，以画意造园，是明末著名造园家。《园冶》是其造园实践的经验总结。曾邀计成设计建造"影园"的园主郑元勋写道："古人百艺，皆传之于书，独无传造园者何？曰：'园有异宜，无成法，不可得而传也'"。还称计成为"国能"。阮大铖称他"无否东南秀"。《园冶》共三卷十篇。

卷一：兴造论（总论），园说，分4篇：相地、立基、屋宇、装折。

卷二：栏杆（图式）。

卷三：门窗墙地，分6篇：门窗、墙垣、铺地、掇山、选石、借景。

《园冶》用四六骈文写成。令人望文生畏，难于读懂。幸好借助陈植先生的《园冶注释》反复解读，方能略知一二。总览《园冶》，全书文少图多，文字深奥，言简意赅，深感苦涩。

卷一的兴造论、园说为全书精华所在，异常精炼，可说是园林理论的结晶。

计成提出两个非常重要的论点：

一是"园林巧于因借，精在体宜"，"屏俗收嘉"。

二是"虽由人作，宛自天开"，"景到随机"，"随宜合用"，"因境而成"，"意在笔先"，"从心不从法"。

"相地"篇："相地合宜，构园得体"，"涉门成趣，得景随形"。

"立基"篇："凡园圃立基，定厅堂为主"，"先乎取景，妙在朝南"，"高阜可培，低方宜挖"，"一湾柳月，十里荷风"，"未山先麓"……

相地、立基篇虽有造园理论内涵，但大部分内容是工作方法、步骤、顺序以及图样。

卷二和卷三除"借景"篇"构园无格，借景有因"，"因借无由，触情俱是"补充卷首"巧于因借"之外，其他均为造园技法、式样，少及理论。

陈从周先生说《园冶》总结了"因借""体宜"之说……实是千古不朽的学说。陈植先生认定《园冶》"是三百年前世界造园学名著"。阚铎在《园冶识语》中写道："《园冶》专重式样，作者隐然以法式自居"

（书中列出 232 个式样）；还认为"掇山为书中结晶，山有法无式。"

《园冶》虽为中国乃至世界第一本园林艺术专著，在只言片语中含蓄地点出了园林理论的两大要点："巧借""天开"。但许多学者、专家对此颇有感慨：《中国造园史》作者张家骥教授认为"《园冶》作为一部科学著作，则很缺乏逻辑的分析和理论的概括，许多有价值的造园法则和规律性的东西往往被淹没于典故的堆砌和文字形式美的组合里，令人不得要领"；"在系统性、逻辑性和理论的概括上尚不够科学、严谨"；"一言半语，未能系统展开。"

我的老师孟兆祯院士在《园衍》中深有感慨地说："从事园林工作的人总是有感于传统园林艺术的巨大魅力，却长期又为找不到相应理论书籍而作难。"

童寯教授认为《园冶》理论有如"断锦孤云"，不成系统。

小结：三本名著写出了造园的理论要点：

（1）师法自然，"贵自然"。模拟自然，"一卷代山，一勺代水"，"一峰则太华千寻，一勺则江湖万里"，"一湾柳月，十里荷风"，"虽由人作，宛自天开"，"天人合一"，"从心不从法"。

（2）"巧于因借，精在体宜"，"得景随形"，"俗则屏之，嘉则收之"，"构园得体"。

（3）园林有理、有法、有式。相地、立基，意在笔先，表明了造园的方法，还有诸多门窗、栏杆、铺地等样式，虽说"有法无式"，"园无定法"，但依然有法、有式，只是定无成法、成式。

（4）雅致、宁静是中国园林的最高境界。

2　现代学者论述中国古典园林理论

近数十年来，园林专家、学者对中国古典园林理论发表过一些论著。

其中最早的是陈植、童寯、刘敦桢等，后有汪菊渊、陈俊愉、陈从周、周维权、程绪珂、朱有介、孟兆祯、彭一刚等。

1. 陈植（1899—1989 年）

中国近代造园学的奠基人，开创了造园学体系研究。1928 年倡议成立"中华造园学会"，编著《造园学概论》，这是中国近代第一部造园学专著。1936 年编著《园冶注释》《中国历代名园记选注》《中国造园史》。认为"园林"一词应改为造园。

2. 童寯（1900—1983 年）

南京工学院教授。编著《造园史纲》《江南园林志》。童先生认为《园冶》一书，"现身说法，独辟一蹊，为吾国造园学中唯一文献，斯艺乃赖以发扬。……类皆断锦孤云，不成系统"。

（1）园之妙处，在虚实互映，大小对比，高下相称。《浮生六记》所谓"大中见小，小中见大；虚中有实，实中有虚；或藏或露，或浅或深，不仅在周回曲折四字也。"钱梅溪论造园云："造园如作诗文，必使曲折有法，前后呼应，最忌堆砌，最忌错杂，方称佳构"（见《履园丛话》）。

（2）盖为园有三境界，评定其难易高下，亦以此次第焉。第一，疏密得宜；其次，曲折尽致；第三，眼前有景。

疏密得宜：疏中有密，密中有疏，弛张启阖，两得其宜，即第一境界也。然布置疏密，忌排偶而贵活变，此迂回曲折之必不可少也。放翁诗：山重水复疑无路，柳暗花明又一村。侧看成峰，横看成岭，山回路转，竹径通幽，前后掩映，隐现无穷，借景对景，应接不暇，乃不觉而步入第三境界矣。

3. 刘敦桢（1897—1968 年）

著《中国古代建筑史》《苏州园林》。

4. 陈从周（1918—2000 年）

著有《说园》，提出了中国园林的若干理论要点："造园有法而无式，变化万千，新意层出，园因景胜，景因园异。"

● 中国园林以"自然为本，师法自然，天人和谐"。指出了中国古典园林的核心理论。

● 园林有动、静之分。大园主动观，小园（庭院）主静观。

● 园因景胜，景因园异。园林不起游兴，便是失败。览之有物，才能游无倦意。园中有景，景中有人，景因人异。多不相同，各具特色。富有诗情画意。苏州园林最根本的本质特征——文人园林的诗情画意。

● 园林与文物相结合，成为有古今文化的中国园林。

此外，陈从周先生还梳理出若干造园技法：

● 空间分隔。越分则越大，变化越多。有限面积，创造无限空间（封闭空间）。"空灵"为造园真谛。

● 借景。园外有景，景外有景。借景就是法。

● 含蓄，意境。一山一石耐人寻味。山贵有脉，水贵有源。脉源相随，山水相依。

● 曲折。一丘藏曲折，缓步百跻攀。曲中寓直，曲直自如，曲折有度。

● 概括，提炼。三五步，行遍天下；六七人，雄会万师。以少胜多。

（1）立意在先，文循意出。重在构字，含意至深。"深在思致，妙在情趣"。

（2）山际安亭，水边留矶。建亭略低于山巅，植树不宜峰尖。山露脚不露顶，露顶不露脚。大树见根不见顶，见顶不见根。

（3）古代造园，多以建筑开路。"先定厅堂为主"。"奠一园之体势者，莫如堂；据一园之形胜者，莫如山"。中国园林"建筑看顶，假山看脚。"

5. 汪菊渊（1913—1996 年）

中国风景园林专业创始人。北京林业大学教授，中国工程院院士，园林教育一代宗师。编著《中国古代园林史》（2005 年）。汪先生提出了园林创作的理论要点："巧于因借，精在体宜"，这八个字可说是计成对园林创作评价的一条基本原则。

● 因者：随基势之高下，体形之端正，

碍木删桠，泉流石注，互相借资；宜亭斯亭，宜榭斯榭，小妨偏径，顿置婉转，斯谓"精而合宜"者也。

● 借者：园虽别内外，得景则无拘远近……极目所至，俗则屏之，嘉则收之，不分町疃，尽为烟景，斯所谓"巧而得体"者也。

6. 陈俊愉（1917—2012 年）

北京林业大学教授，中国工程院院士，园林植物学家。为《中国古代园林史》作序中指出：鉴于中国园林艺术自然生动，独具一格。"虽由人作，宛自天开"。中华园林向以"天人合一"、向自然学习、与自然和谐而见长。

7. 周维权（1927—2007 年）

清华大学教授。编著《中国古典园林史》（2008）。

中国古代园林有三种思想：天人合一思想、宗教思想、神仙君子比德思想。

哲学是文化核心，是园林创作主导思想、理论基础。

园林文化四要素：哲学、科技、诗文、绘画。

《园冶》提出"虽由人作，宛自天开"的论点，就是天人和谐思想的传承和发展。虽未能形成系统化，但已包含现代园林学科的某些萌芽。

天人合一、天人和谐是中国古典园林美学的核心。

8. 朱有玠（1919—2015 年）

南京市园林设计院，高级工程师，设计大师。他认为：

《园冶》是一部造园学专著，曾为日本学者誉为世界造园学最古名著。较系统地著述了从造园规划到细部设计的创作理论、方法以及某些施工方法和例图，所以它确实是一部由园林创作者系统地总结自己的实践经验而写成的关于造园学的最早专著。"'因地制宜''巧于因借'，确定了我国山水园丘壑的总格局；'精在体宜''当要节用'，

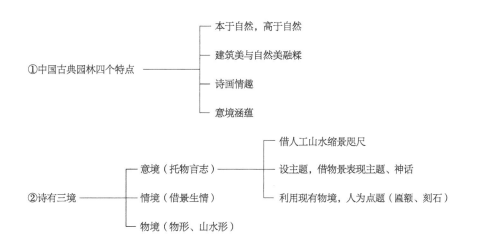

确定了江南山水园朴素洗练的总风格。"以上可说是江南山水的基本格调，但由于体、宜、因、借所根据的条件各不相同，就产生了各种具有个性特色的园林。

中国园林艺术的基本特征：

中国园林作为世界园林的重要策源地之一，并由之发展而来的各流派之间的共同特征，中国园林的基本特征就产生于文化体系的历史积流之中。

1）园林艺术技法与园林自然性质的高度一致性。

2）中国园林具有耐人寻味的情意蕴含，是景物中文化与品格个性的信息内涵。

（1）以借喻为基础的"比德"与以寄情为基础的"意境"，使园林景物具有寄意含情的文化内涵。

（2）园林景趣中心理对比因素的巧妙应用，有如虚实相生、刚柔并济、阴阳妙化、山水相依、寓繁于简、小中见大、察微知著。

9. 孟兆祯（1932—）

著有《园衍》（2013年），指出：

《园冶》是中国古代园林艺术基本理论专著。

中国园林的最高境界和追求目标是"虽由人作，宛自天开"。这也是计成大师在"园说"中提炼出来的中国园林理论的至理名言，从园林方面反映"天人合一"的宇宙观。中国园林所强调的境界对风景名胜区可以说是"虽自天开，却有人意"。中国的宇宙观和文化总纲"天人合一"，通过文学与绘画发展而来，也是中国园林

形成的历史原委。

10. 张家骥（1932—2013年）

著有《中国造园史》（1986年），指出：

计成是中国杰出的造园艺术家和理论家，他擅长诗画，中年以前游历四方，"传食朱门"，中年以后才从事造园，以自己的博识和艺术修养，写出世界上最早的、名传千古的造园学不朽名著《园冶》，在中国造园学上留下了光辉一页。该书的精要之处有几方面：构园无格，体宜因借；相地合宜，构园得体；基立无凭，先乎取景；有真为假，做假成真；借景有因，因借无由……《园冶》的著述多从景境的精神感受出发，强调意境和情趣……缺乏严格的逻辑推理和理论上的系统性。不少很有价值的东西如园林建筑空间环境的设计规律，就很分散，且一言半语，未能系统展开。

中国造园是以自然山水为景境创作主题的，在创作方法上同中国绘画艺术一样，都强调"师法自然"，绘画和造园，无论是写实还是写意，都离不开再现的自然，都必须"师法自然"。在造园和绘画实践中，从艺术上进行高度概括、提炼和加工，达到"虽由人作，宛自天开"的杰出成就。"师法自然"是中国造园创作思想的优秀传统，对今天的造园实践仍有重要意义。

中国古代的造园艺术思想是很富于辩证法的，如动和静、因与借、虚与实、意与境、景与情、真与假、大与小、少与多、有限与无限、曲折与端方、有法与无法等一系列的对立范畴，都闪耀着艺术辩证法

的光辉，同时具有中国民族文化的特殊性质。中国古代的造园艺术思想遵循"中和"的原则。

11. 杨鸿勋（1931—2016 年）

中国建筑史学家，俄罗斯科学院院士。

"中国园林是用诗画创造空间"，这是中国民族风景园林的特色。

12. 李泽厚（1930—2021 年）

著名美学家。

中国园林是"人的自然化和自然的人化"。人的自然化是反映科学，自然化的人反映的是艺术性。

3　日本园林理论

（1）日本园林传承了中国文化、中国园林和中国建筑的理念和技法，但也创造了日本特色。后乐园、兼六园即是中国园林理论的体现。

（2）日本园林以净土、禅宗思想为灵魂，以静观为主。湖岛式园林为智水型自然式，由中轴式向中心式发展。以小巧、精致、简朴、宁静为特色。趋向神游、沉思、参悟和枯寂的体验，体现禅宗"向心而觉""樊我合一"的境界，擅用石灯笼、手钵、步石、盆景和枯山水。呈现神秘主义。

（3）园林建筑为木构坡顶，朴素、低矮、轻盈，布局自由，空间虚隔，无园中园。趋于环山积水，负阴抱阳，以水聚气。

（4）吉阪隆正，日本早稻田大学教授：

"倘若要以日本为中心创造一个体系，就是引进西方各国的文化，结合日本固有文化来创造出崭新的样式。"

中日园林理论小结：

中日同文、同宗、同种，中日园林同源、同式，中日园林同为东方园林的两大流派，在世界园林中有重大影响。中国园林是东方园林的代表，有"世界园林之母"之称。

古今学者从不同角度、不同领域论述中国园林的特色、意境、审美思想、核心理论和技法、样式。

中国园林理论归结如下：

（1）中国人最早发现自然美，中国园林美是自然美、精神美、物质美、生态美相结合的综合艺术王国。

（2）"虽由人作，宛自天开""天人合一""天人和谐"是中国园林的理论基础。推出并推崇山水诗、山水画和自然山水园。崇尚自然，师法自然，模拟自然，再现自然，源于自然，高于自然。

（3）巧于因借，精在体宜。随高就低，得景随形。景因境生，景因园异，景因人异。俗则屏之，嘉则收之。

（4）意在笔先，以景抒情，诗情画意，文化内涵，匾联点题，情景交融，情趣无限。哲学、宗教、文化常隐藏在园林内涵中。

（5）曲折幽深，深远不尽，山水相依，脉源相随，园以景胜，步移景异。深在思致，妙在情趣。

4 西方古典园林理论片段

1. 彭一刚（1932—）

著有《中国古典园林分析》，天津大学教授。

在中西园林对比中，彭一刚对西方园林的核心思想、理论讲解得非常透彻、清晰：东西方园林为什么一开始就会循着不同的方向、路线发展呢？这当然和各自的文化传统有着不可分割的联系。造园艺术毫无例外地受到美学思想的影响，而美学被称为艺术的哲学。15世纪文艺复兴运动反对宗教神权，追求精神解放，提出"人文主义"，即"人本主义"，实际上就是把人看成是宇宙万物的主体。米开朗琪罗提出："艺术的真正对象就是人体。"艺术家醉心于人体比例研究，力图找出最美的线形和最美的比例，企图用数学公式表现出来，追溯至古希腊，公元前6世纪，毕达哥拉斯学派试图从数量上的关系来找美的因素，提出"黄金分割"。这种美学思想就是企图用一种程式化和规范化的模式来确立美的标准和尺度，它不仅左右着建筑、雕刻、绘画、音乐、戏剧，同样影响到园林。欧洲几何形园林风格正是在这种"唯理"美学思想的影响下而逐渐形成的。

中西方两种园林由于受两种完全不同的哲学思想影响，走上不同的路线方向。"两种哲学，两种路子"。

2. 郦芷若、朱建宁

著有《西方园林》，北京林业大学教授。

欧洲中世纪生产落后，经济贫困，政治腐化，战争频繁，社会动荡，教会仇视一切世俗文化，采用愚民政策，排斥希腊、罗马古典文化，实行禁欲主义，认为刻苦修行的基督教义才是真理，此外一切文化、科学知识都是邪恶之源。14—16世纪，欧洲新兴资产阶级掀起思想文化运动，以恢复古希腊、古罗马文化为名，提出人文主义思想体系，以人为衡量一切的标准，重视人的价值、人的自由意志和人对自然界的优越性，反对中世纪的禁欲主义和宗教观，摆脱教会对人们的束缚，摒弃作为神学和经院哲学基础的一切权威和传统教条，促使科学、文化、艺术普遍高涨，迅猛发展，走出了长达千年的黑暗时期。音乐家、画家、作家、人文主义者、建筑师阿尔伯蒂编著《论建筑》一书，论述了他理想的别墅庭园（10条），被誉为庭园理论先驱。

3. 吴家骅（1946—）

著有《环境设计史纲》（2002年）。中国美术学院教授。

● 希腊哲学家、数学家柏拉图（Plato）认为"人总是期望和追求完美，而完美则反映在恒定而永恒的数学原则上。很明显，柏拉图受到埃及几何学的影响。"希腊人建立的数学和音乐与人体比例的关系，被认为是对外在世界内在规律的揭示。"文艺复兴促进了艺术和科学迅猛发展，无论是善是恶，人类从此将自己视为宇宙的中心，人类的理性力量得到全面肯定。"

● 古罗马建筑师维特鲁威（Vitruvius，公元前1世纪），阐述了人体与几何形之间的关系。而阿尔伯蒂（Alberti，1402—1472 年）将之运用到建筑设计中。帕拉第奥（Palladio，1518—1580 年）进一步贯彻柏拉图的几何理论，将人体比例不仅用于三维空间的单体，而且还用于较复杂的群体，以构成建筑艺术音乐般的和声。而这种比例是绝对、静穆和完整的，它也是文艺复兴时期人们追求完美的终极。

• 后来崛起的手法主义逐渐突破了这一戒律。滋养了意大利文艺复兴后期的巴洛克（Baroque）艺术风格。

• 法国造园专家勒诺特的造园目标是"以艺术手段使自然羞愧"。"强调景观空间的整体性，对于法国的花园设计有着革命性的贡献。"

4. 针之谷钟吉（日本，1906—）

著有《西方园林变迁》（1977 年），日本造园史研究者。

•《圣经·旧约》（公元前 800 年，犹太国）记载上帝耶和华在东方创造伊甸园（Eden），上帝造人（夏娃、亚当）；上帝按数学造世界；上帝造园：按宗教宗旨，种植善恶树和生命树，造水、酒、蜜、乳四条河，中央有喷泉。公元 249 年，《圣经·新约》完成，推行基督教文化，黑暗时期长达千年。西方造园都与宗教密不可分。

• 公元 7 世纪，伊斯兰教诞生。波斯造园是在气候、宗教和国民性三大条件的影响下产生，表现穆罕默德教和拜火教两种宗教思想。庭园形式呈几何形，亦有十

字河、十字路、中心水池。水池为方形或八角形，不用圆形，因"视曲线形为不合理的形态而弃之"。因此有人把波斯园林视为西方园林的原型。

5. 英国风景园林理论

17 世纪，受文艺复兴的影响，英国萌生田园文学，憧憬崇尚自然美。

18 世纪，出现田园诗、反古典主义的浪漫主义，绘画与文学热衷自然，为英国自然风景式造园奠定基础。同时受中国自然式园林的影响，自然风景园的造园思想源于培根和洛克为代表的"经验论"，认为美是一种感性经验。自然风景园排斥人为之物，认为"自然讨厌直线"，追求"天然般景色"，以一连串画意构图，宁静舒远，一片田园风光。英国风景园肯定客观世界美的野朴，将规则园林视为对自然的歪曲，认为造园应以自然为标准。英国风景园改变欧洲规则式园林统治长达千年的历史，可称之为园林革命。自然美成为园林美的最高境界。"用自然美美化自然本身。"人工美服从自然美，人们回归自然，自然成为园林永恒的主题。

18 世纪初兴起建造城市公园，皇家园林逐渐向公众开放。

英国格林尼治大学园林系教授汤姆·特纳（Tom Turner）著书《世界园林史》（GARDEN HISTORY Philosophy and Design 2000 BC—2000 AD）（林箐等译），2001 年。

特纳教授说道："在中国和欧洲的艺术中，都有一个根深蒂固的观念，用欧洲的话

来说，就是'艺术应当模仿自然'。西方的理论是，艺术家，包括园林设计师，应该从自然'本质'中得到启发。与此相似的，在中国有一个古老的信念——画家、诗人和园林设计师应当从山、水和自然的其他方面获得灵感……水池和山石的组合是象征性的，无论它们是小到盆景还是大到北海公园。"

欧亚大陆东西两端的园林设计有一个伟大和出人意料的相似之处，就是他们拥有一个共同的思想——园林设计属于美术的一员，并且它应当从自然的本质中得出。它也解释了 20 世纪和 21 世纪东西方的设计师在创造现代抽象风格的园林时的趋同性。曾常常启发园林设计的宗教思想，在每个国家各不相同，我们必须尊重彼此的观点……如果园林建立在经验主义科学的抽象真理的基础上，它们就会变得在任何地方看起来都一样。这是我们需要的吗？不。作为一个历史学家、一个旅行者和一个人类成员，我宁愿英国园林是英国的，印度园林是印度的，中国园林是中国的。我同样不愿意看到中国的景观变得像加利福尼亚一样……园林设计师应当具有尽可能多的园林设计历史和哲学的知识。伟大的艺术需要的知识比一生所能积累的更多，它们源自设计的传统。

西方古典主义园林理论小结

（1）西方园林的渊源与宗教密不可分。上帝造人、造物、造园，天国花园、伊甸园、中心水池，水、酒、蜜、乳四条天河，十字河、十字路成为西方园林的源泉、典范。

（2）以"凡物皆数"、万物有序的哲学为核心，追求在恒定而永恒的数学原则上的终极美。庭园形式都按黄金比例几何构成展现，是在"唯理"美学思想的影响下形成。

（3）文艺复兴提出人文主义（人本主义）思想体系，人类将自己视为宇宙的中心和宇宙的主体，以人为衡量一切的标准，人性和人类的理性力量得到肯定。人类以理性原则改造自然。

（4）手法主义的突起，滋养了文艺复兴后期的巴洛克。

勒诺特"以艺术手段使得自然羞愧"的理念主宰西方园林。

（5）意大利、法国园林与伊朗、伊斯兰园林同根、同源、同式，大同小异，总体相似，细部有差异，同属西方园林。

（6）英国式自然风景园是西方园林的一枝奇葩，是受自然风景思想和中国自然式园林影响的结果。

5　中西现代园林理论片段

1. 英国园林

（1）在世界上首创城市公园。在植物园、动物园、城市公园建设方面成为世界园林的榜样。

（2）创建园艺学科——Landscape Gardening。

（3）唐纳德提出现代园林设计三要素：功能、移情、美学。抛弃所有陈规，用现代艺术手段创造三维流动空间。

2. 美国园林

（1）"美国园林之父"奥姆斯特德传承英国园林学科（Landscape Garden），发展并改名为 Landscape Architecture，创建美国现代风景园林学科。

（2）传承发展英国城市公园形式，改变英国自然风景园为美国现代城市公园。

概括为 6 条技法：保护自然风景、力戒呆板设计、改直线为曲线回路、设中央草坪、主路通过庭园、用乡土树种种植园周林带。

（3）创建城市绿地系统：滨水绿地、儿童公园、体育公园、陵园、国家公园。

（4）托马斯·丘奇，抛弃中轴线，采用超现实主义的设计语言（仿生主义）——锯齿线、肾形、钢琴形、阿米巴形、飞标形，形成简洁流动平面，运用丰富的色彩，平息了规则与自然之争，完全转向现代园林形式。

（5）美国当代园林设计大师、园林理论家哈普林师法自然，模仿自然山水，用浪漫主义手法创造抽象写意自然山水（"哈氏山水"）。

（6）园林多义化：把社会学、人类学、心理学运用到园林设计中，使园林学科与多学科交叉、融合、互动。

（7）园林设计多元化：现代主义、后现代主义、解构主义、极简主义、折中主义、历史主义、大地艺术……形式多样。

（8）20 世纪初，麦克哈格著《设计结合自然》，把生态学、生态主义引入园林设计，批判以人为中心的思想，提倡创造人类生存环境的新思想和新方法，实现园林学科信息化、全球化、现代化。推动园林设计数字化。

3. 德国园林

（1）景观设计追求良好的使用功能、经济性和生态效益，重视艺术水准和建造工艺，并不特别追求象征性和前卫性。后工业时代景观设计尤为突出。

（2）解构主义的建筑和园林是常用的形式。著名的景观设计师卢茨、彼得·拉茨尤为突出。

4. 俄罗斯（苏联）园林理论

勒·勃·卢恩茨著《绿化建设》（1956年），阐述苏联园林理论。

城市绿化重在卫生防护：20 世纪中期，苏联以公共卫生学、人类学和建筑学为指导，兴起"绿化为改造自然而斗争"的建设热潮，强调发挥森林绿化、净化大气、降噪、水土保持、减轻灾害的生态防护功能。建设城市卫生防护林和农田防护林系统。

创建森林公园、林荫道、体育公园、文化休息公园、儿童园，消灭城市贫民窟，创建城市卫生和舒适生活，创建全国植物园系统。

苏联园林理论影响中国 30 年。

5. 日本学者的现代园林理论

日本东京大学造园系教授户田芳树（Yoshiki Toda，1947—）是日本当代三大著名园林设计师之一。他阐述了日本现代园林理论：

1）园林空间由大变小

20 世纪景观设计创造巨大的空间，极大地满足人们追求享受乐趣的欲望。东京六本木（城市商业中心公共园林绿地）为 20 世纪的风格进行了总结性展示。而 21 世纪，人们对景观的需求由"大型、豪华和体现速度感的空间"转向"小而祥和、轻松、舒适的空间"。

2）园林布局由求形转向求活

城市与自然共生观念往更新的价值观迈进，从全球环境着眼，增加自然因素，扩大绿地范围，提升品质，以生物多样性为主题，在构建公共绿地、绿色网络系统，结合历史与文化的基础上进行开发，由追求"形态"转移至衍生"自然"。以"观看""体验""描述"为设计理念，作品在体现"自然的再现"的同时，更注重对"自然的描述"。

6. 中国学者对现代园林理论的评述

在世纪之交的二三十年间，我国不少园林专家、学者纷纷致力于园林理论研究，著书立论，各抒己见，可喜可贺。我从心底高兴，我多年的疑惑有望解决。我拜读、研究过其中一部分著作，有所心得，获益匪浅。摘录如下：

1）程世抚（1907—1988 年）

著有《程世抚、程绪珂论文集》（1997年），原建设部总顾问。

（1）提出大环境绿地系统

以植物造景为主发展园林，把生态学、建筑学、植物学和美学融为一体。

（2）学习、吸取苏联的失误教训：

"文化大革命"前的错误在于规划的指导思想。学习苏联社会主义经验，好的没学到，反而搬来了形式主义、唯美观点和大而全的企业等。而苏联的全国规划、区域规划，重视工程技术和经济效果等经验却学得不好。

①人与自然

人与自然是鱼和水或骨肉的关系。天然景色绝对不是人工所能改造的。过分施以人为手法与天然竞争必然招致失败。设计人员要保存自然风景的真面目，要遵守自然发展规律。

②园林建筑与环境

天然环境中的建筑物是人为作品，应居次要地位，而应让地形表现它的粗线条。二层或三层的房屋，可造在坡度和缓的山腰，一方面可免受风害，一方面投入自然怀抱。茅亭、竹榭既要自然适合，又可表现淳朴风格。建议取其外表，用坚固结构与近代化的内部布置。在配景方面，可依据地形镶嵌建筑，傍山建造，只露其半，即所谓因地制宜是也。人为建筑物在天然环境中以谦虚陪衬为好。当代原料的构造，宜愈天然愈好。

2）吴良镛（1922—）

中国科学院、中国工程院双院士，清华大学教授。

《走向世纪建筑》（北京宣言，2010年）：

（1）人与自然

自然不属于人类，但人类属于自然，人类要与自然相互依存。人类保护生物多样性和保持生态不被破坏，归根到底就是保护自己。认识世界无外乎时间、空间和人间，天地人，三才，三位一体。

（2）科学与艺术

科学追求与艺术创作殊途同归。越往前进，艺术越要科学化，科学也要艺术化。两者塔底分手，塔顶汇合。理性的分析与诗人的想象相结合，其目的在于提高生活环境质量，给人类社会以生活情趣和秩序感，而这正是人类在地球上得以生存的条件。总之，我们要提倡人文的科学精神和科学的人文精神。在全球性文化融合中，重建新人文主义的新美术学与新伦理学，使人们"诗意地栖居在大地之上"。发扬文化自尊，丰富文化内涵。只有植根于文化土壤的技术，才真正是 21 世纪的高新技术。

（3）五项原则

生态观、经济观、科技观、社会观、文化观，是新世纪建筑事业发展的前提，或者说五项原则。

（4）呼吁三位一体

走向建筑学—地景学—城市规划学的融合。地景是一种社会文化资源，随着城乡建设的发展，不只是在有限的绿地上建造公园，也不只是着重于一个城市的绿地系统，还要关注一个区域甚至整个国土的大地景物，进行大地景观规划（Earthscape Planning）。包括城市农业，城市森林，开敞空间的布局，江河、湖泊、海洋、名山的保护等等。时代需要大手笔，需要高瞻远瞩地把建筑、规划和地景纳为整体，意匠独

造。"请爱护祖国大好河山，珍惜每一寸土地，把你设计的城市与建筑精心地安置在大地母亲的怀抱里"，呼吁将建筑、地景与规划相融合，将建筑环境与自然环境作为整体考虑。

（5）地区化与全球现代建筑地区化、乡土建筑现代化。建筑文化全球化与多元化，是一体之两面。

3）周光召（1929—）

中国科学院前院长。他认为人与自然关系的历史发展过程为：

第一阶段，人是自然的奴隶，人的一切活动都受自然界控制，人是被动的；

第二阶段，人试图成为自然界的主宰，无度地向自然索取，自然界是被动的，而人都是"主动"的，人认识自然，是为了改造自然，抗拒自然的制约，同时也在破坏自然，破坏人类自身生存与发展的基础；

第三阶段，人与自然界和谐共存，人再不是自然界的主宰，而是自然界的保护者。人认识自然不仅要改造自然，而是要使自然支持系统成为人类可持续发展的基础。

4）王深法

浙江大学教授，著有《风水与人居环境》（2002 年）。

在人与自然关系的认识上，东西方也同样存在明显差异。在工业化的西方世界，人们更热衷于支配自然、征服自然和统治自然。

在中国虽然也出现过"人定胜天""战天斗地""人有多大胆，地有多大产"的"大

跃进"口号……但中国自明代宣宗下令严禁航海，中国开始走上了闭关自守的道路，没有引进近代科学，使国家迟迟未能进入工业社会。长期的农耕社会，却使以"有机整体观"为特色的古代科学得以充分发展，以"天人合一""天地人"三才一统的思维方式得以长期保留下来，这正是人与自然关系第三阶段要追求的目标。

5）游修龄（1920—）

浙江大学教授，《风水与人居环境》代序（2003年）。

不论东西方，都经历过人是自然的奴隶的阶段，因为那时自然的力量过于强大，人只能屈服于自然力，在崇拜自然力的前提下，求得生存。中国古代的宇宙观和生命观认为人是自然的一分子，人不能离开自然，人与自然融合在一起。

中国走的是"天人合一""天地人"三才和谐统一的道路，即顺应自然界的规律，在适应自然中求得生存和发展。西方走的是人要力求改造自然，予取予求，做自然界主宰的道路。两条不同的道路，各有其不以人的意念为转移的客观条件因素。

6）汪菊渊（1913—1996年）

花卉园艺学家、园林学家，中国园林（造园）专业创始人，风景园林学界第一位中国工程院院士。主持编纂了《中国大百科全书　建筑、园林、城市规划卷》的园林部分。

今天，时代要求我们要创作内容上社会主义的，形式上民族的，或者说中国特色的现代园林，尤其是城市公园。城市公园首先是为了维护城市生态平衡，改善环境质量而合理分布的公共绿地；城市公园又是作为居民日常生活中进行游憩、保健、文化等活动的物质境域而均匀分布的。创作现代城市公园必须从内容出发，根据一个公园的性质、地区和任务要求进行创作，符合今天人民的物质生活和精神生活对休息、娱乐、文化、体健等活动的需要。要走出去，深入到多阶层人民的生活中去，深入到不同年龄阶级的人们的生活中去，用科学方法，包括社会学、心理学、行为学的方法，进行调整研究，得出正确的答案。

园林创作是一种艺术，园林里创作的山水、自然是造园家对山水、自然的美的感受，因地因势制宜的表现即创作。

7）朱有玠（1919—2015年）

中国著名园林设计大师。

（1）"中国园林"是中国历史文化的产物。这句话不仅指儒家思想、道家思想或佛家思想等文化的影响，而是基于整个社会的文化历史。社会生产与社会功能是主要的文化背景，它并不是由单一的源头发展而来，"众源归流"。

（2）意境，通过形象思维创造意境，"轩楹高爽，窗户虚邻；纳千顷之汪洋，收四时之烂漫"，使游人凭眺，胸襟一爽，构成博大旷达的意境。意境，半于设计者创意和安排，半于观赏者修养和情操。

意境是我国诗、词、绘画和园林设计创作的共同方法。常常是诗书画造园同为一人完成。"意在笔先"，"物情所逗，目寄心期"，运用"因""借"来形成意境。

意境点题。《红楼梦》第十七回对大观园园景点题，显露人物才情，就是曹雪芹对园景点题的见解。

（3）优秀的古代江南山水园可以做到情景交融，意趣横生，弦外余音，耐人寻味。窗外数竿修竹、几叶芭蕉、一拳湖石、一抹山痕……给人以"淡泊宁静"的意境。然而，当风晨，则韵起萧骚；临月夕，则清影扶疏；薄雾，则"种石生云"；急雨，则洒珠眺玉；晴雨变化，意趣横生，给人以丰富联想，寓繁于简，以少胜多，洗练又含蓄，耐人寻味。山水画、山水诗、山水园都是以意境创作为共同核心。

8）钱学森（1911—2009 年）

中国杰出科学家，航天之父。

（1）1990 年提出"山水城市"理论，是从中国传统山水自然观和天人合一哲学观基础上提出未来的城市构想。"山水城市具有深刻的生态学哲理"（鲍世行）。

（2）山水城市提倡在现代城市文明条件下，人文形态与自然形态在景观规划设计上的巧妙融合。山水城市的特色是使城市的自然风貌与人文景观融为一体。其规划立意源于尊重自然生态环境，追求相契合的山环水绕的形意境界，继承了中国城市发展数千年的特色和传统。

9）周干峙（1930—2014 年）

中国科学院、工程院双院士，原建设部副部长，《生态园林的理论与实践》序。

我国园林工作者在总结多年实践经验的基础上，遵循生态学和生态经济学的原理，对城市绿化的性质和任务提出了生态园林的概念，并赋予时代的特征。从国土整治的高度实行城乡一体化，贯彻以绿色植物为主体的技术政策，通过植物的生物功能获取环境效益。生态园林的发展是对城市环境的恢复重建，是对环境资源的积累，是摆脱环境困扰、投资少、收效高的必然选择，并与经济社会的发展是相辅相成的。生态园林体现了当今园林绿化顺应时代的发展要求。回顾历史，上溯到 1956 年毛泽东主席发出"绿化祖国"的号召，1958 年提出"实行大地园林化"的战略思想，再加上几十年国家园林主管部门历来以"普遍绿化"为指导方针，经过多年实践经验的积累，实际上孕育了生态园林理论的发生和发展。生态园林的创建与经营应重视技术与经济的统一，体现以人为本，以民为天的精神。

10）程绪珂（1922—2022 年）

中国著名园林专家，原上海市园林局局长。编著《生态园林的理论与实践》（2006 年）。

（1）生态园林的特点：

①时代性。传统园林注入生态学和景观生态学新的营养，产生了生态园林。生态园林遵循生态学和景观生态学理论，在以人为本的思想指导下，在城市及郊区营造生态健全、景观优美、继承历史文脉、反映时代精神、实现人与自然和谐共存的自然生态系统，建设多层次、多结构、多功能的植物群落，修复和重建生态系统使

其良性循环，保护生物多样性，谋求可持续发展，提高生态效益、社会效益和经济效益，提高人类健康水平，创造清洁、舒适、安全的生态型城市环境。

②整体性。生态园林是由生物系统、环境系统和社会经济系统共同组成的，是相互协调的整体性的园林绿化。它应用现代科学思想和方法，以景观生态学理论贯穿各种空间。首先是由生物系统组成，物质循环、能量流动和信息传递把这些生物、环境、人类社会统一起来，成为城市、公园、各类绿地大大小小的生态系统，构成一个良性循环的整体性生态绿地系统，并着重整体和各系统之间的相互联系、相互作用、相互制约的关系，以狭宽不等的绿廊将绿色空间（绿脉）、蓝色空间（蓝脉）、道路空间（路脉）、文化空间（文脉）、建筑与构筑物空间联结成网络系统，是具有一定结构与多功能的复杂的有机整体，达到人文空间与自然空间融合，人与自然和谐共存、走可持续发展道路成为生态园林发展的主题。

③多样性。生态园林的多样性主要指的是生物多样性（植物、动物、微生物）形成城市与郊区的农牧各行各业互相依存和共同发展的格局。园林科学的发展必须纳入四维空间，经受时间的检验。园林是连接过去与未来的纽带，是人类文明得以保存和继往开来的基地之一。通过生态种植与人工干预，以建立稳固的群落，体现生态园林的生态性和景观性。生态园林是创造多样性的人工生态环境，重建城市近自然群落，是自然生态

系统的一部分。

④功能性。绿地建设面向生态过程重建；生态恢复；保存原有的地形地貌，适应生物栖息地；充分利用乡土植物，再现地方性的自然景观。通过自我修复和自我调节，才能真正实现人与自然、城市与自然的健康发展，协调共生，维护生态平衡，改善城市环境，提高居民生活质量和健康水平，提供清洁、优美、舒适、宜人的户外游憩健身场所。

⑤补偿性、公益性、效益综合性。运用生态经济学的理论对园林绿化的效益进行宏观和微观的分析和计算，把无形的生态社会效益用有形的尺度加以评估和定量，计算价格（影子价格）来代替市价。园林绿化作为社会公共商品，政府可根据园林绿化的效益给予适当补偿，承认园林劳动所创造的特殊价值。

还有无界性、广泛性、长期性、综合性、不可取代性、永恒性、投资联结性。

（2）类型

生态园林分六种类型：观赏型、环保型、保健型、知识型、生产型和文化型。

11）孙筱祥（1921—2018 年）

北京林业大学教授，著名园林设计大师。编著《园林艺术及园林设计》（2011 年）。

2013 年 11 月 24 日，于杭州，孙筱祥在学术研讨会上讲话：我做过两件前人没做过的事，一是将中国古代园林分类，分为四类：官苑园林、宅第园林、寺庙园林、名胜园林。二是提出园林三境——园林艺术最高境界——画境、意境、生境。

（1）画境——园林是按画论建造，园画同源，园林像一幅画一样美丽。园林就是人间天堂。

（2）意境——出奇制胜，儿童的天真，哲学家的智商，永续利用，不战而胜，兵不厌诈，诗人的爱心。

（3）生境——园林的最高境界：鸟语花香，城市要有山林水趣之乐。园林与景观不同，"景观"只有视觉，没上升到意境。

世上有两个天堂："伊甸园"是上帝的天堂，园林就是人间天堂。"上有天堂，下有苏杭"。苏州、杭州的园林就是人间天堂。

三人行必有我师，掌握自然规律的人为我师。

（4）园林人要5条腿走路——诗人、画家、园艺学家、生态学家、建筑师。

园林只能在创新的前提下才能继承，单纯的继承就是抄袭。

12）孟兆祯（1932—）

中国工程院院士。著有《园衍》（2013年）。

"生态城市"的提法是有语病的，存在片面性；而建设生态良性循环、环境优美的城市的提法是科学的、正确的。

生态园林只是一种园林表现类型和一种重要的园林效益，不宜涵盖或代表整体的园林或园林学。

设计的理论与手法经常是难以分割的，可合称理法。

《园衍》是《园冶》的延续、发展和提高。

中国园林艺术与中国文学绘画同宗同源、一脉相承，对其影响至深的首推中国的文学，文学可视为中国一切文化艺术的鼻祖或源头。

中国园林艺术从创作过程来看，设计序列有以下主要环节：明旨、相地、立意、布局、理微和余韵。

中国园林理法——《园衍》九章

（1）明旨——明确造园目的，用地定位定性。

（2）立意——设计者言志抒怀，游者触景生情，意在笔先，以天人合一文化总纲及艺术物我交融，艺术比兴，外师造化，内得心源，意境是主题的灵魂，借景点题。

（3）问名——问名在于言志、托物、点题、隐喻情趣、寓教于景、诗礼教化，比兴、师出有名、名正言顺。

（4）相地——相地合宜，构园得体，妙于得体合宜，天时地利，人文教化，趋利避害。

（5）借景——凭借，巧于因借，精在体宜；比兴，托物言志。借景是中国造园艺术的真理，借景主宰中国园林设计的所有环节，贯穿始终，统帅全局，避其不宜，借其有宜，景以境出，景因境成。12例有的放矢，借因成果，古今皆然。

（6）布局——起承转合，家法布局，主景式、集锦式布局，大中见小，小中见大，化整为零，集零为整；山水构架周边式、水心式，掇山，理水，理法，山水三远，建筑立基，空间旷奥；植物布局人化，乔为骨，乔灌草三合！

（7）理微——微精细品，耐人寻味，叹为观止，神游共赏。

（8）封定——设计完毕，定名，定局，作画封印。

（9）置石与掇山——考察，总结，传承，发展，提升，理法，园衍之亮点，压台精品。

13）金学智（1933—）

原苏州园林局局长。著有《中国园林美学》（2005 年）。

园林是综合艺术王国，文学语言、书法、绘画、雕刻、琴韵、戏曲等。

14）刘秀晨（1944—）

原北京园林局副局长，发表《城市园林建设的现状》（《园林》，2014 年 10 月）。

（1）园林功能

现代园林五大功能定位：生态、休憩、景观、文化、避灾，已得到业内和社会认同。生态优先、以人为本、生物多样性的基本概念占据主导地位。绿地是衡量城市宜居水平的最重要标志，公园绿地也已成为城镇人民的生活方式，成为群众健身、游览和舒缓情绪的休憩之地，从奢侈品变为生活必需品，是城市化的里程碑，是城市进行曲的主旋律。园林绿地促进城乡经济大发展。园林绿地是城镇化的重要标志，也是民生工程。发展生态文明建设项目，是拉动内需、惠及民生的重要投资方向，是旅游、文化创意产业的重要依托。园林肩负着构建城市文化的重任，园林是培植城市精神，彰显城市文化的标志。

古典园林的新生是中华人民共和国成立以来伟大成就之一，文化遗产异彩纷呈。创建国家园林城市，以生态为核心，以人文为主线，以景观为载体，以空间优化为基础。现代园林走向多元化、开放和包容，从传统到现代，从文脉到时尚，变化巨大，全球经济一体化导致现代生活趋同。

（2）园林学科

园林与建筑、规划各学科一样，都在尽量保留传统文脉的前提下，顺应城市发展大潮，其结果都有社会思潮和现代生活反哺的烙印。

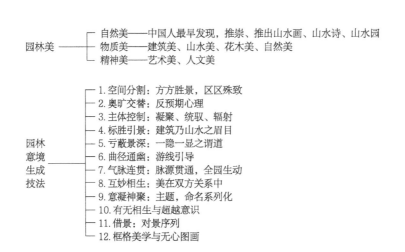

社会和经济的发展催生园林行业和学科内涵与外延不断扩展，园林正在承担广泛的使命，园林已不是传统意义上的行业和学科、范围，它与相邻学科、边缘领域融合、渗透、对接……而风景园林在城市科学中依然处在一定的主导地位。

三学科一体支撑人居学科，是世界人居理论的贡献和创新。

园林从市区走向市域，构建城乡统筹、城乡一体的绿地系统是近年来城市园林绿化建设的最大进步。从见缝插绿的随意性走上规划建绿，按需建绿，绿量、绿质、绿地结构与布局为一体的城市绿地系统覆盖全市域，重点从市中心向市郊转移，绿心、绿道、绿廊、绿楔……与国土绿地系统接轨，园林工作者不仅驾驭园林规划建设，还要参与城市总体规划和城市设计。

（3）园林理论与创新

"现代景观"的另一特征是大量借用西方艺术学和设计学各种流派学说作理论支撑，从而涌观多元、多义面貌：现代主义、后现代主义、结构主义、解构主义、具象主义、抽象主义、语义派、符号派、地域主义、极简主义、参数主义、格式塔理论、景观都市主义、生态都市主义、棕地主义、地理主义等等，眼花缭乱，追求创新！中国人的创新能力表现得较弱，严重影响了中国的发展速度和竞争力，必须克服！但唯"新"主义所掩盖的是人性中的贪欲，过分纵容创新总会有一天会受老天的惩罚，这是地球上唯一能延续五千年的中华文明的高远之处。

人居环境学科（建筑、规划、园林）的艺术思想决不能无条件地照搬其他学科的理论，应"冷静地观察世界各种体制，分析各种文化，越来越成为世界思想的主流"。

近几年，中国风景园林界通过思考和比较中国与世界的相关理论，正在大踏步推进中国风景园林理论体系的建设。以清华大学杨锐《论"境"与"境其地"》为代表，一个有别于西方传统的画面观、刺激观、机械观、极端观、唯利观的中国风景园林理论体系正在成长壮大。风景园林基本理论进行了数十年的讨论，还没有形成基本共识，还没有产生能被广泛接受的理论体系。风景园林学科如何在建设美丽家园、重整山河的国家需求中发挥作用，值得探索。

15）王绍增

华南农业大学教授，《中国园林》原主编，发表《风景园林理论30年》（《园林》，2014年10月）。

（1）1949—1984年，斯大林基本文艺理论，即民族的形式，社会主义的内容控制了中国的园林理论，严重阻碍了真正文化传统的延续和现代园林创作的发展，但亦有两点好处：中国传统园林在"民族形式"的庇护下得以保存；社会主义内容也将为全体公民服务的思想带进了公园绿地的规划设计建设中。

（2）1984—2000年，集中在对传统园林理论的研究、总结上，多为纯学术研究：《中国大百科全书——建筑·园林·规划卷》出版，汪菊渊编写园林部分，将人居环境分为建筑、规划和园林三者并立；首次对园林学科作权威定义，被奉为经典。

● 众多园林著作出版：

陈植《中国造园史》（2006 年）。

汪菊渊《中国古代园林史》（2006 年）。

周维权《中国古典园林史》（2010 年）。

陈植《园冶注释》。

陈从周《园说》。

张锦秋《中国园林艺术概论》。

彭一刚《中国古典园林分析》。

金学智《中国园林美学》。

王毅《园林与中国文化》。

刘敦桢《苏州园林》《山水与美学》。

程绪珂《生态园林的理论与实践》《城市园林绿化生态效益的研究》。

王晓鸾《城市生存环境绿色量值群的研究》。

海归派设计"抽象园林"（深圳）。

1999 年昆明世界园艺博览会举办，中国进入园林发展新时期、新起点。

（3）2000—2014 年，金融危机，住房改革，教育、医疗改革，园林学科变动，风景园林专业撤销，园林专业、行业发生扭曲，中国加入 WTO，外国设计机构涌进中国，海归派回国潮促进园林工程大发展（爆发），CAD 及 3DMAX 技术广泛采用，风景园林专业十多年大发展大动荡，园林学科名称之争。日本人错译的"景观"是荒诞的。西方人对风景的认知比中国人要晚千年左右。

美国在 160 年前建立的 Landscape Architecture，强调了向科学发展转化，但未改变"室外环境"的本质。《中国大百科全书》对园林的定义一点也不落后于美国的理念。部分海归派要"革掉园林的命，用景观替代之"，2005 年教委设立风景园林硕士；2011 年确定风景园林为一级学科，争论结束。但部分人仍不罢休。

16）王向荣

北京林业大学园林学院教授、院长。著有《西方现代景观设计理论和实践》（2001 年）。

（1）工艺美术运动和新艺术运动

19 世纪没有创立新的园林风格，停滞在自然式和几何式两者互相交融的设计风格，甚至沦为对历史样式的模仿与拼凑。一批不满于现状、富有进取心的艺术家、画家为了打破艺术领域僵化的学院派教条，创造出具有时代精神的艺术形式，率先探索，掀起了一个又一个艺术运动——工艺美术运动和新艺术运动。

19 世纪中，英国产生工艺美术运动，反对传统繁琐，主张简单，强调装饰效果，改变大工业产品粗糙、刻板，规则式结构和自然植物结合成为风尚。在世纪之交，欧洲艺术的重新定向是一道受人欢迎的振奋剂，受英国工艺美术运动的影响，欧洲产生了新艺术运动，反对传统模式，在设计中强调装饰效果，从自然界贝壳、水漩涡、花草、树叶获得无限灵感，以富有动感的自然曲线为装饰，后来又发展为直线、几何风格，抛弃风景式园林，以直线构图、简明色彩，把园林当作建筑的室外空间艺术，用建筑语言设计园林。新艺术运动的园林作品大多出于建筑师之手，在园林设计中并没有形成主流。以巴黎为中心的印象派、野兽派、主体派、抽象派等现代主义绘画和现代主义建筑无疑是推动现代景观设计的巨大力量。今天重新审视发生于 19 世纪和 20 世纪之交的这场虽然短暂却声势浩大的艺术运动，都对后来的园林产生了广泛影响，这是一场承上启下的设计运动，它预示着旧时代的结束和一个新时代——现代主义时代的到来。

（2）现代主义

从 20 世纪初开始的立体主义、超现实主义、风格派、构成主义，到 20 世纪 60 年代的大地艺术、波普艺术、极简艺术、现代艺术为现代建筑和现代景观提供了可借鉴的形式语言。

现代建筑有三个基本原则：建筑的本质是空间而不是实体；统治建筑的主要方式是均衡而不是实体；现代建筑排斥装饰作用。20 世纪 70 年代后，建筑界的后现代主义和解构主义思潮又一次影响现代景观设计。各个国家的景观设计师结合各国的传统和现实，形成了不同的流派和风格，但普遍具有代表性的是现代主义思想：

①反对模仿传统的模式，现代景观不是"意大利式""法国式""英国式"或"折中式"，现代景观是对由工业社会、场所和内容所创造的整体环境的理性探求。

②现代景观设计追求的是空间，而不是图案和式样，而是寻求新的空间形式。

③现代景观是为了人的使用，这是它的功能主义目标。"人，而不是植物，是园林中最重要的东西，显示出现代主义景观设计师以人为本的信念"。

④构图原则多样化，西方园林在规则式和自然式的两极间摆动。现代景观开拓了新的构图原则，将现代艺术的抽象几何构图和流畅的有机曲线运用到景观设计中，发展了规则式和自然式的内涵。现代景观设计是多方面的和全方位的。

⑤建筑和景观融合。努力使室内外空间流动、融合。

（3）后现代主义

20 世纪 60 年代以后，艺术、建筑和景观都进入了一个"现代主义"之后的时期，是对现代主义进行反思和重新认识的时期，不断进行调整、修正、补充和更新。功能至上的思想受到质疑；艺术、装饰、形式又得到重视；传统园林的价值重新得到尊重，古典风格也可以被接受。其他学科的介入使其知识领域更为广阔，现代景观变得更有包容性。西方现代景观进入了多元化发展时期，现代景观并没有像有些人曾经想象的被生态主义所淹没，或者被后现代主义和解构主义所取代，它仍然在 20 世纪 20 年代的先驱们所开辟的道路上继续前进。

17）刘滨谊

著有《现代景观规划设计》（2010 年）：景观规划设计已成为一门最为综合的艺术。

景观规划设计三元素理论（三元论）——景观、生态、功能。

与其相应的理论为景观美学理论、景观生态学理论、景观社会行为学理论。

18）王晓俊

原南京林业大学教授。著有《西方现代园林设计》（2000 年）：

园林经过 20 世纪前半叶的开拓实验、中叶的深入探索及现代形式风格的成形、后半叶的成熟及多元化的趋向。

20 世纪 20 年代有以法国的盖夫雷金（Gabriel Guevrekiav）为代表的艺术装饰庭园（Art Deco Garden），以及美国现代主义园林引路人弗莱彻·斯蒂尔（Fletcher Steele）。

20 世纪 30 年代，受德国包豪斯功能主义影响，美国哈佛大学年轻的设计师盖瑞特·埃克博（Garrett Eckbo）、詹姆斯·罗斯（James Ross）和丹·凯利（Dan Kiley）挑起现代主义大旗，提出了现代园林设计纲领。

英国学者、设计师克里斯托弗·唐纳德（Christopher Tunnard）对现代庭园设计进行了理论探索。1938 年发表《现代环境中的庭园》（Garden in the Modern Landscape）引起西方园林界的广泛关注，对现代主义园林发展起到了推动作用。

不同国家的园林设计师根据各自的文化传统、自然及社会条件，对现代园林进行了不懈的探索。

● （英）杰弗里·杰利科（Geoffrey Jellicoe）、克里斯托弗·唐纳德；

● （法）拉格朗（P. E. Lagelangri）、

韦拉兄弟、盖夫雷金、雅克·西蒙；

● （美）弗莱彻·斯蒂尔、托马斯·丘奇（Thomas Church）、丹·凯利、盖瑞特·埃克博；

● （德）奥托·瓦伦汀（Otto Valentin）；

● （巴西）罗伯托·布雷·马尔克斯（Roberto Burle Marx）；

● （墨）路易斯·巴拉甘（Luis Barragan）。

他们的现代园林设计思想和设计手法，使现代园林从传统中走了出来，且形成了现代园林一些明显与传统园林不同的特征，空间相对独立……仍用几何形，但也多用折线，线形自由组合，不对称构图流行，应用工业材料新用法。

20 世纪中叶，园林设计师普遍接受现代园林设计语言，手法更丰富，形式更能体现现代精神。还出现了劳伦斯·哈普林（Lawrence Halprin）、佐佐木英夫（Hideo Sasaki）、野口勇等一批优秀现代主义者。20 世纪 80 年代后，受当代艺术及相近设计专业各种思潮的影响，设计队伍多元化，开始了以现代主义为主流，同时又含有多种理论倾向的多元化格局，西方现代园林出现一幅令人目不暇接的图景。

西方现代园林风格：

● 18 世纪末，英国工业革命。19 世纪初，西欧和北美进入工业化时代，城市人口猛增，城市迅速扩大。城市公园（Public Park）的产生是对城市卫生及城市发展的反映，是当时社会改革……的重要举措之一。英国在城市公园的概念、理论及实践方面也领先西欧其他国家，布朗、瑞普顿和鲁顿等人发展与完善的英国自然风景园（Landscape Garden）风格成了现代城市公园的主要风格。1811 年重新规划建设伦敦摄政公园（Regent's Park）。19 世纪中叶，在英国其他城市也陆续建设了一些公园。1847 年建成利物浦伯肯海德公园（Birkenhead Park），以工人阶层为服务对象。

• 美国城市公园运动的发起者奥姆斯特德于 1850 年造访利物浦伯肯海德公园受到很大启发，这对美国公园思想的形成和城市公园的建设有很大的推动作用。1857 年建设纽约中央公园，后来建设布鲁克林希望公园（Prospect Park）等。19 世纪后半叶出现了将城市公园、公园大道与城市中心连成一体的公园系统思想，规划了波士顿公园系统。

• 19 世纪，欧美的城市公园运动拉开了西方现代园林发展的序幕……使其成为第一次真正意义上的大众园林。城市公园运动也在北美开创了一个继承西欧园林传统，且自身有了长足发展的园林（Landscape Architecture）行业。城市公园从一开始就有一种对生态浪漫主义的眷恋。19 世纪的城市公园并没有形成新风格，而是以兼收并蓄的折中主义混杂风格为主，例如新古典主义和新浪漫主义。

• 现代主义仅仅是简化了的线条与非对称平衡的思想，仍然将园林作为一种静止的艺术构图，而不是功能空间。

由于缺乏坚实的理论基础，现代主义在当时并不如受美术影响的新古典主义盛行。

• 20 世纪 30 年代，受新艺术运动影响，在美、法产生了现代美术观，希望打破当时园林设计中僵硬呆板的对称轴线布置形式，哈佛大学的年轻设计师盖瑞特·埃克博、丹·凯利和詹姆斯·罗斯对英国自然风景园随意模拟自然的新古典主义矫揉造作的装饰进行了尖锐批评，提出了功能主义设计理论。他们认为功能主义意味着不是任意的装饰图案或纹样，而是设计内容决定设计形式。园林不仅需要一系列对称布置的视觉经历，而且需要能够满足使用功能的空间。

• 当代的现代主义大师有美国的托马斯·丘奇、盖瑞特·埃克博、劳伦斯·哈普林，巴西的罗伯托·布雷·马尔克斯，墨西哥的路易斯·巴拉甘。巴西的马尔克斯是这一潮流的领导者，深受立体主义等先锋艺术的影响。

• 南宋时期从中国传入日本的禅宗，对日本文化产生了深远影响。

• 日本的禅宗园是对西方现代园林设计具有重要影响的园林原型之一。铃木大拙在《禅与艺术》中所论："禅深入到了国民文化生活的所有层次之中。"日本的庭园也不例外，其精神集中在现在禅宗影响下产生的枯山水之中。传统的枯山水以白砂、耙纹象征广袤的湖海，以石块象征山峦与岛屿，而避免用随时间推移易产生枯荣与变化的植物和水面，专注于永恒，以体现禅宗"向心而觉""梵我合一"的境界。日本庭园中传统内容的简练与对禅宗的执着，犹如禅的静谧细语，呈现出十足的还原主义与神秘主义，与现代主义的审美趣味在一些方面不谋而合。

● 第二次世界大战以后，西方一些现代主义设计师对日本禅宗园中精心布置的石块、植物和简洁的建筑产生了浓厚的兴趣。枯山水以整体或要素的形式被糅合到园林设计之中。

现代主义园林的主要倾向：

（1）设计要素的创新

自由应用光影、色彩、声音、质感等形式要素，与地形、水体、植物、建筑与构筑物等形体要素创造园林与环境，雅克·西蒙用点状地形加强围合感，用线状地形创造连绵的空间；克莱芒用三棱锥和圆锥台的地形产生抽象雕塑视觉效果。应用现代新颖的建材、光纤、金色不锈钢、蓝色陶片、红瓷釉钢板、镜面花岗石、大瀑布、彩色白砂等。

（2）形式与功能的结合

大多数西方现代园林设计师都以形式与功能有机结合为主要准则。

（3）现代与传统的对话

借助传统的形式与内容去寻求新含义或新的视觉形象，使设计与历史文化联系，又有当代人的审美感，使设计具有现代感；或用传统形式的"只言片语"插到现代园林，让人感受到传统的"痕迹"，如砂、纹、狮、泉。

（4）再现自然的精神

劳伦斯·哈普林常以艺术抽象手段再现自然的精神，学习自然大瀑布，创造浓缩与抽象自然的水景。

（5）园林意义（含义或寓意）的探索

美国在 20 世纪反对传统园林的历史文化，鄙视轴线、对称、繁琐，追求自由平面、简洁造型和特性的空间。20 世纪末对否定历史的反思，重视隐喻（Metaphor）与设计意义在当今园林设计中日趋普遍，成为西方当代园林设计多元化倾向的特征之一，如水中奔马，运用抽象手法表现园林主题；用绿篱与枯山水拼合法日文化，用传统园林"基因重组"产生新庭园的隐喻手法和象征意义。

（6）场所精神与文脉主义

每一个设计都是在创造一种场所，设计师只有倾心地体验设计场地中的隐含特质，充分揭示场地的历史人文或自然物理特点时，才能领会真正意义上的场所精神，使设计本身成为一部关于场地的自然、历史或演化过程的美学教科书。如西雅图煤气厂、杜伊斯堡钢铁厂。

（7）生态设计

麦克哈格的《设计结合自然》提出了综合性生态规划思想，将多学科知识应用于解决规划实践问题的生态决定论方法对西方园林产生了深远影响。如保护表土、湿地、水系，多用乡土树，按当地群落设计植物……利用太阳能、低碳、三 R 设计等，在设计过程中贯彻生态与可持续园林的设计思想。

（8）当代艺术的影响

寻求当代艺术、大地艺术等在园林中的视觉冲击，增强现代园林内在充满激情的艺术原创力，现代公共艺术向园林直接渗透。

（9）挑战传统

从园林总体布局、构思到形体创作中的意象材料，都提出反传统的园林。有先锋精神的设计师反对和谐统一、稳定的原则，提倡矛盾冲突、变形扭曲、无序、解构、非补充。园林设计出现了前所未有的自由性与多元化：现代主义、折中主义、裂解、拼贴、文脉主义、极少主义、波普艺术，隐喻与象征、幽默……但大多数设计师仍视传统为根基，仍以理性方式锤炼形式，探索空间。

我的同学周在春

少年时代的周在春十分喜爱绘画，当得知北京林学院招生加试美术后，他决定放弃化工学院选择北京林学院。最终，周在春以优异的成绩于 1957 年走进了北林。同年，我成了他的同学。

认真学习，不忘绘画

大学生活的第一年是在校学习基础课。课余的节假日我们这群来自五湖四海的年轻人总会嘻嘻哈哈打打闹闹。周在春则在一旁默默地看着大家。由于他个子不高，又文静儒雅，我们送了他一个外号，亲切地称他为"小弟弟"。

有一次大家聚在一起聊天，我看到"小弟弟"悄悄离开教室，就偷偷跟踪他。原来他是去学校的图书馆。平日课堂上他认真听课做笔记，课余大多时间泡在图书馆，或者在校园里画景画树。美术课上，他总会得到老师的表扬。

第二年，五七班的我们去黄图岗拜师学艺，那里是花农集聚的地方。周在春一边认花还一边画花，既学到了花卉栽培知识，又不忘拿着画笔绘画练字。

四年大学生活结束后，他被上海园林局领导程绪珂点名要到上海。

探索实践，勇于创新

周在春的第一个设计项目是将建龙华公园改建为龙华烈士陵园。他改变了入口对称通道式的布局，以自然的手法保留了城市历史记忆——抗战烈士的血华园。在大门入口处采用假山石的拼置形成了歌颂烈士的"红岩石"。顶端植松树，寓意烈士们的英魂常青不朽。这一创新手法深得广大群众的认可。

20 世纪 70 年代初，在上海植物园总体规划中，周在春再次大胆创新，突破国内外传统植物园设计布局的束缚，在植物园中设立盆景园；首次采用新的植物分类系统——克朗奎斯特（Cronquist）分类系统；运用室内外结合、自然进化与人工进化相结合、植物分类与专类观赏相结合的办法设立新型的植物进化区。上海植物园的建成也因此在世界植物园史上写下新的一页。

周在春从事规划设计工作 50 多年，国内外都留下他不少的作品，有日本横滨的"友谊园"、埃及开罗的国际会议中心；在 1990 年大阪花与绿世界博览会中，他参与选址，并规划设计了中国园——同乐园；还有 1999 年世界园艺博览会的"明珠苑"和"名花奇石园"等。这些作品都获得了上海市和建设部的优秀设计奖。

退而不休，奋斗继续

2000 年，周在春退休了，但他仍然为上海的绿化建设贡献力量，成立了周在春工作室。鉴于他几十年的工作经验积累，以及他在国内很高的知名度，他被国内许多城市邀请，已为郑州、宁波等城市设计了十多个植物园。

他运用《易经》改造和提高了上海普陀区万里小区的环境绿化。在小区内设置了"龙生九子"造型雕塑，铺设五行方位不同材质的五色地坪。《易经》风水与环境运用的相关文章还在香港报刊上登载。

近年来，湖北省随州市的领导邀他为随州市完成绿地系统规划并设计规划该市的两处重要绿地——随州炎帝故里和随州文化公园。这两处设计突出了古文化历史，又十分具有地域特色，是随州市民聚会和游览的重要场地。甚至其盛名已传至国内其他省市，吸引了不少人来此参观学习，随州市称他为"荣誉市民"。近两年，他应郑州市郑东新区邀请任新区的技术顾问。一般的顾问是提出和指出问题，七十高龄的他，却亲自执笔修改图纸，更是不厌其烦地指导年轻人。经他指点的年轻人既增长了专业知识，也提高了设计能力。

学无止境，不断攀登

周在春长久以来不懈地进行着风景园林规划设计的理论研究，同时结合设计实践进行探索。他认为过去的绿化口号是"植物绿化，美化城市"，突出"美化"，现在的宗旨则是"城市与自然和谐共存"，是"生态优先"，"把园林绿化提高到可持续发展的高度，作为当代人类和子孙后代创造良好生存环境的战略举措"。这是他研究后的感悟。

上海作为一个国际化的大都市是中西文化交汇的前沿。上海园林素有"海派园林"之称，他对海派园林的特色也有精辟的阐述：海派园林是海派文化的一部分，是科技与艺术的结合，是多元的、复合的、有生命的。他特别指出：海派园林的理论基础是生态园林，而文化内涵是它的精神支柱，是灵魂；不断创新是海派园林发展的动力，海派园林的最大特色是勇于创新。海派园林没有固定模式，在探索中发展，在发展中探索。他强调，上海应该包容并欢迎各种形式园林的存在，形成百花齐放、百家争鸣的宽松局面；园林艺术和其他艺术一样，应允许艺术评论，让人民群众，也让专业人士来评价园林设计师的作品。

周在春现已年过古稀，白发苍苍，但他依然五十年如一日，勤奋耕耘，每天开着小车四处奔波，繁忙却又快乐地活着。他乐于奉献，为园林呕心沥血，以苦为乐，干着自己喜爱的事业，活到老，学到老，正是"老骥伏枥，志在千里"。

周在春是我的同学、朋友，更是我学习的榜样。祝贺周在春的《园境》成功出版。

2017 年 6 月 7 日

附录 4

记周在春先生二三事

周在春先生的著作《园境》花了十年时间终于完成了，真是十年磨一剑，功夫不负有心人，值得庆贺。

周在春先生是我的启蒙老师。几十年来，我从他的身上既学到了专业技能知识，也学到了如何做人做事。他敢于创新，不畏挑战。记得在 20 世纪 70 年代规划建设上海植物园时，周老师在坚持科学原理的前提下，勇于打破常规，提出了既有丰富科学内涵又有优美园林外貌的规划思路，以及与之相匹配的植物分类系统，构建了一个具有上海特色的上海植物园植物进化区；尤其是创建了若干个特色植物专类园，巧妙地将原有盆景园纳入进来，为上海植物园增添亮点，受到国内外同行的赞许和仿效。

具有创新精神是周老师的特点。他学到老，做到老，创新到老，始终走在创新的道路上。出身于山区农村，从小放牛干农活，锻炼了他不畏困难、做事有始有终、不轻言放弃的坚毅性格。周老师从不崇洋媚外，对一个时期国内风景园林界崇洋风之盛深感忧虑，深恶痛绝。他经常对年轻设计师说，民族的就是世界的，你们要继承和掌握中国（园林）传统文化的精髓，古为今用，洋为中用，应用到园林规划设计中去。在他的作品中，不抄袭，不复制，往往能感受到中华民族传统文化的设计之魂在涌动，园林的经典设计手法栩栩如生，可谓难能可贵。

平时，周老师善于观察社会、观察环境、观察事物。走到哪里就收集资料到哪里，以前用笔记本和画笔，后来用相机和手机，随时记录有价值的东西，从而获取设计灵感和创意。勘察项目现场时，他比其他人都用心、仔细，从不放过一个细部。因此，他的设计解决的问题就特别多，考虑得很周全，设计图纸细致入微，往往都有高人一筹、妙笔生花的地方，设计成果十分接地气，可以说趋于完美，特别令业主信服和称道。上海东安公园就是一个典型案例。20 世纪 90 年代初，我曾经陪同一位日本园林设计同行去东安公园，参观过程中他东看西问，兴致勃勃，参观后对我说，我们日本人一直认为当代中国园林就是传统古典园林的复制品，而今天看到的东安公园从空间组织、功能分区、地形处理、建筑形态到植物配置，都令我刮目相看，在中国有如此空间变换、景致绝美的公园，有如此水平高超的设计师，实在令人意想不到。确实，东安公园将中国传统园林精髓与现代空间设计巧妙结合，有韵味，有深度，有创意，创造出了符合现代社会使用与观赏功能的公园空间与园林景观，时至今日依然是园林设计的典范。

生活中的周老师倡导节约、节俭、节能的绿色理念，处处将设计理念融入生活的方方面面。周老师已经有 20 年驾龄了，驾驶的是一款半新不旧的国产新能源汽车。有一次我说，

"周老师，您应该换一辆好一点的车了，比如质量和外观都不错的进口车"。他坦然回答："我钟爱国产车，质量和外观不差，性价比高，况且又是新能源，应该支持民族工业，支持使用绿色新能源。"在他的内心，始终把国家发展、民族尊严放在非常重要的位置。周老师平时为人低调，不善言谈，着装十分朴素节俭。他有一个习惯，每一次聚餐吃饭他都会关照大家点菜须适量，不要浪费食物，并身体力行，带头实施光盘行动。这些优良的作风和习惯陪伴周老师几十年，也一直影响着我和其他年轻人，使我们一生受益。

2020 年 11 月 18 日

著者在构思方案

著者同程绪珂先生在一起

四任院长在一起（左起朱祥明、周在春、梁支厦、吴振千）

著者同程绪珂、朱祥明（右一）、吕志华（左二）、秦启宪（左一）

附录 5

周在春书法作品

与川德志林

毁計總院

達致靜寧

众志成城

德拾兔

藝德無涯

周在春书

傳承創新 創造特色

主匠引領多元发展

生態化 現代化民族化

——園林發展方向

道法自然天人合一

雖由人作宛自天成

搏納百川傳承創新

咏竹

破岩穿地冲天劲，
身正有节永常青。
风中雨中奏乐声，
日中月中显倩影。
庭中院中添美景，
诗中画中浓雅兴。
茶公宁可食无肉，
诸君酷爱诉衷情。

庚寅 在春 书

中國精氣神

参考文献

[1] 陈从周. 随宜集 [M]. 上海：同济大学出版社，1990.

[2] 陈从周. 园林谈丛 [M]. 上海：上海文化出版社，1980.

[3] 程建军. 中国古代建筑与周易哲学 [M]. 长春：吉林教育出版社，1991.

[4] 程绪珂，胡运骅. 生态园林的理论与实践 [M]. 北京：中国林业出版社，2006.

[5] 何晓昕. 风水探源 [M]. 南京：东南大学出版社，1990.

[6] 贺善安，张佐双，顾烟. 植物园学 [M]. 北京：中国农业出版社，2005.

[7] 计成. 园冶 [M]. 中国营造学社，1932.

[8] 计成原著. 陈植注释. 园冶注释 [M]. 北京：中国建筑工业出版社，1988.

[9] 金柏苓. 园林文化的价值取向 [C]// 中国风景园林学会，中国勘察设计协会. 第七届风景园林规划设计交流年会论文集. 2006.

[10] 金学智. 中国园林美学. 第 2 版 [M]. 北京：中国建筑工业出版社，2005.

[11] 李金路. 中国气文化 [M]// 中国勘察设计协会园林设计分会，中国风景园林学会信息委员会. 风景园林师 5：中国风景园林规划设计集. 北京：中国建筑工业出版社，2007.

[12] 李友友. 设计构成 [M]. 长沙：湖南人民出版社，2008.

[13] 李铮生. 城市园林绿地规划与设计 [M]. 北京：中国建筑工业出版社，2006.

[14] 郦芷若，朱建宁. 西方园林 [M]. 郑州：河南科技出版社，2001.

[15] 林建群，汪月涛. 景观设计中的文化层次与维度思考 [M]// 中国建筑文化中心. 中外景观. 武汉：华中科技大学出版社，2010.

[16] 刘敦桢. 中国古代建筑史 [M]. 中国建筑工业出版社，1984.

[17] 孟兆祯，毛培琳，黄庆喜，等. 园林工程 [M]. 北京：中国林业出版社，2006.

[18] 孟兆祯. 孟兆祯文集：风景园林理论与实践 [M]. 天津：天津大学出版社，2011.

[19] 彭一刚. 建筑空间组合论 [M]. 北京：中国建筑工业出版社，1983.

[20] 彭一刚. 中国古典园林分析 [M]. 北京：中国建筑工业出版社，1986.

[21] 清华大学土木建筑系民用建筑设计美术教研组. 建筑画的构图与技法 [M]. 北京：中国

工业出版社，1962.

[22] 史春栅. 现代形式构图原理：造型形式美基础 [M]. 哈尔滨：黑龙江科技出版社，1985.

[23] 宋征时. 两种不同的景观形态——中法古典园林比较 [M]// 乐黛云，李比雄. 跨文化对话：第 6 辑. 上海：上海文化出版社，2001.

[24] 苏雪痕. 植物造景 [M]. 北京：中国林业出版社，1994.

[25] 唐学山，李雄，曹礼昆. 园林设计 [M]. 北京：中国林业出版社，1997.

[26] 王朝闻. 新艺术创作论 [M]. 北京：人民文学出版社，1979.

[27] 汪菊渊. 中国古代园林史 [M]. 北京：中国建筑工业出版社，2005.

[28] 王绍增. 风景园林理论发展的 30 年 [J]. 园林，2014（10）：32-35.

[29] 王向荣，林箐. 西方现代景观设计的理论与实践 [M]. 北京：中国建筑工业出版社，2002.

[30] 王晓俊. 西方现代园林设计 [M]. 南京：东南大学出版社，2000.

[31] 王郁新. 园林景观构成设计 [M]. 北京：中国林业出版社，2007.

[32] 吴家骅. 环境设计史纲 [M]. 重庆：重庆大学出版社，2002.

[33] 西安建筑科技大学绿色建筑研究中心. 绿色建筑 [M]. 北京：中国计划出版社，1999.

[34] 杨赉丽. 城市园林绿地规划. 第 2 版 [M]. 北京：中国林业出版社，2006.

[35] 姚承祖. 营造法原 [M]. 北京：中国建筑工业出版社，1986.

[36] 余树勋. 园林美与园林艺术 [M]. 北京：科学出版社，1987.

[37] 张家骥. 中国造园史 [M]. 哈尔滨：黑龙江人民出版社，1986.

[38] 赵春林. 园林美学概论 [M]. 北京：中国建筑工业出版社，1992.

[39] 中国风景园林学会. 风景园林学科的历史与发展论文集（《中国园林》增刊）[C]. 2006.

[40] 中国建筑工业出版社，中国建筑学会. 建筑设计资料集 [M]. 第 3 版. 北京：中国建筑工业出版社，2017.

[41] 建筑工程部建筑科学研究院建筑理论及历史研究室. 中国古代建筑简史 [M]. 北京：中国工业出版社，1962.

[42] 中华人民共和国住房和城乡建设部，国家质量监督检验检疫总局. 城市园林绿化评价标准：GB/T 50563—2010[S]. 北京：中国计划出版社，2010.

[43] 张绮曼、郑曙旸. 室内设计资料集 [M]. 北京：中国建筑工业出版社，1991.

[44] 周维权. 中国古典园林史. 第 3 版 [M]. 北京：清华大学出版社，2008.

[45] 针之谷钟吉. 西方造园变迁史：从伊甸园到天然公园 [M]. 邹洪灿译. 北京：中国建筑工业出版社，1991.

[46] 奥古斯特·罗丹，保罗·葛赛尔. 罗丹艺术论 [M]. 傅雷译. 北京：人民美术出版社，
1987.

[47] 弗朗西斯·D. K. 钦. 建筑：形式·空间和秩序 [M]. 邹德侬译. 北京：中国建筑工业出
版社，1987.

[48] 格兰特·W. 里德. 园林景观设计从概念到形式 [M]. 郑淮兵译. 北京：中国建筑工业出
版社，2010.

[49] 勒·勃·卢恩茨. 绿化建设（上、下）[M]. 朱筠珍，刘承，张育敏等译. 北京：中国
工业出版社，1956.

[50] 汤姆·特纳. 世界园林史 [M]. 林箐，南楠，齐黛蔚等译. 北京：中国林业出版社，
2010.

[51] 托伯特·哈姆林. 构图原理 [M]. 南京工学院建筑系译. 1979.

[52] 维特鲁威. 建筑十书 [M]. 高履泰译. 北京：中国建筑工业出版社，1986.

[53] 约翰·O. 西蒙兹，巴里·W. 斯塔克. 景观设计学：场地规划与设计手册 [M]. 朱强，俞
孔坚，王志芳，译. 北京：中国建筑工业出版社，2009.

[54] 约翰·波特曼，乔纳森·巴尼特. 波特曼的建筑理论及事业 [M]. 赵玲，龚德顺，译.
北京：中国建筑工业出版社，1982.

跋

　　1957 年夏天，我是广东高州大潮镇崎岖、落后的小山村——大（土化）村里的一个放牛娃，考取北京林学院"城市及居住区绿化专业"（后来演变为现北京林业大学风景园林系）。这个专业在当时是全国独一无二的新建冷门专业，由全国高校调来的陈俊愉、汪菊渊、孙筱祥、余树勋等顶级专业教授执教，实为庆幸。中华人民共和国成立之初，国家困难，学校的教学条件很差。新办专业没有课本，均由教授编写教材，手刻蜡版，用草纸油印讲义……四年大学生活甚为动荡、艰苦。经历过"大鸣大放""整风反右""教育改革大辩论""人民公社""大跃进""反右倾"等一系列政治活动；1958 年冬的三九寒天，到张家口山上为天安门广场和长安街绿化工程挖运大油松树；三年困难期间下放到黄土岗草桥花木大队劳动；学校停课，全体学生去打树叶、挖野菜、吃杨树叶窝头、喝野菜棒子面糊、啃野菜糠饼，渡过了艰难、困苦的岁月。生活虽异常艰苦，但求知欲甚强，学习劲头十足。我满怀浓厚的兴趣，如饥似渴地学习绘画课、园林历史、园林建筑、园林设计、园林工程等专业课程。我依靠人民助学金完成了四年学业，虽苦犹甜。1961 年毕业统一分配时，我意外地被分配到上海，绝对不敢想的事发生了，真是喜出望外！但我一直不知其中缘由。过了 40 年，直至我退休后，程绪珂局长才告诉我真相：是她与校方交涉、据理力争的结果，是经她的努力把我挖来上海的。

　　1961 年 7 月，我大学毕业后经广州回家途中因粤北水灾冲毁铁路，交通受阻。在株洲停了两天不得不放弃回家，改道从株洲直去上海报到。但因身无分文，无钱购票，甚至无钱吃饭，人生第一次如此困困、潦倒。出于无奈，我只好硬着头皮、厚着脸皮去请求火车站站长帮我买到上海的车票，使我顺利到了上海，真是"人间自有真情在"。我到上海领到工资立即把钱寄还，感谢站长仗义相助，感谢当年的好时代。

　　我被分配到上海园林管理处设计室工作。园林设计室前身是 1946 年上海租界工部局园场管理处造园科，这里有十多位教授级的园林、建筑、规划、雕塑设计师，还订有美、日等外国著名园林专刊。尽管生活很艰苦，但工作环境良好。这里就是现上海园林设计院的前身，是我的第一个工作单位，也是我一生唯一的工作单位。我在这里工作了 6 个十年直至现在。

　　第一个十年是 20 世纪 60 年代。头三年是自然灾害末期，上海乃至全国都没有园林建设任务。这个时期给了我许多重新学习的时间，我痛苦而快乐地活着，经常泡在图书馆、美术馆、展览馆、青年官、文化馆中学习绘画，搜集设计参考资料。

1964 年，周恩来总理特批上海龙华烈士陵园建设项目，这是当年全国独一无二的园林建设项目。这唯一的设计任务意外地落到我头上，"初生牛犊不怕虎"的我鼓足勇气承担起这光荣而又艰巨的重任，成为我园林设计生涯的处女作。

1966 年"文化大革命"期间，我不愿做逍遥派，就抓紧时间自学建筑历史、建筑设计和建筑结构设计基础知识，学习中国民居和传统建筑。还专程到广州的矿泉、东方、白云等宾馆，伴溪、南苑等三大园林酒家，以及兰圃、西苑等园林参观学习岭南园林布局和岭南派园林建筑，还现场实测、绘制图集，得益匪浅。

第二个十年是 20 世纪 70 年代，是我的而立之年，经过头十年艰苦奋斗才成家立业。"文化大革命"后期，我开始接受长风公园湖心亭、小卖部、松风亭、虹口公园小卖部等园林建筑设计任务。1973 年开始承担上海龙华苗圃改建上海植物园的规划设计重任，经 26 次修改最终完成上海植物园总体规划图。1974—1976 年，我被抽调参加"上海知识青年上山下乡慰问团"，赴西双版纳建设兵团勐养农场工作两年，与知青同甘共苦，帮助他们排忧解难，还为建设兵团勐养农场设计办公楼。回沪后继续担任植物园现场规划设计，完成植物园总规划、盆景园、植物进化区等创新园区设计任务。1979 年，我意外幸运地参加了"中日友好之船访日团"，第一次出国参观、访问、学习，参观精美的日本传统园林和日本现代化建设，开眼界、长见识。

第三个十年是 20 世纪 80 年代，我迈入了不惑之年，正值中国迈开改革开放步伐的大好时期。我承接东安公园设计任务，开始了我传承中国园林优秀传统并与创新相结合，创建现代城市社区公园的探索、尝试和实践；也迫使我从事从总体规划到竖向设计、绿化种植设计、水电管线乃至园林建筑设计、雕塑设计等工作，经受园林规划设计能力的全方位锤炼；并开始大量承接全国各地的公共园林绿地、部队营房、工厂、农场、国宾馆、私家花园等园林绿化规划设计任务。

20 世纪 80 年代中起，我开始承担海外园林设计任务，有 1986—1988 年的埃及开罗国际会议中心绿化设计（秀华园，The Grace Garden）、1987 年的日本横滨沪滨友谊园、日本大阪 1999 年花与绿世界博览会中国园——同乐园、中国驻澳大利亚大使馆庭院设计以及 1996 年迎接香港回归环境设计，迈开了中国园林走出国门、走向世界的步伐。此后，我在开罗、纽约等大都市生活、工作一年多时间，有机会参观游览了西班牙园林、美国纽约中央公园、纽约植物园、美国国家树木园、长木花园、迪士尼乐园等著名美国园林，对欧美园林有了初步认识，也有机会为纽约华苑（Garden Cathay，华人度假区）编制发展规划。

1990 年，我回到上海，回到我的祖国。因为我的心在中国，我的事业在中国。这第三个十年是我乘上改革开放春风，迈开大步，高飞远走，行万里路，放眼世界，大开眼界，增知识，长才干的十年。

第四个十年是 20 世纪末。中国经济开始腾飞，园林事业空前发展，也是我"知天命"之年。"知天命"就是要知悉事物本质、发展规律和发展方向，看清自己的使命和前进道路。当年世界园林流派风起云涌，变幻莫测，欧陆风狂飙，相当多的官商缺乏民族自信而盲目崇洋媚外。但我因对中西园林有过切身体验和清醒认识，目睹过中西园林的差异，认清了"自然、生态"的世界潮流，增强了我的文化自信和民族自信，坚定了我传承中国园林优良传统并传承与创新相结合的决心，认定了中国园林必须走自己的道路，中国园林必须有中国精神。并自觉把这些理念付诸实施，运用到上海人民广场等设计项目中，潜心进行中国园林传承、创新的长期艰苦探索、实践，努力做出中国特色和地方特色。此间，设计院被推到"事改企"的风口浪尖，我也被推上"双肩挑"（行政 & 技术）的岗位，处于艰难和痛苦、被逼无奈的境地。但我一生本着"堂堂正正做人，兢兢业业做事，艺海拾贝，砥砺奋进"的座右铭，做到问心无愧，无愧于国家和人民。

第五个十年就是千禧年新纪元，是我"六十而顺耳"之年。我激流勇退，率众同仁一起退休，承受了企事退休"双轨制"悬殊待遇的伤痛，不得不退而不休，重新就业，再退休，再就业，培养和带领年轻人创业。先后累计完成十多个植物园规划，以及随州炎帝故里、随州文化公园、广州福山公墓等一批大中型项目。新纪元，新气象，退而不休，快乐活着，活到老，做到老，努力争取为国家健康工作 60 年。

第六个十年进入"七十而从心所欲，不逾矩"之年。我从事园林设计半个多世纪，做过成千个项目，联系几十年的园林设计实践，联想人生境界与园林境界，经过长期艰苦反复思索、努力探索、再探索，"十年磨一针"，最终写成《园境——园林五境理论、技法与实践》一书。

● 在我的园林生涯中，我最应感谢的一位恩人是我的最高领导、极具魅力的良师益友——程绪珂先生：

1961 年，是她努力与学校交涉把我"挖"到上海来；

1964 年，是她把当年唯一的龙华烈士陵园建设项目的设计任务交给初出茅庐的我，让我经受锻炼并成长；

1973 年，是她带领我们走出去，参观、访问全国各大植物园，学习、取经，得以成功创新编制上海植物园规划；

1979 年，是她把"中日友好之船"出国参观、访问、学习的稀罕机会让给我，让我人生第一次有机会出国学习、考察、开眼界、长知识；

1979 年，是她让我挑起上海大观园风景区总体规划设计重担；

1984 年，深圳园林要把我挖走，但她对我说"等我死了你再走！"是她硬让我终生留在上海；

1990 年，我从美国回来，是她特设家宴招待我，她说"我知道周在春一定会回来的。"知我者，程绪珂也。

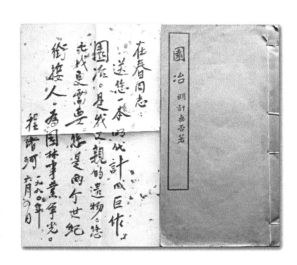

2015 年，是她把珍藏多年的许多珍贵图书赠送给我，特别是将她父亲程世抚先生珍藏的绝版线装书《园冶》赠送给我，并给我签名留言。谢谢，我的恩人程绪珂。

● 我要感谢的第二个恩人是吴振千。他是我的顶头上司，园林设计科科长、局长。他设计功底深厚、工作高效、一心为公、身先士卒，还帮我解决住房困难，对我人生成长和技术进步都有过很大帮助。我衷心感激老吴局长。

● 感谢学友胡运骅局长对本书的关心、支持。感谢我的各位老师的培养教育；感谢许恩珠老同学的帮助。

特别感谢上海交通大学设计学院王云教授的热忱帮助和指导。

● 在本书编写出版过程中，得到上海市园林设计研究总院领导朱祥明董事长、吕志华院长的鼎力支持；秦启宪校对、龙腾整理；以及同事江东明、梅晓阳、许璐、袁方，上海岚园设计公司赵卫彬、林科杰、缪心源、何小红、王新宇、陈逸群、张小清、吴琴琴、钟瑶琼等诸多同事的帮助；感谢妻子、儿女的关心、支持和帮助。

周在春

2019 年 9 月于上海